CAILIAO
WULI XINGNENG

材料物理性能

主　编　张　晨　袁妍妍

副主编　项宏福　尹　丽

江苏大学出版社
JIANGSU UNIVERSITY PRESS

镇　江

图书在版编目(CIP)数据

材料物理性能 / 张晨，袁妍妍主编. — 镇江 ：江苏大学出版社，2022.12
ISBN 978-7-5684-1878-2

Ⅰ. ①材… Ⅱ. ①张… ②袁… Ⅲ. ①工程材料－物理性能－高等学校－教材 Ⅳ. ①TB303

中国版本图书馆 CIP 数据核字(2022)第 229705 号

材料物理性能

主　　编/张　晨　袁妍妍
责任编辑/李菊萍　王　晶
出版发行/江苏大学出版社
地　　址/江苏省镇江市京口区学府路 301 号(邮编：212013)
电　　话/0511-84446464(传真)
网　　址/http://press.ujs.edu.cn
排　　版/镇江市江东印刷有限责任公司
印　　刷/江苏凤凰数码印务有限公司
开　　本/787 mm×1 092 mm　1/16
印　　张/19.75
字　　数/450 千字
版　　次/2022 年 12 月第 1 版
印　　次/2022 年 12 月第 1 次印刷
书　　号/ISBN 978-7-5684-1878-2
定　　价/59.00 元

如有印装质量问题请与本社营销部联系(电话:0511-84440882)

前　言

　　材料是人类一切生产和生活的物质基础,历来是生产力的重要标志,人们认识和利用材料的能力,决定着社会形态和自身的生活质量。新材料的发现、发明和应用推广与技术革命、产业变革密不可分。加快发展新材料,对推动技术创新,促进产业升级,建设制造强国具有重要战略意义。为了适应国家发展对材料类专业人才需求的变化,作为功能材料、金属材料工程、无机非金属材料工程等本科专业平台基础课程的材料物理性能,其教材内容应具有一定的广度和深度,既要重视体现各类型材料物理性能的基础理论与一般规律,又要兼顾各类型材料物理性能的特殊性,以满足不同材料专业的人才培养需要。

　　本书将材料性能、表征方法、测试手段及其影响因素有机结合,为读者理解各参量的物理意义及工程应用提供了条件,为读者掌握材料性能与环境乃至组织结构变化的关系,进行材料设计和制备关键工艺参数选择提供了指导,契合工程应用实际,实践导向性凸显。

　　本书共分为七章,系统介绍了固体物理基础、材料的电学性能、材料的介电性能、材料的磁学性能、材料的光学性能、材料的热学性能、材料的弹性与内耗。全书以上述材料物理性能为主线,依据"掌握材料物理性能相关基础理论""明确材料在不同复杂工程应用中各类物理性能的评价指标""掌握材料各物理性能参数的影响因素""掌握表征材料性能各物理量的主要测量方法及条件"四个递进的课程目标要求,按照基础理论—评价指标—影响因素—测量方法—工程实例的顺序梳理,知识框架清晰,表达形式简明。

　　每章均设有"本章导学"和"复习题"。"本章导学"指明了各章的主要学习内容和要求掌握的重、难点内容,方便读者在学习各章内容前形成清晰的知识框架。"复习题"供学生练习选用,在起到复习巩固作用的同时,为每章知识掌握效果提供了评价依据。书中带 * 号的部分教师可根据学时情况选讲。

　　本书可作为高等院校功能材料、金属材料工程、无机非金属材料工程等材料类专业本科生用教材或参考书。全书由江苏科技大学张晨、袁妍妍、项宏福、尹丽四人编写,由张晨统稿。四位编者长期从事无机非金属材料、功能材料、金属材料方面的教学、科研工作,在教材编写中重视将新材料发展成果引入各类物理性能对应的材料实例介绍,形成拓展专题,让教材内容紧跟当代材料发展趋势,充分体现了教材内容的先进性。因此,本书也可以作为材料科学领域的教师和科技工作者的参考资料。

本书在编写过程中参考和引用了一些教材和文献,在书后的参考文献中已列出,在此向这些文献的作者表示诚挚的谢意。此外,感谢二重(镇江)重型装备有限公司孙亚杰高工、南通振康焊接机电有限公司罗建坤高工的大力帮助。

由于编者学识有限,加之书中涉及多个材料拓展专题,难免有欠妥之处,望读者多提宝贵意见,以帮助我们不断完善图书。

编 者

2022 年 10 月

目　录

第 1 章

固体物理基础

🔊 **本章导学**

固体中电子的能量结构和状态是学习材料电学、磁学、光学等相关性能所需的基础知识,对于后续章节知识的理解有重要的作用,学习过程中应重点理解和掌握金属的经典自由电子理论、量子自由电子理论、能带理论的区别和联系,能利用能带理论解释导体、半导体及绝缘体的差别。

材料物理性能强烈依赖于材料原子间的键合、晶体结构和电子能量结构与状态。已知原子间的键合类型有金属键、离子键、共价键、分子键和氢键。表 1.1 列出了各种键合类型的代表材料及它们的结合能和主要特点。原子间键合方式、晶体结构会影响固体的电子能量结构和状态,从而影响材料的物理性能。因此,理解一种新材料的物理性能,应具备原子间键合、晶体结构和电子能量结构与状态三方面的知识。

表 1.1　各种键合类型的代表材料及它们的结合能、主要特点

类型	代表材料	结合能/$(eV \cdot mol^{-1})$	主要特点
离子键	LiCl	8.63	高配位数,非方向性键,低温不导电,高温离子导电
	NaCl	7.94	
	KCl	7.20	
	RbCl	6.90	
共价键	金刚石	7.37	低配位数,方向性键,纯晶体在低温下导电率小
	Si	4.68	
	Ge	3.87	
	Sn	3.14	

类型	代表材料	结合能/(eV·mol^{-1})	主要特点
金属键	Li	1.63	高配位数,高密度,非方向性键,导电率高,延展性好
	Na	1.11	
	K	0.93	
	Rb	0.85	
分子键	Ne	0.020	低熔点、低沸点,压缩系数大,保留了分子的性质
	Ar	0.078	
	Kr	0.116	
	Xe	0.170	
氢键	H_2O	0.52	结合力大于无氢键的类似分子
	HF	0.30	

1.1　电子的粒子性和波动性

1.1.1　电子的波粒二象性

（1）电子的粒子性

1879 年,霍尔发现金属晶体中存在霍尔效应,证实了电子具有粒子性。将金属或半导体放在垂直于它的匀强磁场中,沿垂直于磁场方向通以电流,则在垂直于磁场且垂直于电流方向的样品两个侧面会产生电势差。表征霍尔场的物理参数称为霍尔系数,定义

$$R_H = \frac{E_H}{J_x B_0} \tag{1.1}$$

式中,E_H 为霍尔场强度;J_x 为电流密度;B_0 为外加磁场磁通密度。由 $E_H = \dfrac{J_x B_0}{ne}$,可得出

$$R_H = \frac{1}{ne} \tag{1.2}$$

式中,n 为导体中的自由电子密度;e 为自由电子的电荷量。由式(1.2)可见,霍尔系数只与金属中的自由电子密度有关,霍尔效应证明了金属中存在自由电子,它是电荷的载体。

根据金属的原子价和密度,可以计算出金属单位体积中的自由电子数,即自由电子密度 n。设金属密度为 ρ,原子价为 Z,原子摩尔质量为 M,则自由电子密度为

$$n = Z \frac{\rho N_0}{M} \tag{1.3}$$

式中,N_0 为阿伏伽德罗常量。根据计算,如果金属中只存在自由电子一种载流子,那么霍

尔系数只能小于零;但是实验测试显示有些金属(比如锌)的霍尔系数是大于零的。由于当时的理论无法解释此现象,因此这些问题便推动人们对金属晶体中的电子状态展开持续研究。

(2) 电子的波动性

19 世纪末,人们确认光具有波动性,服从麦克斯韦(Maxwell)的电磁波动理论。利用波动学说可以解释光在传播中的偏振、干涉、衍射现象,但不能解释光电效应。1905 年爱因斯坦(Einstein)依照普朗克(Planck)的量子假设提出了光子理论,认为光是由一种微粒——光子组成的。频率为 ν 的光,其光子具有的能量为

$$E = h\nu \tag{1.4}$$

式中,$h = 6.6 \times 10^{-34}$ J·s,为普朗克常量。

利用光子理论可成功地解释光的发射和吸收现象。人们在对光的本性的研究中发现,光子这种微观粒子表现出双重性质——波动性和粒子性,这种现象被称为波粒二象性。在爱因斯坦光子理论和其他人工作的启发下,1924 年法国物理学家德布罗意(de Broglie)大胆提出一个假设,即"二象性"并不只限于光而具有普遍意义。他提出了物质波的假说:一个能量为 E、动量为 p 的粒子,同时也具有波性,其波长 λ 由动量 p 确定,频率 ν 则由能量 E 确定:

$$\lambda = \frac{h}{p} = \frac{h}{mv} \tag{1.5}$$

$$\nu = \frac{E}{h}$$

式中,m 为粒子质量;v 为自由粒子运动速度。由式(1.5)求得的波长称为德布罗意波长。

1927 年,美国贝尔电话实验室的戴维森(Davisson)和革末(Germer)在电子衍射实验中发现,电子束在镍单晶表面上反射时有干涉现象产生,这提供了电子波性的证据,证实了德布罗意的假设。之后的进一步实验证明,不仅电子具有波性,其他一切微观粒子如原子、分子、质子等都具有波性,其波长与式(1.5)计算的结果完全一致,从而肯定了物质波的假说。波粒二象性是一切物质(包括电磁场)所具有的普遍属性。

1.1.2 波函数

电子作为一种微观粒子具有波性。实验证明,电子的波动性就是电子波,是一种具有统计规律的概率波,它决定电子在空间某处出现的概率。既然概率波决定微观粒子在空间不同位置出现的概率,那么在 t 时刻,概率波应当是空间位置 (x, y, z) 的函数。此函数可写为 $\Phi(x, y, z, t)$ 或 $\Phi(r, t)$,称为波函数。由光的电磁波理论可以计算在一个有限的体积内,找到粒子的概率为

$$W = \int_V \mathrm{d}W = \int_V C \mid \Phi \mid^2 \mathrm{d}t \tag{1.6}$$

如果把体积扩大到粒子所在的整个空间,由于粒子总会在该区域出现,我们总是可以

在这个区域内找到这个粒子,那么找到粒子的概率便为 1,即 $W = \int_\alpha dW = C \int_\alpha |\Phi|^2 dt = 1$,于是有

$$C = \frac{1}{\int_\alpha |\Phi|^2 dt} \qquad (1.7)$$

令 $$\Psi = \sqrt{C}\Phi$$

则 $$\int_\alpha |\Psi|^2 dt = 1 \qquad (1.8)$$

式中,$\Psi(x,y,z,t)$ 称为归一化函数,此过程叫归一化。

波函数 Ψ 本身不能和任何可观察的物理量直接相联系,但 $|\Psi|^2$ 可以代表微观粒子在空间出现的概率密度。若用点子的疏密程度来表示粒子在空间各点出现的概率密度,$|\Psi|^2$ 大的地方点子较密,$|\Psi|^2$ 小的地方点子较疏,这种图形就叫"电子云"图。如果我们假设电子是绵延地分布在空间的云状物——"电子云",则 $\rho = -e|\Psi|^2$ 是电子云的电荷密度。这样,电子在空间的概率密度分布就是相应的电子云电荷密度的分布。当然,电子云只是对电子波动性的一种虚设图像性描绘,实际上电子并非真像"云"那样弥散在空间各处。但这样的图像对于讨论和处理许多具体问题,特别是对于定性解决问题很有帮助,所以沿用至今。

概率波的波函数可以描述微观粒子运动的状态,想要得到各种不同情况下描述微观粒子运动的波函数,需要知道此粒子随时间和空间变化的规律。于是,就出现了描述电子波的运动规律的方程——薛定谔方程。薛定谔方程是量子力学的核心方程,揭示了微观物理世界物质运动的基本规律。具有稳定运动状态的粒子可以使用定态薛定谔方程来描述,方程的每一解 $\Phi(x,y,z)$ 表示粒子运动可能有的稳定态,与这个解相对应的常数 E,就是粒子在这种稳态下具有的能量。如果不是研究定态问题,则应运用含时间的薛定谔方程式(非相对论的),它适用于运动速度小于光速的电子、中子、原子等微观粒子。

1.2 金属的自由电子理论

1.2.1 经典自由电子理论

人们对固体电子能量结构和状态的认识大致经历了三个阶段:经典自由电子理论阶段、量子自由电子理论阶段和能带理论阶段。经典自由电子理论主要代表人物是德鲁德(Drude)和洛伦兹(Lorentz)。该理论认为,金属原子聚集成晶体时,价电子脱离相应原子的束缚,在金属晶体中自由运动,故称它们为自由电子,并且认为它们的行为如理想气体一样,服从经典的麦克斯韦-玻尔兹曼(Maxwell-Boltzmann)统计规律。经典自由电子理论成功地计算出金属电导率,阐述了电导率和热导率的关系,但是由于过于简化,在以下

问题的解释方面遇到了困难：① 霍尔系数的"反常"现象；② 实际测量的电子平均自由程比经典自由电子理论估计值大许多；③ 金属电子比热容测量值只有经典自由电子理论估计值的 $\dfrac{1}{100}$；④ 金属导体、绝缘体、半导体导电性差异巨大。

1.2.2　量子自由电子理论

量子自由电子理论把量子力学的理论引入对金属电子状态的认识研究，形成了金属的费密-索末菲自由电子理论。该理论同意经典自由电子理论，认为价电子是完全自由的，同时认为自由电子的状态不服从麦克斯韦-玻尔兹曼统计规律，而是服从费密-狄拉克量子统计规律。故该理论利用薛定谔方程求解自由电子的运动波函数，计算自由电子的能量。

晶体中电子的状态和单个原子中电子的状态不同，特别是外层电子有显著变化。但是，晶体是由分立的原子凝聚而成的，两者的电子状态又必定存在着某种联系。下面以原子结合成晶体的过程定性地说明材料中的电子状态。

原子中的电子在原子核的势场和其他电子的作用下分列在不同的能级上，形成所谓的电子壳层，不同支壳层的电子分别用 1s，2s，2p，3s，3p，3d，4s 等符号表示。每一支壳层对应于确定的能量。当原子相互接近形成晶体时，不同原子的内外各电子壳层之间就有了一定程度的交叠，相邻原子最外壳层交叠较多，内壳层交叠最少。原子组成晶体后，由于电子壳层的交叠，电子不再完全局限于某一个原子，而是可以由一个原子转移到相邻的原子上去。因而，电子可以在整个晶体中运动，这种运动称为电子的共有化运动。但必须注意的是，各原子中相似壳层上的电子才有相同的能量，因此电子只能在相似壳层间转移。也就是说，共有化运动是由不同原子的相似壳层间的交叠产生的，例如，2s 支壳层的交叠，3s 支壳层的交叠。下面详细讨论自由电子的能级问题。

（1）金属中自由电子的能级

先讨论一维的情况。假设在长度为 L 的金属丝中有一个自由电子在运动。自由电子模型认为金属晶体内的电子与离子没有相互作用，其势能不是位置的函数，即电子势能在晶体内的任何位置都一样，可以取 $U(x)=0$；由于电子不能逸出金属丝外，则在边界处，势能无穷大，即 $U(0)=U(L)=\infty$。这种处理方法称为一维势阱模型。由于我们讨论的是电子稳态运动情况，所以在势阱中电子运动状态应满足定态薛定谔方程。由式（1.5）可知

$$E=\frac{h^{2}}{2m\lambda^{2}}=\frac{\hbar^{2}}{2m}K^{2} \tag{1.9}$$

式中，$K=\dfrac{2\pi}{\lambda}$ 称为波数；$\hbar=\dfrac{h}{2\pi}=1.05\times10^{-34}$ J·s。

根据定态薛定谔方程，并考虑到边界条件，结合自由电子的波函数

$$\varPhi(x)=\sqrt{2/L}\sin\frac{2\pi}{\lambda}x=\sqrt{2/L}\sin\frac{\pi n}{L}x \tag{1.10}$$

可得出

$$E = (h^2/8mL^2)n^2 = \frac{\hbar^2\pi^2}{2mL^2}n^2 \tag{1.11}$$

由于 n 只能取正整数,所以由式(1.11)可见,金属丝中自由电子的能量不是连续的,而是量子化的。

根据类似分析,同样可以算出自由电子在三维空间运动的波函数。设一个电子在边长为 L 的立方体内运动。结合三维定态薛定谔方程,因势阱内 $U(x,y,z)=0$,故该式变为

$$\frac{\partial^2\varphi}{\partial x^2} + \frac{\partial^2\varphi}{\partial y^2} + \frac{\partial^2\varphi}{\partial z^2} + \frac{8\pi m}{h^2}E\varphi = 0 \tag{1.12}$$

式(1.12)为二阶偏微分方程,采用分离变量法解之,可以计算出自由电子在三维空间运动的波函数,具体函数为

$$E_n = \frac{h^2}{8mL^2}(n_x^2 + n_y^2 + n_z^2) \tag{1.13}$$

由式(1.13)可知,决定自由电子在三维空间中的运动状态需要确定三个量子数 n_x,n_y,n_z,其中每个量子数可独立地取 1,2,3…中的任何值。

由此可知,金属晶体中自由电子的能量是量子化的,其各分立能级组成不连续的能谱,由于能级间能量差很小,故又称之为准连续谱。值得注意的是,某些三个不同量子数组成的不同波函数,却对应同一能级。例如,设 $n_x = n_y = 1, n_z = 2$;$n_x = n_z = 1, n_y = 2$;$n_y = n_z = 1, n_x = 2$。三组量子数对应的波函数分别是

$$\varphi_{112}(x,y,z) = A\sin\frac{\pi x}{L}\sin\frac{\pi y}{L}\sin\frac{2\pi z}{L}$$

$$\varphi_{121}(x,y,z) = A\sin\frac{\pi x}{L}\sin\frac{2\pi y}{L}\sin\frac{\pi z}{L}$$

$$\varphi_{211}(x,y,z) = A\sin\frac{2\pi x}{L}\sin\frac{\pi y}{L}\sin\frac{\pi z}{L}$$

但它们对应同一能量数值(能级)

$$E = \frac{h^2}{8mL^2}(n_x^2 + n_y^2 + n_z^2) = \frac{6h^2}{8mL^2} \tag{1.14}$$

若几个状态(不同波函数)对应于同一能级,则称它们为简并态。上例中三种状态对应同一能级,则称之为三重简并态。考虑到自旋,故金属中自由电子至少是二重简并态。

(2)自由电子的能级分布

金属中自由电子的能量是量子化的,构成准连续谱。金属中大量的自由电子是怎样占据这些能级的呢?理论和实验证实,电子的分布服从费密-狄拉克统计规律。能量为 E 的状态被电子占有的概率 $f(E)$ 由费密-狄拉克分配律决定,即

$$f(E) = \frac{1}{\exp\left(\dfrac{E - E_F}{kT}\right) + 1} \tag{1.15}$$

式中,E_F 为费密能;k 为玻尔兹曼常数;T 为热力学温度,K。$f(E)$ 为费密分布函数。根

据能量 E 的能级密度 $Z(E)$，并利用费密分布函数，可以求出能量 $E+\mathrm{d}E$ 和 E 之间分布的电子数。

$$\mathrm{d}N = Z(E)f(E)\mathrm{d}E = \frac{C\sqrt{E}\,\mathrm{d}E}{\exp\left(\dfrac{E-E_\mathrm{F}}{kT}\right)+1} \tag{1.16}$$

温度对电子分布产生一定的影响。

① 当 $T=0\ \mathrm{K}$ 时，根据式(1.15)：

若 $E>E_\mathrm{F}$，则 $f(E)=0$；若 $E\leqslant E_\mathrm{F}$，则 $f(E)=1$。

图 1.1 所示是费密分布函数的图像。该图像说明，在 $0\ \mathrm{K}$ 时，能量小于和等于 E_F^0 的能级全部被电子占满，能量大于 E_F^0 的能级全部空着。因此，费密能表示 $0\ \mathrm{K}$ 时基态系统电子所占有的能级最高的能量。

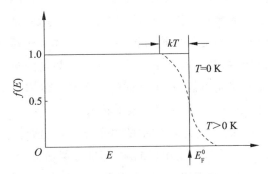

图 1.1　费密分布函数图像

② 当 $T>0\ \mathrm{K}$ 时，$E_\mathrm{F}\gg kT$（室温时 kT 大致为 $0.025\ \mathrm{eV}$，金属在熔点以下都满足此条件）。

当 $E=E_\mathrm{F}$ 时，$f(E)=\dfrac{1}{2}$。

当 $E<E_\mathrm{F}$ 时，

$$\begin{cases} E\ll E_\mathrm{F}, & f(E)=1 \\ E_\mathrm{F}-E\leqslant kT, & f(E)<1 \end{cases}$$

当 $E>E_\mathrm{F}$ 时，

$$\begin{cases} E\gg E_\mathrm{F}, & f(E)=0 \\ E-E_\mathrm{F}\leqslant kT, & f(E)<\dfrac{1}{2} \end{cases}$$

于是获得温度高于 $0\ \mathrm{K}$，但又不是特别高时的费密分布函数曲线图像（见图 1.1）。此图具有重要意义，说明金属温度在熔点以下时，虽然自由电子都受到热激发，但只有能量在 E_F 附近 kT 范围内的电子吸收能量，从 E_F 以下能级跳到 E_F 以上能级。即温度变化时，只有一小部分的电子受到温度的影响，所以量子自由电子理论正确解释了金属电子比热容较小的原因,其值只有经典自由电子理论估计值的 $\frac{1}{100}$。

在温度高于 0 K 条件下,对电子平均能量和 E_F 的近似计算表明,此时平均能量略有提高,而 E_F 值略有下降,减小值数量级为 10^{-5},即

$$E_F = E_F^0 \left[1 - \frac{\pi^2}{12} \left(\frac{kT}{E_F^0} \right)^2 \right]$$

故可以认为金属费密能不随温度变化。

1.3 能带理论

量子自由电子理论虽然能解释金属的某些性质,但是在解释和预测实际问题时仍然遇到不少困难,如不能很好地解释不同金属的导电能力的差别(镁是二价金属,为什么导电性比一价金属铜还差?),也不能很好地解释导体、半导体和绝缘体的差别。实际上,一个电子是在晶体中所有离子和其他所有电子共同产生的势场中运动的,它的势能不能简单地看成常数,而是位置的周期函数,对于这样的一个复杂的多体运动问题,很难得到精确解,所以,只能采用近似处理的方法来研究电子状态。

人们采用"单电子近似法"来处理晶体中的电子能谱,用这种方法求出的电子在晶体中的能量状态,将在能级的准连续谱上出现能隙,即准连续谱分为禁带和允带。用单电子近似法处理晶体中的电子能谱的理论,称为能带理论。能带理论是目前应用较多的近似理论,也是半导体材料和器件发展的理论基础,在金属领域中应用可以半定量地解决问题。

能带理论与量子自由电子理论的相同之处在于,它们都把电子的运动看作基本独立的运动,不同之处在于能带理论考虑了晶体原子的周期性势场对电子运动的影响。下面介绍采用单电子近似法得到的电子能谱。

晶体中的电子是在一个周期性势场中运动的,在一维情况下,这个势场的势能可表示为

$$E_p(x) = E_p(x+\alpha) = E_p(x+2\alpha) = \cdots = E_p(x+n\alpha) \tag{1.17}$$

式中,α 为晶格常数;n 为任意整数。因而在一维晶体中运动的电子应该遵守下述定态薛定谔方程:

$$\frac{d^2}{dx^2} \varphi(x) + \frac{2m}{\hbar^2} [E - E_p(x)] \varphi(x) = 0 \tag{1.18}$$

该式是一维晶体中电子运动的基本方程。

要得出该方程,需要做如下假设以进行简化:① 点阵是完整的;② 晶体无穷大,不考虑表面效应;③ 不考虑离子热运动对电子运动的影响;④ 每个电子独立地在离子势场中运动(若考虑电子间的相互作用,其结果有显著差别)。

布洛赫(Bloch)证明了这个方程的解具有下列形式：

$$\varphi(x) = e^{ikx} f(x) \tag{1.19}$$

式中，$f(x)$ 是位置 x 的周期函数，与晶格和 $E_p(x)$ 的周期相同，即有

$$f(x) = f(x + a) = \cdots = f(x + na) \tag{1.20}$$

式中，n 为任意整数。所以，电子在周期势场中的波函数是受晶体周期势场影响的调幅波。

1.3.1　电子能谱

为了更清晰地解释电子运动带来的能级变化，根据薛定谔方程画出自由电子能量 E 与波矢量 K 的关系曲线，如图 1.2a 所示。

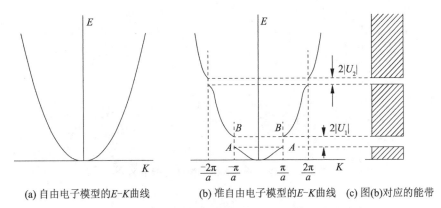

(a) 自由电子模型的 $E\text{-}K$ 曲线　　(b) 准自由电子模型的 $E\text{-}K$ 曲线　(c) 图(b)对应的能带

图 1.2　晶体中自由电子能量 E 与波矢量 K 的关系

而准自由电子受到周期势场作用之后，其 $E\text{-}K$ 关系变为图 1.2b 所示的情况。此时，准自由电子的能量不同于自由电子的能量。金属和其他固体性质的许多差别，正是源于这种效应。由图可见，在 $K = \pm \dfrac{n\pi}{a}(n = 1, 2, 3 \cdots)$ 处，能量 E 不连续，发生突变，从而形成电子能够占据的能量区域（称为"允带"，也称"布里渊区"）和不允许电子占据的能量区域（称为"禁带"），允带中的能级不是连续的，但其能级间的间隔与禁带相比小得多，故可视为准连续。

1.3.2　导体、半导体、绝缘体的能带结构和区别

利用晶体能带理论解释导体、半导体、绝缘体导电性的巨大差别是能带理论初期发展的重大成就。通过能带理论可以比较清晰地说明材料为什么有导体、半导体和绝缘体的差别，如图 1.3 所示。对于绝缘体材料，其能带结构如图 1.3a 所示，电子全部填充到某个允带，而该允带上方的其他允带则完全空着，没有电子。填满电子的允带称为"满带"，满带电子不导电；完全没有电子的允带称为"空带"。与绝缘体能带结构类似的半导体能带结构如图 1.3b 所示，不同之处在于半导体的禁带宽度 E_g 较窄，因此，在不是过高的温度下，满带中的部分电子受热运动的影响被激发而越过禁带，进入上面的空带中形成自由电

子,从而产生导电能力。温度越高,满带中的电子越过禁带的机会越多,材料导电能力越强。在满带中的电子越过禁带进入上面的空带中的同时,下面的满带中产生一个空的能级位置(称为"空穴"),这样满带中其他较高能级的电子可以跃迁到这个空穴中来,因而,该满带中的电子也能够参与导电。在外加电场时,空穴沿着与电子运动相反的方向移动,相当于正电荷移动,它形成的电流称为"空穴电流"。图1.3c所示是导体的能带图,满带上面的允带有一部分能级被电子填充,另一部分能级空着,这种允带称为"导带",有外加电场时导带中的电子便能跃迁到能量较高的能级上形成电流,所以导带有较好的导电性。

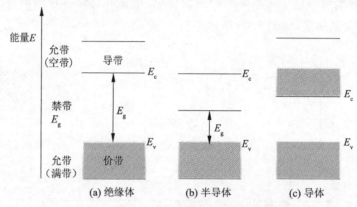

图 1.3 导体、半导体和绝缘体的能带区分

1.3.3 能带理论对元素周期表中固体金属导电性的分析

首先,元素周期表中ⅠA族碱金属 Li,Na,K,Rb,Cs,ⅠB族的 Cu,Ag,Au形成晶体时,最外层的 s 电子成为传导电子,且根据前面的讨论知,其价带只能填充至半满。因此,它们都是良导体,电阻率只有 $10^{-6} \sim 10^{-2}$ Ω·cm。

二价元素,如周期表中ⅡA族碱土族 Be,Mg,Ca,Sr,Ba,ⅡB族的 Zn,Cd,Hg形成晶体时,若每个原子给出 2 个价电子,则得到填满的能带结构,因此它们应该是绝缘体。对一维情况确是这样,但在三维晶体情况下,由于能带之间发生重叠,在费密能级以上不存在禁带,因此二价元素也是金属。

三价元素 Al,Ga,In,Tl 每个单胞含有一个原子,每个原子给出 3 个价电子,因此,可填满一个带和一个半满的带,故也是金属。As,Sb,Bi 每个原子外围有 5 个电子,其原胞具有 2 个原子,这种晶体结构使 5 个带填充 10 个电子已几乎全满,带中电子突出的少,因此,称为半金属,传导电子浓度只有 10^{24} 个/m^3,比一般金属少 4 个数量级。

四价元素具有特殊性。导带是空的,价带完全填满,中间有能隙 E_g,但是能隙 E_g 较小,Ge 和 Si 的能隙 E_g 分别为 0.67 eV 和 1.14 eV。室温下,价带电子受热激发进入导带,成为传导电子,且随着温度的升高,导电性增强。因此,它们在低温下是绝缘体,室温下成为半导体。

离子晶体一般为绝缘体,例如,NaCl 晶体中的 Na^+ 的 3s 电子转移到 Cl^- 中,则 Na^+ 的

3s 轨道是空的,Cl^- 的 3p 轨道是满的,从满带到空带有 10 eV 的禁带,热激发不能使电子进入导带,因此它是绝缘体。正是这样,晶体的周期性势场使不同结构的晶体具有不同能带结构,这也是导体、半导体和绝缘体导电性差别巨大的原因。

碱金属电子壳层结构是半满的,因此具有良好的导电性。贵金属(除了 Os,Ir,Pd 外)最外层电子结构为 ns^1,有与碱金属类似的电子壳层结构,但与碱金属相比存在充满电子的 d 壳层,而典型的碱金属 K,Na 等的 d 壳层是空的。贵金属 d 壳层已充满电子,不容许外来电子再填充进去,故 2 个充满的 3d 壳层相互靠近时,会产生很大的排斥力,因此,K,Na 等金属的压缩系数比 Cu,Ag,Au 的压缩系数大 50~100 倍。贵金属的费密面也接近球形,但畸变比较严重。

过渡族金属元素的电子壳层结构具有未满的 3d,4d,5d 壳层。它们与贵金属电子壳层结构的主要差别是,前者的原子具有未满的 d 壳层,后者的原子具有充满的 d 壳层。过渡族金属的结合能特别高。表 1.2 中列出了过渡族金属 Ni,Pd 和 Pt 与相邻金属 Cu,Ag,Au 的结合能以及它们的原子外层电子结构。从表中可见,过渡族金属 Ni,Pd,Pt 的结合能比其相邻的金属 Cu,Ag,Au 的结合能大得多。

表 1.2　过渡金属及贵金属的结合能

元素	外层电子结构	结合能/$(10^5\ J \cdot mol^{-1})$
Ni	$3d^8 4s^2$	3.56
Pd	$4d^{10}$	4.16
Pt	$5d^9 6s^1$	5.32
Cu	$3d^{10} 4s^1$	3.39
Ag	$4d^{10} 5s^2$	2.85
Au	$5d^{10} 6s^1$	3.86

可以假定过渡族金属与相邻金属的能带形状大致相同,其结合能的差别可由电子在能带中的填充情况来解释。d 壳层的半径比外面 s 价电子所处壳层半径小很多。当金属原子互相靠近形成晶体时,d 壳层的电子云相互重叠较少,而 s 价电子壳层重叠特别多。因此 s 壳层很宽,能量上限高,可容纳的电子数少[共可容纳 $2N$ 个电子(N 为组成晶体的原子数)];相比之下,d 壳层又低又窄,可以容纳的电子数多(共可容纳 $10N$ 个电子)、能级密度大(d 壳层比 s 壳层能级密度大许多)。因为 3d 和 4s 壳层有交叠,故研究电子在能带中的填充情况时,要同时考虑到 3d 电子和 4s 电子。

现以 Cu 和 Ni 为例说明电子填充情况。每个 Ni 原子的 3d 和 4s 电子数共 10 个,3d 带没填满,4s 壳层和 3d 壳层的交叠部分填充到同样程度;每个 Cu 原子的 3d 和 4s 电子数共计 11 个,3d 壳层填满后,又填 4s 壳层至半满,4s 壳层能量高出 3d 壳层很多。这是因为 4s 壳层很宽,能带密度很小,每多填一个电子,电子能量就增加很多。这样,虽然 Cu 只比 Ni 多一个电子,但其电子费密能级却比 Ni 高许多,故 Ni 的结合能比 Cu 大。总之,过渡族金属的 d 壳层不满,且能级低而密,可容纳较多的电子,常夺取能级较高的 s 壳层中的电子,从而降低费密能级。据测 Ni 的 s 壳层只有 0.54 个电子,其余 1.46 个电子被夺到 3d 壳层中去了。过渡族金属所具有的特殊物性,如结合能大、高热容、高电阻率、铁磁性及磁性反常等都与其电子能带结构有关。

 复习题

1. 阐述金属自由电子理论的发展过程。

2. 导体、半导体和绝缘体导电性不同的根本原因是什么? 请用晶体能带理论解释说明。

3. 用能带理论解释金属铜和镍导电性不同的原因。

4. 过渡族金属所具有的特殊物理性能与电子能带结构有何关系?

编写人:袁妍妍

第 2 章

材料的电学性能

本章导学

　　电学性能是材料的重要性能之一,主要包括金属材料、半导体材料、绝缘材料以及超导材料的电学性能。本章主要讲述电学性能相关物理量的概念和物理意义、导电机制等,分析电学性能在材料研究中的应用。学习过程中应重点掌握电子导电和离子导电,本征半导体和杂质半导体的本质和区别,理解影响材料电导率的因素,明确超导体的特性和评价指标,思考如何用理论知识解决实际工程问题。

2.1　材料的导电性

　　材料的导电性是指在电场作用下,材料中带电粒子发生定向移动从而产生电流的现象。电流是电荷的定向运动,因此有电流必须有电荷输运过程。电荷的载体称为载流子。载流子可以是电子、空穴,也可以是正离子、负离子。因此,载流子为电子的电导称为电子电导;载流子为离子的电导称为离子电导。电子导电和离子导电具有不同的物理效应,由此可以确定材料的导电性质。

　　电子电导的特征是霍尔效应,可以利用霍尔效应来检验材料是否存在电子电导;离子电导的特征是电解效应(离子的迁移伴随着一定的质量变化,离子在电极附近发生电子得失而形成新的物质,这就是电解效应),可以利用电解效应检验材料中是否存在离子电导及判定载流子是正离子还是负离子。

2.1.1　电子导电

　　电子导电的载流子是电子或者空穴,电子导电主要发生在导体和半导体中。下面以金属材料为例,介绍导电机制、电子迁移率、电子电导率(电阻率)等电学物理量。

2.1.1.1 导电机制

金属电导率最初是由经典自由电子理论推导得出的,其表达式如下:

$$\sigma = \frac{ne^2 l}{m\bar{v}} \tag{2.1}$$

式中,m 为电子质量;$\bar{v}$ 为电子运动平均速度;n 为电子密度;e 为电子电量;l 为平均自由程。式(2.1)是以所有自由电子都对金属电导率做出贡献为假设推出的。其后,量子自由电子理论的出现解释了只有在费密面附近能级的电子才会对金属导电做出贡献。最后,利用能带理论严格导出了电导率表达式

$$\sigma = \frac{n_{\text{ef}}e^2 l_{\text{F}}}{m^* v_{\text{F}}} \tag{2.2}$$

式中,l_{F} 为实际参加传导电子的平均自由程。式(2.2)与式(2.1)相比有两处变化:① $n \to n_{\text{ef}}$,n_{ef} 表示单位体积内实际参加传导过程的电子数。② $m \to m^*$,m^* 表示电子的有效质量,它是考虑晶体点阵对电场作用的结果。式(2.2)不仅适用于金属,也适用于非金属,它能完整地反映晶体导电的物理本质。

2.1.1.2 电子迁移率

物体导电现象的微观本质是载流子在电场作用下的定向迁移,载流子的迁移率关系着物体导电的好坏。载流子迁移率

$$\mu = \frac{v}{E} \tag{2.3}$$

其物理意义为载流子在单位电场中的迁移速度。由此,电导率可写成

$$\sigma = neu \tag{2.4}$$

以金属中的电子迁移率为例讨论电子电导,在外电场的作用下,金属中的自由电子可被加速,其加速度为

$$a = \frac{eE}{m_e} \tag{2.5}$$

式中,e 为电子电量;m_e 为电子质量;E 为电场强度。

实际上导体都是有电阻的,电阻的产生是由于电子运动时受到完整性遭到破坏的晶体点阵影响引起非弹性碰撞,从而造成电子运动受阻。在电场作用下,电子不会无限地加速,速度不会无限变大。可假定电子因和声子、杂质缺陷相碰撞而散射。发生碰撞的瞬间,由于电子向四面八方散射,因而,对大量电子而言,电子在前进方向上的平均迁移速度为 0,又由于电场的作用,电子仍被加速,获得定向速度。若每两次碰撞之间的平均时间为 2τ,则电子的平均速度为

$$\bar{v} = \frac{e\tau E}{m_e} \tag{2.6}$$

自由电子的迁移率 μ_e 为

$$\mu_e = \frac{\bar{v}}{E} = \frac{e\tau}{m_e} \tag{2.7}$$

式中，e 为电子电量；m_e 为电子质量；E 为电场强度；τ 为弛豫时间，τ 与晶格缺陷及温度有关，温度越高，晶体缺陷越多，电子散射概率越大，τ 越小。

第 1 章中已经谈到实际晶体中的电子不是"自由"的。对于半导体和绝缘体中的电子能态，必须用量子力学理论来描述。这里引入电子有效质量 m^* 的概念，意思是电子受晶格场的作用。因此晶格场中的电子迁移率 μ_e 为

$$\mu_e = \frac{e\tau}{m^*} \tag{2.8}$$

式中，e 为电子电量；m^* 为电子的有效质量，决定于晶格$\Big($氧化物的 m^* 一般为 m_e 的 $2\sim$ 10 倍；碱性盐的 $m^* = \dfrac{m_e}{2}\Big)$；$\tau$ 为电子平均自由运动时间。

τ 除与晶格缺陷有关外，还受温度 T 的影响。其值是由载流子的散射强弱决定的，载流子散射越弱，τ 越长，迁移率 μ 就越高。掺杂浓度和温度对 μ 的影响，本质上是对载流子散射强弱的影响。形成散射的原因主要有两方面：① 晶格散射。在掺杂半导体中，μ 值随温度 T 的升高而大幅度下降。② 电离杂质散射。杂质原子和晶格缺陷都可以对载流子产生一定的散射作用。其中，由电离杂质产生的正、负带电中心对载流子有吸引或排斥作用，载流子经过带电中心附近时就会发生散射。电离杂质散射与掺杂浓度有关，掺杂越多，被散射的机会就越大。另外，散射强弱还与温度有关，温度升高，因载流子运动速度增大，受到的吸引、排斥作用相对较小，散射较弱。所以，在高掺杂时，由于电离杂质散射随温度变化的趋势与晶格散射相反，因此，迁移率随温度变化较小。

2.1.1.3　电子电导率

表征材料电性能的主要参量是电导率。电导率的定义可以由欧姆定律给出：当施加的电场产生电流时，电流密度 J 正比于电场强度 E，其比例常数 σ 即为电导率，即

$$J = \sigma E \tag{2.9}$$

又知

$$R = \rho \frac{L}{S} \tag{2.10}$$

式中，L，S 分别为导体的长度和截面积；R，ρ 分别为导体的电阻与电阻率，后者与材料本质有关，是表征材料导电性能的重要参数。电阻率 ρ 的单位是 $\Omega \cdot m$，有时也用 $\Omega \cdot cm$ 或 $\mu\Omega \cdot cm$，工程技术上也常用 $\Omega \cdot mm^2/m$。它们之间的换算关系为

$$1\ \mu\Omega \cdot cm = 10^{-8}\ \Omega \cdot m = 10^{-6}\ \Omega \cdot cm = 10^{-2}\ \Omega \cdot mm^2/m$$

电阻率与电导率的关系为 $\sigma = \dfrac{1}{\rho}$，σ 的单位为西门子每米，即 S/m。

工程中也用相对电导率（$IACS\% = \dfrac{\sigma}{\sigma_{Cu}} \times 100\%$）表征导体材料的导电性能。把国际标准软纯铜（在室温 20 ℃下电阻率 $\rho = 0.01724\ \Omega \cdot mm^2/m$）的电导率作为 100%，其他导体材料的电导率与之相比的百分数即为该导体材料的相对电导率。例如，Fe 的 $IACS\%$ 为

17％，Al 的 IACS％为 65％。

2.1.2 离子导电

离子导电是带电荷的离子载流子在电场作用下定向运动形成的导电过程。从离子型晶体看,离子导电可以分为两种情况:一类是晶体点阵的基本离子因热振动而离开晶格,形成热缺陷,这种热缺陷无论是离子还是空位都可以在电场作用下成为导电的载流子,参加导电,这种导电称为本征导电;另一类是参加导电的载流子主要是杂质,因而称为杂质导电。一般情况下,由于杂质离子与晶格联系弱,所以在较低温度下杂质导电表现显著,而本征导电在高温下才成为导电的主要表现。

2.1.2.1 离子导电理论

离子导电可以认为是离子类载流子在电场作用下,在材料内进行长距离的迁移。载流子一定是材料中最易移动的离子。例如,对于硅化物玻璃,可移动的载流子一般是 SiO_2 基体中的一价阳离子。在多晶陶瓷材料中,晶界处碱金属离子的迁移是离子导电的主体。同样,碱金属离子的迁移也是快离子导体主要的导电机制。

2.1.2.2 离子导电与扩散

离子的尺寸和质量都比电子大,在固体中其运动方式是从一个平衡位置跳跃到另一平衡位置。因此,从另一个角度讲,离子导电是离子在电场作用下的扩散现象。如果其扩散路径畅通,离子扩散系数就高,电导率也就高。表征这一现象的方程称为能斯特-爱因斯坦(Nernst-Einstein)方程。其推导过程如下:

若设载流子离子浓度梯度 $\dfrac{\partial n}{\partial x}$ 所形成的电流密度为 J_1,则

$$J_1 = -Dq\,\frac{\partial n}{\partial x} \tag{2.11}$$

式中,n 为载流子单位体积浓度;x 为扩散距离;q 为离子电荷量;D 为扩散系数。

当存在电场 E 时,其产生的电流密度 J_2 可用欧姆定律的微分形式表示,即

$$J_2 = \sigma E = \sigma\,\frac{\partial V}{\partial x} \tag{2.12}$$

式中,σ 为电导率,V 为电位。浓度梯度热扩散和电场同时存在时,总电流密度应为

$$J_i = -Dq\,\frac{\partial n}{\partial x} - \sigma\,\frac{\partial V}{\partial x} \tag{2.13}$$

根据玻尔兹曼(Boltzmann)分布,存在电场时载流子单位体积浓度表示为

$$n = n_0 \exp(-qV/kT) \tag{2.14}$$

式中,n_0 为常数;k 为玻尔兹曼常数;T 为热力学温度。因此,载流子离子浓度梯度为

$$\frac{\partial n}{\partial x} = -\frac{qn}{kT} \cdot \frac{\partial V}{\partial x} \tag{2.15}$$

将式(2.15)代入式(2.13),并且在热平衡条件下,可以认为

$$J_i = 0 = \frac{nDq^2}{kT} \cdot \frac{\partial V}{\partial x} - \sigma \cdot \frac{\partial V}{\partial x} \qquad (2.16)$$

$$\sigma = D \times \frac{nq^2}{kT} \qquad (2.17)$$

式(2.17)在离子电导率和离子扩散系数之间建立了联系,称为能斯特-爱因斯坦方程。根据电导率 $\sigma = nq\mu$ 和式(2.17)可以得到

$$D = \frac{\mu}{q} kT = BkT \qquad (2.18)$$

式中,μ 为离子迁移率;B 为离子绝对迁移率,即 $B = \dfrac{\mu}{e}$。

2.1.2.3　离子导电的影响因素

(1) 温度的影响

电导率与温度有如下关系:

$$\ln \sigma = A - \frac{B}{T} \qquad (2.19)$$

可以看出,温度是以指数形式影响材料的电导率的。随着温度的升高,材料电导率的对数的斜率会发生变化,即出现拐点,显著地把 $\ln \sigma - T^{-1}$ 曲线分为两部分,即高温区的本征导电和低温区的杂质导电部分,如图 2.1 所示。在分析 $\ln \sigma - T^{-1}$ 曲线时,曲线出现拐点并不一定是离子导电机制变化,也可能是导电载流子种类发生变化,例如刚玉在低温下是杂质离子导电,而高温时则是电子导电。

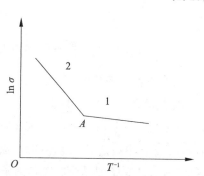

图 2.1　温度对离子导电的影响

(2) 离子性质与晶体结构的影响

离子性质与晶体结构对离子导电的影响是通过改变导电激活能实现的。那些熔点高的晶体,其结合力大,相应的导电激活能也高,电导率就低。研究碱卤化合物的导电激活能发现,随着负离子半径的增大,其正离子激活能显著降低。例如,NaF 的激活能为 216 kJ/mol,NaCl 的激活能为 169 kJ/mol,而 NaI 的激活能只有 118 kJ/mol,因此 NaI 的电导率更高。此外,一价正离子尺寸小,荷电少,激活能低,电导率就高;高价正离子,价键强,激活能高,迁移率低,电导率也就低。

晶体结构对于离子导电的影响在于能否提供利于离子移动的"通路",也就是说,如果晶体结构有较大间隙,离子易于移动,其激活能就低。这在固体电解质中看得更清楚,图 2.2 给出了不同半径的二价离子在 $20Na_2O \cdot 20MO \cdot 60SiO_2$ 玻璃中对其电阻率的影响(MO 代表不同半径的二价离子氧化物)。

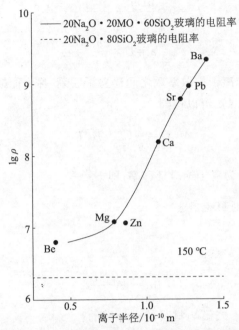

图 2.2　不同半径的二价离子对玻璃电阻率的影响

（3）点缺陷的影响

理想晶体不存在点缺陷。但是热激活会使晶体产生肖特基（Shottky）缺陷（V''_M 和 V''_X）或弗仑克尔（Frenkel）缺陷（M''_i 和 V''_M）。同样，不等价固溶掺杂也会形成晶格缺陷，如 AgBr 中掺杂 $CdBr_2$，从而生成缺陷 Cd_{Ag} 和 V_{Ag}。也可能是由于晶体所处环境气氛发生变化，使离子型晶体的正负离子的化学计量比发生改变，所以生成晶格缺陷。例如稳定型 ZrO_2，由于氧的脱离而生成氧空位 V_o。

根据电中性原则，产生点缺陷（也就是离子型缺陷）的同时，也会出现电子型缺陷，它们都会显著影响电导率。

2.1.2.4　快离子导体

（1）快离子导体的一般特征

完全或主要由离子迁移而导电的固态导体，称为固体电解质。有些固体电解质的电导率比正常离子化合物的电导率高出几个数量级，通常称它们为快离子导体（fast ionic conductor）、最佳离子导体（optimized ionic conductor）或超离子导体（superionic conductor）。一般可以把快离子导体分成三组：① 银和铜的卤族及硫族化合物，金属原子在这些化合物中键合位置相对随意；② 具有 β-氧化铝结构的高迁移率的单价阳离子氧化物；③ 具有氟化钙（CaF_2）结构的高浓度缺陷氧化物，如 $CaO \cdot ZrO_2$、$Y_2O_3 \cdot ZrO_2$。

图 2.3 给出了快离子导体电导率的范围及其应用。图的中间为电导率对数标尺，两边为电子、离子导电材料。

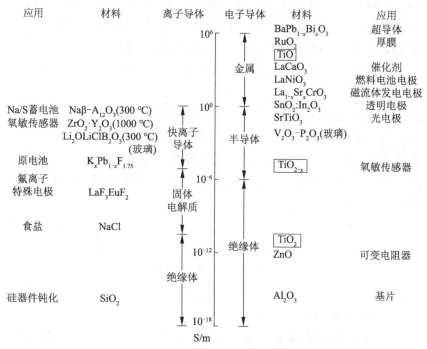

图 2.3　快离子导体的电导率及其应用

某些快离子导体由纯阳离子导电,例如 β-氧化铝,它是非化学计量比铝酸盐家族中最重要的成员。其他成员为 β'-氧化铝和 β''-氧化铝。β-氧化铝代表的化学式为 $AM_{11}O_7$,其中 A 为阳离子,有一价离子,可移动性最大,它们可以是 Na^+,K^+,Ag^+,Ti^+ 或 Li^+ 离子等。通常快离子导电的载流子就是这些正离子。同样具有 β-氧化铝结构的亚铁磁性材料 $KF_{11}O_7$ 为离子和电子混合导电,因为含有 Fe^{2+} 和 Fe^{3+} 混合离子,故用于制作电池的电极;而用 CaO 稳定的 ZrO_2 则几乎完全是阴离子 O^{2-} 导电。表 2.1 列出了几种快离子导体的电导率和激活能。

表 2.1　几种快离子导体的电导率和激活能

材料	电导率 $\sigma/(\Omega^{-1} \cdot cm^{-1})$	激活能 $\Delta G_{dc}/eV$	熵/$(4.18 \times 10^3 \ J \cdot mol^{-1})$
α-AgI	1(150 ℃)	0.05	1.15
Ag_2S	3.8(200 ℃)	0.05	1.15
CuS	0.2(400 ℃)	0.25	5.75
β-氧化铝	0.35(300 ℃)	0.17	3.91
$ZrO_2 + 10\%Sc_2O_3$	0.25(1000 ℃)	0.65	14.95
$Bi_2O_3 + 25\%Y_2O_3$	0.16(700 ℃)	0.60	13.80

晶体结构的特征决定其导电的离子类型和电导率的大小。一般来说,结构上亚晶格是无序的并且具有空位。例如,在化合物 $Na_3Zr_2PSi_2O_{12}$ 中,三维无序并具有离子迁移。

对于 β-氧化铝（$Na_2O \cdot 11Al_2O_3$），Na^+ 传导是在二维缺陷中进行的，而 $LiAlSiO_4$ 的迁移路径在一维方向进行。总之，这些快离子导体的结构都具有以下四个特征。

① 晶体结构的主体是由一类占有特定位置的离子构成的。

② 具有大量的空位，这些空位的数量远大于可移动的离子数。因此，在无序的晶格里总是存在可供迁移离子占据的空位。

③ 亚晶格点阵之间具有近乎相等的能量和相对低的激活能。

④ 在点阵间总是存在通路，以至于离子沿着有利的路径平移。

对于某些快离子导体，特别是满足化学计量比的化合物，在低温下存在传导离子有序结构；在较高温度下亚晶格结构变为无序，如同液态下的离子运动一样很容易发生。有些缺陷化合物甚至可在低温下发生无序。

（2）立方稳定的氧化锆（CSZ）

纯的氧化锆是从 $ZrSiO_4$ 锆矿中以化学方法提取出来的。它具有三种晶体结构：单斜、四方和立方结构。在 1170 ℃以下，单斜晶体结构是稳定的，在 1170～2370 ℃时呈四方晶体结构，在 2370～2680 ℃时立方晶体结构是稳定的。通过加入低价离子代替部分锆可以把立方晶体结构稳定到室温。

立方 ZrO_2 具有萤石的结构，O^{2-} 离子排成简单立方体结构，在点阵的 1/2 处占据着 Zr^{4+} 间隙原子。低价阳离子置换 Zr^{4+} 导致 O^{2-} 离子空位的形成。空位使结构更加稳定，但是同时导致空位在氧的亚晶格中产生高的迁移率。

2.2　半导体的电学性能

晶体管的发明和微电子线路的出现，引发了电子工业革命。现在，电子器件生产成本大大降低，各类器件的精密度越来越高，电子计算机已经广泛应用于生产生活领域，人类随之进入信息时代。

半导体材料有元素半导体，如 Si 和 Ge 半导体；有化合物半导体，如 Ⅲ-Ⅴ 族的 GaAs，InP，GaP，Ⅱ-Ⅵ 族的 CdS，CdSe，CdTe，ZnO 等。实际上，还有很多陶瓷材料也都表现出半导体特性，如 Cu_2O，Fe_2O_3，SiC，ZrO_2 等。随着半导体材料实际应用范围的扩大，人们越来越关注陶瓷类半导体，也即宽禁带半导体。

半导体材料根据最外层电子结构特点可分为两类。一类半导体材料中所有价电子都参与成键，并且所有键都处于饱和状态，这类半导体称为本征半导体；另一类与之相对的是掺杂半导体。

2.2.1　本征半导体

实际上，半导体工艺中要求先制备尽可能纯的材料（纯度可高达 10^{-10}），然后根据需要可控地引入杂质（称为掺杂）。我们把纯的半导体称为本征半导体，因为它们的特性仅仅由它固有的性质决定；把由于外部作用改变了固有性质的半导体称为非本征(杂质)半导体。半导体器件的制备主要使用的是非本征半导体。为了便于理解,首先讨论本征半导体。

以半导体硅为例,硅具有金刚石结构,4 个共价键对称排列。每个原子的 4 个价电子都参与形成共价键。根据能带理论可知,在 0 K 时所有电子都处于价带。导带和价带之间有 1.1 eV 的能隙。为了使电子由电场获得动能并对电流做出贡献,必须给电子提供至少 1.1 eV 的能量。这一能量可以来自热激发或者来自与温度无关的光子激发。图 2.4 为硅本征半导体的结构示意图。半导体和绝缘体有相似的能带结构,只是半导体的禁带宽度较小,大约在 3 eV 以下,而绝缘体的禁带宽度大约在 6 eV 以上。

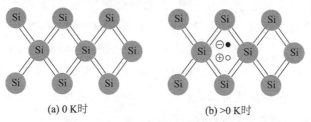

(a) 0 K时　　　　　　　(b) >0 K时

图 2.4　硅本征半导体结构示意图

表 2.2 给出了本征半导体(元素或化合物)在室温下的禁带宽度,供比较。

表 2.2　本征半导体在室温下的禁带宽度 E_g

晶体	E_g/eV	晶体	E_g/eV
BaTiO$_3$	2.5~3.2	TiO$_2$	3.05~3.80
C(金刚石)	5.2~5.6	PN	4.8
Si	1.1	CdO	2.1
α-SiO$_2$	2.8~3.0	Ga$_2$O$_3$	4.6
PbS	0.35	CoO	4.0
PbSe	0.27~0.50	GaP	2.25
PbTe	0.25~0.30	CdS	2.42
Cu$_2$O	2.1	GaAs	1.4
Fe$_2$O$_3$	3.1	ZnSe	2.6
AgI	2.8	Te	1.45
α-Al$_2$O$_3$	>8	γ-Al$_2$O$_3$	2.5

2.2.2 杂质半导体

2.2.2.1 N型半导体

N型半导体是指以自由电子为多数载流子的杂质半导体,是通过引入施主型杂质而形成的。

仍以硅为例,人为地掺杂加入Ⅴ族内的元素,如Sb,As和P等作为杂质,若杂质加入量低于10^{-6}浓度,则晶体结构几乎与纯硅没有什么不同。但Ⅴ族元素的原子可能取代点阵上的硅原子,并用4个价电子与硅原子形成共价键(见图2.5)。由于最外层的电子壳层已有8个电子(惰性气体电子层结构数目),因此多余的电子与原子核不再紧密结合。我们知道,半导体硅的电子从价带进入导带,要克服能隙的势垒,相当于使硅原子的价电子游离。显然,使杂质原子的电子成为导电的电子所需能量远小于使硅原子的电子成为导电的电子所需能量,因此,可以预料掺入杂质的电子的能级如图2.5b所示。E_g-E_d的典型值是10^{-2} eV(见表2.3)。0 K时,杂质能级被电子占据,并不能用于导电。但在有限温度下,不高于10^{-2} eV的能量便可以把它激发至导带,从而导电。这种现象称为杂质原子捐赠电子,E_d称为施主能级,杂质被称为施主。

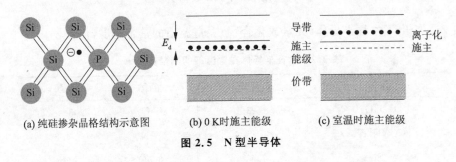

| (a) 纯硅掺杂晶格结构示意图 | (b) 0 K时施主能级 | (c) 室温时施主能级 |

图2.5　N型半导体

表2.3　硅和锗中的施主(Ⅴ族)能级和受主(Ⅲ族)能级

单位:eV

	杂质	Ge	Si
施主	Sb	0.0096	0.039
	P	0.0120	0.045
	As	0.0127	0.049
受主	In	0.0112	0.160
	Ga	0.0108	0.065
	B	0.0104	0.045
	Al	0.0102	0.057

注:表中的能量是电离能,也就是从带边到杂质能级的距离。

下面利用氢原子基态电子估计电离杂质所需的能量。

已知氢基态原子的离子能量为

$$E=\frac{me^4}{8\varepsilon_0^2 h^2}=13.6\ \mathrm{eV} \tag{2.20}$$

式中，m 为电子质量；e 为电子电量；ε_0 为真空介电常数；h 为普朗克常量。

考虑到杂质原子的过剩电子由杂质原子核的正电荷控制，因此利用式(2.20)计算杂质电子的能量时需要注意两点：① 自由空间的介电常数应换成材料的介电常数；② 自由电子的质量应换成导带底部电子的有效质量。这样便可利用简单的模型进行施主能级的定量估计，即

$$E_\mathrm{d}=\frac{m^* e^4}{8\varepsilon^2 h^2} \tag{2.21}$$

对于硅，其相对介电常数为 12，电子有效质量只有电子质量的一半，计算得出的 $E_\mathrm{g}-E_\mathrm{d}$ 的值大约为 0.05 eV，与实测值差不多。

2.2.2.2　P 型半导体

P 型半导体是指以空穴为多数载流子的杂质半导体，是通过引入受主型杂质而形成的。

若在硅本征半导体中加入Ⅲ族元素 In，Al，B，则其中一个价键缺少一个电子，如图 2.6a 所示。如果失去电子，那么必定有空穴存在。在讨论空穴时我们经常使用三种等效的表示方法：① 把空穴想象为可在晶体中运动的带正电荷的粒子；② 价带顶部失去电子；③ 本应有电子的位置但实际上缺少了电子。Ⅲ族元素的原子有 3 个价电子，以它代替硅原子时，无法满足 4 个价键的要求。此时，会在价带中产生一个空穴，该空穴可以接受价电子。

由上面的分析可知，被杂质原子接受的电子能量应高于价带顶部的能量，且十分接近价带。由图 2.6b 可见，E_a 是电子从价带跳到杂质原子能级所需能量，称 E_a 为受主能级，其杂质原子称为受主。

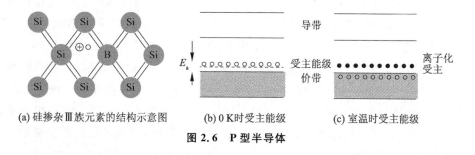

(a) 硅掺杂Ⅲ族元素的结构示意图　　(b) 0 K 时受主能级　　(c) 室温时受主能级

图 2.6　P 型半导体

实际材料通常既有施主又有受主存在(不一定必须是Ⅲ族或Ⅴ族元素，选用其作为例子讨论，是因为它们比较常用)。通常当一种杂质类型超过另外一类杂质类型时，形成以电子为多数载流子或以空穴为多数载流子的杂质半导体，称它们为 N 型半导体或 P 型半导体。例如，在硅材料中每立方米里含有 10^{20} 个 3 价铟原子，那么它将是 P 型半导体。如

果每立方米含有 10^{21} 个 5 价的磷,磷的多余电子不仅到达导带,而且同样填充受主能级,磷特性淹没了铟,则使它成为 N 型半导体。

2.2.3　载流子

0 K 时,半导体不导电,即 $\sigma=0$。因为电场提供的能量不足以使价带中的电子跃迁到导带上,所以载流子体积密度为零,$\rho_n=\rho_p=0$(其中,n 为电子;p 为空穴)。不过,如果施加于半导体上的电场强度足够高,就会使之发生击穿。当温度高于 0 K 时,电子受热获得能量,按照费密-狄拉克分布律,虽然价带中的能级能量低于费密能,但是被电子占据的概率也不再是 1,尤其是那些处于价带顶部的能级没有全部被填充满电子。同时,导带的能级,尤其是导带底部的能级,它们的能量虽然高于费密能,但是其电子态也要以大于零的概率部分地填充电子。这就会出现价带中的电子受热激发跃迁到导带上去的现象。此时,半导体中价带形成的空穴和导带上所具有的电子称为载流子,它们在电场作用下导电。

温度在 0 K 以上时,价带电子受热激发的载流子呈动态平衡,这类载流子称为热平衡载流子。半导体中产生载流子的另一途径是通过电磁波照射激发载流子,这类载流子称为非平衡载流子。辐射消失后,载流子经过一定时间后也会消失。

根据能带理论,电子在理想的完整晶体中可以自由运动,电子运动的平均自由程是整个晶体长度。但实际上晶体是不完整的,即使是理想晶体结构,原子热运动和杂质的存在也会使其形成不完整的结构。这种不完整性对电子形成散射。在该晶体上加上电场,例如沿 x 方向,那么,当电场与热运动相平衡时,电子便得到一平均运动速度 v_x。电场作用下电子的运动称为漂移运动。要精确地论证不完整晶体结构中电子在电场中的运动问题必须使用量子力学理论,这里只是以简化的方法加以讨论。

(1)本征半导体中的载流子浓度

根据能带理论,晶体中并非所有电子,也并非所有价电子都参与导电,只有导带中的电子或价带顶部的空穴才能参与导电。半导体的价带和导带之间隔着一个禁带 E_g,在绝对零度下,无外界能量时,半导体价带中的电子不可能跃迁到导带中去。若存在外界作用,则价带中的电子获得能量,可能跃迁到导带中去。这样,不仅导带中出现了导电电子,而且价带中出现了导电空穴。在外电场作用下,价带中的电子可以沿电场方向运动到这些空穴上来,而其本身所处之处又留下新的空穴,即空穴顺着电场方向运动,称此种导电为空穴导电。空穴好像一个带正电的电荷,因此,空穴导电是电子电导的一种形式。

导带中的电子导电和价带中的空穴导电同时存在,称为本征电导。本征电导的载流子是空穴和电子,二者浓度相等。这类载流子由半导体晶格本身提供,因此这样的半导体称为本征半导体。根据费密统计理论,导带中的电子浓度和价带中的空穴浓度为

$$n_e=n_h=N\exp\left(-\frac{E_g}{2kT}\right) \tag{2.22}$$

式中,N 为等效状态密度,$N=2\left(\dfrac{2kT}{h^2}\right)^{\frac{3}{2}}(m_e^* m_h^*)^{\frac{3}{4}}$,单位为 m^{-3}。

（2）杂质半导体中的载流子浓度

杂质对半导体的导电性能影响极大，如在硅单晶中掺入十万分之一的硼原子，可使硅的导电能力增加 1000 倍。

杂质半导体分为 N 型和 P 型半导体。N 型半导体的载流子主要为导带中的电子。设 N 型半导体单位体积中有 N_d 个施主原子，施主能级为 E_d，则其具有的电离能 $E_i = E - E_d$。当温度不是很高时，$E_i \ll E_g$，导带中的电子几乎全部由施主能级提供。P 型半导体的载流子主要为空穴。

N 型和 P 型半导体的载流子浓度在温度不是很高时分别为

$$n_e = (N_C N_d)^{\frac{1}{2}} \exp\left(-\frac{E_C - E_d}{2kT}\right) \tag{2.23}$$

$$n_h = (N_V N_a)^{\frac{1}{2}} \exp\left(-\frac{E_a - E_V}{2kT}\right) \tag{2.24}$$

式中：N_C，N_V 分别为导带、价带的有效状态密度；N_d，N_a 分别为施主、受主杂质浓度；E_d，E_a 分别为施主、受主的杂质能级；E_C，E_V 分别为导带底部、价带顶部能级。

2.2.3.1　电导率和迁移率

电子在电场作用下，沿 x 方向做漂移运动，获得动量 $<P_x> = m<v_x>$；当电子之间相互碰撞或与其他粒子相互碰撞时又会失去动量。当其动量相平衡时，电场力 eE_x 和碰撞作用力相平衡，即

$$-eE_x - m<v_x>/\tau = 0 \tag{2.25}$$

式中，τ 为两次碰撞之间的时间，称为弛豫时间。整理式（2.25）得

$$-<v_x> = \frac{e\tau}{m}E_x \equiv \mu E_x \tag{2.26}$$

式中，μ 称为这种物质中电子的迁移率（mobility）。若已知电子密度 n，便可计算电流密度 J_x，即

$$J_x = ne<v_x> = ne\mu E_x = \frac{ne^2\tau}{m}E_x \tag{2.27}$$

于是，电导率 σ 可以表达为

$$\sigma = \frac{1}{\rho} = \frac{J_x}{E_x} = \frac{ne^2\tau}{m} = ne\mu \tag{2.28}$$

用类似的方法可以得到空穴与电导率的关系。半导体中的载流子为电子和空穴，所以本征电导率为

$$\sigma_i = n_i e(\mu_e + \mu_h) \tag{2.29}$$

式中，μ_e，μ_h 分别为电子和空穴的迁移率。

2.2.3.2　迁移率和温度的关系

图 2.7a 所示为测得的锗（Ge）的电阻率与温度的关系曲线。已知锗在各温度下的霍尔系数，便可绘出锗的电子迁移率与温度的关系，如图 2.7b 所示（图下方的表格说明样品

的掺杂情况）。

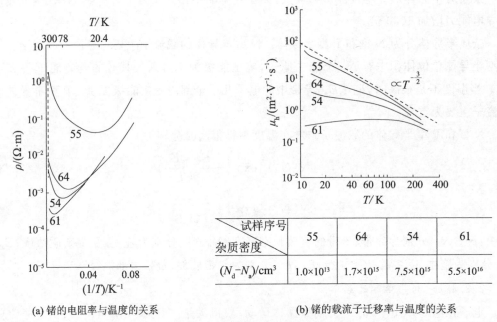

(a) 锗的电阻率与温度的关系　　　　　　　(b) 锗的载流子迁移率与温度的关系

图 2.7　锗的电性能与温度的关系

试样序号 杂质密度	55	64	54	61
$(N_d-N_a)/cm^3$	1.0×10^{13}	1.7×10^{15}	7.5×10^{15}	5.5×10^{16}

载流子因晶格热振动而被散射,载流子迁移率正比于 $T^{-\frac{3}{2}}$。离子化的杂质同样散射载流子,杂质含量愈高,载流子迁移率愈低。图 2.7b 说明高温或者杂质密度低时晶格散射起主要作用;杂质密度高时,杂质散射起主要作用。

2.2.4　少数载流子的行为

在热平衡条件下,给定半导体中的电子和空穴共存。例如,在 N 型半导体中,虽然起支配作用的载流子是电子,但是根据质量作用定律可知一定有少量的空穴存在。在这种条件下,电子称为多数载流子,而空穴称为少数载流子(分别简称为多子和少子)。

2.2.4.1　少数载流子的寿命

如图 2.8 所示,当能量大于带隙能量 E_g 的光子照射半导体时,价带中的电子将吸收光子能量跃迁至导带,而在价带中产生空穴。这样在导带中就有数量多于热平衡状态下的电子,而在价带中有数量多于热平衡条件下的空穴。这些多余的载流子称为过剩载流子。在通常条件下,由于电中性要求,虽然过剩电子

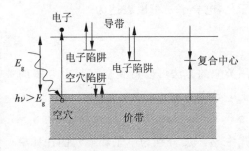

图 2.8　载流子的产生、捕获和复合过程

和过剩空穴的浓度相等,但是它们对多子和少子的影响是不同的。例如,如果在 N 型 Si 中引入 10^{10} 个/cm^3 过剩载流子,那么尽管对多子来说微不足道,但对于少子空穴来说增

加了几个数量级,因为正常情况下,空穴只有 10^5 个/cm^3。因此少子的寿命是十分重要的。

若设 N 型半导体在热平衡时的空穴密度为 ρ_0,在 t 时刻晶体内的空穴密度为 ρ,则过剩少子为 $\rho-\rho_0$,此时处于不平衡状态,当产生过剩载流子的因素消除之后,过剩载流子将逐渐消失,导带中过剩的载流子逐渐回到价带中,这个过程就是复合。在简单的情况下,过剩载流子浓度随时间按指数规律衰减,即

$$\Delta n = (\Delta n)_0 e^{-\frac{1}{\tau}} \tag{2.30}$$

式中,$(\Delta n)_0 = \rho-\rho_0$ 为 $t=0$ 时的过剩载流子浓度;τ 为衰减的时间常数;e 为载流子的电量。

可以证明,式(2.30)中的 τ 就是过剩载流子的平均存在时间,即少数载流子的寿命。

τ 的倒数代表非平衡载流子的复合概率 P,有

$$P = \frac{1}{\tau} \tag{2.31}$$

它可以理解为每存在一个过剩载流子,在单位时间内发生复合的次数。这样式(2.30)可以表示为

$$\Delta n = (\Delta n)_0 e^{-P} \tag{2.32}$$

2.2.4.2　少子的复合和陷阱效应

晶体内过剩少子的复合方式有直接复合(direct recombination)和通过复合中心(recombination center)实现的间接复合(indirect recombination)。

所谓复合中心,就是一些能引起电子和空穴产生复合过程的杂质或缺陷。大多数半导体中,这种通过杂质和缺陷(即复合中心)的复合过程实际上是支配复合的主要过程。

通过复合中心的复合过程可以分为两步:第一步,一个未被占据的中心从导带俘获一个电子;第二步,一个已经被占据的中心从价带俘获一个空穴(相当于一个已被俘获的电子由复合中心落入价带)。通过这两步,一对电子和空穴便实现了复合。

杂质和缺陷不仅起复合中心的作用,还可起陷阱作用。陷阱中心能显著地俘获并收容其中一种过剩载流子。根据杂质或缺陷能级的相对位置,陷阱又分为浅能级陷阱(shallow trap)和深能级陷阱(deep trap)。

根据复合发生在晶体中的位置,又把复合分为在晶体表面附近发生的表面复合和在晶体内部发生的复合。

2.2.4.3　扩散

如果半导体内部载流子浓度分布不均,那么载流子将从浓度高的一侧向浓度低的一侧做布朗(Brown)运动的扩散。若沿 x 方向载流子浓度变化为 dn/dx,则在单位时间内在垂直于 x 方向的单位面积上通过的扩散载流子密度为 $-D(dn/dx)$。其中,D 称为扩散系数(diffusion constant),cm^2/s;负号表示扩散流指向浓度降低的方向。扩散系数和迁移率 μ 之间的关系为

$$D=(kT/e)\mu=25.85\left(\frac{T}{300}\right)\left(\frac{\mu}{1000}\right) \tag{2.33}$$

式中，T 为热力学温度，K；μ 为迁移率，$\mathrm{cm^2/(V\cdot s)}$。式（2.33）称为爱因斯坦关系（Einstein relation）。

2.2.4.4　过剩少数载流子连续方程

取晶体的一个微区来研究载流子浓度随时间的变化。引起载流子浓度变化的原因可以是扩散、电场作用下的载流子漂移以及电子、空穴的复合，表示这一定量变化的方程称为连续方程。我们以一维的 N 型半导体在 x 方向的变化为例加以讨论。

设少数载流子在 t 时刻的密度为 ρ，热平衡时的密度为 ρ_0，平均寿命为 τ_h，J 为电流密度，则有

$$\frac{\mathrm{d}\rho}{\mathrm{d}t}=-\frac{1}{e}\cdot\frac{\partial J}{\partial x}-\frac{\rho-\rho_0}{\tau_h} \tag{2.34}$$

上式中，右边的第一项为电场作用引起的载流子浓度变化，第二项为复合引起的载流子浓度变化。电流密度 J 可由电场强度 E 引起的漂移运动和载流子密度不同引起的扩散来表示，其关系式为

$$J=e\rho\mu_h E-eD_h\left(\frac{\mathrm{d}\rho}{\mathrm{d}x}\right) \tag{2.35}$$

式中，μ_h，D_h 分别为空穴的迁移率和扩散系数。将式（2.35）代入式（2.34）得

$$\frac{\mathrm{d}\rho}{\mathrm{d}t}=D_h\frac{\mathrm{d}^2\rho}{\mathrm{d}x^2}-\mu_h E\frac{\mathrm{d}\rho}{\mathrm{d}x}-\frac{\rho-\rho_0}{\tau_h} \tag{2.36}$$

现在假设电场强度 E 为零，电流仅由扩散引起。当状态稳定时 $\frac{\mathrm{d}\rho}{\mathrm{d}t}=0$，则式（2.36）成为

$$\tau_h D_h\left(\frac{\mathrm{d}^2\rho}{\mathrm{d}x^2}\right)-(\rho-\rho_0)=0 \tag{2.37}$$

解之得

$$\rho-\rho_0=A\exp(-x/\sqrt{D_h\tau_h}) \tag{2.38}$$

式中，$\sqrt{D_h\tau_h}=L_h$ 称为扩散长度；A 为常数。

2.2.5　半导体接触

掺杂浓度较低的半导体与金属所形成的接触和 PN 结一样具有单向导电性（此时金属功函数＞半导体功函数）。由金属-半导体接触形成的器件由多子载荷，故消除了过剩少子的存储，其频率特性优于 PN 结。因此，能由金属-半导体接触代替 PN 结制作器件的，都由金属-半导体接触代替。高掺杂半导体与金属形成的接触通常为低阻非整流接触（此时金属功函数＜半导体功函数）。几乎所有的电子器件中都利用金属-半导体接触来实现欧姆接触。

PN 结具有单向导电性，它是许多重要半导体器件的核心。

双结晶体管（俗称三极管）和场效应管是集成电路中的基本器件。事实上，场效应管

的基本概念较三极管产生得更早,但由于技术原因,三极管应用早于场效应管。三极管和场效应管的主要差别在于:场效应管电流仅靠多子输运形成,多子的输运控制了电流,因此降低了半导体器件对环境温度变化的敏感性和其他外部因素(如核辐照)的影响。由于场效应管的高输入阻抗和元件高封装密度更适应集成电路的需要,因此,场效应管受到市场的青睐。

2.2.5.1　金属-半导体结(metal-semiconductor junction)

当一块金属和一块半导体接触,能量达到平衡时,其费密能级一定是连续的。图 2.9 为 N 型半导体与具有不同功函数的金属接触成结时能带结构变化情况的示意。图 2.9a 所示为金属功函数 ϕ_m 大于半导体的功函数 ϕ_s,电子从半导体流入金属,直到平衡。此时费密能级连续通过结,这是接近结的半导体中的电子离开施主进入金属的结果。在这个过程中,在半导体接近结的部分形成耗尽层(depletion)。此时离子化的施主形成了正的空间电荷区,金属一侧接触面形成负的表面电荷。耗尽区(或称势垒区、空间电荷区)已经耗尽自由载流子,其电阻很高。电子继续流动,直到双电层建立起足够强的电场,阻止电子继续运动,从而造成半导体一边能带向上弯,形成一个高的势垒 $(\phi_m-\phi_s)eV$。此时,由于热扰动,只有极少数电子从金属流向半导体;同样,半导体导带里只有极少的电子有足够的能量越过势垒进入金属。也就是说,在平衡时没有净电流通过结。

图 2.10 表示在 $\phi_m > \phi_s$ 条件下成结时,外加偏压的正负符号对结作用的影响。

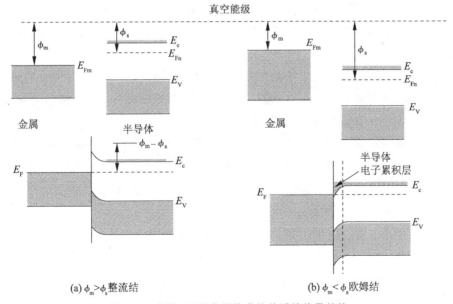

图 2.9　金属-N 型半导体成结前后的能带结构

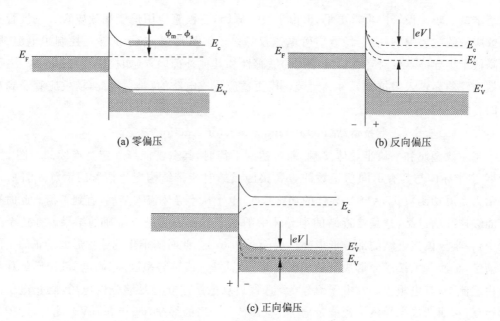

(a) 零偏压   (b) 反向偏压

(c) 正向偏压

图 2.10　金属-半导体结的偏压效应($\phi_m > \phi_s$)

当半导体一侧外加正电压 V 时,则半导体能带以 eV 值下降,这就导致势垒进一步升高,并使耗尽层宽度增加(见图 2.10b)。这种外加电压的条件称为加反向偏压,在这种条件下,电子不可能从半导体流向金属,此时势垒高度为 $|eV| + |\phi_m - \phi_s|\,eV$。但是电子从金属流向半导体的情况并没有改变,此时的反向电流在一个低的 V 值就达到饱和,并且基本上与 V 无关。

当半导体外加电压极性改变时,即加正偏压 V 时,反向电子从半导体向金属流动的势垒下降了 $|eV|$。可以证明,此时的电流与正偏压呈指数变化关系。这就是单向导电性,反向电流很小。单向导电称为整流,通常称 Shottky 整流。

如果金属的功函数 ϕ_m 小于半导体功函数 ϕ_s,那么情况完全不同,如图 2.9b 所示。电子将从金属流向半导体,引起表面电荷积累,直到平衡,费密能级连续通过结,最终电场导致半导体的能带下降弯曲。在这种情况下,结处无势垒,电子通过结"来去"自由,结取决于外加电场的正负符号,这种结称为欧姆结(见图 2.9b)。

类似的论证可以说明,P 型半导体与金属接触成结,当 $\phi_m > \phi_s$ 时形成整流结,当 $\phi_m < \phi_s$ 时形成欧姆结。

显然,在制造与半导体连接的器件时,应有意形成欧姆接触,可采取的措施是对要与金属接触的半导体表面进行重掺杂。

2.2.5.2　PN 结

取一高电导率的 P 型半导体与一低电导率的 N 型半导体接触(见图 2.11),最终形成的能带如图 2.12 所示。由于存在浓度梯度引起空间电荷层,空穴趋向于进入 N 型半导体区域,而电子趋向于进入 P 型半导体区域。净载流子的流动结果,建立了对于施主态是正电位,对于受主态是负电位的电场。正负空间电荷建立了一个平衡电场 V_0,以防止产生扩散效应。电场 V_0 等效于能带的畸变。两种半导体接触的 PN 结平衡的条件是费密能级达到一致,通过能带的移动来完成匹配。V_0 的大小取决于带隙的宽度 E_g、两种半导体的掺杂浓度及材料所处的温度。在高温时,P 型和 N 型都成为本征半导体,V_0 消失,则 PN 结消失,这就是所谓的耗尽区。在平衡时,N 型半导体区域内只有少数的空穴,P 型半导体区域内只有少数的电子,但是它们都是很重要的。一旦外加小电压,它们将提供通过结的电流。

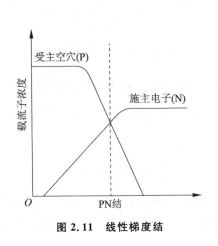

图 2.11　线性梯度结

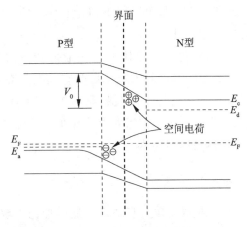

图 2.12　PN 结的带结构

2.3　超导电性

1911 年,荷兰莱顿大学的卡末林·昂内斯意外地发现在 4.2 K 附近,水银的电阻突然降低到无法检测的水平。这种在一定的低温条件下,金属突然失去电阻的现象称为超导电现象。产生这一现象时的温度称为临界转变温度,可以 T_c 表示。金属具有电阻的状态称为正常态,金属失去电阻的状态称为超导态。超导态的电阻率小于目前所能检测的最小电阻率 10^{-25} $\Omega \cdot cm$,可以认为是零电阻。

20 世纪 60 年代以前,关于超导体的研究只限于金属及金属化合物范围,但在超导理论方面有重大进展。1957 年 J. Bardecen,L. N. Cooper 和 J. R. Schriefler 描述了大量电子的相互作用,并形成了"库珀电子对"的理论,这就是著名的 BCS 理论。该理论预言在金属和金属间化合物中超导体的 T_c 不超过 30 K。20 世纪 60 年代人们开始在氧化物中寻找超导体。1966 年,研究者在氧缺陷钙钛矿结构的 $SrTiO_{3-\delta}$ 氧化物中发现了超导电性。虽然其 T_c 只有 0.55 K,但是它表明了陶瓷材料也具有超导电性,意义重大。1979 年,学者发现了 $T_c = 13$ K 的 $BaPb_{0.75}Bi_{0.25}O_3$ 超导体。1986 年,J. G. Bedorz 和 K. A. Müller 发现了具有较宽转变温度范围的氧化物超导体 $(LaBa)_2CuO_4$(见图 2.13),它进入超导态的转变温度为 35 K,他们因此获得了诺贝尔奖。这种氧化物属于 Ba - La - Cu 氧化物系。1987

年 2 月,我国科学家赵忠贤等得到临界转变温度在液氮温度以上的 YBaCuO 系超导体。这种氧化物的计量化学式为 $YBa_2Cu_3O_7$,即所谓的 Y-123 相。一般情况下,材料具有氧空位,所以化学式写为 $YBa_2Cu_3O_{7-\delta}$。其后,人们一直在寻找转变温度高的超导体。例如,Ba-Al-Ca-Sr-Cu-O 和 Tl-Ca/Ba-Cu-O 系统的 T_c 分别为 114 K 和 120 K,Hg-Ba-Cu-O 系的 T_c 接近 140 K。

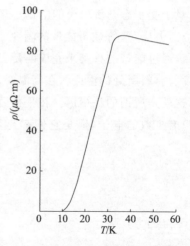

图 2.13 $(LaBa)_2CuO_4$ 超导体超导转变曲线

高温氧化物超导体采用一般陶瓷方法制备,但制成线材仍较困难。目前有人提出高温超导理论,试图解释高温超导转变机制,但为众人接受的理论仍在探索中。现在,人们把早期传统的超导体称低温超导体,而把氧化物超导体称高温超导体。

2.3.1 超导理论

由于超导现象一直缺乏合适的理论来解释,因此相关工作进展缓慢。目前比较成功的理论是 BCS 理论,该理论认为:电流是一种在金属离子周围流动的自由电子,电阻是由于原子本身的热振动以及它们空间位置的不确定阻碍了电子的流动而形成的。而在超导体中,电子一对一对地结合成所谓的"库珀对",它们中的每一对都以单个粒子的形式存在,这些粒子抱成一团流动,不涉及金属离子的阻力,这样就中和了潜在阻力因素。

BCS 理论对于临界转变温度为几至十几开尔文的金属及合金超导体的解释是比较成功的,因此该理论曾得到广泛的应用。然而,该理论难以解释更高温度的高温超导体的出现。此后,出现了"光声子-电子对"新理论,然而它通过严密的计算得出的 T_c 不能超过 30 K 的结论受到 1986 年发现的高温陶瓷超导体的迎头一击。

因此,目前还没有一套比较合理和完整的理论体系来解释高温超导现象,也无法预测临界转变温度 T_c 会达到一个怎样的水平,无法预测能否制造出室温下的超导材料。但是,科学家们预测会有更新的理论出现,给超导体一个合理的解释,并且它可能给科学界带来一场巨变。

当然,对高温陶瓷超导体的零星解释还是有的,大多是一些经验之谈,这样的经验总结虽然不是完整的理论,也无法预测 T_c 值,无法说明 T_c 与临界电流 I_c 及临界磁场 H_c 的相互关系,但至少可以得出随着电流 I 的增大或者磁场 H_c 的增大,T_c 值呈下降趋势的结论。这种经验总结可为实验研究指明思路,现在的实验条件已经可以严格控制制备工艺,从而使所制备的材料具有超导性质。

2.3.2 超导体特性

2.3.2.1 迈斯纳效应

当超导体低于某一临界转变温度 T_c 时,外加的磁场会排斥在超导体之外,这种现象称为迈斯纳效应,如图 2.14 所示。实际上磁场产生的磁感应强度并不是在超导体表面突然降为零的,而是以一定的贯穿深度 d 按指数规律递减至零,其中 $d \approx 50$ nm。

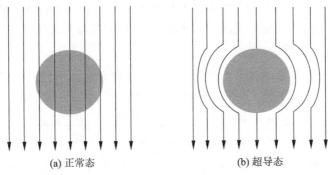

(a) 正常态   (b) 超导态

图 2.14　迈斯纳效应示意图

在温度 $T < T_c$ 时,将磁场作用于超导体,当磁场强度大于 H_c 时,磁力线将穿入超导体,即磁场破坏了超导态,使超导体回到了正常态,此时的磁场强度称为临界磁场强度。很明显,H_c 的大小和温度是有关系的。随着温度 T 下降,低温超导体 H_c 线性增加,即满足下列关系

$$H_c = H_{c0} \left[1 - \left(\frac{T}{T_c} \right)^2 \right] \tag{2.39}$$

式中,H_{c0} 是 0 K 时超导体的临界磁场强度。因此,可以定义临界磁场强度就是破坏超导态的最小磁场强度。H_c 与材料性质有关,如 $Mo_{0.7}Zr_{0.3}$ 超导体的 $H_c = 0.27$ Wb/m^2,而 $Nb_3Al_{0.75}Ge_{0.25}$ 的 H_c 为 42 Wb/m^2。可以发现,不同超导材料临界磁场强度变化范围很大(见图 2.15 和图 2.16)。

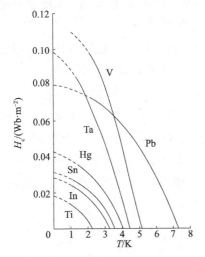

图 2.15　元素超导体的临界磁场

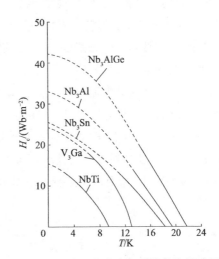

图 2.16　化合物和合金超导体的临界磁场

2.3.2.2　约瑟夫森效应

当两块超导体之间存在一块极薄的绝缘层时,超导电子(对)能通过极薄的绝缘层,这种现象称为约瑟夫森效应,相应的装置称为约瑟夫森器件。

当给器件通以 $I < I_c$ 的电流时,绝缘薄层上的电压为零,但当电流 $I > I_c$ 时,超导体会从超导态转变为正常态,出现电压降,呈现有阻态。这种器件具有显著的非线性电阻特性,可进行微瓦级小功率超高速开关动作,并具有量子效应(加几毫伏的直流电压就可获得 10^{13} Hz 的超高频振荡信号,从外部输入电磁波可以产生一定的直流电压)。该器件产生的噪声也极其微小,可制成高灵敏度的磁敏感器件,应用在超级计算机等场合。

2.3.2.3　超导体的三个属性

完全导电性:超导体进入超导态时便没有电阻,超导电流将持续流动。有报道称,用 $Nb_{0.75}Zr_{0.25}$ 合金超导线制成的超导螺管磁体,其超导电流衰减时间不少于 10 万年。进入超导态的超导体中有电流而没有电阻,说明超导体是等电位的,超导体内没有电场。因此,超导体进入超导态的一个特性就是它的完全导电性。例如,在室温下把超导体放到磁场中,冷却到低温并使之进入超导态,这时把磁场移开,由于没有电阻,超导体中的感生电流将长久存在,成为不衰减的电流。

完全抗磁性:处于超导态的材料,不管其经历如何,磁感应强度 B 始终为零,这就是所谓的迈斯纳效应,说明超导态的超导体是一抗磁体,此时超导体具有屏蔽磁场和排除磁通的功能。当用超导体做成圆球并使之处于正常态时,磁通通过超导体(见图 2.14a);当球处于超导态时,磁通被排斥到球外,内部磁场为零(见图 2.14b)。

通量(flux)量子化:有人说这是量子效应在宏观尺度上表现的典型实例,对应的就是约瑟夫森效应,这里不再重复。

2.3.2.4　超导体的三个性能指标

第一个指标是超导体的临界转变温度 T_c。人们总是希望临界转变温度愈接近室温愈好,以便于利用。目前,临界转变温度最高的是金属氧化物高温超导体,其转变温度在 140 K 左右,金属间化合物转变温度最高(Nb_3Ge)也只有 23.2 K。

第二个指标是临界磁场强度 H_c。温度 $T < T_c$ 时,超导体失去超导特性而回到正常状态的外加磁场强度为临界磁场强度 H_c。其值与材料组成和环境温度等有关。

第三个指标是临界电流密度。除磁场影响临界转变温度外,通过的电流密度也会对超导态产生影响。若把温度 T 从临界转变温度开始下降,则超导体的临界磁场强度随之增大。当输入电流所产生的磁场强度与外加磁场强度之和超过超导体的临界磁场 H_c 时,超导态被破坏。此时,通过的电流密度称为临界电流密度 J_c。随着外加磁场强度的增大,J_c 必须相应地减小,从而保持超导态。故临界电流密度是保持超导态的最大输入电流。

2.4　材料导电性的影响因素

2.4.1　温度

温度愈高,金属的电阻愈大。若以 ρ_0 和 ρ_T 表示金属在 0 ℃和温度为 T 时的电阻率,则电阻率与温度的关系为

$$\rho_T = \rho_0(1 + \alpha T) \tag{2.40}$$

一般在温度高于室温情况下,式(2.40)对大多数金属是适用的。

由式(2.40)可得出电阻温度系数的表达式

$$\alpha = \frac{\rho_T - \rho_0}{\rho_0 T}(1/℃) \tag{2.41}$$

此式给出了 $0 \sim T$ ℃温度区间的平均电阻温度系数。当温度区间趋向于零时,便得到 T 温度下金属的电阻温度系数

$$\alpha_T = \frac{\mathrm{d}\rho}{\mathrm{d}T}\frac{1}{\rho_T}(1/℃) \tag{2.42}$$

除过渡族金属外,所有纯金属的电阻温度系数近似等于 4×10^{-3} ℃$^{-1}$。过渡族金属,特别是铁磁性金属具有较高的 α 值:铁为 6.0×10^{-3} ℃$^{-1}$;钴为 6.6×10^{-3} ℃$^{-1}$;镍为 6.2×10^{-3} ℃$^{-1}$。

理论证明,理想金属在 0 K 时电阻为零。粗略地讲,当温度升高时,电阻率随温度升高而增大;对于含有杂质和晶体缺陷的金属电阻,不仅有受温度影响的 $\rho(T)$ 项,而且有剩余电阻率 ρ_0' 项(见图 2.17)。如钨单晶体相对电阻率($\rho_{300\text{K}}/\rho_{4.2\text{K}}$)值为 3×10^5,温度由 4.2 K 升到熔点,电阻率变化 5×10^6 倍。

严格地说,金属电阻率在不同温度范围与温度变化的关系是不同的,其特征如图 2.18 所示。

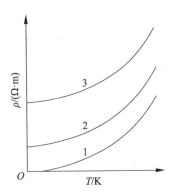

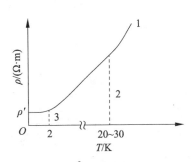

1—理想金属晶体 $\rho = \rho(T)$;2—含有杂质的金属 $\rho = \rho_0 + \rho(T)$;3—含有晶体缺陷的金属 $\rho = \rho_0' + \rho(T)$。

图 2.17　低温下杂质、晶体缺陷对金属电阻的影响

1—$\rho_{\text{电-声}} \propto T (T > \frac{2}{3} H_D)$;2—$\rho_{\text{电-声}} \propto T^5 (T \ll H_D)$;3—$\rho_{\text{电-电}} \propto T^2 (T \approx 2 \text{ K})$。

图 2.18　金属的电阻率-温度曲线

在温度 $T > \dfrac{2}{3} H_D$ 时,电阻率正比于温度,即 $\rho(T) = \alpha T$;当温度 $T \ll H_D$ 时,电阻率与温度成五次方关系,即 $\rho \propto T^5$(此处 H_D 为德拜温度)。一般认为,纯金属在整个温度区间电阻产生的机制是电子—声子(离子)散射,只是在极低温度(2 K)时,电阻率与温度成二次方关系,即 $\rho \propto T^2$,这时电子—电子之间的散射构成了电阻产生的机制。

通常金属熔化时电阻率升高 1.5~2 倍。因为金属熔化时金属原子规则排列遭到破坏,从而增强了对电子的散射,所以电阻率增大,如图 2.19 中钾、钠金属电阻率温度曲线。但也有反常,如随着温度的升高,锑的电阻率也增大,但熔化时电阻率反常地下降了。其原因是锑在熔化时,由共价键结合变化为金属键结合,故电阻率下降。

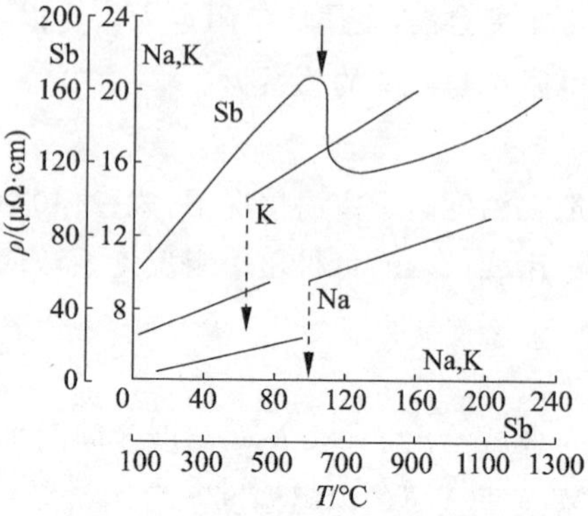

图 2.19　锑、钾、钠熔化时电阻率变化曲线

应该指出的是,过渡族金属的电阻率与温度的关系经常出现反常,特别是具有铁磁性的金属在发生磁性转变时,电阻率会出现反常(见图 2.20a)。一般金属的电阻率与温度呈一次方关系,对铁磁性金属在居里点(磁性转变温度)以下温度不适用(见图 2.20b)。镍的电阻率随温度的升高近似线性增大,在居里点以下温度偏离线性变化。研究表明,在接近居里点时,铁磁性金属或合金的电阻率反常降低量 $\Delta \rho$ 与其自发磁化强度 M_s 的平方成正比,即

$$\Delta \rho = \alpha M_s^2 \tag{2.43}$$

铁磁性金属电阻率随温度变化的特殊性是由铁磁性金属内 d,s 壳层电子云相互作用的特点决定的。

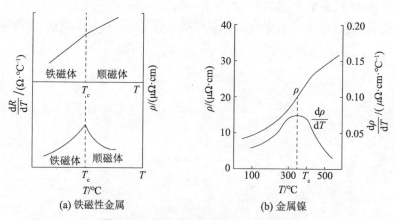

(a) 铁磁性金属　　　　(b) 金属镍

图 2.20　金属磁性转变对电阻的影响

2.4.2　压力

在流体静压压缩时(高达 1.2 GPa),大多数金属的电阻率下降(见图 2.21)。这是因

为在巨大的流体静压条件下，金属原子间距缩小，内部缺陷形态、电子结构、费密能和能带结构都将发生变化，这显然会影响金属的导电性能。

在流体静压下金属的电阻率可用下式计算：

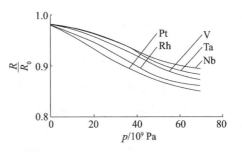

图 2.21　压力对金属相对电阻的影响

$$\rho_p = \rho_0(1+\varphi p) \qquad (2.44)$$

式中，ρ_0 表示真空条件下的电阻率；p 表示压力；φ 是压力系数（系数为负值，值的范围为 $10^{-5}\sim10^{-6}$）。

按压力对金属导电性的影响特性，把金属分为两种：正常金属和反常金属。所谓正常金属，是指随着压力的增大，金属的电阻率下降；反之则为反常金属。例如，铁、钴、镍、钯、铂、铱、铜、银、金、锆、铅等均为正常金属（见表 2.4）。

表 2.4　一些金属在 0 ℃ 的电阻压力系数 $\left(\dfrac{1}{\rho}\dfrac{\mathrm{d}\rho}{\mathrm{d}p}\right)$

单位：$10^{-6}\ \mathrm{cm^2 \cdot kg^{-1}}$

金属	$\dfrac{1}{\rho}\dfrac{\mathrm{d}\rho}{\mathrm{d}p}$	金属	$\dfrac{1}{\rho}\dfrac{\mathrm{d}\rho}{\mathrm{d}p}$
Pb	-12.99	Fe	-2.34
Mg	-4.39	Pd	-2.13
Al	-4.28	Pt	-1.93
Ag	-3.45	Rh	-1.64
Cu	-2.88	Mo	-1.30
Au	-2.94	Ta	-1.45
Ni	-1.85	W	-1.37

碱金属和稀土金属大部分属于反常金属，钙、锶、锑、铋等也属于反常金属。

极大的压力可使许多物质由半导体或绝缘体变为导体，甚至变为超导体。表 2.5 给出了一些半导体或绝缘体转变为导体的压力极限数据。

表 2.5　一些半导体或绝缘体转变为导体的压力极限

半导体/绝缘体	$p_{极限}$/GPa	$\rho/(\mu\Omega \cdot cm)$	半导体/绝缘体	$p_{极限}$/GPa	$\rho/(\mu\Omega \cdot cm)$
S	40	—	H	200	—
Se	12.5	—	金刚石	60	—
Si	16	—	P	20	60 ± 20
Ge	12	—			
I	22	500	AgO	20	70 ± 20

2.4.3 加工和缺陷

2.4.3.1 冷加工对电阻率的影响

室温下测得经相当大的冷加工变形后一般纯金属(如铁、铜、银、铝)的电阻率,比未经冷加工变形前增加 2%～6%(见图 2.22)。只有金属钨、钼例外,当冷变形量很大时,钨的电阻率可增加 30%～50%,钼的电阻率可增加 15%～20%。一般单相固溶体经冷加工后,电阻率可增加 10%～20%,而有序固溶体经冷加工电阻率增加 100%,甚至更高。也有相反的情况,若镍-铬,镍-铜-锌,铁-铬-铝等合金中形成 K 状态,则冷加工变形将使合金电阻率降低。

冷加工变形引起金属电阻率增加(见图 2.22),这同晶格畸变(空位、位错)有关。冷加工引起的金属晶格畸变也像原子热振动一样,增加了电子散射概率,同时会引起金属晶体原子间键合的改变,导致原子间距的改变。

当温度降到 0 K 时,未经冷加工变形的纯金属电阻率将趋向于零,而经冷加工的金属在任何温度下都保持高于退火态金属的电阻率。温度在 0 K 时,冷加工金属仍保留某一极限电阻率,称之为剩余电阻率。

根据马西森定律,冷加工金属的电阻率可写成

$$\rho = \rho' + \rho_M \tag{2.45}$$

式中,ρ_M 表示与温度有关的退火金属电阻率;ρ' 是剩余电阻率。实验证明,ρ' 与温度无关,换言之,$d\rho/dT$ 与冷加工程度无关。因为总电阻率 ρ 愈小,ρ'/ρ 比值愈大,所以 ρ'/ρ 的值随温度降低而增大。显然,低温时用电阻法研究金属冷加工更为合适。

冷加工金属的退火,可使金属的电阻回复到冷加工前的电阻值,如图 2.23 所示。

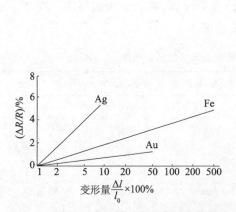

图 2.22 冷加工变形量对金属电阻率的影响

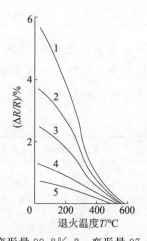

1—变形量 99.8%;2—变形量 97.8%;

3—变形量 93.5%;4—变形量 80%;5—变形量 44%。

图 2.23 冷加工变形铁的电阻在退火时的变化

若认为范性变形所引起的电阻率增加是由晶格畸变、晶体缺陷所致,则电阻率增加值

$$\Delta\rho = \Delta\rho_{空位} + \Delta\rho_{位错} \tag{2.46}$$

式中,$\Delta\rho_{空位}$表示电子在空位处散射所引起的电阻率的增加值,当退火温度足以使空位扩散时,这部分电阻将消失;$\Delta\rho_{位错}$表示电子在位错处的散射所引起的电阻率的增加值,这部分电阻保留到再结晶温度。

范比伦(Van Beuren)给出了电阻率随变形 ε 变化的表达式

$$\Delta\rho = C\varepsilon^n \tag{2.47}$$

式中,C 是比例常数,与金属纯度有关;n 在 $0\sim2$ 之间变化。考虑到空位、位错的影响,将式(2.46)和式(2.47)整合写成

$$\Delta\rho = A\varepsilon^n + B\varepsilon^m \tag{2.48}$$

式中,A,B 是常数;n 和 m 在 $0\sim2$ 之间变化。式(2.48)对许多面心立方金属和体心立方的过渡族金属是成立的。如金属铂 $n=1.9$,$m=1.3$;金属钨 $n=1.73$,$m=1.2$。

2.4.3.2　缺陷对电阻率的影响

空位、间隙原子以及它们的组合、位错等晶体缺陷使金属电阻率增加。根据马西森定律,在极低温度下,纯金属的电阻率主要由其内部缺陷(包括杂质原子)决定,即由剩余电阻率 ρ' 决定。因此,研究晶体缺陷对电阻率的影响,对于评价单晶体结构完整性有重要意义。掌握了晶体缺陷对电阻率的影响,就可以研制出具有一定电阻值的金属。半导体单晶体的电阻值就是根据晶体缺陷对电阻率的影响规律进行人为控制的。

不同类型的晶体缺陷对金属电阻率的影响程度不同。通常,分别用 1% 原子空位浓度或 1% 原子间隙原子、单位体积中位错线的单位长度、单位体积中晶界的单位面积所引起的电阻率变化来表征点缺陷、线缺陷、面缺陷对金属电阻率的影响,相应的单位分别为 $(\Omega \cdot cm)/$原子$\%$,$(\Omega \cdot cm)/(cm/cm^3)$,$(\Omega \cdot cm)/(cm^2/cm^3)$。表 2.6 列出了空位、位错对一些金属的电阻率的影响。

表 2.6　空位、位错对一些金属的电阻率的影响

金属	$(\Delta\rho_{位错}/\Delta N_{位错})/$ $(10^{-19}\ \Omega \cdot cm \cdot cm^{-2})$	$(\Delta\rho_{空位}/c_{空位})/$ $[(10^{-6}\ \Omega \cdot cm)/$ 原子$\%]$	金属	$(\Delta\rho_{位错}/\Delta N_{位错})/$ $(10^{-19}\ \Omega \cdot cm \cdot cm^{-2})$	$(\Delta\rho_{空位}/c_{空位})/$ $[(10^{-6}\ \Omega \cdot cm)/$ 原子$\%]$
Cu	1.3	2.3;1.7	Pt	1.0	9.0
Ag	1.5	1.9	Fe		2.0
Au	1.5	2.6	W		29
Al	3.4	3.3	Zr		100
Ni		9.4	Mo	11	

空位和间隙原子对剩余电阻率的影响和金属中杂质原子的影响相似,其影响大小处于同一数量级,见表 2.7。

表 2.7　空位、间隙原子对一些低浓度碱金属的剩余电阻率的影响

| 金属基 | 杂质 1%(原子百分数) | $\rho'/(\mu\Omega\cdot cm)$ | | 金属基 | 杂质 1%(原子百分数) | $\rho'/(\mu\Omega\cdot cm)$ | |
		实验	计算			实验	计算
K	空位		0.975	Rb	Na		2.166
	Na	0.56	1.272		K	0.04,0.13	0.134
	Li		2.914		空位		1.050

在范性形变和高能粒子辐射过程中,金属内部将产生大量缺陷。此外,高温淬火和急冷也会使金属内部形成远远超过平衡浓度状态的缺陷。当温度接近熔点时,因急速淬火而"冻结"下来的空位引起的附加电阻率为

$$\Delta\rho = A e^{-E/kT} \tag{2.49}$$

式中,E 为空位形成能;T 为淬火温度;A 为常数;k 为玻尔兹曼常数。大量的实验表明,点缺陷所引起的剩余电阻率变化远比线缺陷对电阻率的影响大(参见表 2.6)。

对于大多数金属,当变形量不大时,位错引起的电阻率变化 $\Delta\rho_{位错}$ 与位错密度 $\Delta N_{位错}$ 之间呈线性关系,如图 2.24 所示。实验表明,温度在 4.2 K 时,对于铁,$\Delta\rho_{位错} \approx 10^{-18}\Delta N_{位错}$;对于钼,$\Delta\rho_{位错} \approx 5.0\times10^{-16}\Delta N_{位错}$;对于钨,$\Delta\rho_{位错} \approx 6.7\times10^{-17}\Delta N_{位错}$。

一般金属在变形量为 8% 时,位错密度 $\Delta N_{位错} \approx (10^5\sim10^8)/cm^2$,位错影响的电阻率增加值 $\Delta\rho_{位错}$ 很小($10^{-11}\sim10^{-8}$ $\Omega\cdot cm$)。当退火温度接近再结晶温度时,位错对电阻率的影响可忽略不计。

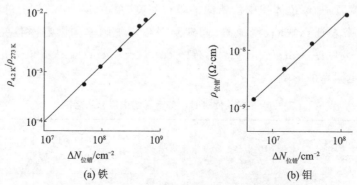

(a) 铁　　　　　　　　(b) 钼

图 2.24　温度在 4.2 K 时位错密度对电阻率的影响

2.4.4　电阻率的尺寸效应

在某些场合,试样几何尺寸影响材料的导电性。当导电电子的自由程同试样尺寸为同一数量级时,这种影响就显得十分突出。这一影响关系对研究和测试金属薄膜和细丝材料[厚度为$(10\sim100)\times10^{-10}$ m]的电阻十分重要。

在低温条件下,随着金属纯度的提高,试样几何尺寸对材料导电性的影响越发显著。因为此时导电电子自由程超过原子间距(在 4.2 K 时,纯金属电子自由程长达几个毫米),

所以电子在试样表面的散射构成了新的附加电阻,试样的有效散射系数可写成

$$1/l_{ef}=1/l+1/l_d \tag{2.50}$$

式中,l,l_d 分别表示电子在试样中和表面的散射自由程。将上式代入式 $\rho=\dfrac{m^* v_F}{n_{ef} e^2}\dfrac{1}{l}$,并令 $l_d=d$(薄膜厚度),则薄膜试样的电阻率等于

$$\rho_d=\rho_\infty(1+l/d) \tag{2.51}$$

式中,ρ_∞ 为大尺寸试样的电阻率。

电阻率的尺寸效应在超纯单晶体和多晶体中发现最多。图 2.25 给出了钨和钼单晶体厚薄度对电阻率的影响。由图可见,随着钼、钨单晶体厚度变薄,4.2 K 温度条件下晶体电阻($R_{4.2K}$)增大。

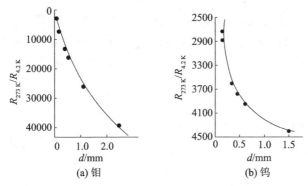

图 2.25　单晶体厚薄度对电阻的影响

2.4.5　电阻率的各向异性

一般在立方系晶体中金属的电阻率表现为各向同性;但在对称性较差的六方晶系、四方晶系、斜方晶系和菱面体中,金属的电阻率表现为各向异性。

金属电阻率各向异性系数 $\rho_\perp/\rho_{//}$($\rho_\perp$ 为垂直六方晶轴方向测得的电阻率,$\rho_{//}$ 为平行六方晶轴方向即[0001]方向测得的电阻率),对于不同金属在不同温度下是不相同的。常温下某些金属导电性的各向异性系数见表 2.8。温度对各向异性系数的影响规律尚不清楚。

表 2.8　常温下某些金属导电性的各向异性系数

金属	晶格类型	$\rho/(\mu\Omega\cdot cm)$		$\rho_\perp/\rho_{//}$	金属	晶格类型	$\rho/(\mu\Omega\cdot cm)$		$\rho_\perp/\rho_{//}$
		$\rho_\perp$	$\rho_{//}$				$\rho_\perp$	$\rho_{//}$	
Be	六方密排	4.22	3.83	1.1	Cd	六方密排	6.54	7.79	0.84
Y	六方密排	72	35	2.1	Bi	菱面体	100	127	0.74
Mg	六方密排	4.48	3.74	1.2	Hg	菱面体	2.35	1.78	1.32
Zn	六方密排	5.83	6.15	0.95	Ga	斜方	54 轴 c	8 轴 b	6.75
Sc	六方密排	68	30	2.2	Sn	四方晶系	9.05	13.3	0.68

多晶试样的电阻率可通过晶体不同方向的电阻率表示为

$$\rho_{\text{多晶}} = \frac{1}{3}(2\rho_\perp + \rho_{/\!/}) \tag{2.52}$$

2.4.6 固溶体的电阻率

2.4.6.1 形成固溶体时电阻率的变化

当金属之间形成固溶体时,导电性能降低。即使是在导电性良好的金属溶剂中溶入导电性很强的溶质金属时,也是如此。这是因为溶质原子溶入溶剂晶格时,溶剂的晶格发生扭曲畸变,破坏了晶格势场的周期性,从而增加了电子散射概率,所以电阻率增大。但晶格畸变不是电阻率改变的唯一因素,固溶体导电性能还取决于固溶体组元(能带、电子云分布等)的化学作用。

库尔纳科夫指出,在连续固溶体中合金成分距组元越远,电阻率越大。在二元合金中最大电阻率常在50%原子浓度处,并且可能比组元电阻率高几倍。铁磁性及强顺磁性金属组成的固溶体情况有异常,它的电阻率一般不在50%原子浓度处,如图2.26和图2.27所示。

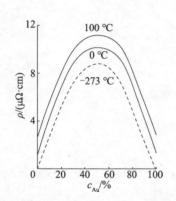

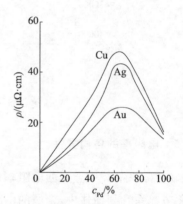

图 2.26 银-金合金电阻率与成分的关系　**图 2.27 铜、银、金与钯组成合金的电阻率与成分的关系**

根据1860年提出的马西森定律,低浓度固溶体电阻率表达式为

$$\rho = \rho_0 + \rho'$$

式中,ρ_0 表示固溶体溶剂组元的电阻率;ρ' 为剩余电阻率,$\rho' = C\Delta\rho$,此处 C 是杂质原子含量,$\Delta\rho$ 表示1%原子杂质引起的附加电阻率。

但目前已发现不少低浓度固溶体(非铁磁性)电阻率偏离这一定律。考虑到这种情况,现把固溶体电阻率写成三部分,即

$$\rho = \rho_0 + \rho' + \Delta \tag{2.53}$$

式中,Δ 为偏离马西森定律的值,它与温度和溶质浓度有关,随着溶质浓度升高,偏离值越大。

实验证明,除过渡族金属外,在同一溶剂中溶入1%原子溶质金属所引起的电阻率增加,由溶剂和溶质的价数差决定,溶剂和溶质的价数差愈大,电阻率增加愈大,其数学表达式为

$$\Delta\rho = a + b(\Delta Z)^2 \tag{2.54}$$

式中，a，b 是常数；ΔZ 表示低浓度合金溶剂和溶质间的价数差。此式称为诺伯里-林德 (Norbury-Lide) 法则。

图 2.28a 表示 1% 原子杂质对铜剩余电阻率 ρ' 的影响。图 2.28b 表示过渡族溶质金属对铝剩余电阻率 ρ' 的影响。由图可见，诺伯里-林德法则在这种情况下是不能运用的。

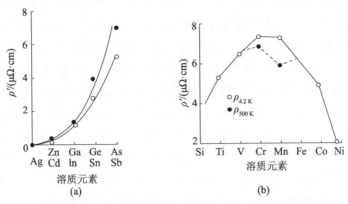

图 2.28　1% 原子杂质对铜剩余电阻率和对铝剩余电阻率的影响

表 2.9 给出了溶质原子对某些金属电阻率的影响。

表 2.9　杂质(原子百分数为 1%)对某些金属电阻率的影响

单位：$\mu\Omega \cdot cm$

金属基 (溶剂)	金属杂质(溶质)																
	Zn	Cd	Hg	In	Tl	Sn	Pb	Bi	Co	V	Fe	Ti	Mn	Cr	Al	Cu	Au
Al	0.35	0.60				0.90	1.00	1.30									
Cu	0.30	0.30	1.00	1.10		3.10	3.30										
Cd	0.08		0.24	0.54	1.30	1.99	4.17										
Ni									0.22	4.30	0.47	3.40	0.72	4.80	2.10	0.98	0.39

2.4.6.2　有序合金的电阻率

当固溶体有序化后，其合金组元化学作用增强，因此，电子的结合能力比在无序状态更强，这使导电电子数减少而合金的剩余电阻率增加。然而晶体离子势场在有序化时更为对称，这就使电子散射概率大大降低，因而有序合金的剩余电阻率减小。通常，在上述两种相反的作用中，第二种作用占优势，故当合金有序化时，电阻率降低。

斯米尔诺夫根据合金成分及远程有序度，从理论上计算了有序合金的剩余电阻率，并假定：完全有序合金在 0 K 时和纯金属一样不具有电阻，只有当原子有序排列被破坏时才具有电阻率。这样，有序合金的剩余电阻率可写成

$$\rho' = A\left[c(1-c) - \frac{\nu}{1-\nu}(q-c)^2\eta^2\right] \tag{2.55}$$

式中，ρ' 表示在 0 K 时合金的电阻率；c 表示合金中第一组元的相对原子浓度；ν 是第一类结点（第一组元占据的）相对浓度；q 表示第一类结点被相应原子占据的可能性；A 为与组元性质有关的参数；η 表示远程有序度。

2.4.6.3　不均匀固溶体（K 状态）的电阻率

合金中含有过渡族金属的，如镍-铬、镍-铜-锌、铁-铬-铝、铁-镍-钼、银-锰等合金，根据 X 射线和电子显微镜分析可以认为其是单相的，但在回火过程中发现合金的电阻率有反常升高（其他物理性能，如热膨胀效应、比热容、弹性、内耗等也有明显变化）。冷加工时，发现此类合金的电阻率明显降低。托马斯（Thomas）最早发现这一现象，并把这一组织状态称为 K 状态。由 X 射线分析可见，固溶体中原子间距的大小显著地波动，这一波动正是组元原子在晶体中不均匀分布的结果，所以也把 K 状态称为"不均匀固溶体"。由此可知，固溶体的不均匀组织是"相内分解"的结果，这种分解不析出任何具有固有点阵的晶体。当形成不均匀固溶体时，在固溶体点阵中只形成原子的聚集，其成分与固溶体的平均成分不同。这一聚集中包含大约 1000 个原子，即原子的聚集区域几何尺寸大致与电子自由程为同一数量级，故明显增加了电子散射概率，提高了合金电阻率，如图 2.29 所示。由图 2.29 可见，当回火温度超过 550 ℃，反常升高的电阻率又开始降低。这可解释为原子聚集在高温下将消散，于是固溶体渐渐地成为普遍无序的、统计均匀的固溶体。

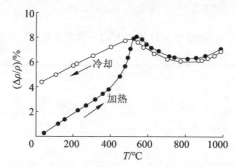

图 2.29　80Ni20Cr 合金加热、冷却时电阻率随温度变化曲线（原始态：高温淬火）

冷加工在很大程度上促使固溶体不均匀组织被破坏并获得普通无序的固溶体，因此合金电阻率明显降低，如图 2.30 所示。

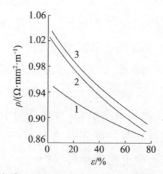

1—800 ℃水淬＋400 ℃回火；2,3—形变＋400 ℃回火。

图 2.30　80Ni20Cr 合金电阻率与冷加工变形的关系

2.4.7　化合物、中间相、多相合金的电阻率

（1）化合物和中间相的电阻率：当两种金属原子形成化合物时，其电阻率要比纯组元的电阻率高很多。原因是原子键合方式发生质的变化，至少其中一部分由金属键变成共价键或是离子键，因此电阻率增大。在一些情况下，金属化合物是半导体，也说明键合性质的改变。

一般来讲，中间相的导电性介于固溶体与化合物之间。电子化合物的电阻率都是比较高的，并且在温度升高时，电阻率增大；但在熔点处，电阻率反而减小。间隙相的导电性与金属相似，部分间隙相还是良导体。

（2）多相合金的电阻率：由两个以上的相组成的多相合金的电阻率应当是组成相电阻率的叠加。但是，因为电阻率对于组织十分敏感，所以多相合金的电阻率计算非常困难。例如，两个相的晶粒度大小对合金电阻率有很大影响，尤其是当一种相（夹杂物）的晶粒度大小与电子波长为同一数量级时，电阻率可升高 $10\% \sim 15\%$。如果合金是等轴晶粒组成的两相混合物，并且两相的电导率相近（比值在 0.75～0.95 之间），那么，当合金处于平衡状态时，其电导率 σ 可以认为与组元的体积分数呈线性关系：

$$\sigma_c = \sigma_\alpha \varphi_\alpha + \sigma_\beta (1 - \varphi_\alpha) \tag{2.56}$$

式中，σ_α，σ_β，σ_c 分别为各相和多相合金的电导率；φ_α，φ_β 为各相的体积分数，并且

$$\varphi_\alpha + \varphi_\beta = 1$$

2.5　材料导电性的测量方法

材料导电性的测量方法很多，本节只介绍小电阻的测试方法。

2.5.1　双电桥和电位差计测量方法

2.5.1.1　双电桥法

由于结构设计缘故，惠斯顿单臂电桥（测量范围：$10 \sim 10^6$ Ω）引线电阻及接触电阻无法消除，因此，用其测量低电阻时不仅灵敏度不高，而且数值偏差很大。目前双电桥法是金属电阻测量中应用最广泛的一种方法，所用仪器是双电桥（亦称双臂电桥），它主要用于测量小电阻（$10^{-6} \sim 10^{-1}$ Ω）。

图 2.31 所示为双电桥测量原理图。由图 2.31 可见，待测电阻 R_x 和标准电阻 R_N 串联于有恒直流源的回路中。由可调电阻 R_1，R_2，R_3，R_4 组成的电桥臂线路与 R_x，R_N 电阻并联，并在其间的 B，D 点连接检流计 G。r 为待测电阻和标准电阻间的引线电阻与接触电阻的和。调节可调电阻 R_1，R_2，R_3，R_4 使电桥达到平衡，此时检流计 G 指示为零（$V_B = V_D$，B 与 D 点电位相等）。由此，可写出下列等式：

$$I_3 R_x + I_2 R_3 = I_1 R_1 \tag{2.57}$$

$$I_3R_N + I_2R_4 = I_1R_2 \tag{2.58}$$

$$I_2(R_3 + R_4) = (I_3 - I_2)r \tag{2.59}$$

解以上方程得

$$R_x = \frac{R_1}{R_2}R_N + \frac{R_4 r}{R_3 + R_4 + r}\left(\frac{R_1}{R_2} - \frac{R_3}{R_4}\right) \tag{2.60}$$

式中，$\dfrac{R_4 r}{R_3 + R_4 + r}\left(\dfrac{R_1}{R_2} - \dfrac{R_3}{R_4}\right)$ 为附加项。为了使该项等于零或接近于零，必须满足的条件

是可调电阻 $R_1 = R_3$，$R_2 = R_4$，即 $\dfrac{R_1}{R_2} - \dfrac{R_3}{R_4} = 0$，这样 $R_x = \dfrac{R_1}{R_2}R_N = \dfrac{R_3}{R_4}R_N$。

为了满足上述条件，在双电桥结构设计上做如下假设：无论可调电阻处于何位置，可调电阻 $R_1 = R_3$，$R_2 = R_4$（将 R_1 与 R_3 和 R_2 与 R_4 做成同轴可调旋转式电阻）。R_1，R_2，R_3，R_4 的电阻不应小于 10 Ω，只有这样，双电桥线路中的引线电阻和接触电阻 r_1，r_2，r_3，r_4 及 r 可忽略不计（为使 r 值尽量小，连接 R_x，R_N 的一段铜导线应尽量短而粗）。

熟练的操作者，通过双电桥能测量大小为 $10^{-4} \sim 10^{-3}$ Ω 的金属电阻，测量精确度为 $0.2\% \sim 0.3\%$。

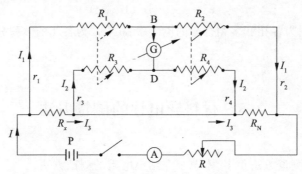

图 2.31 双电桥测量原理图

2.5.1.2 电位差计法

利用电位差计法测量金属电阻的线路原理图如图 2.32 所示。精密的电位差计可测试 10^{-7} V 的微小电势。由图 2.32 可以看出，电位差计法测电阻的原理：当一恒定直流电通过试样和标准电阻时，测定试样和标准电阻两端的电压降 V_x 和 V_N，可得 R_x/R_N 和 V_x/V_N，若 R_N 已知，则由下式可计算 R_x：

$$R_x = R_N \frac{V_x}{V_N} \tag{2.61}$$

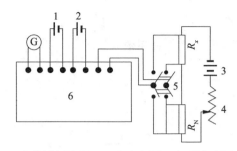

1—标准电池；2—电位计恒流源；3—直流电源；4—可变电阻；5—双刀开关；
6—电位差计(精密级)；G—检流计；R_x—待测电阻；R_N—标准电阻。

图 2.32　电位差计法测电阻线路原理图

比较双电桥法和电位差计法可知，当欲测试金属电阻随温度变化情况时，电位差计法比双电桥法检测精度高，这是因为双电桥法在测高温和低温电阻时，引线电阻和接触电阻很难消除。电位差计法的优点在于导线(引线)电阻不影响电位差计的电势 V_x 和 V_N 的测量。图 2.33 为实验室测量样品高、低温电阻时，电位差计与样品连接装置示意图。

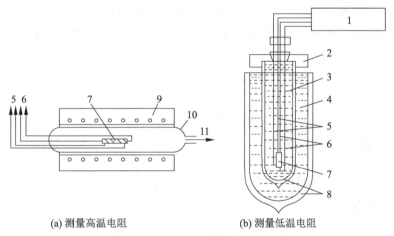

(a) 测量高温电阻　　　　　　　(b) 测量低温电阻

1—电位差计；2—挡板；3—液氦；4—液氮；5—电压测量引线；6—电流引线；
7—试样；8—低温杜瓦瓶；9—加热炉；10—石英管；11—抽真空。

图 2.33　电位差计法测金属电阻高、低温装置示意图

2.5.2　直流四探针法

直流四探针法也称为四电极法，主要用于半导体材料或超导体等的低电阻率的测试。测量时，使用的仪器以及与样品的接线如图 2.34 所示。由图 2.34 可见，测量时四根金属探针与样品表面接触，探针彼此相距约 1 mm。电流源输入其中的 1 号、4 号探针以小电流使样品内部产生压降，同时用高阻的静电计、电子毫伏计或数字电压表测出 2 号和 3 号探针间的电压 U_{23}，并以下式计算样品的电阻率：

$$\rho = C \frac{U_{23}}{I} \tag{2.62}$$

式中，I 为探针引入的电流，A；C 为探针系数，cm。

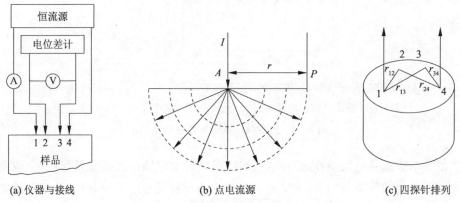

(a) 仪器与接线　　　　　(b) 点电流源　　　　　(c) 四探针排列

图 2.34　直流四探针法测试原理示意图

测量时，四根探针可以不等距地排成一直线（外侧两根为通电流探针，内侧两根为测电压探针），也可以排成矩形。下面简单说明一下测量原理。

取一个均匀的半导体样品，其电阻率为 ρ，几何尺寸相对于探针间距来说可以是半无限大。如果探针引入的点电流源的电流为 I，那么均匀导体内恒定电场的等位面为球面，在半径为 r 处等位面的面积为 $2\pi r^2$，因此，电流密度为

$$j = \frac{I}{2\pi r^2} \tag{2.63}$$

由电导率 σ 与电流密度的关系可得

$$E = \frac{j}{\sigma} = \frac{I}{2\pi r^2 \sigma} = \frac{I\rho}{2\pi r^2} \tag{2.64}$$

则距点电荷 r 处的电势为

$$U = \frac{I\rho}{2\pi r} \tag{2.65}$$

显然半导体内各点的电势应为四探针分别在该点形成电势的矢量和。通过数学推导可得到四探针的测量电阻率的公式为

$$\rho = \frac{U_{23}}{I} 2\pi \left(\frac{1}{r_{12}} - \frac{1}{r_{24}} - \frac{1}{r_{13}} + \frac{1}{r_{34}} \right)^{-1} \tag{2.66}$$

式中，$2\pi \left(\dfrac{1}{r_{12}} - \dfrac{1}{r_{24}} - \dfrac{1}{r_{13}} + \dfrac{1}{r_{34}} \right) = C$ 为探针系数（其中，$r_{12}, r_{24}, r_{13}, r_{34}$ 分别为相应探针间距，见图 2.34c）。

若四探针处于同一平面的一条直线上，其间距分别为 s_1, s_2 和 s_3，则式（2.66）可写成

$$\rho = \frac{U_{23}}{I} 2\pi \left(\frac{1}{s_1} - \frac{1}{s_1 + s_2} - \frac{1}{s_2 + s_3} + \frac{1}{s_3} \right)^{-1} \tag{2.67}$$

当 $s_1=s_2=s_3=s$ 时,式(2.67)可简化为

$$\rho=\frac{U_{23}}{I}2\pi s \tag{2.68}$$

为了减小测量区域,以观察半导体材料的均匀性,四探针并不一定要排成直线,也可以排成矩形,只是电阻率计算公式中的探针系数 C 会改变。具体算法此处略去。

*2.6　拓展专题:电导功能材料

电导功能材料包括导电材料、电阻材料(含高温加热元件及电极)、电触点材料以及电阻元件、电阻器、超导体等。

2.6.1　导电材料

导电材料是指可传送电流且仅有很小或无电能损失的材料,主要以电力工业用电线电缆为代表。随着电子工业的发展,传送弱电流的导电涂料、胶粘剂和透明导电材料等应用也十分广泛。其中,电线电缆是强电应用,材料以 Cu,Al 及其合金为主,重视阻抗损失。目前,电子工业领域除了应用 Au,Ag,Cu,Al 等电导率高的材料外,也使用金属粉和石墨与非金属材料混合的复合导电材料,通常它们的电阻率比强电用的导电材料的电阻率高很多。

(1) 铜和铜系导电材料

铜作为导电材料大多是电解铜,其 Cu 含量为 99.97%～99.98%,含有少量金属杂质和氧。根据相对电导率的不同,铜可以分为半硬铜(相对电导率为 98%～99%)和硬铜(相对电导率为 96%～98%)。

铜中含有杂质时电导率会降低。图 2.35 所示为不同杂质对铜电导率的影响。铜中含有氧时,产品性能大大降低。高导无氧铜(OFHC),性能稳定,抗腐蚀,延展性好,抗疲劳,可拉成很细的丝,适于做海底同轴电缆的外部软线,也用于太阳能电池制作。

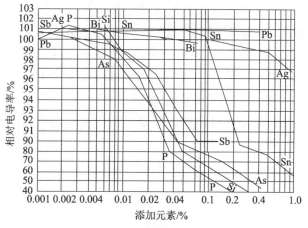

图 2.35　杂质对铜电导率的影响

（2）铝和铝系导电材料

纯度为 99.6%～99.8% 的铝，其相对电导率为 61%（仅次于 Ag,Cu,Au），但相对密度只有 Cu 的 1/3。目前国际上通用的铝线为硬铝线，主要用于送电线、配电线。160 kV 以上的高压线可用钢丝增强的铝电缆（ACSR）、合金增强铝线（ACAR）和全铝合金铝导线（AAAC）代替铜线做配电线用。

硬铝线只能在 90 ℃下连续工作；耐热铝合金（如含 Zr 的 TA1）可在 150 ℃下连续工作，用作大容量高压输电导线；超耐热铝合金（UTAl）可在 200 ℃下连续工作，主要用作变电所的母线。

（3）其他导电材料

其他导电材料包括导电涂料、胶粘剂及透明导电薄膜，主要是高分子薄膜导电材料和其他无机非金属材料。

2.6.2　电阻材料

由于电子线路设计需要，电阻材料提供回路一定的电阻，有的用作电热元件或发光元件，有的用作传感器的敏感元件。电阻材料包括金属电阻材料、碳素电阻材料或半导体电阻材料，形状各异（直线式、线绕式或薄膜、厚膜等）。以伏安特性分，电阻材料有线性的，也有非线性的。对电阻材料的要求也因用途不同而异。作为回路用电阻元件要求：① 电阻温度系数要小；② 阻值要稳定；③ 电阻率要适当；④ 加工连接要方便，特别是标准电阻器与铜连接的热电势要小。

（1）精密电阻合金

精密电阻合金包括：① 锰铜合金，其电阻温度系数为 $(20\sim100)\times10^{-6}$ ℃$^{-1}$，电阻率为 $40\sim50$ $\mu\Omega\cdot cm$；② 铜镍合金，其电阻温度系数最小，只有 20×10^{-6} ℃$^{-1}$ 左右，电阻率为 50 $\mu\Omega\cdot cm$（当镍的质量百分数为 50% 左右时，见图 2.36）。这类合金的最终热处理是均匀退火，做成成品后，还要进行一次低温长时间退火，以保证其电学性能稳定。

（2）电热合金

电热合金一般工作在 $900\sim1350$ ℃温度条件下，属于这类合金的有镍铬合金和铁铬铝合金。电热合金成分和性能见表 2.10。

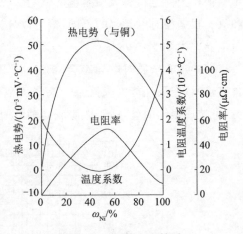

图 2.36　铜镍合金性质

表 2.10　电热合金成分及性能

合金名称	成分/%	$\rho/(\Omega \cdot mm^2 \cdot m^{-1})$	$\alpha_t/(10^5\,℃^{-1})$	允许工作温度 $T/℃$
镍铬铁 6J15	58Ni-16.5Cr-1.5Mn-Fe	1.10	14	1000
镍铬 6J20	76.5Ni-21.5Cr-1.5Mn	1.11	8.5	1100
铁铬铝 Cr13A14	Fe-13.5Cr-4.5Al-1Si	1.26	15	850
铁铬铝 Cr25A15	Fe-25Cr-5.5Al	1.40	5	1250
康太尔 Kanthal	Fe-23Cr-6.2Al-2Co	1.45	3.2	1350

(3)高温加热元件和电极(陶瓷电热元件)

高温加热元件和电极主要用于高温(>1500 ℃)炉子,因为其他电热材料在这样的温度下不是熔化就是氧化了。严格地讲,说它们是导电体材料还不如说是电阻材料。因为电阻是产生焦耳热所必需的。高温加热元件的电行为主要是电阻,其非线性伏安特性和变化的电阻温度系数可以用可控电源补偿。与金属电热元件不同,陶瓷电热元件不能像金属那样加工成金属线,但它们易于加工成管状或棒状,然后切割成需要的尺寸。对于长1 m、直径为 0.5~2 cm 的棒状电热元件,其电阻率为 0.01~1 Ω·m,易于与电源匹配,特殊情况下需要电源变压器。金属铂可以在空气中使用,加热温度最高达 1500 ℃。石墨、钼、钨金属只能在还原气氛下使用,陶瓷电热元件也可在空气中使用,且成本低于贵重金属。下面介绍四种主要陶瓷类电热材料。

① 碳化硅(SiC)。碳和硅在 1000 ℃可烧成纯的 SiC。1891 年首次由人工烧成粗糙的SiC。它现已广泛用作磨料、耐火材料、加热元件和可变电阻器。碳化硅在空气中使用的最高温度可达 1650 ℃。

碳化硅是共价键晶体,存在三种布拉维格子:密排立方(β-SiC)、六方(α-SiC)和菱方。在真实空间里,每种布拉维格子都对应两个相互垂直的由硅和碳原子组成的亚晶格。由于层次排列不同,碳化硅具有 140 种多型性体。

纯的立方 β-SiC 是半导体,带隙为 2.2 eV,并且是透明的,透光时显淡黄色。商用 β-SiC 可以是黑色、浅灰、蓝色、绿色直到淡黄色。其颜色来源于内部含有的杂质(B,Al,N,P),人们可以根据需要选择使用。高纯的碳化硅至少含 99.5%(质量分数)的 SiC。

碳化硅可以由三种不同的方法(烧结、反应键合、硅化石墨)制成(具体方法略),不同方法制成的产品其致密度是不同的。没有加釉保护的碳化硅是靠自身生成固有的钝化的硅化膜来抗氧化的。一般来说,在强还原性气氛中加热元件易损坏,因为硅化物保护层形成了易挥发的 SiO。研究表明,在 600 ℃以下,碳化硅是本征半导体,具有较大的负温度系数;单晶体没有正温度系数效应。这可能与晶界效应有关。

② 二硅化钼。二硅化钼($MoSi_2$)在空气中使用,温度可达 1800 ℃。二硅化钼的室温电阻率为 2.5×10^{-7} Ω·m,其电阻率在 1800 ℃时增至 4×10^{-6} Ω·m。

工程上的二硅化钼加热元件,实际上是 $MoSi_2$ 粒子和铝硅酸盐玻璃黏结在一起的混合物(铝硅酸盐玻璃相占总体积的 20%)。二硅化钼加热元件大多由 $MoSi_2$ 细粉与精选的黏土混合,挤压成直径合适的棒(加热区域和端部直径不同,端部直径粗一些),然后将棒干燥、烧结并切成不同的长度。加热部分被弯曲成所需的形状,并与粗大的端部焊在一起。

③ 铬酸镧。铬酸镧($LaCrO_3$)是 20 世纪 60 年代研制出的材料,用于制作磁流体(MHD)发电机上的电极。在磁流体发电机中,热的导电气体(温度接近 2000 ℃)要通过一个跨越强大磁场的槽路,产生的感应电动势与气流和磁场方向皆成直角,在槽路两边相对的电极之间形成一电位差,并且必须用钾去活化电极的导电性。这种用途的电极材料必须是导体并能抗钾的腐蚀,要能经受 10000 h、1500 ℃ 的高温。$LaCrO_3$ 的熔点为 2500 ℃,有良好的导电性(1400 ℃时的电导率为 100 S·m^{-1})并抗钾腐蚀,各项性能满足该领域的用材要求。

在大气压下使用时,$LaCrO_3$ 在 1800 ℃时仍可维持令人满意的导电性,但是在低压下(0.1 Pa)使用时,温度超过 1400 ℃,导电性能便降低。

④ 锡氧化物。锡氧化物(SnO_2)主要用作高温导体、欧姆电阻器、透明薄膜电极和气体敏感元件。

它结晶成四方金红石结构,$a = 0.474$ nm,$c = 0.319$ nm。其单晶形式称为锡石(cassiterite),是具有宽带隙的半导体。满价带由 O 的 2p 能级展开,由 Sn 的 5s 能带形成导带,带隙在 0 K 时为 3.7 eV。在室温时纯化学计量比的 SnO_2 是良好的绝缘体,其电阻率大约是 10^6 Ω·m 数量级。

实际存在的 SnO_2 晶体都是缺氧的非化学计量化合物,在导带下 0.1 eV 处形成施主能级,得到 N 型半导体;掺杂五价元素,同样得到 N 型半导体。通常的施主是 Ⅴ 族元素 Sb,Sb 掺杂 SnO_2 形成复杂的系统,目前对它的了解还远远不够。

陶瓷形式的 SnO_2 的主要应用是做熔融特种玻璃用电极。SnO_2 自身不能烧结成致密的陶瓷,往往需要加入 ZnO 和 CuO 烧结剂并掺杂 Ⅴ 族元素 Sb 和 As,从而得到质量分数为 98% 的 SnO_2,形成半导体。其电阻率-温度特征曲线如图 2.37 所示。SnO_2 在室温下的典型电导率为 10^{-1} S·m^{-1}。

图 2.38 为 SnO_2 陶瓷电极加热熔融玻璃示意图。使用时先把炉子(熔池)预热至 1000 ℃,当 SnO_2 有足够的导电性时,再用它加热玻璃到最终温度 1300~1600 ℃。这种方式主要靠玻璃自身电阻加热,比较经济。

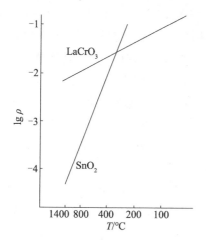

图 2.37　空气中 SnO_2 和 $LaCrO_3$ 的
电阻率与温度的关系曲线

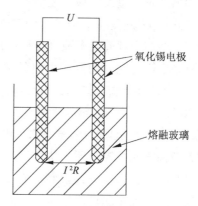

图 2.38　SnO_2 陶瓷电极加热熔融玻璃示意图

*2.7　拓展专题:超导材料

　　1911 年,荷兰科学家卡末林-昂内斯发现温度在 4.2 K 附近,金属汞(水银)的电阻突然降到仪器无法检测的程度,或者说突然失去了电阻,这一发现开辟了材料研究领域的新篇章——超导材料。这种在一定温度条件下,金属突然失去电阻的现象称为超导现象,发生这种现象的温度称为临界转变温度,并以 T_c 表示。

　　科学家们接下来几乎测量了所有金属电阻降为零的临界转变温度(T_c),发现过渡金属大多具有超导性,但是临界转变温度都低于 4.2 K。较低的临界转变温度使得材料的超导性难以实现。1941 年,德国科学家艾舍曼和贾斯蒂发现氮化铌(NbN)的 T_c 值可以达到 15 K,这是当时发现的最高的 T_c 值,该发现的重要意义是使人们认识到化合物可以有较高的临界转变温度。

　　1953 年,美国物理学家哈迪和休尔姆发现了四种具有 A-15 结构的超导体。其中 V_3Si 的 T_c 值达到 17.1 K,他们研究后给出了所研究超导体的结构模型。后来,人们便沿着这个结构模型寻找具有更高临界转变温度的超导材料。一直到 1985 年,人们发现有较高临界转变温度的超导材料几乎都是具有这种结构的物质。美国晶体学家马梯阿斯经过几十年的努力之后,终于在 1976 年找到第一个临界转变温度超过 20 K 的超导合金,其临界转变温度约为 20.5 K,组成为 $Al_{0.75}Ge_{0.25}$。

　　1973 年,美国贝尔实验室制备出了铌三锗薄膜,T_c 值为 23.2 K。此后的十多年里,由于理论的缺乏,超导体的 T_c 再没有突破。尽管约翰巴丁等人早在 1957 年就提出了超微观理论,并且对超导现象的微观解释取得了一定成功,但他们没有确切预言更高 T_c 值的超导体结构,因此科学家们只好摸索前进。

1986 年,国际商用机器公司(IBM)苏黎世实验室的 Muller 和 Bednorz 等在高 T_c 超导体研究领域取得了重大突破。他们摆脱了传统材料研究的固定思维,在金属氧化物方面找到了突破口,因此获得了诺贝尔物理学奖并在世界范围内掀起了一股超导热。1986 年发现的氧化物超导性开启了超导体研究的新篇章,由于它的 T_c 值较高,因而被称为高温超导材料或者高温超导陶瓷。中国科学院物理研究所的赵忠贤和陈立泉等人在 1987 年 2 月获得了第一块液氮温区的超导材料——YBaCuO,它的完全抗磁温度出现在 93 K,T_c 值在 100 K 以上。1987 年几乎可以称为"超导年",全世界 260 多个科研机构参与研究,发现了 1300 多种超导材料,最高 T_c 值达到 100 K。

虽然目前高温超导陶瓷还无法广泛地应用在生产和日常生活中,但在一些国防工业和科学实验以及少数领域已经能经济有效地应用。因此,这一类材料的研究开发还有很大的发展空间。下面举例讨论一些高温超导陶瓷的研究、应用及其制造工艺,说明高温超导存在的局限性,并预测高温超导陶瓷的发展前景。

2.7.1　超导材料制备工艺

2.7.1.1　高温超导材料的制备

(1) 干法合成

这种方法主要在早期使用,采用机械方式混合原料,经烧结粉碎后得到的粉末粒度在微米数量级,缺点是所制备材料结晶不完整,组织不均匀,致使电流密度不高。

(2)湿法合成

① 共沉淀法:将原料溶解在硝酸盐中,制成混合硝酸盐溶液,加沉淀剂共沉淀,然后洗净并干燥而得。该法得到的粉末粒度为 $0.3\ \mu m$,质量较好且经济。

② 羟氧基代法:该法易于形成溶胶溶液,即使是二元或者三元化合物也能以分子级均匀分散在乙醇中,溶胶化的原料能够用涂印法形成功能性薄膜,有时也会形成氧化物和氮化物薄膜;溶胶物质在加水分解时呈凝胶状态,能在常温下处理,不影响其均匀性,凝胶状物料烧结后可制得均匀性陶瓷。

③ 金属皂化法:一般采用复分解反应,如用有机酸钠盐水溶液与水溶性金属盐混合物进行复分解反应,涂敷在基板上进行烧结,形成均匀的超导薄膜。

2.7.1.2　金属氧化物高温超导体的制备

金属氧化物高温超导体的超导性取决于氧的含量,而氧的含量又由热处理条件决定。实验证明,超导体制备过程中氧化物中的氧含量从 600 ℃开始增加,超过 900 ℃又开始减少。后期研究发现,如果用氟原子置换 Y-Ba-Ca-O 系氧化物中的氧原子,能显示出高温超导性。

2.7.1.3　高温超导薄膜的制备

① 外延生长法。该法已用来制成 Y-Ba-Cu-O 系氧化物超导体晶膜,这种薄膜在 77 K 时临界电流密度达 32000 A/cm^2,若进一步提高临界电流密度,则可应用于电磁铁、输电线、蓄电池设备、超导量子干扰装置和约瑟夫森器件等方面。

② 旋涂法。该法将有机金属溶解在有机溶液中,调制成均匀混合溶液后,涂敷于稳定的氧化锆烧结基板上,然后在 800 ℃下热处理制成产品。一次涂敷产生的薄膜厚度约为 0.2 μm,多次涂敷厚度可达 1~2 μm,这种薄膜与基底紧密结合。这类新的超导膜工艺有以下优点:生成的薄膜其显微结构和组成均匀;易在低温合成和在形态复杂的基底上制作成膜;可经济地大批量生产。

③ 蒸镀法、溅射法和连续浇铸法。这三种方法也已广泛应用,但效果不如上述两种方法。作为导线用超导材料,首先要求有足够的长度,但是一般能用作超导的材料都具有脆性,也就是说很难加工成线材,科学家们为了能够将超导线材化,开展了不少有应用价值的工艺探索。

2.7.2 典型的超导材料

2.7.2.1 高压合成的氧化物超导体

高压合成超导体材料的意义在于,在超高压环境下,只要把常温下稳定的物质进行合成处理,就可能造出新物质来。多种新氧化物超导体均是在 5~6 GPa 超高压环境下发现的,其临界转变温度超过 100 K。所合成的超导体的临界转变温度:碳酸盐类为 117 K;硫酸盐类为 60~100 K;钡类为 110 K;铝类为 110 K;镓类为 107 K。这些物质的处理与氧化物超导体相同,因此,具有很强的实用性。

2.7.2.2 汞系超导体

汞系超导体最早是由俄罗斯科学家 S. N. Patilin 等发现的,其成分为 $HgBa_2CuO_{4+\delta}$ (Hg1201),临界转变温度 $T_c=94$ K。1987 年,美国朱经武领导的研究小组成功发现临界转变温度为 93 K 的新超导材料,临界转变温度第一次超过液氮温度,开创了高温超导研究和应用的新纪元。在随后的实验中,科学家们不断发现新材料并刷新临界转变温度的纪录,并于 1993 年将临界转变温度提高到 164 K。1995 年,名古屋工学院采用溶液纺丝法(solution spinning)制备出 Hg - 1223($HgBa_2Ca_2Cu_3O_x$)的超导丝(ϕ 250 μm),T_c 值达 127 K,开辟了汞系超导体制备新途径。我国科学家经过不断研究,也取得了不错的成果。1995 年,南京大学、香港城市大学和香港大学共同合作,烧结制备出的汞系超导体,其抗磁转变温度提高到 143 K。

2.7.2.3 无限 CuO_2 层超导体

实际上,1988 年,人们就发现了无限 CuO_2 层超导体,当时通过类比几十个铜酸盐超导体系后,科学家们发现高温超导体可以从晶格上划分为载流子库层(或电子通道层)和电荷库层(提供和调节超导传输面上载流子),而最基本的超导结构就是 Cu - O 片,Ca,Sr,Ba 主要起稳定晶体结构的功能。后来,又发现相邻 Cu - O 层越多,CuO_2 片耦合越强,即所有 Cu - O 层都相同并且具有等同的间隔时,T_c 值会很高。因此,人们希望得到一种只有 Cu - O 层和载流子库层的超导体,而尽可能减少只起晶格稳定作用的其他层状。于是便采用高压方式合成出了一种具有理想结构的无限 CuO_2 层超导体,即 $SrCuO_2$ 超导体,

其 $T_c = 130$ K，是高温氧化物超导体中最简单的二元化合物，但这种超导体稳定性不好，含量也较低。之后，在此基础上衍生出了一系列新的超导体。

2.7.2.4　铋系超导体

1988 年初，日本科学家采用 Bi_2O_3 代替稀土，用锶、钙代替钡在 BiSrCaCuO(BSCCO) 体系中发现了新的高温超导相。此后，美国、日本均宣布发现 T_c 为 110 K 的超导体。研究表明，BSCCO 共有 $Bi_2Sr_2CaCu_2O_8$(Bi-2212) 和 $(Bi,Pb)_2Sr_2Ca_2Cu_3O_{10}$(Bi-2223) 两个高温超导相，前者的 T_c 值约为 80 K，后者的约为 110 K。

BiSrCaCuO 这个化合物的稳定性较差，无序缺陷较为严重，合成单相、单晶很困难，曾有不少报道称在这个体系中观察到异常高的临界转变温度，但重复性和稳定性一直是个问题。据说法国科学家在工艺上采取了一些特殊方法，比如利用分子束外延技术去控制层状生长和尺寸，获得了 T_c 值为 250 K 的高温超导体。但是，这一结果还需要进一步的研究证实。

2.7.2.5　铊系超导体

1988 年，第三种高温超导体——铊系高温超导体被发现，铊的主要缺点是有毒，吸入、注射和皮肤接触都会危害健康。20 世纪 90 年代以后，人们才对铊系材料的超导性能有所了解。铊系超导体是具有高临界转变温度的超导材料之一，具有多种工艺制备方法，其中 Tl-2223 相超导体具有最高 T_c 值(125 K)。沙建军等人提出采用提高铊蒸气压来提高 Tl-2223 相超导体中的铊含量，从而提高 T_c 值的方法，该方法简单可行，制备的超导体 T_c 值可达 127.6 K。伊长虹等人以铝酸镧(001)单晶为基片，采用两步法制备 Tl-$Ba_2CaCu_2O_y$(Tl-2212)高温超导薄膜，其零电阻温度为 106.2 K。路昕等人在 MgO 衬底上，利用共蒸发法制备 $DyBa_2Cu_3O_7$ 作缓冲层，再运用磁控溅射及后处理制备 $Tl_2Ba_2CaCu_2O_8$ 薄膜，其制备的 Tl-2212 薄膜，最高 T_c 值为 105.5 K。

2.7.2.6　有机超导体

一般认为有机化合物是电绝缘体。已经发现的几百万种有机化合物，大多为绝缘体，非绝缘体占的比例小，具有超导电性的化合物更是凤毛麟角。自 20 世纪初发现有些有机化合物具有半导体性质后，人们对有机化合物的认识开始发生转变，如何寻找高电导率及超导性有机化合物逐渐成为一个热门话题。1993 年，俄罗斯科学家 Grigorov 等报道了他们在经过氧化的聚丙烯体系中发现了从室温(293 K)到 700 K 都呈超导性的有机超导体，这是迄今为止报道的唯一在室温下具有超导性的有机化合物。

2.7.3　超导应用

与其他科学研究目的一样，科学家们研究超导也是为了能将超导材料应用在生产及科研上。超导材料具有很多不同于一般材料的特异性能，它的应用可能产生许多意想不到的功效。

比如说零电阻，我们知道远距离输电耗费在导线上的电能是十分惊人的，人们不得不靠提高电压来减少线路损耗，随之产生一些其他问题如不安全性、需要增设变压器将电压升高和降低等。如果不考虑其他因素，零电阻对解决线耗问题是百分之百理想化的。超导还可以产生高磁场，这对提高列车时速很有帮助。磁悬浮列车的一项关键技术就是产生高磁场。利用强磁斥力使车体悬浮于铁轨之上，从而将摩擦阻力减小到最低限度。在超导出现以前，难以产生高磁场以及大量的电能损耗在线路中，使得磁悬浮列车的经济价值不大。除了这些熟悉的应用领域，在很多先进的仪器和尖端领域中，超导也有非凡作用，如高能加速器、核聚变发电、MHD（磁流体力学）发电、超导发电机、MRI（医用核磁共振成像系统）等。

超导发电机是超导应用研究的课题之一。超导发电机的特点是小型轻量化。在超导发电机中，通过加大空心磁通密度，定子直接水冷却，与转子直接氢冷却相比，可使输出功率提高 2 倍以上。这使大容量电机的制造范围大幅度扩大，并且机械设备可大幅度小型化和轻量化。采用超导磁场线圈时，励磁损失约为 0。铁损耗、机械损耗也很小，液氦装置系统的损失与以往水冷却装置系统的损失几乎相同，发电机总体损失大约是以往机型的 1/2，满负载效率可提高 0.3%～1.0%。由于超导同步电机的电枢线圈是无铁芯的空心线圈，容易实现电绝缘距离，故能得到高电压输出。此外超导发电机在电力系统运行上有如下优点：超导发电机的运转容许范围大，有利于提高电力系统稳定性等。

目前超导发电机的技术开发方向为一边逐渐试制大型机一边进行技术开发，开发试验电机的尺寸相当于实用电机模型转子。在欧美及日本，数万至百万千伏安级的超导发电机正在试制，实用性能、实机制造技术、最优化设计等的实用开发也在进行当中。

超导电缆是一种革新技术。目前随着电力系统的大规模化，高压输电线面临种种难题（如安全性等），地下电缆需求大增，管道充气电缆研究有较大成果。超导电缆的电损耗占目前电力系统总损耗的一大半，从超导电缆的结构可以看出它比较复杂，它的超导部分需要冷却在液氮温区以下。超导电缆 1960 年就开始研发，目前已经取得较大的进展。据报道美国已经建立起长约数千米的超导电气线路，但仅仅处于实验阶段，还没有达到大规模应用程度。

预计 21 世纪中叶超导体将应用到航天事业上，这将引起航天领域的巨大变革，航天飞机可以被加速到接近光速，人类飞到另一个遥远的星球不再是梦想。

超导发展的另一个局限条件是超导材料的加工。超导材料的加工已经有了一些较为先进有效的技术，现在可以轻松地制造出大量的超导薄膜，也可以制造出长达数千米的超导线，但距离应用还有很长的路要走。超导体与非超导体的衔接是需要克服的一大难题，交界点上的电阻处理最为关键。获得低温条件的困难也是难以克服的，能获得几十开低温的装置造价不菲，而且只能在很小的体积内维持低温。

超导元器件对计算机的运算速度影响极大，目前超导计算机已经在开发研究中，其运算速度比早期的计算机快十多倍，预计到 2050 年，超导计算机将进入千家万户。

 复习题

1. 概念理解:电子电导和离子电导;本征半导体,杂质半导体;N 型半导体和 P 型半导体;载流子;施主和受主;超导体。

2. 简述电阻产生的原因,并举例说明。

3. 简述半导体接触电阻产生的原因和减小接触电阻的措施。请举具体实例说明。

4. 表征超导体性能的三个指标是什么?目前氧化物超导体应用的主要问题是什么?

5. 试评述下列建议:既然银有良好的导电性且能够在铝中固溶一定的数量,为何不用银使其固溶强化,以供高压输电线使用?

① 这个意见是否基本正确? ② 能否设计另一种能达到上述目的的方案? ③ 说一说你所提供的方案的优越性。

6. 解释说明温度对金属、半导体和离子晶体电导率的影响有什么不同?

7. 实验测出离子型电导体的电导率与温度的相关数据,经数学回归分析得出关系为

$$\ln \sigma = A - \frac{B}{T}$$

(1) 试求在测量温度范围内的电导率激活能表达式;

(2) 若 $T_1 = 500$ K 时,电导率 $\sigma_1 = 10^{-9}$ $\Omega^{-1} \cdot cm^{-1}$;$T_2 = 1000$ K 时,电导率 $\sigma_2 = 10^{-6}$ $\Omega^{-1} \cdot cm^{-1}$,请计算电导激活能的值。

8. 本征半导体中,从价带激发至导带的电子电导和价带产生的空穴电导同时存在。激发的电子数 n 可近似表示为

$$n = N \exp(-E_g / 2kT)$$

式中,N 为状态密度,cm^{-3};k 为玻尔兹曼常数,$eV \cdot K^{-1}$;T 为热力学温度,K。试回答:

(1) 设 $N = 10^{23}$ cm^{-3},$k = 8.6 \times 10^{-5}$ $eV \cdot K^{-1}$ 时,Si($E_g = 1.1$ eV),TiO_2($E_g = 3.0$ eV),在 25 ℃和 600 ℃时所激发的电子数各是多少?

(2) 半导体的电导率 σ 可表示为

$$\sigma = ne\mu$$

式中,n 为载流子浓度,cm^{-3};e 为载流子电荷(电子电荷 1.6×10^{-19} C);μ 为迁移率,$cm^2 \cdot V^{-1} \cdot S^{-1}$。当电子(e)和空穴(h)同时为载流子时

$$\sigma = n_e e\mu_e + n_h e\mu_h$$

假设 Si 的迁移率 $\mu_e = 1450$ $cm^2 \cdot V^{-1} \cdot S^{-1}$,$\mu_h = 500$ $cm^2 \cdot V^{-1} \cdot S^{-1}$,且不随温度变化。试求 Si 在 25 ℃和 600 ℃时的电导率。

编写人:袁妍妍

第3章

材料的介电性能

本章导学

　　材料介电性能的评价指标主要包括介电常数、介电损耗和介电强度。本章就上述物理参量涉及的影响因素及相关机制加以探讨，并介绍两类特殊介电性能，即压电性和铁电性及相关物理量的测量等。学习过程中应结合电介质极化微观机制，重点理解电介质极化的频率响应，关注压电性产生的原因及铁电体自发极化的起源，通过拓展专题了解铁电与压电材料的应用，为新材料开发研究奠定物理理论基础。

3.1　电介质及其极化

　　绝缘材料是电子和电气工程应用中不可或缺的功能材料，这一类材料也称为电介质，它主要应用材料的介电性能。

3.1.1　平板电容器中的电介质极化

　　平板电容器极板的电量 Q 与平行板电压 U 及电容 C 成正比：

$$Q = CU \tag{3.1}$$

　　真空平板电容器的电容主要由上下极板的几何尺寸决定，即

$$C_0 = \frac{Q}{U} = \frac{\varepsilon_0 \left(\dfrac{U}{d}\right) A}{U} = \frac{\varepsilon_0 A}{d} \tag{3.2}$$

式中，ε_0 为真空介电常数，其值为 8.85×10^{-12} F · m^{-1}；d 为平板间距，m；A 为极板面积，m^2。

　　法拉第（M. Faraday）发现，当一种材料插入两平板之间后，平板电容器的电容增大，增大的电容应为

$$C = \varepsilon_r C_0 = \varepsilon_r \varepsilon_0 A/d = \varepsilon A/d \qquad (3.3)$$

式中，ε_r 为相对介电常数；$\varepsilon(\varepsilon = \varepsilon_0 \varepsilon_r)$ 为介电材料的电容率，或称介电常数（单位为 $C^2 \cdot m^{-2}$ 或 $F \cdot m^{-1}$）。

放在平板电容器中增加电容的材料称为介电材料。显然，它属于电介质。所谓电介质就是指在电场作用下能建立极化的物质。如上所述，在真空平板电容器间嵌入一块电介质，当施加外电场时，则在正极板附近的介质表面上感应出负电荷，在负极板附近的介质表面上感应出正电荷。这种感应出的表面电荷称为感应电荷，亦称束缚电荷（见图 3.1）。电介质在电场作用下，产生束缚电荷的现象称为电介质的极化。正是这种极化的结果，增强了电容器存储电荷的能力。

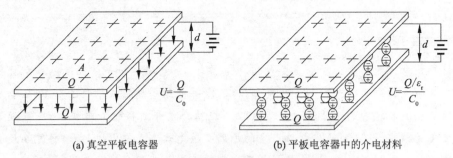

(a) 真空平板电容器　　　　　　(b) 平板电容器中的介电材料

图 3.1　平板电容器中的电荷

3.1.2　极化相关物理量

根据分子极性，电介质可分为两大类：极性分子电介质，如 H_2O，CO 等；非极性分子电介质，如 CH_4，He 等。它们结构上的主要差别是分子的正、负电荷统计重心是否重合，即是否有电偶极子。极性分子存在电偶极矩，其电偶极矩为

$$\mu = ql \qquad (3.4)$$

式中，q 为所含的电量；l 为正负电荷重心距离。

在外电场作用下，非极性分子电介质的正、负电荷重心将产生分离，产生电偶极矩。所谓极化电荷，是指和外场强度相垂直的电介质表面出现的正、负电荷，这些电荷不能自由移动，也不能离开，总值保持中性。3.1.1 中所说的平板电容器中电介质表面电荷就属于这种状态。为了定量描述电介质的这种性质，人们引入极化强度、介电常数等参数。

极化强度 P（单位为 $C \cdot m^{-2}$）是电介质极化程度的量度，其定义式为

$$P = \frac{\sum \boldsymbol{\mu}}{\Delta V} \qquad (3.5)$$

式中，$\sum \boldsymbol{\mu}$ 为电介质中所有电偶极矩的矢量和；ΔV 为 $\sum \boldsymbol{\mu}$ 电偶极矩所在空间的体积。

极化强度等于分子表面电荷密度 σ，证明如下：

假设每个分子电荷的表面积为 A，则电荷占有的体积为 lA，若单位体积内有 N 个分子，则单位体积的电量为 Nq，在 lA 的体积中的电量为 $NqlA$，可得表面电荷密度为

$$\sigma = \frac{NqlA}{A} = N\mu = P \tag{3.6}$$

实验证明,极化强度不仅与所加外电场有关,而且和极化电荷产生的电场有关,即极化强度和电介质所处的实际有效电场成正比。在国际单位制中,对于各向同性电介质,这种关系可以表示为

$$\boldsymbol{P} = \chi_e \varepsilon_0 \boldsymbol{E} \tag{3.7}$$

式中,$\boldsymbol{E}$ 为电场强度;ε_0 为真空介电常数;χ_e 为电极化率。

不同电介质有不同的电极化率 χ_e,它的单位为 1。可以证明电极化率 χ_e 和相对介电常数 ε_r 有如下关系:

$$\chi_e = \varepsilon_r - 1 \tag{3.8}$$

由式(3.7)和式(3.8)可得

$$\boldsymbol{P} = \varepsilon_0 \boldsymbol{E} (\varepsilon_r - 1) \tag{3.9}$$

电位移 $\boldsymbol{D}$ 是为了描述电介质的高斯定理引入的物理量,其定义为

$$\boldsymbol{D} = \varepsilon_0 \boldsymbol{E} + \boldsymbol{P} \tag{3.10}$$

式中,$\boldsymbol{D}$ 为电位移;$\boldsymbol{E}$ 为电场强度;$\boldsymbol{P}$ 为极化强度。

式(3.10)描述了 $\boldsymbol{D}, \boldsymbol{E}, \boldsymbol{P}$ 三矢量之间的关系,这对于各向同性电介质或各向异性电介质都是适用的。

由式(3.7)、式(3.8)和式(3.10)可得:

$$\boldsymbol{D} = \varepsilon_0 \boldsymbol{E} + \boldsymbol{P} = \varepsilon_0 \boldsymbol{E} + \chi_e \varepsilon_0 \boldsymbol{E} = \varepsilon_0 \varepsilon_r \boldsymbol{E} = \varepsilon \boldsymbol{E} \tag{3.11}$$

式(3.11)说明,在各向同性电介质中,电位移等于场强的 ε 倍。若是各向异性电介质,如石英单晶体等,则 $\boldsymbol{P}$ 与 $\boldsymbol{E}, \boldsymbol{D}$ 的方向一般并不相同,电极化率 χ_e 也不能只用数值来表示,但式(3.10)仍适用。

3.1.3 电介质极化机制

电介质在外加电场作用下产生宏观的极化强度,实际上是电介质微观上各种极化机制作用的结果,其包括电子的极化、离子的极化(又可具体分为位移极化和弛豫极化)、电偶极子取向极化和空间电荷极化。

3.1.3.1 位 移 极 化

(1)电子位移极化

在外电场作用下,原子外围的电子轨道相对于原子核发生位移,原子中的正、负电荷重心产生相对位移,这种极化称为电子位移极化(也称电子形变极化)。

图 3.2a 形象地表示了正、负电荷重心分离的物理过程。因为电子很轻,它们对电场的反应很快,可以光频跟随外电场变化。电子极化率的大小与原子(离子)的半径有关。

(2)离子位移极化

离子在电场作用下偏移平衡位置的移动,相当于形成一个感生偶极矩;也可以理解为离子晶体在电场作用下离子间的键长增大,如碱卤化物晶体就是如此。图 3.2b 所示是离

子位移极化的简化模型。由于离子质量远大于电子质量,因此极化建立所需时间也比电子长,为 $10^{-13}\sim10^{-12}$ s。

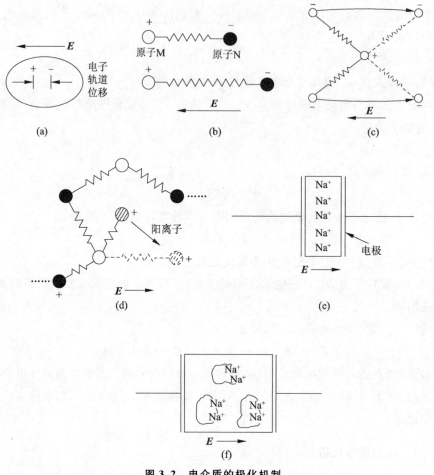

图 3.2 电介质的极化机制

3.1.3.2 弛豫(松弛)极化

这种极化机制也是由外加电场造成的,但与带电质点的热运动状态密切相关。例如,当材料中存在弱联系的电子、离子和偶极子等弛豫质点时,温度造成的热运动使这些质点分布混乱,而电场使它们有序分布,平衡时建立了极化状态。这种极化具有统计性质,称为弛豫(松弛)极化。极化造成带电质点的运动距离可与分子大小相比拟,甚至更大。由于弛豫极化是一种弛豫过程,建立平衡极化时间为 $10^{-3}\sim10^{-2}$ s,并且创建平衡要克服一定的位垒,须吸收一定能量,因此,与位移极化不同,弛豫极化是一种非可逆过程。

弛豫极化包括电子弛豫极化、离子弛豫极化和偶极子弛豫极化。它多发生在聚合物分子、晶体缺陷区或玻璃体内。

（1）电子弛豫极化

晶格的热振动、晶格缺陷、杂质引入、化学成分局部改变等因素,使电子能态发生改变,出现位于禁带中的局部能级,形成所谓弱束缚电子。例如色心点缺陷之一的"F-心"就是由一个负离子空位俘获一个电子形成的。"F-心"的弱束缚电子为周围结点上的阳离子所共有,在晶格热振动下,可以吸收一定能量由较低的局部能级跃迁到较高的能级而处于激发态,从而连续地由一个阳离子结点转移到另一个阳离子结点,类似于弱联系离子的迁移。外加电场使弱束缚电子的运动具有方向性,就形成了极化状态,称之为电子弛豫极化。它与电子位移极化不同,是一种不可逆过程。

由于这些电子处于弱束缚状态,因此可做短距离运动。由此可知,具有电子弛豫极化的介质往往具有电子电导特性。这种极化建立的时间为 $10^{-9} \sim 10^{-2}$ s,在电场频率高于 10^9 Hz 时,这种极化就不存在了。

电子弛豫极化多出现在以铌、铋、钛氧化物为基的陶瓷介质中。

(2) 离子弛豫极化

和晶体中存在弱束缚电子类似,在晶体中也存在弱联系离子。在完整的离子晶体中,离子处于正常结点,能量最低、最稳定,称之为强联系离子。它们在极化状态时,只能产生弹性位移,离子仍处于平衡位置附近。而在玻璃态物质、结构松散的离子晶体中或晶体的杂质、缺陷区域,离子自身能量较高,易于活化迁移,这些离子称为弱联系离子。

弱联系离子极化时,可以从一平衡位置移动到另一平衡位置。外电场撤去后离子不能回到原来的平衡位置,即这种迁移是不可逆的,迁移的距离可达到晶格常数数量级,比离子位移极化时产生的弹性位移大得多。需要注意的是,弱离子弛豫极化不同于离子电导,后者迁移距离属远程运动,而前者运动距离是有限的,它只能在结构松散区或缺陷区附近运动,越过势垒到新的平衡位置(见图 3.3)。

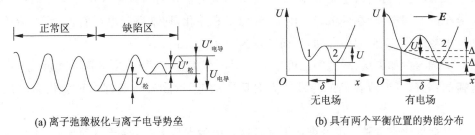

(a) 离子弛豫极化与离子电导势垒　　　　　(b) 具有两个平衡位置的势能分布

图 3.3　离子弛豫极化示意图

根据弱联系离子在有效电场作用下的运动以及对弱离子运动位垒的计算,可以得到离子热弛豫极化率 α_T^a 的大小:

$$\alpha_T^a = \frac{q^2 \delta^2}{12kT} \tag{3.12}$$

式中,q 为离子电量;δ 为弱离子在电场作用下的迁移量;T 为热力学温度;k 为玻尔兹曼常数。由式(3.12)可见,温度越高,热运动对弱离子规则运动阻碍越大,因此 α_T^a 下降。离子弛豫极化率比位移极化率大一个数量级,因此,电介质的介电常数较大。应注意的是,温度升高,则缩短了极化建立所需要的时间,因此,在某一温度下,热弛豫极化的极化强度

P 将达到最大值。离子弛豫极化的时间在 $10^{-5} \sim 10^{-2}$ s 之间,若电场频率在 10^6 Hz 以上,离子弛豫极化对极化强度没有贡献。

3.1.3.3 取向极化

与外场同向的偶极子数大于与外场反向的偶极子数,因此电介质整体表现出宏观偶极矩,这种极化称为取向极化。它也是极性电介质的一种极化方式。组成电介质的极性分子在电场作用下,除贡献电子极化和离子极化外,其固有的电偶极矩沿外电场方向有序化(见图 3.2c,d)。这种状态下的极性分子之间的相互作用是一种长程作用。尽管固体中极性分子不能像液态和气态电介质中的极性分子那样自由转动,但取向极化在固态电介质中的贡献是不能忽略的。对于离子晶体,由于空位的存在,电场可导致离子位置的跃迁,如玻璃中的 Na^+ 可以跳跃方式使偶极子趋向有序化。

取向极化过程中,热运动(温度作用)和外电场是使偶极子运动的两个矛盾方面。偶极子沿外电场方向有序化将降低系统能量,但热运动破坏这种有序化。在两者平衡的条件下,可计算出温度不是很低(如室温)、外电场不是很高时材料的取向极化率:

$$\alpha_d = \frac{<\mu_0^2>}{3kT} \tag{3.13}$$

式中,$<\mu_0^2>$ 为无外电场时的均方偶极矩;k 为玻尔兹曼常数;T 为热力学温度。

取向极化需要的时间为 $10^{-10} \sim 10^{-2}$ s,取向极化率一般要比电子极化率高两个数量级。

3.1.3.4 空间电荷极化

众所周知,离子多晶体的晶界处存在空间电荷。实际上不仅晶界处存在空间电荷,其他二维、三维缺陷皆可引入空间电荷,可以说空间电荷极化常常发生在不均匀介质中。这些混乱分布的空间电荷,在外电场作用下,趋向于有序化,即带空间电荷的正、负电荷质点分别向外电场的负、正极方向移动,从而表现为极化(见图 3.2e,f)。

宏观不均匀性如夹层、气泡等也可形成空间电荷极化,这种极化又称界面极化。由于空间电荷的积聚,可形成很高的与外场方向反向的电场,故有时又称这种极化为高压式极化。

空间电荷极化强度随温度升高而下降。这是因为温度升高,离子运动加剧,离子容易扩散,因而空间电荷减少。空间电荷极化需要较长时间,大约几秒到数十分钟,甚至数十小时。因此,空间电荷极化只对直流和低频下的极化强度有贡献。

以上介绍的极化都是外加电场作用的结果,而有一种极性晶体在无外电场作用时自身已经存在极化,这种极化称为自发极化,这将在第 3.4 节中予以介绍。表 3.1 总结了电介质可能发生的极化形式、频率范围及与温度的关系等。

表 3.1　晶体电介质极化机制总结

极化形式		极化机制存在的电介质	极化存在的频率范围	温度作用
电子极化	位移极化	一切电介质	直流到光频	不起作用
	弛豫极化	钛质瓷、以高价金属氧化物为基的陶瓷	直流到超高频	随温度变化有极大值
离子极化	位移极化	离子结构电介质	直流到红外	温度升高,极化增强
	弛豫极化	存在弱束缚离子的玻璃、晶体陶瓷	直流到超高频	随温度变化有极大值
取向极化		存在固有电偶极矩的高分子电介质及极性晶体陶瓷	直流到高频	随温度变化有极大值
空间电荷极化		结构不均匀的陶瓷电介质	直流到 10^3 Hz	随温度升高极化减弱
自发极化		温度低于 T_c 的铁电材料	与频率无关	随温度变化有最大值

3.2　交变电场下的电介质

电介质除承受直流电场作用外,还承受交流电场作用,因此应考察电介质的动态特性,如交变电场下的电介质损耗及强度特性。

3.2.1　复介电常数和介电损耗

如图 3.4 所示,有一平板式理想真空电容器,其电容量 $C_0 = \varepsilon_0 A/d$。如在该电容器上加角频率为 $\omega = 2\pi f$ 的交流电压(见图 3.4)

$$U = U_0 e^{i\omega t} \tag{3.14}$$

则在电极上出现电荷 $Q = C_0 U$,其回路电流

$$I_C = \frac{dQ}{dt} = i\omega C_0 U_0 e^{i\omega t} = i\omega C_0 U \tag{3.15}$$

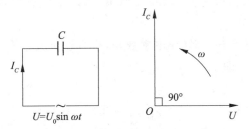

图 3.4　正弦电压下的理想平板电容器

由式(3.15)可见,电容电流 I_C 超前电压 U 90°相位。

若在极板间充填相对介电常数为 ε_r 的介电材料,材料为理想电介质,则其电容量 $C =$

$\varepsilon_r C_0$,其电流 $I' = \varepsilon_r I'_C$ 的相位仍超前电压 U 90°相位。但是实际上介电材料不是理想电介质,因为它们总有漏电或是极性电介质,又或者兼而有之,这时除了有容性电流 I_C 外,还有与电压同相位的电导分量 GU,总电流 I_t 应为这两部分的矢量和(见图3.5)。

$$I_t = I_C + I_l = i\omega CU + GU = (i\omega C + G)U \tag{3.16}$$

其中,
$$G = \sigma A/d$$
$$C = \varepsilon_0 \varepsilon_r A/d$$

式中,σ 为电导率;A 为极板面积;d 为电介质厚度。将 G 和 C 代入式(3.16)中可得

$$I_t = (i\omega\varepsilon_0\varepsilon_r + \sigma)\frac{A}{d}U \tag{3.17}$$

令 $\sigma^* = i\omega\varepsilon + \sigma$,则电流密度

$$J = \sigma^* E \tag{3.18}$$

式中,σ^* 为复电导率。

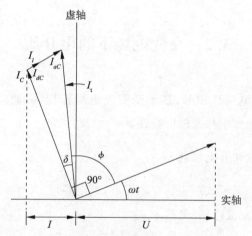

图3.5 非理想电介质充电、损耗和总电流示意图

由前面的讨论知,真实的电介质平板电容器的总电流包括三个部分:① 由理想的电容充电所形成的电流 I_C;② 电容器真实电介质极化建立的电流 I_{aC};③ 电容器真实电介质漏电流 I_{dC}。这些电流均对材料的复电导率做出贡献。总电流超前电压(90-δ)度,其中 δ 称为损耗角。

类似于复电导率,对于电容率(介电常数)ε,也可以定义复电容率(或称复介电常数)ε^* 及复相对介电常数 ε_r^*,即

$$\varepsilon^* = \varepsilon' - i\varepsilon'' \tag{3.19a}$$
$$\varepsilon_r^* = \varepsilon_r' - i\varepsilon_r'' \tag{3.19b}$$

这样可以借助于 ε_r^* 来描述前面分析的总电流,此时电容

$$C = \varepsilon_r^* C_0$$

则
$$Q = CU = \varepsilon_r^* C_0 U \tag{3.20}$$

并且

$$I = \frac{\mathrm{d}Q}{\mathrm{d}t} = C\,\frac{\mathrm{d}U}{\mathrm{d}t} = \varepsilon_r^* \, C_0 \mathrm{i}\omega U = (\varepsilon_r' - \mathrm{i}\varepsilon_r'')\, C_0 \mathrm{i}\omega U$$

$$I_t = \mathrm{i}\omega\varepsilon_r' C_0 U + \omega\varepsilon_r'' C_0 U \tag{3.21}$$

分析式(3.21)知,总电流可以分为两项,其中第一项是电容充放电过程形成的电容电流,没有能量损耗,它由经常讲的相对介电常数 ε_r'(相应于复相对介电常数的实数部分)描述,而第二项的电流是与电压同相位的电导电流,对应于能量损耗部分,它由复相对介电常数的虚部 ε_r'' 描述,故 ε_r'' 称为介质相对损耗因子,因 $\varepsilon'' = \varepsilon_0 \varepsilon_r''$,则称 ε'' 为介质损耗因子。

现定义

$$\tan\delta = \frac{\varepsilon''}{\varepsilon'} = \frac{\varepsilon_r''}{\varepsilon_r'} = \frac{\sigma}{\omega\varepsilon'} \tag{3.22}$$

损耗角正切 $\tan\delta$ 表示为获得给定的存储电荷要消耗的能量的大小,可以称之为“利率”。ε_r'' 或者 $\varepsilon_r' \tan\delta$ 有时称为总损失因子,它是电介质作为绝缘材料使用评价的参数。为了减少绝缘材料使用时的能量损耗,人们希望材料具有小的损耗角正切。损耗角正切的倒数 $Q = (\tan\delta)^{-1}$ 在高频绝缘应用条件下称为电介质的品质因数,实际应用中希望它的值比较高。

在介电加热应用时,电介质的关键参数是相对介电常数 ε_r' 和介质电导率 $\sigma_T = \omega\varepsilon_r''$。

3.2.2　电介质弛豫和频率响应

前面介绍电介质极化微观机制时,曾分别指出不同极化方式建立并达到平衡时所需的时间。事实上只有电子位移极化可以认为是瞬时完成的,其他都需要时间,这样在交流电场作用下,电介质的极化就存在频率响应问题。通常把电介质完成极化所需的时间称为弛豫时间(或称为松弛时间),一般用 τ 表示。

因此在交变电场作用下,电介质的电容率既与电场频率相关,又与电介质的极化弛豫时间有关。描述这种关系的方程称为德拜方程,其表示式如下:

$$\varepsilon_r' = \varepsilon_{r\infty} + \frac{\varepsilon_{rs} - \varepsilon_{r\infty}}{1 + \omega^2 \tau^2} \tag{3.23a}$$

$$\varepsilon_r'' = (\varepsilon_{rs} - \varepsilon_{r\infty}) \frac{\omega\tau}{1 + \omega^2 \tau^2} \tag{3.23b}$$

因此
$$\tan\delta = \frac{(\varepsilon_{rs} - \varepsilon_{r\infty})\omega\tau}{\varepsilon_{rs} + \varepsilon_{r\infty}\omega^2\tau^2} \tag{3.24}$$

式中,ε_{rs} 为静态或低频下的相对介电常数;$\varepsilon_{r\infty}$ 为光频下的相对介电常数。

由式(3.23)可以发现:电介质的相对介电常数(实部和虚部)随所加电场的频率而变化。在低频时,相对介电常数与频率无关。$\omega\tau = 1$ 时,损耗因子 ε_r'' 极大,同样 $\tan\delta$ 也有极

大值,此时,$\omega = \dfrac{\left(\dfrac{\varepsilon_{rs}}{\varepsilon_{r\infty}}\right)^{1/2}}{\tau}$。$\varepsilon_r'$,$\varepsilon_r''$ 随 ω 的变化关系如图 3.6 所示。

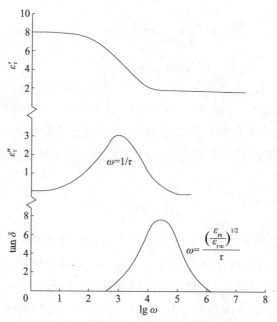

图 3.6 ε_r', ε_r'', tan δ 与 ω 的变化关系曲线

　　由于不同极化机制的弛豫时间不同,因此,在交变电场频率极高时,弛豫时间长的极化机制来不及响应所受电场的变化,故对总的极化强度没有贡献。

　　图 3.7 表示了电介质的极化机制与频率的关系。由图可见,电子极化可发生在极高的频率条件下(10^{15} Hz),属于紫外光频范围,极化引起了吸收峰(见图 3.7b)。在红外光频范围($10^{12} \sim 10^{13}$ Hz),离子(或原子)极化机制占主要地位,如硅氧键强度变化引起的吸收峰。若材料(如玻璃)中有几种离子形式,则吸收范围的宽度增大,在 $10^2 \sim 10^{11}$ Hz 范围内三种极化机制都可对介电常数做出贡献。室温下在陶瓷或玻璃材料中,电偶极子取向极化是最重要的极化机制。空间电荷极化只发生在低频范围,频率低至 10^{-3} Hz 时可产生很大的介电常数(见图 3.7b)。若积聚的空间电荷密度足够大,则其作用频率范围可高至 10^3 Hz,在这种情况下难于从频率响应上区别是电偶极子取向极化还是空间电荷极化(界面极化)。

　　研究介电常数与频率的关系,可帮助我们了解电介质材料的极化机制,从而了解材料产生损耗的原因。

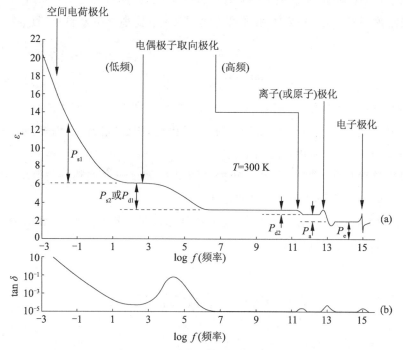

图 3.7　电介质极化机制与频率的关系

3.2.3　介电损耗的影响因素

3.2.3.1　频率的影响

频率与介电损耗的关系,在 3.2.2 的德拜方程中有所体现,现分析如下:

(1) 当外加电场频率 ω 很低时,即 $\omega \to 0$ 时,介质的各种极化机制都能跟上电场的变化,此时不存在极化损耗,相对介电常数最大。介电损耗主要由电介质的漏电引起,则损耗功率与频率无关。

由 $\tan \delta$ 的定义式 $\tan \delta = \sigma / \omega \varepsilon'$ 知,当频率 ω 升高时,$\tan \delta$ 减小。

(2) 当外加电场频率增加至某一值时,松弛极化跟不上电场变化,则 ε_r 减小,在这一频率范围内由于 $\omega \tau \ll 1$,若 ω 升高,则 $\tan \delta$ 增大,损耗功率也增大。

(3) 当外加电场频率 ω 很高时,$\varepsilon_r \to \varepsilon_\infty$,即 ε_r 趋于最小值。由于此时 $\omega \tau \gg 1$,当 $\omega \to \infty$ 时,$\tan \delta \to 0$。由图 3.6 可知,在 ω_m 下,$\tan \delta$ 达到最大值,此时

$$\omega_m = \frac{1}{\tau} \sqrt{\frac{\varepsilon_{rs}}{\varepsilon_{r\infty}}} \tag{3.25}$$

$\tan \delta$ 的最大值主要由弛豫过程决定。若介质电导显著增大,则 $\tan \delta$ 峰值变平坦,甚至没有最大值。

3.2.3.2　温度的影响

温度对弛豫极化存在影响,因此也影响 ε_r 和 $\tan \delta$ 值的变化。温度升高,弛豫极化增

强,且离子间易发生移动,所以极化的弛豫时间 τ 缩短,具体情况可结合德拜方程分析。

(1)当温度很低时,τ 值较大,由德拜方程可知:ε_r 较小,$\tan\delta$ 较小,且 $\omega^2\tau^2 \gg 1$,由式(3.24)知,

$$\tan\delta \propto \frac{1}{\omega\tau}, \varepsilon_r \propto \frac{1}{\omega^2\tau^2}$$

在低温范围内,随温度上升,τ 缩短,则 ε_r 和 $\tan\delta$ 增大,损耗功率也增大。

(2)当温度较高时,τ 值较小,此时 $\omega^2\tau^2 \ll 1$,因此,随温度升高 τ 缩短,$\tan\delta$ 减小。由于此时电导上升不明显,所以损耗功率也减小。

(3)温度持续升高达很高时,离子热振动能很大,离子迁移受热振动阻碍增大,极化强度减弱,ε_r 下降,电导急剧上升,$\tan\delta$ 也增大。

由前面分析可知,若电介质的电导很小,则弛豫极化损耗特征如下:在 ε_r 和 $\tan\delta$ 与频率、温度的关系曲线上出现极大值。

3.3 电介质在电场中的破坏

3.3.1 介电强度(介电击穿强度)

当陶瓷或聚合物在工程中用作绝缘材料、电容器介质材料和封装材料时,通常都要经受一定电压梯度的作用,如果作用过程中材料发生短路,那么这些材料就失效了。这种失效被称为介电击穿。引起材料介电击穿的电压梯度(V/cm)称为材料的介电强度或介电击穿强度。

电介质击穿强度受许多因素影响,因此变化很大。这些影响因素有材料厚度、环境温度和气氛、电极形状、材料表面状态、电场频率和波形、材料成分和孔隙度、晶体各向异性、非晶态结构等。

虽然微米级薄膜的介电击穿强度达每厘米几百万伏特,可是由于膜太薄,以至于能绝缘的电压太低。对于体材陶瓷,其击穿电压下降到每厘米几千伏。击穿强度随材料厚度增加而改变是由于材料发生击穿的机制发生了改变。温度对击穿强度的影响主要通过热能对击穿机制的影响实现。下面简述几种击穿机制。

3.3.2 本征击穿机制

实验中,本征击穿通过外加一定的电场,使电子温度达到击穿的临界水平来实现。观察发现,本征击穿发生在室温或室温以下,发生的时间间隔很短,在微秒或微秒级以下。本征击穿之所以称为"本征",是因为这种击穿机制与样品或电极的几何形状无关,或者与所加电场的波形无关。因此在给定温度下,产生本征击穿的电场值仅与材料有关。

固体电介质击穿理论基于如下方程式:

$$A(T_0, E, \alpha) = B(T_0, \alpha) \tag{3.26}$$

式中，$A(T_0, E, \alpha)$ 为材料从所加电场中获得的能量；$B(T_0, \alpha)$ 为材料消耗的能量；T_0 为晶格温度；E 为电场强度；α 为能量分布参数，取决于所采用的模型。而

$$A = B \tag{3.27}$$

是击穿的极限条件。

本征击穿理论基于电子与晶格间能量的传递及材料中电子能量的分布规律。参与能量传递作用的因素有：① 偶极场中的晶格振动；② 与偶极场晶格振动共有的电子壳层变形；③ 非偶极场短程电子轨道畸变。

影响材料电子能量分布的因素有：① 电场对电子的加速作用；② 传导电子间的碰撞；③ 传导电子与晶格的相互碰撞；④ 电子的电离、再复合和捕获；⑤电场梯度形成的扩散。

本征击穿与介质中的自由电子有关。介质中的自由电子来源于杂质或缺陷能级以及价带。

本征击穿机制有两种模型：一种是单电子近似模型。这个模型仅适于材料本征击穿低温区。利用这种模型，在低温区，当温度升高时，晶格振动增强，电子散射增加，电子弛豫时间变短，因而击穿电场强度提高。实验结果与之定性符合。另一种是集合电子近似模型，它考虑了电子之间的相互作用，建立了杂质晶体电击穿的理论。根据这一模型计算得出：

$$\ln E = C + \frac{\Delta u}{2kT_0} \tag{3.28}$$

式中，E 为击穿电场强度；T_0 为晶格温度；Δu 为能带中杂质能级激发态与导带底距离的一半；C 为常数；k 为玻尔兹曼常数。

联系式（3.26）知，单位时间内电子从电场中获得的能量为 A，则

$$A = \frac{e^2 E^2 \bar{\tau}}{m^*} \tag{3.29}$$

式中，e 为电子电荷；m^* 为电子有效质量；E 为电场强度；$\bar{\tau}$ 为电子的平均弛豫时间。一般来说，电子能量高、运动速度快，则平均弛豫时间短；反之，电子能量低、运动速度慢，则平均弛豫时间长。

式（3.29）运用的则是单电子近似的处理方法，电子分布参数 $\alpha = E$，即单电子处于其平均电场 E 中。

3.3.3　热击穿机制

热击穿理论同样建立在能量平衡关系上，但它的能量平衡建立在样品的散热和电场产生的焦耳热、介电损耗和环境放电之间。因此，这里需要关心的是晶格温度而不是电子温度。因为电场和温度之间的关系比较弱，所以材料击穿时的临界转变温度 T_c 值不是太重要，而击穿的实际晶格温度 T_0' 通常是较大的。

热击穿的基本关系是

$$c_V \frac{\mathrm{d}T}{\mathrm{d}t} - \mathrm{div}(\kappa\,\mathrm{grad}\,T) = \sigma(E, T_0)E^2 \tag{3.30}$$

式中，c_V 为材料定容比热容；$\mathrm{div}(\kappa\,\mathrm{grad}\,T)$ 为体积元的热导；$\sigma(E,T_0)E^2$ 为发热项；κ 为热导率；σ 为电导率。

研究热击穿可归结为建立电场作用下的介质热平衡方程，从而求解热击穿的场强问题。由于方程求解困难，故而简化为以下两种情况：

① 电场长期作用，介质内温度变化极慢，称这种状态下的热击穿为稳态热击穿；

② 电场作用时间很短，来不及散热，称这种状态下的热击穿为脉冲热击穿。

在第一种情况下，计算表明，击穿强度正比于样品厚度平方根的倒数。实验证明，对于均匀薄样品上述关系成立。而对一较厚的样品，其击穿强度与样品厚度的倒数成正比。绝缘材料样品的薄与厚和材料的热导率、电导率、温度的前置系数 σ_0 以及激活能 E_a 有关。对于固体，其电导率与温度关系如下：

$$\sigma = \sigma_0 \exp\left[\frac{-E_a}{kT}\right] \tag{3.31}$$

第二种情况忽略热传递过程，因此热导项可以忽略，且电极仅影响电场分布而不影响热流，采取对式(3.30)积分的方法，可计算达到临界转变温度 T_c 后材料发生热击穿所经过的时间

$$t_c = \int_{T_c}^{T_0'} \frac{c_V\,\mathrm{d}T}{\sigma(E_c,T_0)E_c^2} \tag{3.32}$$

从式(3.32)中可以看出：t_c 对 E_c 有很强的依赖关系，并且可以得到

$$E_c = \frac{kT_0}{t_c^{1/2}}\exp\left[\frac{E_a}{2kT}\right] \tag{3.33}$$

因此，临界击穿强度基本上与临界转变温度 T_c 无关。

当电场频率在中等或中等以上水平时，对于热击穿的方程解不能简化，必须进行数字解。因不同情况有不同的边界条件，所以有不同解。

3.3.4 雪崩式击穿机制

热击穿机制对于多数陶瓷材料是适用的。如果材料可看成薄膜，则雪崩式击穿机制更为适用。

雪崩式理论认为，电荷是逐渐或者相继积聚的，而不是电导率的突然改变，尽管电荷积聚发生在很短的时间内。

雪崩式击穿理论把本征击穿机制和热击穿机制结合起来，用本征电击穿理论描述电子行为，而击穿的判据采用的是热击穿性质。

雪崩式击穿最初的机制是场发射或离子碰撞。场发射假设价带的电子进入缺陷能级或进入导带产生隧道效应，进而导致传导电子密度增加，其发射概率

$$P = aE\exp\left[-\frac{bI^2}{E}\right] \tag{3.34}$$

式中，E 为电场强度；a,b 为常数；I 为电流。

由式(3.34)可见,只有当电场 E 相当强时,发射概率 P 才能足够高。雪崩式击穿发生的临界场强 $E=10^7$ V/cm。

Seitz 计算认为,只有达到 10^{12} 个电子/cm^3 自由电子密度所具有的总能量,才能破坏电介质的晶格结构。一个电子游离并通过碰撞"解放"2 个电子,这 2 个电子各自去"解放"2 个电子,如此这般进行 40 代碰撞才能导致雪崩式击穿。这种简单的处理方法让我们了解,雪崩式击穿的临界电场强度依赖于样品厚度,样品至少应达到 40 倍电子平均自由程的厚度。已知碰撞电离过程中,电子数以 2^n 增长,设经过 α 次碰撞,共产生 2^α 个电子,当 $\alpha=40$ 时,$2^\alpha \approx 10^{12}$,这时介质晶格就被破坏了。也就是说,由阴极出发的初始电子在向阳极运动的过程中,1 cm 距离内的电离次数达 40 次,介质便击穿了。Seitz 的估算虽不精准,但可用来说明"雪崩"击穿的形成,人们将其称为"四十代理论"。更严格的计算表明 $\alpha=38$,证明 Seitz 的估计误差并不太大。

雪崩式电击穿和本征电击穿发生过程一般难以区分,但在理论上它们的区别十分明显:本征击穿理论中增加的传导电子是继稳态破坏后突然发生的,而雪崩式击穿则是在高场强下,传导电子倍增逐渐达到介质难以忍受的程度,最终导致介质晶格破坏。

由"四十代理论"可以推论,当介质很薄时,碰撞电离不足以发展到四十代,雪崩电子已进入阳极复合,介质不能被击穿,因为这时电场强度不够高,这便定性地解释了薄层介质具有较高的击穿强度的原因。

除了上述三种击穿机制外,还有三种准击穿的形式,它们分别为放电击穿、电化学击穿和机械击穿。介质放电经常发生于固体材料气孔中的气体击穿或者固体材料表面击穿。电化学击穿是通过化学反应使材料绝缘性能逐渐退化的结果,其往往通过裂纹、缺陷或其他应力升高,改变电场强度,最终导致材料失效。

3.3.5　影响无机材料击穿强度的因素

3.3.5.1　介质结构的不均匀性

无机材料组织结构往往是不均匀的,有晶相、玻璃相和气孔等。它们具有不同的介电性,因而在同一电压作用下,各部分的场强不同。现以不均匀介质最简单的情况即双层介质为例加以分析。设双层介质具有不同的电性质,$\varepsilon_1,\sigma_1,d_1$ 和 $\varepsilon_2,\sigma_2,d_2$ 分别代表第一层和第二层的介电常数、电导率和厚度。

若在此系统上加直流电压 U,则各层内的电场强度

$$E_1=\frac{\sigma_2(d_1+d_2)}{\sigma_1 d_2+\sigma_2 d_1}\times E \tag{3.35a}$$

$$E_2=\frac{\sigma_1(d_1+d_2)}{\sigma_1 d_2+\sigma_2 d_1}\times E \tag{3.35b}$$

上式表明,各层的电场强度明显不同,电导率小的介质层承受较高场强,而电导率大的介质层承受场强低。在交流电压下也有类似关系。如果 σ_1 和 σ_2 相差甚大,那么其中一层的场强必然远大于平均电场强度,从而导致这一层被优先击穿,其后另一层也将被击穿。这

表明,材料组织结构不均匀可能使样品击穿强度降低。

陶瓷中的晶相和玻璃相的分布可看成多层介质的串联和并联,因而也可进行类似的分析计算。

3.3.5.2 材料中气泡的作用

材料中含有气泡(或称气孔),其介电常数和电导率都很小,因此,受到电压作用时其电场强度很高,而气泡本身抵抗电场强度的能力比固体介质低得多。一般,陶瓷介质的击穿强度为 80 kV/cm,而空气介质击穿强度为 33 kV/cm。因此,气泡首先被击穿,引起气体放电(内电离),这种内电离产生大量的热,易造成整个材料击穿。因为产生热量,形成相当高的热应力,所以材料也易丧失机械强度而被破坏,这种击穿常称为电-机械-热击穿。

气泡对于高频、高压下使用的陶瓷电容器或者聚合物电容器都是十分严重的缺陷问题。因为气泡的放电实际上是不连续的,如果把含气孔的介质看成电阻、电容串并联等效电路,那么由电路充放电理论分析可知,即使在交流 50 周情况下,每秒放电也可达 200 次。可以想象,在高频、高压下材料缺陷造成的内电离有多么严重。

另外,内电离不仅可以引起电-机械-热击穿,而且会在介质内引起不可逆的物理化学变化,导致介质击穿强度下降。

3.3.5.3 材料表面状态和边缘电场

(1) 材料表面状态

所谓材料表面状态,除自身表面加工情况、清洁程度外,还包括表面周围的介质及接触等。固体介质常处于周围气体媒质中,击穿时常常发现固体介质并未击穿,只是有火花掠过它的表面,称为固体介质的表面放电。固体介质表面尤其是附有电极的表面常常发生介质表面放电,通常为气体放电。

固体表面击穿强度常低于没有固体介质时的空气击穿强度,击穿强度降低情况常取决于以下三种因素:

① 固体介质不同,固体表面放电电压也不同。陶瓷介质由于介电常数大、表面吸湿等原因,常引起离子式高压极化(空间电荷极化),使表面电场畸变,从而降低表面击穿强度。

② 若固体介质与电极接触不好,则固体表面击穿强度降低。当不良接触出现在阴极处时表面击穿强度下降更明显,原因是空气隙介电常数低,根据夹层介质原理,电场畸变时,气隙易放电。固体介质的介电常数越大,这一影响越显著。

③ 电场频率不同,固体表面击穿强度也不同。随着电场频率的升高,固体表面击穿强度降低。原因是气体正离子迁移率比电子迁移率低,形成正的体积电荷,电场频率高时,此现象更为突出。固体介质本身也因空间电荷极化导致电场畸变,因而表面击穿强度降低。

(2) 边缘电场

所谓边缘电场是指电极边缘的电场,单独提出是因为电极边缘常发生电场畸变,使边缘局部电场强度升高,导致击穿强度下降。

是否会发生边缘击穿主要与下列因素有关:① 电极周围的媒质;② 电极的形状、位置关系;③ 材料的介电常数、电导率。

为了防止表面放电和边缘击穿现象发生,以发挥材料介电强度的作用,可以采用电导率和介电常数较高的媒质,并且媒质自身应有较高的介电强度,通常选用变压器油。

另外,高频、高压下使用的瓷介质表面往往施釉,釉的电导率较高,电场更易均匀分布。若电极边缘施以半导体釉,则效果更好。为了使电极边缘电场均匀,应注意电极形状和结构元件的设计,扩大表面放电路径,提高边缘电场的均匀性。

综上,介质击穿强度是绝缘材料和介电材料的一项重要指标。电介质失效的表现就是介电击穿。产生电介质失效的机制有本征击穿、热击穿和"雪崩式"击穿以及三种准击穿形式(放电击穿、电化学击穿、机械击穿)。实际使用中材料的介电击穿原因十分复杂,很难分清属于哪种击穿形式。对于高频、高压下工作的材料除进行耐压试验,选择高的介电强度外,还应加强对其结构和电极的设计。

3.4　压电性和铁电性

电介质材料主要应用于电子工程中作为绝缘材料、电容器介质材料和封装材料。但是某些电介质材料不仅具有电介质的共性,还有一些特殊性质,如压电性、热释电性和铁电性。它们之所以具有这些特殊性质,完全是由电介质自身的结构决定的。具有这些特殊性质的电介质作为功能材料,不仅可应用于传感器、驱动器元件,还可以在光学、声学、红外探测等领域中发挥独特的作用。下面就针对压电性和铁电性予以简要介绍。

3.4.1　压电性

1880 年居里兄弟发现,对 α-石英单晶体在一些特定方向上施加力,则在力的垂直方向的平面上出现正、负束缚电荷。后来,人们称这种现象为压电效应。具有压电效应的物体称为压电体。目前已知的压电体超过千种,它们可以是单晶体、多晶体(如压电陶瓷)、聚合物或生物体(如骨骼)。在发明了电荷放大器之后,压电效应便获得了广泛应用。

3.4.1.1　正压电效应

当晶体受到机械力作用时,一定方向的表面产生束缚电荷,其电荷密度大小与所加应力的大小呈线性关系。这种由机械能转换成电能的现象,称为正压电效应。

采用热力学理论分析,可以导出压电效应相关力学量和电学量的定量关系。本节未对此进行推导,而是以 α-石英晶体为例,以实验方法给出应力与电位移的关系,以便理解正压电效应在晶体上的具体体现。

假设有 α-石英晶体,在其上进行正压电效应实验。首先在晶体不同方向上被上电极,接上冲击检流计,测量其荷电量(见图 3.8)。

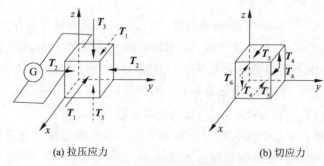

(a) 拉压应力　　　　　　　　　　　　(b) 切应力

图 3.8　正压电效应实验示意图

(1) 在 x 方向的两个晶体面上被上电极,测试 x 方向的电位移 D_1

① 当 α-石英晶体在 x 方向上受到正应力 T_1(N/m²)作用时,由冲击检流计可测得 x 方向电极面上所产生的束缚电荷 Q,并发现其表面电荷密度 σ(C/m²)与作用应力成正比,即 $\sigma_1 \propto T_1$,写成等式为 $\sigma_1 = d_{11} T_1$,其中 T_1 为沿法线方向的正应力(假设向内表示这个面的法线方向,都取为正),d_{11} 称为压电应变常量,下标左、右分别代表电学量和力学量,所以 d_{11} 代表 1 方向加的应力和 1 方向产生的束缚电荷。在国际单位制(SI)系统中表面电荷密度等于电位移,即 $D_1 = \sigma_1$,故

$$D_1 = d_{11} T_1 \tag{3.36}$$

② 在晶体的 y 方向作用正应力 T_2,测 x 方向上的束缚电荷密度,则得电位移

$$D_1 = d_{12} T_2 \tag{3.37}$$

式中,d_{12} 为 y 方向(2 方向)受到作用力时,在 x 方向(1 方向)具有的压电应变常量。

③ 在晶体的 z 方向加应力 T_3,测 x 方向面上的束缚电荷密度,结果冲击检流计无反应,故电位移

$$D_1 = d_{13} T_3 = 0 \tag{3.38}$$

因为 $T_3 \neq 0$,所以 $d_{13} = 0$,说明对于 α-石英晶体压电应变常量 d_{13} 为零。

④ 利用同样的方法,可以测得在切应力 T_4 作用下,x 方向上的电位移和压电应变常量的关系:

$$D_1 = d_{14} T_4 \tag{3.39}$$

式中,d_{14} 为切应力 T_4 作用下 1 方向的压电应变常量。

此处需注意 T_4 是切应力一种简化的表示方法,实际上它代表的是 yz 或 zy 应力平面上的切应力。同样 T_5 代表的是 zx 或 xz 应力平面的切应力;T_6 代表的是 xy 或 yx 应力平面上的切应力(见图 3.8b)。

采用类似的方法,写出电位移和其他切应力的关系式,由冲击检流计测得是否有电位移产生,从而得到

$$d_{15} = d_{16} = 0 \tag{3.40}$$

综合考虑式(3.36)至式(3.39),可得在 x 方向的总电位移

$$\boldsymbol{D}_1 = d_{11}\boldsymbol{T}_1 + d_{12}\boldsymbol{T}_2 + d_{14}\boldsymbol{T}_4 \tag{3.41}$$

(2) 在 y 方向的两个晶体面上被上电极,测试 y 方向的电位移 $\boldsymbol{D}_2$

采用(1)中同样步骤可得

$$\boldsymbol{D}_2 = d_{25}\boldsymbol{T}_5 + d_{26}\boldsymbol{T}_6 \tag{3.42}$$

(3) 在 z 方向的两个晶体面上被上电极,测试 z 方向的电位移 $\boldsymbol{D}_3$

采用(1)中同样步骤可得

$$\boldsymbol{D}_3 = 0 \tag{3.43}$$

因此,对于 α-石英晶体,无论在哪个方向上施加力,在 z 方向的电极面上均无压电效应产生。

以上正压电效应可以写成一般代数式的求和方式,即

$$\boldsymbol{D}_m = \sum_{j=1}^{6} d_{mj}\boldsymbol{T}_j \tag{3.44}$$

式中,下标 m 为电学量;j 为力学量。

许多文献中常采用爱因斯坦求和表示法,略去求和符号,以满足哑角标规则求和,即下角标重复出现者,就表示该下角标对 1,2,3,4,5,6 求和。这样式(3.44)可改写为

$$\boldsymbol{D}_m = d_{mj}\boldsymbol{T}_j \quad (m=1,2,3; j=1,2,3,4,5,6) \tag{3.45}$$

式中,j 为哑角标,表示对 j 求和。

式(3.45)就是正压电效应的简化压电方程式。从以上实验结果分析可知,压电应变常量是有方向的,并且具有张量性质,属于三阶张量,即有 3^3 个分量。由于采用简化的角标,所以从 27 个分量变为 18 个分量。因晶体结构对称的原因,对于 α-石英晶体,只有 $d_{11}, d_{12}, d_{14}, d_{25}, d_{26}$ 压电应变常量不为零,其他皆为零。

α-石英晶体正压电效应采用矩阵方式可表示为

$$\begin{bmatrix} \boldsymbol{D}_1 \\ \boldsymbol{D}_2 \\ \boldsymbol{D}_3 \end{bmatrix} = \begin{bmatrix} d_{11} & d_{12} & 0 & d_{14} & 0 & 0 \\ 0 & 0 & 0 & 0 & d_{25} & d_{26} \\ 0 & 0 & 0 & 0 & 0 & 0 \end{bmatrix} \begin{bmatrix} \boldsymbol{T}_1 \\ \boldsymbol{T}_2 \\ \boldsymbol{T}_3 \\ \boldsymbol{T}_4 \\ \boldsymbol{T}_5 \\ \boldsymbol{T}_6 \end{bmatrix} \tag{3.46}$$

正压电效应矩阵的一般式为

$$\begin{bmatrix} \boldsymbol{D}_1 \\ \boldsymbol{D}_2 \\ \boldsymbol{D}_3 \end{bmatrix} = \begin{bmatrix} d_{11} & d_{12} & d_{13} & d_{14} & d_{15} & d_{16} \\ d_{21} & d_{22} & d_{23} & d_{24} & d_{25} & d_{26} \\ d_{31} & d_{32} & d_{33} & d_{34} & d_{35} & d_{36} \end{bmatrix} \begin{bmatrix} \boldsymbol{T}_1 \\ \boldsymbol{T}_2 \\ \boldsymbol{T}_3 \\ \boldsymbol{T}_4 \\ \boldsymbol{T}_5 \\ \boldsymbol{T}_6 \end{bmatrix} \tag{3.47}$$

前面的讨论是以应力为自变量的。如果在式(3.45)中把自变量应力 $\boldsymbol{T}$ 改为应变 $\boldsymbol{S}$,则

式(3.45)变为

$$\boldsymbol{D}_m = e_{mi}\boldsymbol{S}_i \quad (m=1,2,3; i=1,2,3,4,5,6) \tag{3.48}$$

式中,$\boldsymbol{D}_m$ 为电位移;$\boldsymbol{S}_i$ 为应变;e_{mi} 为压电应力常量。

其矩阵的一般式为

$$\begin{bmatrix} \boldsymbol{D}_1 \\ \boldsymbol{D}_2 \\ \boldsymbol{D}_3 \end{bmatrix} = \begin{bmatrix} e_{11} & e_{12} & e_{13} & e_{14} & e_{15} & e_{16} \\ e_{21} & e_{22} & e_{23} & e_{24} & e_{25} & e_{26} \\ e_{31} & e_{32} & e_{33} & e_{34} & e_{35} & e_{36} \end{bmatrix} \begin{bmatrix} \boldsymbol{S}_1 \\ \boldsymbol{S}_2 \\ \boldsymbol{S}_3 \\ \boldsymbol{S}_4 \\ \boldsymbol{S}_5 \\ \boldsymbol{S}_6 \end{bmatrix} \tag{3.49}$$

矩阵式(3.47)和(3.49)的等式右边第一项分别称为压电应变常量矩阵和压电应力常量矩阵。

3.4.1.2 逆压电效应与电致伸缩

逆压电效应就是当晶体在外电场激励下,晶体的某些方向上产生形变(或谐振)的现象。若以一电场作用于 α-石英晶体,则在相关方向上产生应变,且应变大小与所加电场在一定范围内呈线性关系。这种由电能转变为机械能的现象称为逆压电效应。

逆压电效应的一般式为

$$\boldsymbol{S}_i = d_{ni}\boldsymbol{E}_n \quad (n=1,2,3; i=1,2,3,4,5,6) \tag{3.50}$$

或者

$$\boldsymbol{T}_j = e_{nj}\boldsymbol{E}_n \quad (n=1,2,3; j=1,2,3,4,5,6) \tag{3.51}$$

它们的矩阵式分别为

$$\begin{bmatrix} \boldsymbol{S}_1 \\ \boldsymbol{S}_2 \\ \boldsymbol{S}_3 \\ \boldsymbol{S}_4 \\ \boldsymbol{S}_5 \\ \boldsymbol{S}_6 \end{bmatrix} = \begin{bmatrix} d_{11} & d_{21} & d_{31} \\ d_{12} & d_{22} & d_{32} \\ d_{13} & d_{23} & d_{33} \\ d_{14} & d_{24} & d_{34} \\ d_{15} & d_{25} & d_{35} \\ d_{16} & d_{26} & d_{36} \end{bmatrix} \begin{bmatrix} \boldsymbol{E}_1 \\ \boldsymbol{E}_2 \\ \boldsymbol{E}_3 \end{bmatrix} \tag{3.52}$$

$$\begin{bmatrix} \boldsymbol{T}_1 \\ \boldsymbol{T}_2 \\ \boldsymbol{T}_3 \\ \boldsymbol{T}_4 \\ \boldsymbol{T}_5 \\ \boldsymbol{T}_6 \end{bmatrix} = \begin{bmatrix} e_{11} & e_{21} & e_{31} \\ e_{12} & e_{22} & e_{32} \\ e_{13} & e_{23} & e_{33} \\ e_{14} & e_{24} & e_{34} \\ e_{15} & e_{25} & e_{35} \\ e_{16} & e_{26} & e_{36} \end{bmatrix} \begin{bmatrix} \boldsymbol{E}_1 \\ \boldsymbol{E}_2 \\ \boldsymbol{E}_3 \end{bmatrix} \tag{3.53}$$

可以证明,逆压电效应的压电常量矩阵是正压电效应压电常量矩阵的转置矩阵,可表示为 $d^{\mathrm{T}}, e^{\mathrm{T}}$,则逆压电效应矩阵式可简化为:

$$\boldsymbol{S} = d^{\mathrm{T}}\boldsymbol{E} \tag{3.54}$$

$$T = e^{\mathrm{T}} E \tag{3.55}$$

由逆压电效应知,对压电体施加电场,压电体相关方向上会产生应变,那么,其他电介质受电场作用是否也有应变? 实际上,任何电介质在外电场作用下,都会发生尺寸变化,即产生应变。这种现象称为电致伸缩,其应变大小与所加电压的平方成正比。对于一般电介质,电致伸缩效应所产生的应变实在太小,可以忽略。只有个别材料,其电致伸缩应变较大,在工程上有应用价值,这就是电致伸缩材料。例如,电致伸缩陶瓷 PZN (铌锌酸铅陶瓷),其应变水平与压电陶瓷应变水平相当。图 3.9 形象地表示了逆压电效应与电致伸缩应变和电场关系的区别。

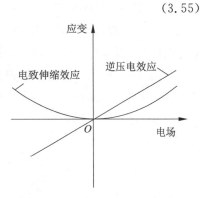

图 3.9　逆压电效应与电致伸缩和电场的关系

3.4.1.3　晶体压电性产生原因

α-石英晶体属于离子晶体三方晶系、无中心对称的 32 点群。石英晶体的化学组成是二氧化硅,3 个硅离子和 6 个氧离子配置在晶胞的格点处。在应力作用下,其两端能产生最强束缚电荷的方向称为电轴。α-石英晶体的电轴就是 x 轴,z 轴为光轴(光沿此轴进入不产生双折射)。石英在没有受力的正常态时,从 z 轴方向看,其晶胞原子排列如图 3.10a 所示。图中大圆为硅离子,小圆为氧离子。由图可见,硅离子按左螺旋线方向排列,3$^\#$ 硅离子比 5$^\#$ 硅离子深(向纸内),而 1$^\#$ 硅离子比 3$^\#$ 硅离子更深。每个氧离子带 2 个负电荷,每个硅离子带 4 个正电荷,但每个硅离子的上、下两边有 2 个氧离子,所以整个晶格正、负电荷平衡,不显电性。为了理解正压电效应产生的原因,现把图 3.10a 绘成投影图,把硅离子上、下氧离子以一个氧离子符号代替并编号,如图 3.10b 所示。利用该图可以定性解释 α-石英晶体产生正压电效应的原因。

(1) 如果晶片受到沿 x 方向的压缩力作用,如图 3.10c 所示,这时 1$^\#$ 硅离子挤入 2$^\#$ 和 6$^\#$ 氧离子之间,而 4$^\#$ 氧离子挤入 3$^\#$ 和 5$^\#$ 硅离子之间,结果在表面 A 出现负电荷,而在表面 B 呈现正电荷,这就是纵向压电效应。

(2) 当晶片受到沿 y 方向的压缩力作用时,如图 3.10d 所示,这时 3$^\#$ 硅离子和 2$^\#$ 氧离子以及 5$^\#$ 硅离子和 6$^\#$ 氧离子都向内移动同样距离,故在电极面 C 和 D 上不出现电荷,而在表面 A 和 B 上呈现电荷,但符号与图 3.10c 中的正好相反,因为 1$^\#$ 硅离子和 4$^\#$ 氧离子向外移动。这就是横向压电效应。

(3) 当沿 z 方向压缩或拉伸晶片时,带电粒子总是保持初始状态的正、负电荷重心重合,故表面不出现束缚电荷。

一般情况下正压电效应的表现是晶体受力后在特定平面上产生束缚电荷,但直接作用是力使晶体产生应变,即改变了离子相对位置。产生束缚电荷的现象,表明出现了净电偶极矩。如果晶体结构具有对称中心,那么只要作用力没有破坏其对称中心结构,正、负电荷的对称排列就不会改变,即使应力作用产生应变,也不会产生净电偶极矩。这是因为具有对称中心的晶体总电矩为零。如果取一无对称中心的晶体结构,此时正、负电荷重心重合,加上外力后正、负电荷重心不再重合,结果产生净电偶极矩。因此,从晶体结构上分析,只要结构没有对称中心,就有可能产生压电效应。然而,并不是没有对称中心的晶体一定具有压电性,因为压电体首先必须是电介质或至少具有半导体性质,同时其结构必须有带正、负电荷的质点——离子或离子团存在。也就是说,压电体必须是离子晶体或者由离子团组成的分子晶体。

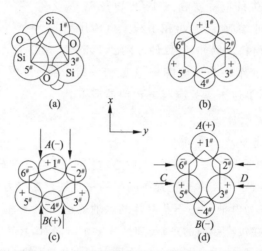

图 3.10　α-石英晶体产生正压电效应的示意图

3.4.1.4　压电材料主要的表征参数

压电材料性能的表征参数,除了描述电介质的一般参量如电容率、介质损耗角正切(电学品质因数 Q_e)、介电击穿强度、压电常量外,还有描述压电材料弹性谐振时力学性能的机械品质因数 Q_m 以及描述谐振时机械能与电能相互转换的机电耦合系数 K。现将这两个参数简单介绍如下。

（1）机械品质因数

通常测压电参量用的样品或工程中应用的压电器件如谐振换能器、标准频率振子,主要是利用压电晶片的谐振效应,即当向一个具有一定取向和形状的有电极的压电晶片(或极化了的压电陶瓷片)输入电场,其频率与晶片的机械谐振频率 f_r 一致时,就会使晶片因逆压电效应而产生机械谐振,这种晶片称为压电振子。压电振子谐振时,仍存在内耗,造成机械损耗,使材料发热,性能降低。反映这种损耗程度的参数称为机械品质因数 Q_m,其定义式为

$$Q_m = 2\pi \frac{W_m}{\Delta W_m} \tag{3.56}$$

式中,W_m 为振动一周单位体积存储的机械能;ΔW_m 为振动一周单位体积内消耗的机械能。

不同压电材料的机械品质因数 Q_m 的大小不同,并且 Q_m 与振动模式有关。如不做特殊说明,Q_m 一般是指压电材料做成薄圆片径向振动的机械品质因数。

（2）机电耦合系数

机电耦合系数综合反映了压电材料的性能。由于晶体结构具有的对称性,加之机电耦合系数与其他电性常量、弹性常量之间存在简单的关系,因此,通过测量机电耦合系数可以确定弹性、介电、压电等参量,即使是介电常数和弹性常数有很大差异的压电材料,它们的机电耦合系数也可以直接进行比较。

机电耦合系数常用 K 表示,其定义为

$$K^2 = \frac{通过逆压电效应转换的机械能}{输入的电能} \tag{3.57a}$$

$$K^2 = \frac{通过正压电效应转换的电能}{输入的机械能} \tag{3.57b}$$

由式(3.57)可以看出,K 是压电材料机械能和电能相互转换能力的量度。它本身可为正,也可为负。但它并不代表转换效率,而是客观地反映了机械能与电能之间耦合效应的强弱。

由于压电振子储入的机械能与振子形状、尺寸和振动模式有关,所以不同模式有不同的机电耦合系数名称。例如,对于压电陶瓷振子,若形状为薄圆片,其径向伸缩振动模式的机电耦合系数用 K_p 表示(称平面机电耦合系数),长方片厚度切变振动模式的机电耦合系数用 K_{15} 表示(称厚度切变机电耦合系数)。各种振动模式的尺寸条件及其机电耦合系数名称示意表示在图 3.11 上。各种振动模式的机电耦合系数都可根据相应条件推算出具体的表达式。

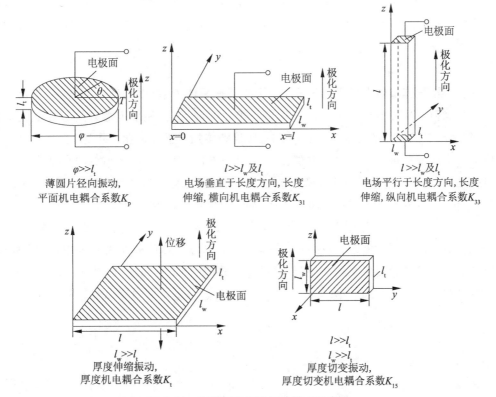

$\varphi \gg l_t$
薄圆片径向振动,
平面机电耦合系数K_p

$l \gg l_w$ 及 l_t
电场垂直于长度方向,长度
伸缩,横向机电耦合系数K_{31}

$l \gg l_w$ 及 l_t
电场平行于长度方向,长度
伸缩,纵向机电耦合系数K_{33}

$l \gg l_t$
$l_w \gg l_t$
厚度伸缩振动,
厚度机电耦合系数K_t

$l \gg l_t$
$l_w \gg l_t$
厚度切变振动,
厚度切变机电耦合系数K_{15}

图 3.11　陶瓷压电振子振动模式示意图

工程应用时还需了解压电材料的其他性能,如频率常数、经时稳定性(老化)及温度稳定性等。

3.4.2 铁电性

前面介绍的电介质的极化强度都是随着外加电场增大线性变化的,但是 BaTiO$_3$ 等电介质的极化强度随外加电场增大呈现非线性变化,因此,有人把前者称为线性电介质,而把后者称为非线性电介质。

3.4.2.1 铁电体

1920 年法国人 Valasek 发现罗息盐(酒石酸钾钠,NaKC$_4$H$_4$O$_6$·4H$_2$O)具有特异的介电性能,其极化强度随外加电场的变化出现如图 3.12 所示形状的电滞回线,人们把具有这种性质的晶体称为铁电体。事实上,这种晶体并不一定含"铁",而是由于电滞回线与铁磁体的磁滞回线相似,故称之为铁电体。由图 3.12 可知,构成电滞回线的几个重要参量:饱和极化强度 P_s,剩余极化强度 P_r 和矫顽电场 E_c。从电滞回线可

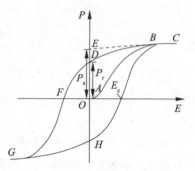

图 3.12　电滞回线

以清楚看到,铁电体具有自发极化,并且这种自发极化的电偶极矩在外电场作用下可以改变其取向,甚至出现反转。在同一外电场作用下,极化强度可以有双值,表现为电场 E 的双值函数,这正是铁电体的重要物理特性。为什么会出现电滞回线呢? 原因就是存在电畴。

3.4.2.2 电畴

假设一铁电体整体上呈现自发极化,其结果是晶体正、负端分别有一层正、负束缚电荷。束缚电荷产生的电场——电退极化场与极化方向反向,使静电能升高。在受机械约束时,伴随着自发极化的应变,应变能增加,所以整体均匀极化的状态不稳定,晶体趋向于分成多个小区域。每个区域内部电偶极子沿同一方向,但不同小区域的电偶极子方向不同,这样的每个小区域称为电畴(简称畴)。畴之间的边界地区称为畴壁(domain wall)。现代材料研究技术有许多观察电畴的方法(如透射电镜、偏光显微镜等)。

图 3.13 为 BaTiO$_3$ 晶体室温电畴结构示意图。小方格表示晶胞,箭头表示电矩方向。图中 AA 分界线两侧的电矩取反平行方向,称为 180° 畴壁,BB 分界线为 90° 畴壁。决定畴壁厚度的因素是各种能量平衡的结果,180° 畴壁较薄,为 $(5\sim20)\times10^{-10}$ m,而 90° 畴壁较厚,为 $(50\sim100)\times10^{-10}$ m。图 3.14 为 180° 畴壁的过渡电矩排列变化示意图。

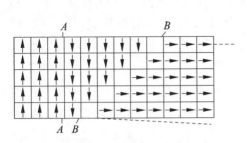

图 3.13　BaTiO₃ 晶体电畴结构示意图

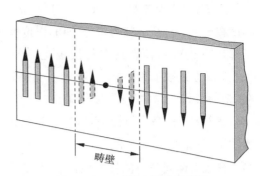

图 3.14　180°铁电畴壁示意图

　　电畴结构与晶体结构有关。例如 BaTiO₃ 在斜方晶系中还有 60°和 120°畴壁,在菱方晶系中还有 71°和 109°畴壁。

　　铁电畴在外电场作用下,总是趋向于与外电场方向一致,即为畴的"转向"。电畴运动是通过新畴出现、发展与畴壁移动实现的。180°畴转向是通过许多尖劈形新畴出现而发展的,90°畴主要是通过畴壁侧向移动实现的。180°畴转向比较完全,并且由于转向时引起较大内应力,所以这种转向不稳定,当外加电场撤去后,小部分电畴偏离极化方向,恢复原位,大部分电畴则停留在新转向的极化方向上,谓之剩余极化。

　　电滞回线是铁电体的铁电畴在外电场作用下运动的宏观描述。下面以单晶铁电体为例对电滞回线的几个特征参量予以说明。设一单晶体的极化强度方向只有沿某轴的正向或负向两种可能。在没有外电场时,晶体总电矩为零(能量最低)。加上外电场后,沿电场方向的电畴扩展、变大,而与电场方向反向的电畴变小。这样极化强度随电场强度增大而增大,如图 3.12 中的 OA 段。电场强度继续增大,最后晶体电畴都趋于电场方向,类似形成一个单畴,极化强度达到饱和,相应于图中的点 C 处。如再增大电场强度,则极化强度 P 随场强度 E 变化线性增大(形如单个弹性电偶极子),沿 $P-E$ 曲线饱和极化后的线性段外推至 $E=0$ 处,相应的 P_s 值称为饱和极化强度,也就是自发极化强度。若电场强度自 C 处下降,晶体极化强度亦随之减小,在 $E=0$ 时,仍存在极化强度,就是剩余极化强度 P_r。当反向电场强度为 $-E_c$ 时(图中点 F 处),剩余极化强度 P_r 全部消失;反向电场强度继续增大,极化强度才开始反向,直到反向极化到饱和,到达图中点 G 处。E_c 称为矫顽电场强度,简称为矫顽场。

　　由于极化的非线性,铁电体的介电常数不是恒定值,所以一般以 OA 在原点的斜率来表示介电常数。因此在测定介电常数时,外电场应很小。

3.4.2.3　铁电体自发极化的起源

　　铁电体自发极化的产生机制与铁电体的晶体结构密切相关。其自发极化的出现主要是晶体中原子(离子)位置变化的结果。自发极化机制主要包括:氧八面体中离子偏离中心的运动;氢键中质子运动有序化;氢氧根集团择优分布;其他离子集团的极性分布等。下面以一类典型铁电体——钙钛矿结构的 BaTiO₃ 为例对自发极化的起源予以说明。

　　$BaTiO_3$ 在温度高于 120 ℃时具有立方结构,高于 5 ℃且低于 120 ℃时为四方结构,温度在 -90~5 ℃之间为斜方结构,温度低于 -90 ℃时为菱方结构。$BaTiO_3$ 在 120 ℃以下都是铁电相或者说具有自发极化,并且其电偶极矩方向受外电场控制。$BaTiO_3$ 在 120 ℃以上是顺电相,铁电—顺电相变的温度称为居里温度(T_c)。那么,$BaTiO_3$ 为什么在 120 ℃以下就具有自发极化呢?

　　在 $BaTiO_3$ 晶胞结构中,Ba^{2+} 位于顶角位置,O^{2-} 处于面心位置,6 个 O^{2-} 形成氧八面体结构(见图 3.15)。每个 O^{2-} 与 2 个 Ti^{4+} 耦合,Ti^{4+} 位于氧八面体间隙,形成 TiO_6 结构。Ti^{4+} 在八面体间隙中的稳定性较差,只要外界稍有能量作用,便可以使 Ti^{4+} 偏离其中心位置,而产生净电偶极矩。当温度 $T > T_c$ 时,虽然热能足以使 Ti^{4+} 在中心位置附近任意移动,但由于立方结构中 Ti^{4+} 运动方向的随机性,6 个 Ti—O 电偶极矩方向相互为反平行,故电矩都抵消了;当温度 $T \leqslant T_c$ 时,Ti^{4+} 单向偏离围绕它的负离子 O^{2-},出现净偶极矩并形成电畴。这就是 $BaTiO_3$ 在一定温度下出现自发极化并使其成为铁电体的原因所在。

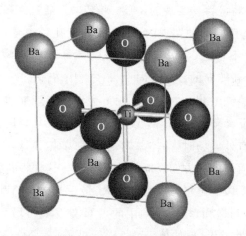

图 3.15　$BaTiO_3$ 单胞结构示意图

　　一般情况下,自发极化包括两部分:一部分来源于离子直接位移;另一部分来源于电子云的形变。其中,离子位移极化占总极化的 39%。

　　以上是从钛离子和氧离子强耦合理论分析 $BaTiO_3$ 自发极化产生的根源。目前关于铁电相起源,特别是对位移式铁电体的理解已经发展到从晶格振动频率变化来理解其铁电相产生的原理,这就是所谓的"软模理论"。

3.4.2.4　铁电性、压电性和热释电性之间的关系

　　一般电介质、具有压电性的电介质(压电体)、具体热释电性的电介质(热释电体或热电体)、具有铁电性的电介质(铁电体)存在的宏观条件如表 3.2 所示。

表 3.2　一般电介质、压电体、热释电体、铁电体存在的宏观条件

	一般电介质	压电体	热释电体	铁电体
宏观条件	电场极化	电场极化	电场极化	电场极化
		无对称中心	无对称中心	无对称中心
			自发极化	自发极化
			极轴	极轴
				电滞回线*

* 有学者认为,铁电体不一定有完整的电滞回线,只要在外电场作用下自发偶极矩可改变方向即可。

　　一般电介质、压电体、热释电体、铁电体之间的关系如图 3.16 所示。可见,铁电体一定是压电体和热释电体。在居里温度以上,有些铁电体已无铁电性,但其顺电相仍无对称中心,故仍有压电性,如磷酸二氢钾。有些顺电相如钛酸钡是有对称中心的,故在居里温度以上既无铁电性也无压电性。总之,这些性能的变化与它们的晶体结构密切相关。

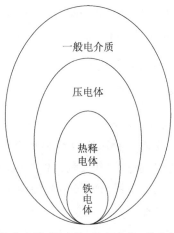

图 3.16　一般电介质、压电体、热释电体、铁电体之间的关系

　　现把具有铁电性的晶体点群列于表 3.3。从表 3.3 中可见,无中心对称的点群中只有 10 种具有极轴,即所谓的极性晶体,它们都有自发极化。但是具有自发极化的晶体,只有其电偶极矩可在外电场作用下改变到相反方向的,才能称为铁电体。

表 3.3　具有铁电性的晶体点群

光轴	晶系	中心对称点群	无中心对称点群		
			极轴		无极轴
双轴晶体	三斜	$\bar{1}$	1		无
	单斜	2/m	2	m	无
	正交	mmm	mm2		222

续表

光轴	晶系	中心对称点群		无中心对称点群				
				极轴		无极轴		
单轴晶体	四方	4/m	4/mmm	4	4 mm	$\bar{4}$	$\bar{4}2m$	422
	三方	$\bar{3}$	$\bar{3}m$	3	3 m		32	
	六方	6/m	6/mmm	6	6 mm	$\bar{6}$	$\bar{6}m2$	622
光各向同性	立方	m3	m3m	无		432	$\bar{4}3 m$	23
总数		11		10		11		

3.5 介电测量

根据电介质使用的目的不同,介电测量的参数也有所区别。对于电介质,一般总要测量其介电常数、介电损耗、介电击穿强度。对于绝缘应用,着重测定材料的绝缘电阻(采用高阻计)及其介电强度;对于铁电性、压电性应用,则应分别测定其电滞回线和压电表征参数。

3.5.1 介电常数和介电损耗的测量

介电常数的测量可以采用电桥法、拍频法和谐振法。其中拍频法测定介电常数很准确,但不能同时测量介电损耗。普通电桥法可以测到频率在 MHz 下的介电常数。目前,使用阻抗分析仪可以进行频率从几赫兹到几兆赫兹的介电测量。

对于片状试样,通常可通过测量试样与电极组成的电容的电容量、试样厚度和电极尺寸求得相对介电常数,其计算公式如下:

$$\varepsilon_r = \frac{14.4Ch}{\phi^2} \tag{3.58}$$

式中,ε_r 为相对介电常数;C 为试样电容量,pF;h 为试样厚度,cm;ϕ 为电极直径,cm。若采用三电极,则还应结合电极间隙对公式加以修正。

介电损耗在工频、音频下一般都可用电桥法测量,高压时采用西林电桥法。当频率为几十千赫兹到几百兆赫兹范围时,可用谐振法进行测量。

对于铁电材料,进行介电测量时应注意如下事项:

(1)单晶体铁电材料介电常数至少具有两个值,因此,要选择好晶体的切向和尺寸,安排好晶体和电场的取向。

(2)铁电体极化与电场的关系为非线性,因此,必须说明测量时的电场强度,并且主要研究的是初始状态下的小信号介电常数即

$$\varepsilon = \left(\frac{\partial D}{\partial E}\right)_{E \to 0} \tag{3.59}$$

（3）铁电体具有压电性，其电学量与测量时的力学条件有关，因此，自由状态的电容率大于夹持电容率。低频电容率是指远低于样品谐振频率时的电容率，即自由电容率。

（4）测量时通常满足绝热条件，得到的是绝热电容率。

3.5.2 击穿强度的测量

绝缘材料的击穿强度以平均击穿电场强度（E_a）表示，有

$$E_a = \frac{U_b}{h} \tag{3.60}$$

式中，U_b 为击穿电压；h 为试样的平均厚度。

工频下击穿强度的测量线路如图 3.17 所示。R_0 通过调压器使电压从零以一定速率上升至试样被击穿，这时施加于试样两端的电压为击穿电压。测量击穿强度时，电极须符合有关标准的规定。

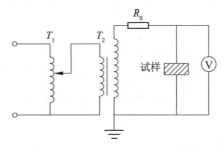

T_1—调压器；T_2—变压器；R_0—保护电阻；V—电压测量装置。

图 3.17 击穿强度的测量示意图

击穿电压可用静电电压表、电压互感器、放电球隙等仪器并联于试样两端直接测出。击穿电压很高时，需采用电容分压器。冲击电压下的击穿强度测量，一般将冲击电压发生器产生的标准冲击电压施加于试样，逐级升高冲击电压的峰值直至击穿。冲击电压可用 50% 球隙放电法，也可用阻容分压器加上脉冲示波器或峰值电压表测量。

3.5.3 电滞回线的测量

电滞回线给出铁电材料的矫顽场、饱和极化强度、剩余极化强度和电滞损耗信息，对于研究铁电材料动态应用（铁电材料电疲劳）是极其重要的。测量电滞回线的方法主要是借助于 Sawyer-Tower 回路，其测量线路原理如图 3.18 所示。

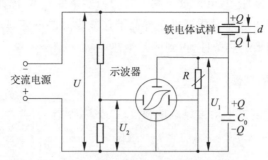

图 3.18　Sawyer-Tower 电桥原理示意图

3.5.4　压电参量的测量

压电参量主要包括机电耦合系数、压电应变常量等。压电参量测量方法有电测法、声测法、力测法和光测法，其中主要方法为电测法。电测法中按样品的状态又分动态法、静态法和准静态法。

3.5.4.1　平面机电耦合系数 K_p 的测量

采用传输法测量样品的 K_p 时，样品为圆片试样，且直径 ϕ 与厚度 t 之比满足 $\phi/t \geqslant 10$；主电极面为上、下两个平行平面，极化方向与外加电场方向平行。传输法的测量原理如图 3.19 所示。

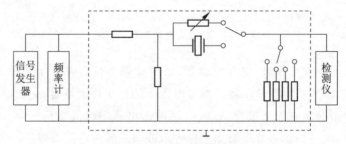

图 3.19　传输法测量原理图

利用检测仪测定样品的谐振频率 f_r 和反谐振频率 f_a，并按下式计算 K_p 值。

$$\frac{1}{K_p^2} = \frac{a}{\dfrac{f_a - f_r}{f_r}} + b \tag{3.61}$$

式中，a，b 为与样品振动模式相关的系数。对于圆片径向振动，$a=0.395$，$b=0.574$。

3.5.4.2　压电应变常量 d_{33} 和 d_{31} 的测量

采用准静态法测试 d_{33} 时，样品规格形状与测定 K_p 的样品相同，压电应变常量 d_{33} 可由准静态 d_{33} 测试仪测得。压电应变常量 d_{31} 没有直接测量仪器，需要根据公式计算获得。采用动态法测试的样品为条状，尺寸条件是样品的长度和宽度之比大于 5，长度和厚度之比大于 10。极化方向与电场方向相互平行，电极面为上、下两平行平面。具体步骤如下：

（1）用阿基米德排水法测出样品的体积密度 ρ。

（2）用传输法测出样品的谐振频率 f_r 和反谐振频率 f_a。

（3）算出样品在恒电场下（短路）的弹性柔顺系数 S_{11}^E：

$$S_{11}^E = \frac{1}{4l^2 \rho f_r^2} \tag{3.62}$$

式中，l 为样品长度；ρ 为样品密度；f_r 为样品谐振频率。

（4）按下式算出样品的机电耦合系数 K_{31}：

$$\frac{l}{K_{31}^2} = 0.404 \frac{f_r}{f_a - f_r + 0.595} \tag{3.63}$$

此近似公式算出的 K_{31} 较国家标准精确计算查表值稍高，但近似值是可接受的。

（5）测出样品的自由电容 C^T，并计算出自由电容率 ε_{33}^T。

（6）算出 K_{31}，ε_{33}^T 和 S_{11}^E 后，按下式算出 d_{31}：

$$d_{31} = K_{31} \sqrt{\varepsilon_{33}^T S_{11}^E} \tag{3.64}$$

*3.6　拓展专题：压电与铁电材料

3.6.1　典型压电材料及其应用

压电材料按组成基本上可以分成四大类：单晶体、多晶体陶瓷、聚合物和复合材料；按形态又可以分为体材和膜材两类。

3.6.1.1　压电单晶

这是天然形成或人工制成的、具有各向异性的单晶压电体材料，它具有的压电效应是基于组成晶体结构的点阵上正负离子相对位置变化而引起的。常用的压电单晶有如下几类：

（1）石英晶体，俗称水晶。α 相和 β 相石英都具有压电性，β 相石英可用于高温剪切模换能器。石英（SiO_2）单晶均匀性好，居里点高；阻抗高，机械品质因数 Q_m 值大；硬度高、耐磨性好；不会潮解，性能极其稳定，老化极慢极小，并且其性能随温度的变化极小，可获得不随时间改变的线性频率温度系数；损耗小，可用于极高的频率；绝缘性能好，能在高电压下使用；能用于较高和极低的温度环境等。由于石英具备许多优越的性能，故至今仍被广泛应用，特别是用作标准换能器及电脑设备中的时间振荡器等。它的缺点是机电变换效率低，系统回路的增益较低。

（2）铌酸锂（$LiNbO_3$）。铌酸锂是人工制得的铁电单晶，直径可达 120 mm。铌酸锂晶体是现在已知居里点最高（1210 ℃）和自发极化强度最大（室温时约为 0.7 C/m^2）的强压电效应铁电晶体。它是一种畸变的钙钛矿结构化合物，室温下为六方晶系，属 3 m 点群。

铌酸锂可被用于直接激发超声横波且机电耦合系数很高,具有优越的压电性能。它的 Q_m 值相当大,居里点高,能在高温下使用,极化稳定,超声传播损失小,不潮解,频率常数很大,可用于制作超高频的换能器等。铌酸锂常被用作声表面波换能器的基本材料,其用于体积波换能器时能获得比常用压电陶瓷换能器更高的灵敏度,也用于超声测厚以及窄脉冲换能器。由于它具有良好的电-光效应,所以可应用于光学领域中(含非线性光学),特别是光集成回路中,如光波导调制器。

(3) α 碘酸锂(α-LiIO₃)。α 碘酸锂也是人工单晶,它的机械性能较好,容易加工,能溶于水但不易潮解,物理化学性能比较稳定,压电性能优良,特别是具有高的机电耦合系数和低的介电常数,并且 Q_m 值相当低,很适合制作高灵敏度、高分辨率的宽带换能器及延迟线。

3.6.1.2　压电多晶陶瓷

压电陶瓷是经烧结人工制成的多晶压电体材料,它具有的压电效应基于电致伸缩效应,其压电性能随烧结工艺和配方成分的不同而存在差异。压电陶瓷易于制成各种形状,可以多种振动模式振动以适应各种用途。具有较高的机电耦合系数,较高的回路增益和灵敏度,这是它的主要优越性。

目前常用的压电陶瓷是以锆钛酸铅[$Pb(Zr_x Ti_{1-x})O_3$,PZT]为基本成分的铅基压电陶瓷,其系统相图如图 3.20 所示。根据其矫顽场强的大小又分为软性 PZT 和硬性 PZT。由于原材料和生产工艺的变动,对于给定的组分,其介电常数、弹性常量和压电常量分别可能有 20%,5% 和 10% 的变化。PZT 系列的主要特点是机电耦合系数高,而其中的 PZT-4 为发射型,它的高激励特性好(Q_m 值较高,内部损耗小),适用于声呐辐射器、超声换能器、高压发生器及大功率换能器等。PZT-5 为接收型,它的介电常数高,不易老化,Q_m 值低,适用于水听器、超声换能器、电唱机拾音器、微音器及扬声器元件,还适用于宽带脉冲型检测等。

近年来,欧美等国已把 Pb 定为限用对象,含铅压电器件因此被限制使用。鉴于以上状况,开发无铅或低铅的压电陶瓷势在必行。作为无铅压电陶瓷最早获得使用的是 BaTiO₃(BT)。不过由于它具有 -90 ℃(三方↔正交晶型)和 0 ℃两个相变点,故其机电性能在常用温度范围内很不稳定,并且易老化;强电场时,介电损耗也较大,因此应用受到限制,可通过在其中引入其他元素改性。由于它具有较小的 K_p 值,在利用其厚度振动模时,能得到较纯的纵向振动,因而至今仍在应用。

无铅压电陶瓷还包括以 $Bi_{0.5}Na_{0.5}TiO_3$(BNT)和 $KNbO_3$(KN)等钙钛矿型系列为主的无铅压电材料,但性能与含铅压电陶瓷还存在差距。

另外,还有一类无铅压电材料,即玻璃陶瓷。例如,$Ba_2 TiSi_2 O_3$ 不是铁电体,且 d_{31} 是正值,g_h 很大,没有铁电体的去极化与老化问题,可用于高温换能器。

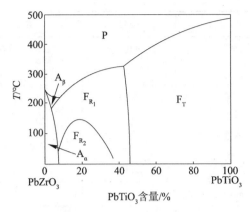

A_α—正交系反铁电相；A_β—四方系反铁电相；P—顺电相；

F_{R_1}，F_{R_2}—不同尺寸三方系晶胞铁电相；F_T—四方系铁电相。

图 3.20 $PbZrO_3$ – $PbTiO_3$ 系统相图

3.6.1.3 极性高分子压电材料

极性高分子压电材料多数是具有压电效应的新型人工合成的半结晶性聚合物，称为极性高分子聚合物，其压电效应基于有极分子的转动，目前以聚偏氟乙烯（PVDF）性能最好。

PVDF（—CH_2—CF_2—）是强极性的高分子聚合物之一。在低于 100 ℃ 温度下将 PVDF 薄膜拉伸到原来的几倍长，即得到 β 型（PVDF 的一种结晶形式）薄膜，施以电极（通常为铝），在高直流电场中极化（温度在 80～150 ℃），将获得压电性能，它可以用作声接收器，具有良好的热稳定性。PVDF 材料可弯曲，声阻抗小，特别适用于水听器及医学超声诊断声场测试用换能器。PVDF 压电薄膜材料的缺点是信噪比尚不理想，机电耦合系数还不够大，并且机械和介电损耗比较大。此外，由于机械品质因数较小，故不适用于需要尖锐共振之处，也不适用于有大输入和需要连续工作的条件，因为它在 80 ℃ 以上温度下长时间使用时，压电性能减弱。

PVDF 的主要性能如表 3.4 所示。

表 3.4   PVDF 的主要性能

参量	符号	数值	单位
压电常量	d_{31}	18～20	$10^{-12}C \cdot N^{-1}$
	d_{32}	2.8～3.2	$10^{-12}C \cdot N^{-1}$
	g_{31}	0.12～0.14	$V \cdot m \cdot N^{-1}$
	g_{32}	0.018～0.022	$V \cdot m \cdot N^{-1}$
热释电系数		24～28	$\mu C \cdot m^{-2} \cdot K^{-1}$

参量	符号	数值	单位
拉伸强度	MD[a]	180~400	$10^6 N \cdot m^{-2}$
	TD[b]	300~500	$10^6 N \cdot m^{-2}$
伸长率	MD	14~20	%
	TD	300~500	%
拉伸模量	MD	1800~4000	$10^6 N \cdot m^{-2}$
	TD	2000~4000	$10^6 N \cdot m^{-2}$
剪切强度（机加方向）		160~300	MPa
密度		1.6×10^3	$kg \cdot m^{-3}$
声阻抗率		3.9×10^6	$Pa \cdot s \cdot m^{-1}$
相对介电常数		12	在 1 kHz
$\tan \delta$		0.02	在 1 kHz
体电阻率		1013	$\Omega \cdot m$
介电强度		60~300	$kV \cdot mm^{-1}$ (dc)
热收缩（在 70 ℃退火，1002 h，机加方向）		4.5~5.5	%

注："a"表示机加方向；"b"表示横向。

3.6.1.4 复合压电材料

复合压电材料是将强介电性陶瓷微粒分散混合于高分子材料中而构成的，其处理和使用与高分子压电材料一样。复合压电材料的压电性能不仅依赖于陶瓷粒子，也和作为基体的高分子材料的种类有很大关系，与 PVDF 及氟化亚乙烯基等介电率高的高分子材料的复合体系可用作强压电性材料。这种压电材料无需像其他高分子压电体那样做延伸处理，内部各向同性，随基体高分子种类的变化，可获得较大的弹性率变化范围，特别是可以热压成型，使用很方便。如 PVDF 和 PZT 系的复合材料，其压电性能和介电性能很稳定，这类材料已达实用阶段，在应用方面与压电高分子聚合物材料很相似。

铁电陶瓷与压电聚合物复合形成的压电复合材料，由于其可设计性强，所以更具有使用性能的优势。根据铁电体在复合材料中自身相的连通方式可以分 0-3，1-3，2-2 等十种模式。表 3.5 给出一些压电复合材料的主要性能，如静水压灵敏值 $d_h \cdot g_h$ 等。这些材料主要用于水听器、医疗用听诊器等场合。

表 3.5 一些压电复合材料的主要性能

材料类型	$\rho /$ $(10^3 kg \cdot m^{-3})$	$\varepsilon_{33}/\varepsilon_0$	$d_{33}/$ $(10^{-12}C \cdot N^{-1})$	$g_{33}/$ $(10^{-3}V \cdot m \cdot N^{-1})$	$d_h/$ $(10^{-12}C \cdot N^{-1})$	$g_h/$ $(10^{-3}V \cdot m \cdot N^{-1})$	$d_h \cdot g_h/$ $(10^{-15}m^2 \cdot N^{-1})$
1-3 型 PZT/环氧	1.37	100~300		97	59.7	69	4100

续表

材料类型	$\rho/$ $(10^3 \text{kg} \cdot \text{m}^{-3})$	$\varepsilon_{33}/\varepsilon_0$	$d_{33}/$ $(10^{-12}\text{C} \cdot \text{N}^{-1})$	$g_{33}/$ $(10^{-3}\text{V} \cdot \text{m} \cdot \text{N}^{-1})$	$d_{\text{h}}/$ $(10^{-12}\text{C} \cdot \text{N}^{-1})$	$g_{\text{h}}/$ $(10^{-3}\text{V} \cdot \text{m} \cdot \text{N}^{-1})$	$d_{\text{h}} \cdot g_{\text{h}}/$ $(10^{-15}\text{m}^2 \cdot \text{N}^{-1})$
3-3 型 PZT/ 硅橡胶	3.30	40	95	280	35.6	30	2800
3-1 型 PZT/ 环氧		410	275	76			3950
3-2 型 PZT/ 环氧		360	290	90			17600
0-3 型 PZT/ 氯丁橡胶	1.40	25			22.0	98	2150

3.6.1.5　压电薄膜

氧化锌(ZnO)压电薄膜(利用真空喷涂工艺制成)用作超高频超声波发生与接收换能器,可用于 30～3000 MHz 频段,且效果很好。它还能用于超声延迟线、声光器件、通信和信息处理以及超声显微镜等,具有频带宽,电声转换效率高,与激励电路容易匹配等优点。

AlN 压电薄膜与 ZnO 压电薄膜类似,都不具备铁电性。这两者有着近似的压电性能,都在[0001]方向上表现出压电性。一般来说 AlN 比 ZnO 有更大的优势,首先 AlN 能够更好地和 Si 基的半导体技术兼容。其次,AlN 的能隙高达 6 eV,有更好的电绝缘性。

相对于 AlN 和 ZnO,锆钛酸铅 $\text{Pb}(\text{Zr}_x\text{Ti}_{1-x})\text{O}_3$(PZT)薄膜有更高的压电常数。PZT 是典型的钙钛矿结构,晶格取向、成分、晶粒尺寸以及应力边界等都会极大地影响 PZT 薄膜的压电性能。例如,PZT 薄膜在准同型相界(MPB)附近＜001＞方向上的 $e_{31,\text{f}}$ 高达 27 C/m^2,而随机取向的 PZT 薄膜 $e_{31,\text{f}}$ 只有 7 C/m^2 左右。压电系数的提高对降低驱动电压或者提高响应速度至关重要。近年来的相关研究大部分集中在晶格取向或者 MPB 对铁电薄膜压电性能的影响方面。在 PZT 薄膜中,随着 Zr 含量的增加,PZT 晶格结构发生畸变,从四方相(111)逐步向三方相(100)转变,而当 Zr 含量达到 50% 时出现 MPB,压电系数 d 和 e 达到最大值。但是,PZT 薄膜要应用到具体器件中,除了需要形成 MPB 之外,还要有合适的相变温度。一般来说,低温下 PZT 薄膜的压电性能会有所提高,但是低温不仅使器件对温度产生依赖,而且妨碍了压电器件的实际应用。因此,目前在研究压电材料获得准同型相界的同时,应重点关注如何提高相变温度。

表 3.6 列出了 3 种压电薄膜的主要性能参数,其中 $e_{31,\text{f}}$ 和 $d_{33,\text{f}}$ 均为压电常数,分别代表极化强度 P 同应变、应力之间的关系;ε_{33} 是电容率,$\tan\delta$ 是介电损耗;$e_{31,\text{f}}/\varepsilon_0\varepsilon_{33}$ 是压电薄膜应变时产生的电压;$e_{31,\text{f}}^2/\varepsilon_0\varepsilon_{33}$ 是面内波的机电耦合系数;$e_{33}^2/(\varepsilon_0\varepsilon_{33}c_{33}^D) \approx d_{33,\text{f}}^2 \cdot c_{33}^E/\varepsilon_0\varepsilon_{33}$ 是厚度波的机电耦合系数;$e_{31,\text{f}}/\text{sqrt}(\varepsilon_0\varepsilon_{33}\tan\delta)$ 是信噪比;c_{33}^E 为弹性常量。

表 3.6 不同类型压电薄膜的压电性能和介电性能对比

参量	ZnO	AlN	PZT(1~3 μm)
$e_{31,f}/(\text{C} \cdot \text{m}^{-2})$	-1.0	-1.05	$-8\sim-12$
$d_{33,f}/(\text{pm} \cdot \text{V})$	5.9	3.9	$60\sim130$
ε_{33}	10.9	10.5	$300\sim1300$
$\dfrac{e_{31,f}}{\varepsilon_0\varepsilon_{33}}\Big/(\text{GV} \cdot \text{m}^{-1})$	-10.3	-11.3	$-0.7\sim-1.8$
$(e_{31,f}^2/\varepsilon_0\varepsilon_{33})/\text{GPa}$	10.3	11.9	$6\sim18$
$\tan\delta(1\sim10\ \text{kHz})/10^5\ \text{V} \cdot \text{m}^{-1}$	$0.01\sim0.1$	0.003	$0.01\sim0.03$
$[e_{31,f}/\text{sqrt}(\varepsilon_0\varepsilon_{33}\tan\delta)]/10^5\ \text{Pa}^{1/2}$	$3\sim10$	20	$4\sim8$
$c_{33}^E/\text{GPa}(\text{PZT52/48 陶瓷})$	208	395	98
$(d_{33,f}^2 \cdot c_{33}^E/\varepsilon_0\varepsilon_{33})/\%$	7.4	6.5	$7\sim15$

3.6.2 典型铁电材料及其应用

以 $BaTiO_3$ 为代表的铁电体具有较高的介电常数,其相对介电常数及自发极化强度随温度的变化如图 3.21 所示。$BaTiO_3$ 陶瓷是制造铁电陶瓷电容器的基础材料,也是目前国内外应用广泛的电子陶瓷材料之一,其介电性能与陶瓷的微观形貌关系密切。图 3.22 给出了 $BaTiO_3$ 陶瓷平均晶粒尺寸对其介电温谱的影响。在介电层厚度确定的情况下,材料的介电常数越高,电容器的比电容越大,越易于实现器件的小型化。许多研究结果表明,掺杂可以改善 $BaTiO_3$ 陶瓷的介电性能,从而更有利于储能电容器应用。锆钛酸钡 $Ba(Ti_{1-x}Zr_x)O_3$(BTZ)是 $BaTiO_3$ 与 $BaZrO_3$ 形成的 B 位复合型钙钛矿结构固溶体,是多层陶瓷电容器最重要的材料体系之一。随着 Zr^{4+} 含量的增大,其介电常数温度稳定性得到进一步改善,达到了 Z5U,Y5V 等标准。

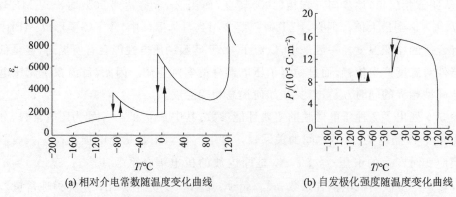

(a) 相对介电常数随温度变化曲线　　　　(b) 自发极化强度随温度变化曲线

图 3.21 BaTiO₃ 相对介电常数及自发极化强度随温度变化曲线

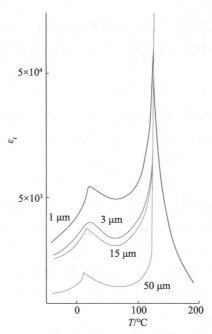

图 3.22　不同平均粒径 BaTiO₃ 陶瓷的介电温谱

　　锆钛酸铅基铁电材料除了用作压电器件外,还是电容器储能器件的基础材料。Pb(Zr,Ti)O(PZT)基电容器储能材料体系的典型代表是具有反铁电双电滞回线的 Pb(Zr,Sn,Ti)O₃(PZST)陶瓷及薄膜。如 $Pb_{0.93}La_{0.04}Nb_{0.02}(Zr_{0.42}Ti_{0.18}Sn_{0.40})_{0.98}O_3$ 陶瓷在 4 kV/mm 时储能密度达到 0.30 J/cm³,并能支持几百次的充放电。又如 $Pb_{0.925}La_{0.05}(Zr_{0.42}Sn_{0.40}Ti_{0.18})O_3$ 陶瓷在 4 kV/mm 时储能密度达到 0.55 J/cm³。另外,还有一类 PZT 基铁电陶瓷,它属于电光铁电陶瓷,它的主要代表是 $Pb_{1-x}La_x(Zr_yTi_{1-y})O_3$,简称 PLZT。它的特点是对可见光透明,可在 −40℃ 至 +80℃ 下使用,可作为宽孔径的电光快门。

　　1955 年,苏联学者 G. I. Skanavi 发现钛酸锶铋[$(Sr_{1-x}Bi_{2x/3})TiO_3$]的相对介电常数达到 1000,并具有明显的频率色散现象。接着,G. A. Smolenkii 等人在铌镁酸铅[$Pb(Mg_{1/3}Nb_{2/3})O_3$,PMN]钙钛矿结构中也发现其相对介电常数的峰值高达 10^4,并且伴有弥散相变和频率色散现象,因此将这种在外电场下需要一定时间发生极化反转的晶体材料称为 ε_r 无单位弛豫铁电体。弛豫铁电体具有如下主要特征:

　　(1) 弥散相变

　　铁电—顺电相变发生在一定宽度的温度区间内而不是一个确定温度点(即不是突变的),这时居里温度用相对介电常数最大值所对应的温度(T_m)来表示。宏观上,弛豫铁电体的介电峰是具有一定宽度的平缓的峰,而不是一个尖锐的峰。也即在 T_m 附近存在弥散相变,相对介电常数渐变。

（2）频率色散

频率色散是指随着测试频率的增加，弛豫铁电体的介电峰向高温方向移动，相对介电常数降低（$T<T_m$），介电损耗增加的现象。也即相对介电常数与频率依赖关系强，T_m 随频率增大向高温移动。

（3）偏离居里-外斯定律

当 $T>T_m$ 时，铁电体仍具有自发极化强度。换句话说，弛豫铁电体的相对介电常数和温度的关系不再服从居里-外斯定律而满足以下关系（修正的居里-外斯定律）：

$$\frac{1}{\varepsilon_r}-\frac{1}{\varepsilon_{rmax}}=\frac{(T-T_m)^\gamma}{C_1} \tag{3.65}$$

式中，ε_{rmax} 为相对介电常数最大值；T_m 为 ε_{rmax} 对应的温度；C_1 为常数；γ 为常数，$1\leqslant\gamma\leqslant2$。

以铌镁酸铅 PMN 为代表的铅基复合钙钛矿结构弛豫型铁电材料，以其优良的介电、铁电性能受到各国学者的关注。1997 年美国宾州大学的 Thomas Shrout 和 Seung Eck Park 成功研制了 PMN-PT 和 PZN-PT 弛豫型铁电单晶体，其压电常量比多晶体铁电陶瓷提高一个量级，例如 d_{33} 达到 2200 pC/N，滞后很小，应变均达到 0.5% 以上，而 PZN-8%PT 在 <001> 三方晶向上最大应变可达 1.7%。

一些主要铁电陶瓷材料的性能如表 3.7 所示。

表 3.7　典型铁电陶瓷的主要性能

组成	$\rho/$ (g·cm^{-3})	$T_c/$ ℃	ε_r	tan $\delta/$ %	K_p	K_{33}	$d_{33}/$ (10^{-12} C·N^{-1})	$d_{31}/$ (10^{-12} C·N^{-1})	$g_{33}/$ (10^{-3} V·m·N^{-1})	$S_{11}^E/$ (10^{-12} m^2·N^{-1})
BaTiO$_3$	5.7	115	1700	0.5	0.36	0.50	190	−78	11.4	9.1
PZT-4	7.5	328	1300	0.4	0.58	0.70	289	−123	26.1	12.3
PZT-5A	7.8	365	1700	2.0	0.60	0.71	374	−171	24.8	16.4
PZT-5H	7.5	193	3400	4.0	0.65	0.75	593	−274	23.1	16.5
PMN-PT(65/35)	7.6	185	3640		0.58	0.70	563	−241		15.2
PMN-PT(90/10)	7.6	40	24000	5.5	0	0	0	0	0	
PbNb$_2$O$_6$	6.0	570	225	1.0	0.07	0.38	85	−9	43.1	25.4
(Na$_{0.5}$K$_{0.5}$)NbO$_3$	4.5	420	496	1.4	0.46	0.61	127	−51	29.5	8.2
PLZT 7/60/40	7.8	160	2590	1.9	0.72		710	−262	22.2	16.8
PLZT 8/40/60	7.8	245	980	1.2	0.34					
PLZT12/40/60	7.7	145	1300	1.3	0.47		235		12.0	7.5
PLZT 7/65/35	7.8	150	1850	1.8	0.62		400		22.0	13.5
PLZT 8/65/35	7.8	110	3400	3.0	0.65		682		20.0	12.4
PLZT 9/65/35	7.8	80	5700	6.0	0		0	0	0	
PLZT 9.5/65/35	7.8	75	5500	5.5	0	0	0	0	0	
PLZT 7.6/70/30	7.8	100	4940	5.4	0.65					
PLZT 8/70/30	7.8	85	5100	4.7	0					
0.3 PZN-0.7 PZT	7.7		3533	2.0	0.58		585	−250		

20 世纪 70 年代至 80 年代,人们开始关注铁电和非铁电薄膜和厚膜。其推动力来自激光和晶体管技术,如制造光滤波器、集成光器件、微电子机械系统、微处理器等。目前应用的体材都已经有了相应成分的膜材,例如,BT,BST,PZT,PLZT,PNZT(Nb),PSZT(Sn),PBZT(Ba),PT,BNT,LN 和 KN 等。

铁电陶瓷除了利用其介电功能用作电容器介质外,还可凭借压电功能、热释电功能、铁电功能、电致伸缩功能以及电光功能用于拾音器、点火器、驱动器、传感器、声呐、滤波器、蜂鸣器、微位移定位器、喷雾器、超声马达、继电器、表面声波器件、变压器、延迟线、光开关、彩色电视摄像机用寻像器、反射显示器和光铁电图像储存器等的制造。

 复习题

1. 什么是电介质? 什么叫介质的极化?

2. 绘出典型的铁电体的电滞回线,说明其主要参数的物理意义和造成 P - E 非线性关系的原因。

3. 试说明压电体及铁电体各自在晶体结构上的特点。

4. $BaTiO_3$ 陶瓷可作为电容器介质使用,试从电容率、介电损耗、介电强度及温度稳定性、经时稳定性、成本等方面分析其优缺点。

5. 列举一些电介质材料极化的类型,说明在不同频率下可能发生的极化形式。

6. 何谓电介质的击穿? 无机材料耐电强度与哪些因素有关?

7. 在一定温度下,介质的 ε_r',ε_r'',$\tan \delta$ 和频率的关系如何? 试作图说明。

8. 以典型的 PZT 铁电陶瓷为例,试总结它的介电性、铁电性的影响因素。

9. 表征材料压电性的指标参数有哪些?

编写人:张晨

第 4 章

材料的磁学性能

本章导学

　　固体材料的磁性包括抗磁性、顺磁性、铁磁性、亚铁磁性和反铁磁性。本章就上述各类磁性产生条件、磁性材料在交变场中的变化以及磁性的测量方法加以探讨，并着重介绍材料的铁磁性及其磁化理论。学习过程中要注意在认识磁性起源的基础上理解磁性产生的机理，从铁磁系统的能量角度理解磁畴结构及其形成过程，掌握铁磁性的影响因素，了解静态磁性能和动态磁性能的差别以及测试方法，逐步尝试运用磁性测试分析方法在材料科学领域解决实际问题。

4.1　材料磁性概述

　　材料的磁性早在 3000 年以前就已被人们认识，用天然磁铁制作指南针就是中国古代对磁性材料应用的典型例子。目前磁性材料已经在人们生产、生活的许多方面发挥了重要作用，例如马达中的永磁材料、变压器中的铁芯材料、作为存储器使用的磁光盘、计算机用软盘等。

　　材料为什么会有磁性呢？实验和现代磁学证明，材料的磁性主要来源于原子中的电子运动。电子磁矩的相互作用决定了磁性材料的类型和磁性能，磁性能还可以通过成分、微观结构和制备工艺等来加以控制。

4.1.1　材料的磁性起源

　　材料的磁性来源于原子磁矩，原子内的电子绕核运动及自旋运动、质子和中子在原子核内的运动都会产生磁矩，所以原子磁矩包括电子轨道磁矩、电子自旋磁矩和原子核磁矩三部分。实验和理论都已证明原子核磁矩很小，只有电子磁矩的几千分之一，故可以略去不计;电子自旋磁矩比电子轨道磁矩要大,因此物质的磁性主要是由电子自旋磁矩引起的。

(1) 电子轨道磁矩

电子绕原子核运动,犹如一环形电流,此环流将在电子运动中心处产生磁矩,称为电子轨道磁矩,如图 4.1a 所示。设电子运动轨道半径为 r,电子运动的轨道角动量为 L,电子绕核运动的角速度为 ω,电子电量为 e,电子质量为 m,则电子轨道磁矩大小为

$$m_e = iS = e\left(\frac{\omega}{2\pi}\right)\pi r^2 = \frac{e}{2m}m\omega r^2 = \frac{e}{2m}L \tag{4.1}$$

式中,$e/2m$ 称为轨道旋磁比。电子轨道磁矩的方向垂直于电子运动轨迹平面,并符合右手螺旋定则,电子轨道磁矩的方向和轨道角动量的方向相反。电子轨道磁矩在外磁场方向上的分量,满足量子化条件:

$$m_{ez} = m_l\mu_B \quad (m_l = 0, \pm 1 \pm 2, \cdots, \pm l) \tag{4.2}$$

式中,m_l 为电子运动状态的磁量子数;角标 z 表示外磁场方向;μ_B 为玻尔磁子,$\mu_B = 0.927 \times 10^{-23}$ J/T,它是电子磁矩的最小单位。

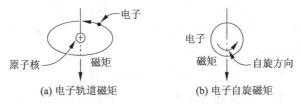

图 4.1　电子轨道磁矩和电子自旋磁矩

在填满了电子的次电子层(s,p,d,f,$\cdots$)中,各电子的轨道运动分别占据了所有可能的方向,形成一个球形对称体系,因此合成的总轨道角动量等于零,总轨道磁矩也等于零。例如,如果 3d 层填满了 10 个电子,则这 10 个电子轨道磁矩在磁场方向的投影总和为[0+1+2+(−1)+(−2)]$\mu_B = 0$。所以计算原子的总轨道磁矩时,只需要考虑那些未填满电子的次壳层中电子的贡献。

(2) 电子自旋磁矩

电子的自旋运动产生自旋磁矩,如图 4.1b 所示。电子自旋磁矩在外磁场方向上的分量恰为一个玻尔磁子:

$$m_{sz} = \pm\mu_B \tag{4.3}$$

m_{sz} 的符号取决于电子自旋方向,电子自旋方向与外磁场方向一致时为正,电子自旋方向与外磁场方向相反时为负。当 s,p,d,f 等次壳层填满了电子时,电子总自旋磁矩也为零。所以计算原子的总自旋磁矩时,只需要考虑那些未填满电子的次壳层中电子的贡献。例如,铁原子的原子序数为 26,共有 26 个电子,电子层分布为 $1s^2 2s^2 2p^6 3s^2 3p^6 3d^6 4s^2$。可以看出,除 3d 次壳层外,各层均被电子填满,自旋磁矩被抵消。根据洪德(Hund)法则,电子在 3d 次壳层中应尽可能填充到不同的轨道,并且它们的自旋应尽量在同一个方向上(平行自旋)。因此,3d 次壳层的 5 个轨道中除了有一条轨道必须填入 2 个自旋反平行的电子

外,其余 4 个轨道均只有一个电子,且这些电子的自旋方向相同,由此得出 3d 次壳层的电子自旋磁矩为 $4\mu_B$。

(3) 原子磁矩

原子中电子的轨道磁矩和电子的自旋磁矩构成了原子固有磁矩,即本征磁矩。当原子中所有电子壳层的电子都排满时,电子轨道磁矩和自旋磁矩各自相抵消,此时原子本征磁矩为零。

原子的总磁矩是电子轨道磁矩与自旋磁矩的总和。但电子轨道磁矩和电子自旋磁矩如何耦合成原子的总磁矩呢? 原子内各电子轨道磁矩组合成原子总的轨道磁矩,原子内各电子的自旋磁矩组合成原子总的自旋磁矩,然后两者再耦合成原子的总磁矩。这样耦合的自由原子磁矩大小为

$$|m_j| = g\sqrt{J(J+1)}\mu_B \tag{4.4}$$

式中,J 为原子总角量子数;g 称为朗德因子(Lande splitting factor),可由式(4.5)表示:

$$g = 1 + \frac{J(J+1)+S(S+1)-L(L+1)}{2J(J+1)} \tag{4.5}$$

式中,J 为原子总角量子数;L 为原子总轨道角量子数;S 为原子总自旋量子数。根据上式,可以算出两个特例:① 当总轨道角量子数 $L=0$ 时,$J=S$,$g=2$,轨道运动对原子总磁矩没有贡献,原子总磁矩由自旋磁矩组成。② 当总自旋量子数 $S=0$ 时,$J=L$,$g=1$,自旋运动对原子总磁矩没有贡献,原子总磁矩由轨道磁矩组成。

洪德(Hund)根据原子光谱实验,总结了计算基态原子或离子的总角量子数 J 的法则,其主要内容为在上述耦合的情况下,对那些次电子层未填满电子的原子或离子,在基态下,其总角量子数 J 与总轨道角量子数 L、总自旋量子数 S 的取值规则如下:

① 在未填满电子的那些次电子层内,在泡利(Pauli)原理允许的条件下,总自旋量子数 S 取最大值,总轨道角量子数 L 也取最大值。

② 次电子层未填满一半时,原子总角量子数 $J=L-S$;次电子层填满一半或填满一半以上时,原子总角量子数 $J=L+S$。

根据洪德法则可以计算基态原子或离子的磁矩。例如 Fe 的 3d 电子对原子磁矩有贡献,依次算出 $S=2$,$L=2$,$J=2+2=4$,则 $g=1.5$,自由原子磁矩大小为 $6.7\mu_B$。

m_j 在外加磁场方向的投影为

$$m_{jz} = m_J g\mu_B \tag{4.6}$$

式中,m_J 是原子的磁量子数,可以取 J,$J-1$,$\cdots$,$-J$,共 $(2J+1)$ 个值。当 m_J 取最大值 J 时,得到原子磁矩在磁场方向的最大分量。

4.1.2 材料的磁学基本量

(1) 磁场

根据电磁理论,如果有电荷移动,就会产生磁场。在导线中流动的宏观电流就是移动的电荷。计算导线产生磁场的基本定律是毕奥-萨伐尔定律(Biot-Savart law),如图 4.2a

所示。设有电流 I 流过导线 l，则导线 $\mathrm{d}l$ 在距其 r 处产生的磁场强度为

$$\mathrm{d}H = \frac{I\,\mathrm{d}l\sin\theta}{4\pi r^2}\ (\mathrm{A/m}) \tag{4.7}$$

磁场的方向同时垂直于 I 和 r。根据毕奥-萨伐尔定律可以导出通有电流的无限长螺旋管线圈产生的磁场，如图 4.2b 所示，螺旋管中心处的磁场强度：

$$H = \frac{nI}{L} \tag{4.8}$$

式中，n 是线圈匝数；L 是线圈长度，m；I 是电流，A。磁场强度 H 的单位是 A/m。对于如图 4.2c 所示的环形线圈，用式(4.7)计算出沿 x 轴的磁场强度为

$$H = \frac{Ia^2}{2r^3} \tag{4.9}$$

式中，a 为环形线圈的半径，m。

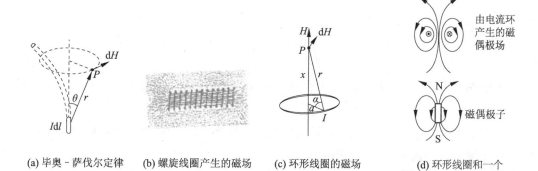

(a) 毕奥-萨伐尔定律　　(b) 螺旋线圈产生的磁场　　(c) 环形线圈的磁场　　(d) 环形线圈和一个
磁偶极子在远区产生的磁场

图 4.2　磁场的产生

图 4.2d 是环形线圈和一个磁偶极子在远区产生的磁场。可以看到，环形线圈和一个磁偶极子在远区产生的磁场是相同的。对环形线圈和磁偶极子产生的磁场的详细计算表明，如果环形线圈中的电流为 I，环形线圈的面积是 A，则环形线圈可以等效一个磁矩 $m = IA$ 产生的磁场。该等效磁矩 m 的方向为电流回路面的法向，如图 4.2c 所示。

从毕奥-萨伐尔定律可以推出安培环路定理：

$$\oint H\,\mathrm{d}l = \sum I \tag{4.10}$$

它的物理意义是边界两侧的磁场强度的切线分量连续，这也是磁路定理的基础。

（2）磁化强度和磁极化强度

任何物质处于磁场中，均会使其所在空间的磁场发生变化，这是由于外磁场的作用使物质表现出一定的磁性，这种现象称为磁化。通常把能被磁化的物质称为磁介质。为了描述磁介质的磁化状态（磁化的方向和磁化的程度），定义单位体积磁性材料内原子磁矩 m 的矢量总和为磁化强度 M。

$$M = \frac{\sum m}{V} \tag{4.11}$$

当原子磁矩同向平行排列时,宏观磁体对外显示的磁性最强。当原子磁矩紊乱排列时,宏观磁体对外不显示磁性。M 的单位是 A/m。

磁荷观点则认为,磁性材料的最小单元是磁偶极子 p_m。磁偶极子由南极 S 和北极 N 组成,在没有磁场作用时,各磁偶极子的取向是杂乱无章的,其产生的磁偶极子矢量和互相抵消的。因此宏观看起来材料不显磁性。但是在磁场作用下,这些磁偶极子将在一定程度上沿着磁场方向排列起来,各磁偶极子 p_m 产生的磁偶极子矢量和将不等于零,材料显示出磁性。从这种解释出发,定义磁极化强度 J 为单位体积磁性材料中的磁偶极子矢量总和,并且可以推出 J 和磁化强度 M 的关系如下:

$$J = \frac{\sum p_m}{V} = \mu_0 M \tag{4.12}$$

式中,μ_0 是真空磁导率,$\mu_0 = 4\pi \times 10^{-7}$ H/m。

(3) 磁感应强度和磁导率

根据麦克斯韦方程,在真空中磁感应强度 B 和磁场强度 H 有如下关系:

$$B = \mu_0 H \tag{4.13}$$

在 SI 单位制中,磁场强度 H 的单位是 A/m,B 的单位是 T(特斯拉),1 V·s·m^{-2} = 1 T。

如果将磁性材料放入磁场空间,那么材料内部的磁感应强度 B 的大小取决于材料磁化强度 M 和磁场强度 H 的相互作用:

$$B = \mu_0(H + M) = \mu H \tag{4.14}$$

式中,μ 为磁导率(magnetic permeability)。由此式可看出,材料内部的磁感应强度 B 可看成材料对两部分磁场的反应的叠加:一部分是材料对自由空间磁场的反应 $\mu_0 H$;一部分是材料对磁化引起的附加磁场的反应 $\mu_0 M$。磁化强度不同的材料对磁场的响应不同。外加同样的磁场,在空气中和在磁介质中,由于磁化强度不同,材料内部产生的磁感应强度不同。因此,材料内部的磁感应强度 B 不仅和磁场强度有关,还和材料的磁化强度有关。

从式(4.14)可以推出,磁导率的定义为

$$\mu = \frac{B}{H} \tag{4.15}$$

μ 的物理意义是单位磁场中材料的磁感应强度的大小,它反映了磁感应强度 B 随外磁场 H 变化的速率。μ 是磁性材料的一个重要参数,其单位是 H/m。

定义相对磁导率 μ_r:

$$\mu_r = \frac{\mu}{\mu_0} \tag{4.16}$$

相对磁导率没有单位。

（4）磁化率

一般材料磁性的强弱可由磁化率（magnetic susceptibility）χ 来表示。

$$\chi = \frac{M}{H} \tag{4.17}$$

其物理意义是材料在磁场中磁化的难易程度。根据 M 与 H 的方向，χ 可取正（M 与 H 同向），可取负（M 和 H 反向），这与物质的磁性本质有关。在理论工作中，多采用摩尔磁化率 $\chi_A = \chi \cdot V$（V 为摩尔原子体积），有时采用单位质量磁化率 $\chi_d = \chi/d$（d 为材料密度）。χ 和 μ_r 都反映了材料增强磁场的能力，它们之间的关系为

$$\mu_r = \chi + 1 \tag{4.18}$$

由式（4.14）、式（4.16）和式（4.18）可得：

$$B = \mu H = \mu_0 \mu_r H = \mu_0 (1 + \chi) H \tag{4.19}$$

从应用的角度考虑，研究人员对具有大的磁感应强度和大的磁化强度的材料感兴趣，并追求大的相对磁导率 μ_r。

4.1.3　材料磁性分类

根据磁化率的符号和大小，材料的磁性大致分为五类，分别为抗磁性、顺磁性、铁磁性、亚铁磁性和反铁磁性。五类磁体的磁化曲线如图 4.3 所示。顺磁性材料的磁性很弱，其磁化率 χ 在 $10^{-6} \sim 10^{-3}$ 数量级；铁磁性和亚铁磁性材料的磁化率 χ 在 $10 \sim 10^6$ 数量级，一般统称为强磁性材料。

（1）抗磁性

某些材料受到外磁场 H 作用后，感生出和 H 方向相反的磁化强度，磁化率 $\chi < 0$，这种材料具有的磁性称抗磁性（diamagnetism）。一般抗磁性材料的磁化率 χ 的绝对值很小，大约在 10^{-6} 数量级，如铜的 $\chi = -0.77 \times 10^{-6}$，金的 $\chi = -2.74 \times 10^{-6}$。

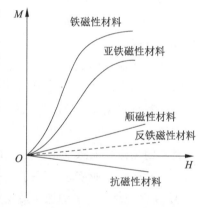

图 4.3　五类磁体的磁化曲线示意图

大多数有机材料在室温下是抗磁性材料，超导态的超导体一定是抗磁性材料，金属中约有一半简单金属是抗磁体。根据 χ 与温度的关系，抗磁体又可分为：① 经典抗磁体，它的 χ 不随温度变化，如铜、银、金、汞、锌等；② 反常抗磁体，它的 χ 随温度变化，且其磁化率是经典抗磁体的 $10 \sim 100$ 倍，如铋、镓、锑、锡、铟等。

关于原子磁性的研究表明，原子的磁矩取决于未填满电子壳层的电子轨道磁矩和自旋磁矩。在没有外磁场的情况下，对于电子壳层已填满的原子，其电子轨道磁矩和自旋磁矩的总和等于零；当施加外磁场时，总磁矩为零的原子也会显示磁矩，这是源于外加磁场感应的轨道磁矩增量对磁性的贡献。

根据拉莫尔（Lamor）定理，在磁场中电子绕原子核的运动只不过是叠加了一个电子进

动,就像一个在重力场中的旋转陀螺一样,由于拉莫尔进动是在原来轨道运动之上的附加运动,如果绕核的平均电子流起初为零,施加磁场后拉莫尔进动会产生一个不为零的绕核电子流。这个电流等效于一个方向与外加磁场方向相反的磁矩,因而产生了抗磁性。可见,物质的抗磁性不是由电子的轨道磁矩和自旋磁矩本身所产生,而是由外加磁场作用下电子绕核运动所感应的附加磁矩造成的。

既然抗磁性是电子轨道运动受外加磁场作用的结果,那么,任何材料在磁场作用下都会产生抗磁性。但是必须指出,并非所有材料都是抗磁体,抗磁性只有在材料的原子、离子或者分子固有磁矩为零时,才能观察出来。也就是说,只有原子或离子的电子壳层完全填满了电子的物质,其抗磁性才能表现出来,否则抗磁性就被别的磁性掩盖了。因此,凡是电子壳层填满了电子的物质都属于抗磁体。例如,惰性气体;离子型固体如氯化钠等;大部分有机物质;共价键的碳、硅、锗、硫、磷等通过共有电子而填满电子壳层,故也属于抗磁体。

(2) 顺磁性

若材料放入外磁场中时,感生出和 H 方向相同的磁性,磁化率 $\chi > 0$,但其数值较小,为 10^{-6} 到 10^{-3},则这种材料具有的磁性称为顺磁性(paramagnetism)。例如,铂的 χ 约为 21.04×10^{-6},锰的 χ 约为 66.10×10^{-6}。一般顺磁性材料的磁化强度随磁场变化的磁化曲线是直线。

根据 χ 与温度的关系,顺磁体可分为:① 正常顺磁体,其 χ 与温度成反比关系,金属铂、钯、奥氏体不锈钢、稀土金属等属于此类;② χ 与温度无关的顺磁体,例如锂、钠、钾、铷等金属。测量磁化率与温度的依赖关系具有一定的理论计算意义,可用于物质的原子磁矩的求解。

材料的顺磁性来源于原子的固有磁矩,因此产生顺磁性的条件就是原子的固有磁矩不为 0。在如下几种情况下,原子或离子具有固有磁矩:

① 具有奇数个电子的原子或点阵缺陷。

② 内壳层未被填满的原子或离子。金属中主要有过渡金属(d 壳层没有填满电子)和稀土金属(f 壳层没有填满电子)。

虽然顺磁性材料存在固有原子磁矩,但是在没有外磁场作用时,由于热运动的影响,原子磁矩分布混乱,在任何方向都没有净磁矩,对外不显示磁性,如图 4.4a 所示。而将材料放入外磁场中时,原子磁矩都有沿外磁场方向排列的趋势,感生出和外磁场方向一致的磁化强度 M,所以磁化率 $\chi > 0$,如图 4.4b 所示。随着外磁场的增强,磁化不断增强。常温下,要使原子磁矩转向外磁场方向,除了要克服磁矩间相互作用所产生的无序倾向外,还必须排除原子热运动所造成的阻碍,原子磁矩难以排列一致,磁化十分困难,故室温下顺磁体的磁化率一般仅为 $10^{-6} \sim 10^{-3}$。据计算,在常温下要排除热运动形成的阻碍使顺磁体磁化达到饱和(如图 4.4c),即原子磁矩沿外磁场方向排列,所需的磁场强度约为 8×10^8 A/m,这在技术上是很难实现的。但如果把温度降低到 0 K 附近,实现磁饱和就容易得多。例如,顺磁体 $CdSO_4$,在 1 K 时,只需 $H = 24 \times 10^4$ A/m 便达到磁饱和状态。总之,顺磁体的磁化是磁场排除热运动形成的阻碍,使原子磁矩沿外磁场方向排列的过程。

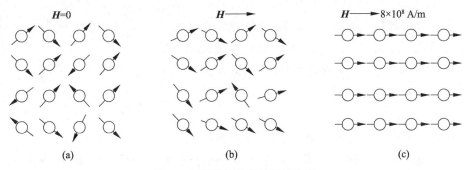

图 4.4　顺磁体磁化过程示意图

（3）铁磁性

铁磁性材料在较弱的磁场作用下就能产生很大的磁化强度。其磁化率 χ 是很大的正数,数值范围为 $10\sim10^6$。典型的铁磁性金属有铁、钴、镍等。

与顺磁性材料一样,铁磁性材料的原子或者离子有未填满电子的壳层,因此有固有原子磁矩。但是在铁磁性材料中,相邻离子或者原子的未满壳层的电子之间有强烈的交换耦合作用,在低于居里温度并且没有外加磁场的情况下,这种作用会使相邻原子或者离子的磁矩在一定的区域内趋于平行排列,处于自行磁化的状态,称为自发磁化。铁磁体在温度高于某临界温度后变成顺磁体。此临界温度称为居里温度或居里点,常用 T_c 表示。一般自发磁化强度 M_s 随环境温度升高逐渐减小,环境温度高于居里温度后自发磁化消失,这时材料表现出顺磁性,材料内部的原子磁矩变为混乱排列。只有当环境温度低于居里温度时,铁磁性材料的原子磁矩在磁畴内才平行排列,材料中有自发磁化,如图 4.5a 所示。

铁磁性材料的磁化强度随磁场变化的磁化曲线不是线性的,且有剩余磁化强度和磁滞现象。另外,铁磁性材料在外加磁场作用下会伸长或缩短, 称为磁致伸缩。

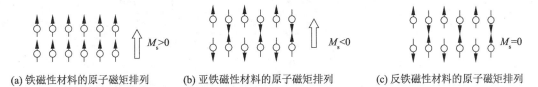

(a) 铁磁性材料的原子磁矩排列　　(b) 亚铁磁性材料的原子磁矩排列　　(c) 反铁磁性材料的原子磁矩排列

图 4.5　铁磁体、亚铁磁性和反铁磁性材料的原子磁矩排列

（4）亚铁磁性

亚铁磁性材料和铁磁性材料的特点非常类似:有自发磁化、居里温度、磁滞和剩余磁化强度。但是由于它们的磁有序结构不同,因此亚铁磁性材料的磁化率没有铁磁性材料的大。通常所说的 Fe_3O_4、铁氧体等属于亚铁磁体。

在亚铁磁性材料中,离子 A,B 构成两个相互贯穿的次晶格 A,B(简称 A,B 位),如图 4.6 所示。A 次晶格上的原子磁矩如图 4.6 中箭头方向所示相互平行排列,B 次晶格上的原子磁矩也相互平行排列,但是它们的磁矩方向和 A 次晶格上的原子磁矩方向相反,大小不同,导致有自发磁化,如图 4.5b 所示。显然,亚铁磁性材料的自发磁化强度比铁磁性材料的小,其磁化率虽然远大于顺磁材料,但小于铁磁性材料,数值范围为 $10^{-3} \sim 10$。

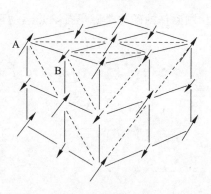

图 4.6　亚铁磁性材料中的 A,B 次晶格

（5）反铁磁性

反铁磁性材料的磁化率是小的正数,在环境温度低于某一温度时,它的磁化率同磁场的取向有关;高于这一温度,其行为像顺磁体。反铁磁性材料的磁性转变温度称为奈尔(Neel)点 T_N。α - Mn、铬、氧化镍、氧化锰等都属于反铁磁性材料。

反铁磁性材料的原子磁矩完全反平行排列,而且大小相同,磁矩相互抵消,宏观自发磁化强度为零,如图 4.5c 所示,所以反铁磁性材料的磁化率很小。

铁磁性材料、亚铁磁性材料和反铁磁性材料的原子磁矩的特点是在磁畴内平行或反平行排列,因此又统称它们为磁有序材料。这些材料在磁性转变温度(T_c 和 T_N)以上呈顺磁性,在磁性转变温度(T_c 和 T_N)以下处于磁有序状态。

铁磁性材料、亚铁磁性材料和反铁磁性材料的磁化率随温度变化的曲线如图 4.7 所示。反铁磁性材料的磁化率随温度变化曲线明显区别于铁磁性材料和亚铁磁性材料。温度很高时,其 χ 很小,温度降低时,χ 逐渐增大,温度达到 T_N 时,χ 最大;继续降低温度,χ 减小。当温度趋于 0 K 时,反铁磁性材料的 χ 趋于定值,见图 4.7c。在温度高于 T_N 时,χ 服从居里-外斯定理。

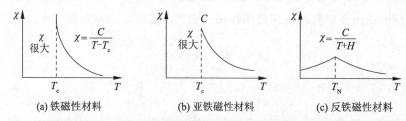

(a) 铁磁性材料	(b) 亚铁磁性材料	(c) 反铁磁性材料

图 4.7　铁磁性材料、亚铁磁性材料和反铁磁性材料的磁化率随温度变化的曲线

4.2　磁化曲线和磁滞回线

铁磁性材料铁、钴、镍及其合金,稀土金属元素钆、镝,以及亚铁磁性材料铁氧体等都很容易磁化,在不太强的磁场作用下,就可得到很大的磁化强度。如纯铁在 $B_0 = 10^{-6}$ T 时,其磁化强度为 10^4 A/m,而顺磁性的硫酸亚铁在 $B_0 = 10^{-6}$ T 的条件下,磁化强度仅有

0.001 A/m。铁磁性材料的磁学特性与顺磁性材料、抗磁性材料不同,主要表现在磁化曲线和磁滞回线上。

4.2.1　磁化曲线

铁磁性材料的磁化曲线(M – H 或 B – H)是非线性的,如图 4.8 中 OKB 曲线所示。随磁场强度的增加,磁化强度 M 或磁感应强度 B 开始时缓慢增大,然后迅速地增加,再转而缓慢增大,最后磁化至饱和。M_s 称为饱和磁化强度,B_s 称为饱和磁感应强度。磁化至饱和后,磁化强度不再随磁场强度的增加而增大。

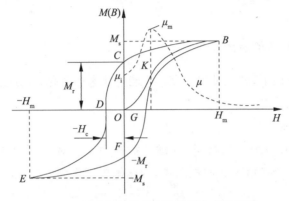

图 4.8　铁磁性材料的磁化曲线和磁滞回线

磁化曲线上的一些特殊点的磁导率有特殊工程意义。

(1) 起始磁导率 μ_i

$$\mu_i = \lim_{\substack{H \to 0 \\ \Delta H \to 0}} \frac{\Delta B}{\Delta H} \ \text{或}\ \mu_i = \lim_{H \to 0} \frac{\mathrm{d}B}{\mathrm{d}H} \qquad (4.20)$$

它相当于磁化曲线起始部分的斜率。技术上规定在 $10^{-7} \sim 10^{-5}$ T 磁场的磁导率为起始磁导率,它是软磁材料的重要技术参量。

(2) 最大磁导率 μ_m

它是磁化曲线拐点 K 处的斜率(见图 4.8),它也是软磁材料的重要技术参量。

4.2.2　磁滞回线

将一个试样磁化至饱和后,再逐渐降低磁场强度 H 时,磁化强度 M 也将减小,这个过程叫退磁。但 M 并不按照磁化曲线反方向变化,而是按另一条曲线变化,见图 4.8 中的 BC 段。当 H 减小到零时,M 并不为零($M = M_r$),M_r,B_r 分别为剩余磁化强度和剩余磁感应强度(简称剩磁)。如要使 $M = 0$(或 $B = 0$),则必须加上一个反向磁场,反向磁场强度 H_c 称为矫顽力。通常把曲线上的 CD 段称为退磁曲线。当反向 H 继续增加时,又可以达到反向饱和,即可达到图 4.8 中的 E 点。如再沿正方向增加 H,则又得到曲线 $EFGB$。从图上可以看出,当 H 从 $+H_m$ 变到 $-H_m$ 再变到 $+H_m$ 的过程中,试样的磁化曲线形成一个封闭曲线,称为磁滞回线。磁感应强度变化落后于磁场强度变化的现象称为"磁滞"现象。

磁滞回线所包围的面积表征磁化一周(具体指 H 从 $+H_m$ 到 $-H_m$ 再到 H_m 的一个变化周期)所消耗的功,称为磁滞损耗 Q,其大小为

$$Q = \oint H \, dB \qquad (4.21)$$

4.3 材料的铁磁性

4.3.1 铁磁系统中的能量

铁磁体在磁场作用下,磁化过程中存在着能量状态的变化,涉及静磁能、磁弹性能、磁晶各向异性能及退磁能等。

4.3.1.1 静磁能

如图 4.9 所示,有一个磁偶极子,其磁偶极矩为 p_m,对这个磁偶极子外加一个夹角为 θ 的恒磁场,则磁偶极子受到的作用力矩为

$$T = p_m \times H \qquad (4.22)$$

当 $\theta=0$ 时,磁偶极子受到的力矩最小,处于稳定状态,从 θ 不等于零到等于零,表明磁偶极子在力矩作用下转到和磁场方向一致的方向。显然,这是要做功的。在磁场作用下磁偶极子将转向与磁场平行的方向,在该过程中磁场对磁矩所做的功为

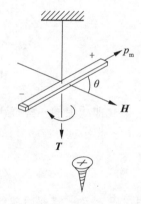

图 4.9 磁矩在磁场中的转动

$$E = \int T \, d\theta = -p_m H \cos \theta \qquad (4.23)$$

外加磁场做功使得磁性体具有了能量 E,这种能量称为静磁能(magnetic energy)。

4.3.1.2 磁弹性能

铁磁体在磁场中磁化时,其长度或体积发生变化的现象称为磁致伸缩。通常用磁致伸缩系数 λ 来描述磁致伸缩的大小。磁致伸缩系数 λ 可用铁磁体长度的相对变化表示:

$$\lambda = \frac{\Delta l}{l} \qquad (4.24)$$

式中,l 是磁场为零时铁磁体原长;Δl 是磁化引起的长度变化量。

当 $\lambda>0$ 时,称为正磁致伸缩,表示沿磁场方向磁化时铁磁体尺寸伸长,铁属于这种情况;当 $\lambda<0$ 时,称为负磁致伸缩,表示沿磁场方向磁化时铁磁体尺寸缩短,镍属于这种情况。所有铁磁体均有磁致伸缩特性,λ 值一般在 $10^{-6} \sim 10^{-3}$ 范围。单晶体的磁致伸缩具有各向异性;同多晶铁磁没有磁各向异性一样,多晶铁磁体的磁致伸缩也没有各向

异性。

磁致伸缩系数 λ 随磁场的增强而增大,当磁场达到一定强度,磁化强度达到饱和值 M_s 时,λ 达到饱和值,称为饱和磁致伸缩系数 λ_s。对于一定的材料,λ_s 是一个常数。实验表明,对 $\lambda_s>0$ 的材料进行磁化时,若沿磁场方向加拉应力,则有利于磁化,而加压应力则阻碍其磁化;对 $\lambda_s<0$ 的材料进行磁化时,情况则相反。

磁致伸缩效应是由原子磁矩有序排列时,电子间的相互作用导致原子间距的自发调整而引起的。材料的晶体点阵结构不同,磁化时原子间距的变化情况也不一样,故有不同的磁致伸缩性能。从铁磁体的磁畴结构变化来看,材料的磁致伸缩效应是其内部各个磁畴形变的外观表现。

磁致伸缩机理的示意见图 4.10。在居里温度以下,磁性材料中存在着大量的磁畴。在每个磁畴中,原子的磁矩有序排列,引起晶格发生形变。由于各个磁畴的自发磁化方向不尽相同,因此在没有加外磁场时,自发磁化引起的形变互相抵消,显示不出宏观效应,如图 4.10a 所示。外加磁场后,各个磁畴的自发磁化都转向外磁场方向,于是产生了宏观尺寸效应,如图 4.10b 所示。如果晶体沿自发磁化方向伸长,则材料在外加磁场方向将伸长。反之,则材料在外加磁场方向将缩短。

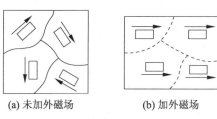

(a) 未加外磁场　　　　　　(b) 加外磁场

图 4.10　磁畴的自发磁化强度转向伴随的磁致伸缩

物体在磁化时要发生磁致伸缩,若形变受到限制,不能伸长(或缩短),则在物体内部产生压应力(或拉应力)。这样,物体内部将产生弹性能,称为磁弹性能。物体内部缺陷、杂质等都可能增加其磁弹性能。对于多晶体来说,磁弹性能为

$$E_\sigma = \frac{3}{2}\lambda_s\sigma\sin^2\theta \tag{4.25}$$

式中,E_σ 是单位体积的磁弹性能;λ_s 是饱和磁致伸缩系数;σ 是材料所受应力;θ 为磁化方向与应力方向的夹角。

事实上,应力也会使铁磁体的磁化强度具有各向异性,称应力各向异性。它也像磁各向异性那样影响着材料的磁化,因而与材料的磁性能密切相关。式(4.25)中,令

$$K_\sigma = \frac{3}{2}\lambda_s\sigma$$

称为应力各向异性常数。

4.3.1.3　磁晶各向异性能

单晶体在不同晶向上原子排列不一样,其磁性能也不一样,这种现象称为磁晶各向异

性。铁磁体磁化时要消耗一定的能量,我们把磁体从退磁状态磁化到饱和状态时磁场所做的功称为磁化功,它在数值上等于磁化曲线与磁场强度 M 坐标轴所围的面积(见图 4.11),即

$$\Delta G = \int_0^{M_s} H\,dM \qquad (4.26)$$

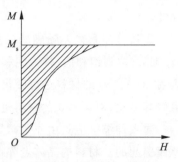

图 4.11 磁化功示意图

显然,晶向不同,磁化功也不同,反映了磁化强度矢量在不同晶向取向时能量不同。磁化时消耗能量最少的晶向称为易磁化方向(易磁化轴);反之,为难磁化方向(难磁化轴)。如铁的易磁化轴为[100],难磁化轴为[111];镍的易磁化轴为[111],难磁化轴为[100];钴的易磁化轴为[0001],难磁化轴为$[01\bar{1}0]$。磁晶各向异性能(magnetocrystalline anisotropy energy)是指磁化强度矢量沿不同晶轴方向的能量差,用E_k表示。

立方晶系的磁晶各向异性能可用磁化强度与三个晶轴方向所成夹角的方向余弦(α_1,α_2,α_3)来表示。根据晶体的对称性和三角函数的关系式可得磁晶各向异性能为

$$E_k = K_0 + K_1(\alpha_1^2\alpha_2^2 + \alpha_2^2\alpha_3^2 + \alpha_3^2\alpha_1^2) + K_2(\alpha_1^2\alpha_2^2\alpha_3^2) \qquad (4.27)$$

式中,K_1,K_2 称为磁晶各向异性常数。K_0 代表主晶轴方向磁化能量,与变化的磁化方向无关。一般情况下,K_2 较小可忽略。铁磁体各向异性的程度可用磁晶各向异性常数来表示,它是指单位体积的单晶磁体沿难磁化方向磁化到饱和与沿易磁化方向磁化到饱和所需磁化能的差。如在 20 ℃时,铁的 K_1 值约为 4.2×10^4 J/m³,镍的 K_1 值约为 -0.34×10^4 J/m³,钴的 K_1 值约为 4.1×10^5 J/m³。磁晶各向异性常数的大小与晶体的对称性有关,且为内禀特性,也即主要决定于材料的成分。

4.3.1.4 退磁能

磁性材料在磁化时,材料的原子磁矩在一定程度上沿着磁场方向排列起来。和无限长的磁性材料在外加磁场中磁化不同的是,有限长的磁性材料棒在棒的断面将会有正负磁荷出现。这些磁荷将在磁性材料内产生一个附加磁场。如图 4.12 所示,在磁性材

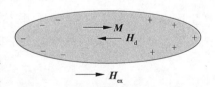

图 4.12 表面磁荷及其产生的退磁场

料棒内部,这个附加的磁场方向和外加磁场 H_{ex} 的方向相反,称退磁场 H_d。退磁场的出现将导致磁性材料内部的磁场小于外加磁场。退磁场较大时,只有增大外加磁场,才能在磁性材料内部产生同样大小的总磁场,因此,退磁场越大,磁性材料越不容易磁化。

退磁场 H_d 与材料的磁化强度 M 成正比:

$$H_d = -NM \qquad (4.28)$$

式中,N 称退磁因子(demagnetizing factor),式中的负号表示 H_d 与磁化强度 M 的方向相反。当材料均匀磁化时,退磁因子仅和材料形状有关。

铁磁体的磁性与其形状有密切关系,如图 4.13 所示,环状、细长棒状和粗短棒状的同

一种铁磁体试样磁化曲线不重合,说明它们磁化行为不同,也即铁磁体具有形状各向异性。铁磁体的形状各向异性正是由退磁场引起的。

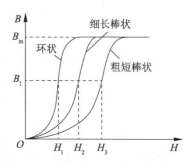

铁磁体在磁场中的静磁能包括铁磁体与外磁场的相互作用能和铁磁体在自身退磁场中的能量。后一种静磁能也即铁磁体与自身退磁场的相互作用能,称为退磁场能(demagnetizing energy)。

根据静磁能公式,退磁场能的大小可以表示为

图 4.13　不同形状铁磁体的磁化曲线

$$E_d = \int_0^M \mu_0 H_d \mathrm{d}M = \frac{\mu_0 N M^2}{2} \tag{4.29}$$

4.3.2　磁畴的形成和结构

(1) 磁畴

在铁磁性材料中存在着许多自发磁化的小区域,这些自发磁化方向一致的小区域,称为磁畴,如图 4.14 所示。由于各个磁畴的磁化方向不同,所以大块磁铁对外不显示磁性。"粉纹图"实验证实了磁畴的存在。从对磁畴组织的观察中可以看到,有的磁畴大而长,称为主畴,其自发磁化方向必定沿晶体的易磁化方向;小而短的磁畴叫副畴,其自发磁化方向不定。

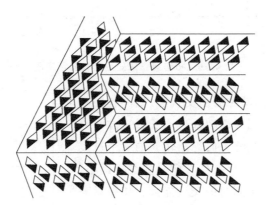

图 4.14　磁畴示意图

(2) 磁畴壁

相邻磁畴的界限称为磁畴壁,磁畴壁是磁畴结构的重要组成部分,可分为两种:一种为 180°磁畴壁,另一种为 90°磁畴壁。铁磁体中一个易磁化轴上有两个相反的易磁化方向,两个相邻磁畴的自发磁化方向恰好相反的情况常常出现,这样两个磁畴间的磁畴壁即为 180°磁畴壁;在立方晶体中,若 $K > 0$,易磁化轴互相垂直,则两相邻磁畴的自发磁化方向可能垂直,形成 90°磁畴壁。图 4.15 给出了两种磁畴壁的示意图。

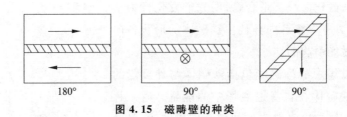

图 4.15　磁畴壁的种类

　　磁畴壁是一个过渡区,有一定厚度。磁畴的自发磁化方向在磁畴壁处不能突然转一个很大角度,而是经过磁畴壁的一定厚度逐步转向,即在过渡区中原子磁矩是逐步改变方向的。若在整个过渡区中原子磁矩都平行于磁畴壁平面,这种壁叫布洛赫(Bloch)壁,见图 4.16。铁中布洛赫壁厚大约为点阵常数的 300 倍。

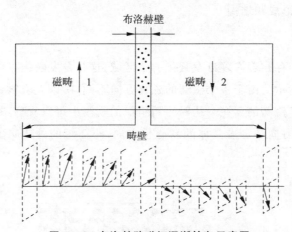

图 4.16　布洛赫壁磁矩逐渐转向示意图

　　磁畴壁具有畴壁能,其主要由交换能、磁晶各向异性能及磁弹性能构成。因为磁畴壁是原子磁矩方向由一个磁畴的方向向相邻磁畴方向逐渐转变的一个过渡层,所以原子磁矩逐渐转向比突然转向时的交换能小,但仍然比原子磁矩同向排列时的交换能大。如果只考虑降低磁畴壁的交换能 E_{ex},则磁畴壁的厚度 N 越大越好。但原子磁矩的逐渐转向,使原子磁矩偏离易磁化方向,致使磁晶各向异性能 E_k 增加,所以磁晶各向

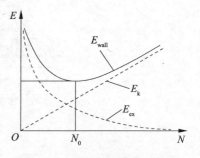

图 4.17　畴壁能与壁厚的关系

异性能倾向于使磁畴壁变薄。综合考虑这两方面的因素,单位面积上的磁畴壁能 E_{wall} 与壁厚 N 的关系如图 4.17 所示。磁畴壁能最小值所对应的壁厚 N_0,便是平衡状态时磁畴壁的厚度。由于原子磁矩的逐渐转向,各个方向的伸缩难易不同,因此会产生磁弹性能。由此可见,磁畴壁的能量总是高于磁畴内的能量。

　　(3)磁畴结构

　　磁畴的形状、尺寸及磁畴壁的类型与厚度总称为磁畴结构。同一磁性材料,若磁畴结

构不同,则其磁化行为也不同。因此,磁畴结构的不同是铁磁性材料磁性千差万别的原因之一。从能量的角度来看,磁畴结构受到交换能、各向异性能、磁弹性能、畴壁能、退磁能的影响。磁畴结构处于平衡状态时,这些能量之和应具有最小值。

(4) 单晶体磁畴结构的形成

铁磁单晶体中交换作用使整个晶体自发磁化到饱和。显然,磁化应沿晶体的易磁化方向,这样才能使交换能和磁晶各向异性能均处于最小值。但因晶体有一定形状和大小,整个晶体均匀磁化必然产生磁极。图 4.18a 表示整个晶体均匀磁化为“单畴”。由于晶体表面形成磁极必然产生退磁场,从而形成退磁能,从能量的观点,把晶体分为多个自发磁化区域即将大磁畴分割为小磁畴,可以大大降低退磁能,如图 4.18b,c 所示。可以说,降低退磁能是分畴的基本动力。分畴后,由于两个相邻磁畴间存在磁畴壁,畴壁能增加,因此不能无限制地分畴。畴壁能与退磁能之和最小时,分畴停止。铁磁体中还会存在如图 4.18d 所示的三角形封闭畴,它的出现与退磁场有关。三角形畴(副畴)使片状的主磁畴路闭合,从而降低退磁能。但由于封闭畴(副畴)与主轴的磁化方向不同,引起的磁致伸缩不同,因而又会增加磁晶各向异性能和磁弹性能。封闭畴尺寸愈小,磁弹性能就愈小,如图 4.18e 所示,但由于畴壁能的原因,封闭畴也不可能无限小。只有当铁磁体的各种能量之和具有最小值时,才能形成稳定的磁畴结构。

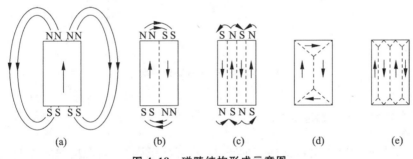

(a)　　　(b)　　　(c)　　　(d)　　　(e)

图 4.18　磁畴结构形成示意图

由此可见,从高磁能的单畴转变为低磁能的分畴组态,从而降低系统能量是形成稳定磁畴结构的基本驱动力。

(5) 不均匀物质中的磁畴

实际使用的铁磁物质大多数是多晶体,多晶体的晶界、第二相、晶体缺陷、夹杂物、应力、成分的不均匀等对磁畴结构有显著的影响,因而实际多晶体的磁畴结构是十分复杂的。

在多晶体中,各晶粒的取向杂乱且每一个晶粒都可能包含许多磁畴,磁畴的大小和结构同晶粒的大小有关。在一个磁畴内磁化强度一般都沿晶体的易磁化方向,同一晶粒内各磁畴的自发磁化方向存在一定关系,而在不同晶粒内,由于易磁化方向的不同,磁畴的自发磁化方向也不相同,因此就整体来说,材料对外显示出各向同性。图 4.19 为多晶体中磁畴结

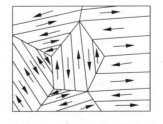

图 4.19　多晶体磁畴示意图

构的示意图。可以看出,磁畴壁一般不能穿过晶界。在晶界的两侧,磁化方向虽然转过一个角度,但磁通仍然保持连续,这样,在晶界上就不容易出现磁极,因而退磁能较低,磁畴结构较稳定。当然,在多晶体的实际磁畴结构中,不可能全部是片状磁畴,还会出现许多附加畴以更好地实现能量最低化。

晶体内部存在夹杂物、应力、空洞等,会引起材料的不均匀性,进而使磁畴结构复杂化。一般来说,夹杂物和空洞对磁畴结构有两方面的影响:一方面由于在夹杂处磁通的连续性遭到破坏,势必出现磁极和退磁场,如图 4.20a 所示。为降低退磁场能,往往会在夹杂物附近出现楔形畴或者附加畴,如图 4.20b 所示,楔形畴的磁化方向垂直于主畴的方向,它们之间为 90°磁畴壁。另一方面,当夹杂物或空洞存在于磁畴壁时,如图 4.20c 所示,畴壁有效面积减小,畴壁能降低。所以,夹杂物有吸引磁畴壁的作用。在平衡状态时,磁畴壁一般都跨越夹杂物或空洞,也就是说,夹杂物或空洞优先存在于磁畴壁处。

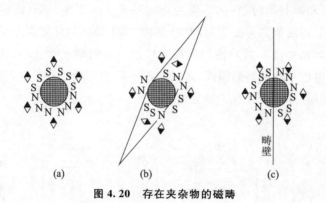

图 4.20 存在夹杂物的磁畴

4.3.3 铁磁性的影响因素

影响铁磁性的因素主要包括两方面:一是外部环境因素,如温度和应力等;二是材料内部因素,如成分、组织和结构等。从内部因素来看,可把表征铁磁性的参量分成两类:组织敏感参量和组织不敏感参量。凡是与自发磁化有关的参量都是组织不敏感的,如饱和磁化强度 M_s、饱和磁致伸缩系数 λ_s、磁晶各向异性常数 K 和居里温度 T_c 等,它们与原子结构、合金成分、相结构和组成相数有关。凡与技术磁化有关的参量都是组织敏感参量,如矫顽力 H_c、磁导率 μ 或磁化率 χ 及剩余磁感应强度 B_r 等,它们与组成相的晶粒形状、大小和分布以及组织形态等有密切关系。

4.3.3.1 温度的影响

图 4.21 为温度对铁、钴、镍的饱和磁化强度 M_s 的影响曲线。从图中可以看出,随着温度升高,饱和磁化强度 M_s 下降,当温度接近居里点时,M_s 急剧下降,至居里点时 M_s 下降至零,材料从铁磁性转变为顺磁性,这种变化规律是铁磁金属的共性。这主要是因为温度升高使原子热运动加剧,原子磁矩的无序排列倾向增大,造成饱和磁化强度 M_s 下降。居里温度是决定材料磁性能温度稳定性的一个十分重要的物理量。

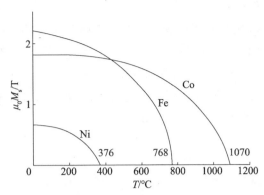

图 4.21　铁、钴、镍的饱和磁化强度随温度变化曲线

到目前为止,人类所发现的元素中,仅有四种金属元素在室温以上是铁磁性的,即铁($T_c = 768\ ℃$)、钴($T_c = 1070\ ℃$)、镍($T_c = 376\ ℃$)和钆($T_c = 20\ ℃$)。在极低温度下有五种金属元素是铁磁性的,即铽、镝、钬、铒和铥。

在低于居里温度的条件下,各类铁磁和亚铁磁性参量均随温度升高而有所下降,到居里温度附近有一个急剧下降。图 4.22 所示为温度对铁的矫顽力 H_c、磁滞损耗 Q、剩余磁感应强度 B_r、饱和磁感应强度 B_s 的影响。由图可以看出,随着温度的升高,除 B_r 在 $-200 \sim 20\ ℃$时稍有上升外,其余皆下降。

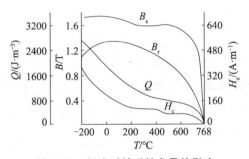

图 4.22　温度对铁磁性参量的影响

在多相合金中,如果各相都是铁磁相,则其饱和磁化强度由各组成相的饱和磁化强度 M_i 及各相的体积分数 V_i/V 来决定[见公式(4.30)]。多相合金的居里点与铁磁相的成分、相的数目有关,合金中有几个铁磁相,相应地就有几个居里点。图 4.23 为由两种铁磁相组成的合金的饱和磁化强度与温度的关系曲线(热磁曲线)。从图中可以看出,两铁磁相的居里点为 T_{c1} 和 T_{c2}。图中 Δ_i 正比于

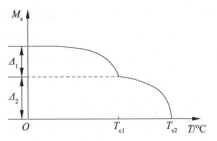

**图 4.23　两铁磁相合金的饱和
磁化强度与温度的关系**

$M_i(V_i/V)$。利用这个特性可以研究合金中各相的相对含量及析出过程。

4.3.3.2 应力的影响

弹性应力对金属的磁化有显著影响。当应力方向与金属的磁致伸缩同向时,应力对磁化起促进作用,反之则起阻碍作用。图 4.24 所示为拉、压应力对镍的磁化曲线的影响。镍的磁致伸缩系数是负的,即沿磁场方向磁化时,镍在此方向上是缩短而不是伸长,因此拉应力阻碍磁化过程的进行,受力越大,磁化就越困难,如图 4.24a 所示;压应力则对镍的磁化有利,使磁化曲线明显变陡,如图 4.24b 所示。

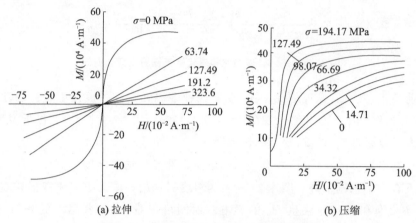

(a) 拉伸   (b) 压缩

图 4.24　拉伸和压缩对镍磁化曲线的影响

4.3.3.3 合金成分和相结构的影响

合金元素(包括杂质)的含量和种类对合金的磁性有很大影响。例如,除钴外的绝大多数合金元素将使铁的饱和磁化强度有不同程度的降低,如图 4.25 所示。而合金磁性能的改变往往与引入合金元素后形成的固溶体类型及第二相密切相关。

(1) 形成固溶体

和纯金属一样,固溶体的饱和磁化强度是组织不敏感的性能。它实际上与加工硬化(不存在超结构时)、晶粒大小、组织形态等无关。在固溶体型磁合金中,间隙固溶体一般要比置换固溶体的磁性差。

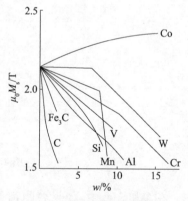

图 4.25　合金元素对铁饱和磁化强度的影响

铁磁金属中溶入碳、氧、氮等元素形成间隙固溶体时,由于点阵畸变形成应力场,随着溶质原子浓度的增加,H_c 增加,而 μ,B_r 降低,且在低浓度时特别显著。因此,为了获得高磁导率合金往往采用各种方法减少其中的间隙杂质。与此相反,为了获得高矫顽力,例如对于钢,则必须淬火成马氏体,获得 α-Fe 基高度过饱和的间隙固溶体。铁磁体中溶有非铁磁组元时,固溶体的居里点几乎总是降低但固溶体 Fe - V 和 Ni - W 是例外,当增加 V 和 W 的含量时,居里点起初升高,经过极大值后才逐渐降低。

如果铁磁金属中溶入顺磁或抗磁金属形成置换固溶体,饱和磁化强度 M_s 总是随着溶质原子浓度的增加而下降。例如,在铁磁金属镍中溶入 Cu,Zn,Al,Si,Sb,其饱和磁化强度 M_s 不但随溶质原子浓度增加而降低,而且溶质原子化合价越高,M_s 降低幅度越大。这是由于 Cu,Zn,Al,Si,Sb 等溶质原子的最外层电子进入镍中未填满的 3d 壳层,导致镍原子的玻尔磁子数减少;溶质原子化合价越高,给出的电子数越多,则镍原子的玻尔磁子数减少得越多,M_s 降低幅度越大。

铁磁金属与过渡金属组成的固溶体 M_s 则有不同变化规律,如在 Ni-Mn,Fe-Ir,Fe-Rh,Fe-Pt 等合金固溶体中,少量的合金元素可引起 M_s 的增大;又如在 Ni-Pd 固溶体中,Pd 的质量分数小于 25% 时 M_s 不变;当溶质原子浓度较高时,由于溶质原子的稀释作用,M_s 降低。

非铁磁性元素间也可形成铁磁性固溶体。以 Mn,Cr 为基的固溶体,由于其电子交换积分 A 为正值而呈铁磁性,如 Mn 与 As,Bi,B,C,H,N,P,S,Sb,Sn,Pt 及 Cr 与 Te,Pt,O,S 组成的固溶体便是这种情况。

两种铁磁性金属组成固溶体时,磁性的变化较复杂。从图 4.26 可看出 Ni 含量对 Fe-Ni 合金磁性的影响。由图可见,在 $w_{Ni}=30\%$ 附近,发生由 α 相到 γ 相的相变,导致许多磁学性能发生变化。μ_m 和 μ_i 的最大值在 $w_{Ni}=78\%$ 处,这是由于在此 Ni 含量下,λ_s,K 都趋于零。此 Ni 含量在著名的高导磁软磁材料坡莫合金的 Ni 含量范围内。

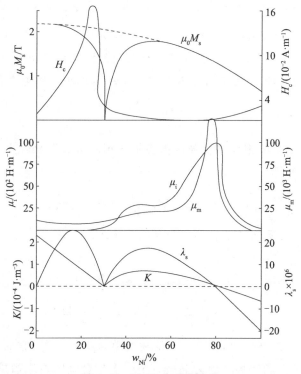

图 4.26　Fe-Ni 合金磁性能

固溶体有序化对合金磁性的影响很显著。图 4.27 是 Ni-Mn 合金饱和磁化强度与成分的关系。当合金淬火后处于无序状态时,饱和磁化强度 M_s 在 w_{Mn} 小于 10% 时略有增高,在 w_{Mn} 大于 10% 时则单调下降(曲线 2)。当 w_{Mn} 达到 25% 时,合金已变成非铁磁性的了。如果将 Ni-Mn 合金在 450 ℃进行长时间退火,使其充分有序化形成超结构 Ni_3Mn,则合金的 M_s 将沿曲线 1 变化,当 $w_{Mn}=25\%$ 时,M_s 达到极大值(超过纯 Ni);如果再将有序合金进行加工硬化破坏其有序状态,则 M_s 又重新下降,而对于淬火为无序固溶体的合金,加工硬化几乎不影响 M_s。

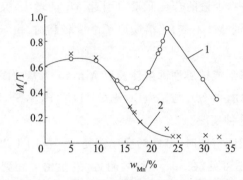

图 4.27   Ni-Mn 合金饱和磁化强度与成分的关系

(2) 形成化合物

铁磁金属与顺磁或抗磁金属所组成的化合物和中间相都是顺磁性的,如 Fe_7Mo_6,$FeZn_7$,Fe_3Au,Fe_3W_2,$FeSb_2$,$NiAl$,$CoAl$ 等,这主要是因为这些顺磁或抗磁金属的 4s 电子进入铁磁金属未填满的 3d 壳层,使铁磁金属 M_s 降低,所以表现为顺磁性。

铁磁金属与非金属所组成的化合物 Fe_3O_4,$FeSi_2$,FeS 等均呈亚铁磁性,而 Fe_3C 和 Fe_4N 则呈弱铁磁性。

(3) 形成多相合金

在多相合金中,合金的饱和磁化强度由各组成相的饱和磁化强度及它们的相对量所决定(符合相加定律),即

$$M_s = M_{s1}\frac{V_1}{V} + M_{s2}\frac{V_2}{V} + \cdots + M_{sn}\frac{V_n}{V} \tag{4.30}$$

式中,M_{s1},M_{s2},$\cdots$,M_{sn} 是各组成相的饱和磁化强度;V_1,V_2,$\cdots$,V_n 为各组成相的体积,合金的体积 $V = V_1 + V_2 + \cdots + V_n$。

合金的饱和磁致伸缩系数 λ_s 也是组织不敏感参量,因而也符合相加定律:

$$\lambda_s = \lambda_{s1}\frac{V_1}{V} + \lambda_{s2}\frac{V_2}{V} + \cdots + \lambda_{sn}\frac{V_n}{V} \tag{4.31}$$

合金中析出的第二相除对居里点及饱和磁化强度有影响外,它的形状、大小、分布等对于组织敏感的各磁性能影响也极为显著。至于多相合金的组织敏感参量如矫顽力、磁化率等则不符合相加定律。

4.3.3.4   组织状态及晶粒细化的影响

（1）变形织构

加工硬化引起晶体点阵扭曲，晶粒破碎，内应力增加，因此会引起与组织有关的磁性改变，但不影响饱和磁化强度。图 4.28 是含 C 为 0.07% 的铁丝经不同压缩变形后磁性能的变化曲线。由于冷加工变形在晶体中引起滑移而形成的滑移带和内应力不利于金属的磁化和去磁过程，因此，磁导率随压缩量增大而下降，而矫顽力 H_c 则相反，随压缩量增大而增大。剩余磁感应强度 B_r 的变化比较特殊，它在临界压缩量下（5%～8%）急剧下降，而在压缩量继续增大时，又随之增大。这可能是因为在临界变形量以下，只有少量晶粒发生了塑性变形，整个晶体的应力状态比较简单，沿铁丝轴向应力状态有利于磁畴在去磁后的反向可逆转动而使 B_r 降低；在临界变形量以上，晶体中的大部分晶粒参与形变，应力状态复杂，内应力增加明显，不利于磁畴在去磁后的反向可逆转动，因而使 B_r 随形变量的增大而增大。

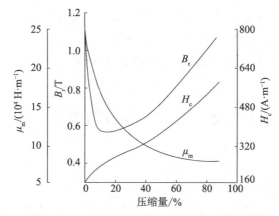

图 4.28　冷加工变形对铁丝（$w_C = 0.07\%$）磁性能的影响

再结晶退火与加工硬化的作用相反。变形金属经再结晶退火后，点阵扭曲恢复，晶体缺陷恢复到正常态，内应力消除，故使金属的各磁性都恢复到变形前的状态。

在冷加工变形和再结晶退火过程中，一些材料还会形成特殊织构。例如，冷轧硅钢片（Fe-Si 合金）在冷轧过程中，[211] 晶向基本上平行于轧制平面，在以后的退火过程中，又形成再结晶织构，使 [100] 平行于轧制方向。因为 [100] 是铁的易磁化方向，所以使用时只要磁化方向与轧制方向一致（即沿轧制方向磁化），便可以获得高的磁导率（约为没有织构的 2 倍以上）和高的饱和磁化强度以及较低的磁滞损耗。这种材料称为具有高斯（Goss）织构的硅钢片。但因为 [110] 不是硅钢晶体的易磁化方向，所以这种硅钢片在垂直于轧制方向上的磁学性能较差。当硅钢片在再结晶退火后形成立方织构时，冷轧方向和垂直冷轧方向均为易磁化方向，能获得最优良的磁化性能，因此立方织构是冷轧硅钢片最理想的织构。

（2）热处理组织

铁磁性合金经热处理后组织发生了变化，其磁性也将发生变化。图 4.29 表示了热处理对钢磁性的影响。随着含碳量的增加,钢的饱和磁化强度 M_s 降低,这是由弱铁磁性相 Fe_3C 相的存在所致。由图可见,对同一含碳量的钢而言,淬火态的 M_s 比退火态的 M_s 低,这是因为淬火钢中含有残留奥氏体,而奥氏体为非铁磁相。矫顽力 H_c 随含碳量的增加而增大,其不仅与 Fe_3C 含量有关,而且与组织形态有关;对同一含碳量的钢,淬火态的 H_c 比退火态的 H_c 高,这基本上是因形成了具有高内应力的马氏体所致。

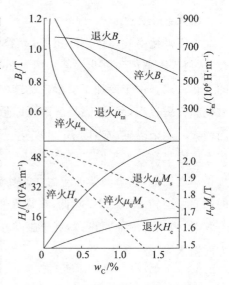

图 4.29　热处理对钢磁性的影响

（3）晶粒细化

晶粒细化对磁性的影响和加工硬化的作用相似,晶粒越细,矫顽力和磁滞损耗越大,而磁导率越小。这是因为晶界处原子排列不规则,在晶界附近位错密度也较高,造成点阵畸变和应力场,这将阻碍磁畴壁的移动和转动,所以晶粒越细,晶界越多,磁化的阻力也越大。

4.4　铁磁性材料的磁化

4.4.1　自发磁化

如 4.1.3 所述,铁磁性材料的磁性是自发产生的。所谓磁化过程(又称感磁或充磁),只不过是把物质本身的磁性显示出来,而不是由外界向物质提供磁性的过程。铁磁性材料自发磁化是由于电子间的相互作用产生的。当两个原子相接近时,电子云相互重叠,由于 3d 层和 4s 层的电子能量相差不大,因此它们的电子可以相互交换位置,迫使相邻原子自旋磁矩产生有序排列。因交换作用所产生的附加能量称为交换能,用 E_{ex} 表示:

$$E_{ex} = -A\cos\varphi \tag{4.32}$$

式中,A 为交换积分;φ 为相邻原子的两个电子自旋磁矩之间的夹角。由此式可知,交换能的正负取决于 A 和 φ,当 A 为正值($A>0$),$\varphi=0$ 时,E_{ex} 为负最大值,即相邻自旋磁矩同向平行排列时能量最低,即产生自发磁化;当 A 为负值($A<0$),$\varphi=180°$时,E_{ex} 为负最大值,即相邻自旋磁矩反向平行排列时能量最低,即产生反铁磁性。

理论计算证明,交换积分 A 不仅与电子运动状态的波函数有关,而且强烈地依赖于原子核之间的距离 R_{ab}(点阵常数),如图 4.30 所示。由图可见,只有当原子核之间的距离 R_{ab} 与参加交换作用的电子距核的距离(电子壳层半径)r 之比大于 3 时,交换积分才有可能为正。铁、钴、镍以及某些稀土金属满足自发磁化的条件。但若 R_{ab}/r 值太大,其 A 值很小,则原子之间距离太大,电子云重叠很少或不重叠,电子之间静电交换作用很弱,对电子自旋磁矩取向影响很小,材料可能呈顺磁性,如稀土金属。铬、锰的 A 是负值,它们不是铁磁性金属,但通过合金化作用,改变其点阵常数,使得 R_{ab}/r 大于 3,便可得到铁磁性合金。

综上所述,铁磁性产生的条件是:① 原子内部要有未填满的电子壳层,即原子本征磁矩不为零;② R_{ab}/r 取大于 3 的小值使交换积分 A 为不太小的正值,即满足一定晶体结构的要求。

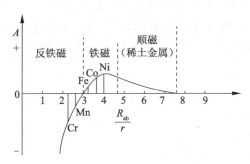

图 4.30　交换积分 A 与 $\dfrac{R_{ab}}{r}$ 的关系

4.4.2　技术磁化

铁磁材料在外磁场作用下所产生的磁化称为技术磁化,前面介绍的磁化曲线和磁滞回线就是技术磁化的结果。

技术磁化过程就是外加磁场对磁畴的作用过程,也就是外加磁场把各个磁畴的磁矩方向转到外磁场方向(或近似外磁场方向)的过程。它与自发磁化有本质的不同。技术磁化是通过两种形式进行的:磁畴壁的迁移及磁畴的旋转。磁化过程中有时只有其中一种方式起作用,有时是两种方式同时起作用。

技术磁化过程分为三个阶段:起始磁化阶段、急剧磁化阶段及缓慢磁化至饱和阶段,即开始段磁化曲线的斜率由小逐步增大,斜率达到最大值后又开始减小,磁化曲线逐步过渡成一条接近水平线的直线。图 4.31 将技术磁化过程划分为三个区:Ⅰ区称为磁畴壁可逆迁移区;Ⅱ区为磁畴壁不可逆迁移区,又称巴克豪森跳跃区;Ⅲ区称为磁畴旋转区。图 4.31 左侧绘出了由 4 个畴构成的铁磁体在外磁场作用下,技术磁化达到饱和的过程。由图可见,在磁化的起始阶段(即在弱磁场的作用下),自发磁化方向与磁场方向成锐角的磁畴静磁能低,而自发磁化方向与磁场方向成钝角的磁畴静磁能高,通过磁畴壁移动,使与磁场方向成锐角的磁畴扩大,与磁场方向成钝角的磁畴缩小,让铁磁体宏观上表现出微弱的磁化。这个过程磁畴壁的迁移是可逆的。如果此时继续增强外磁场,畴壁将发生瞬时的跳跃,即与磁场方向成钝角的磁畴瞬时转向与磁场方向成锐角的易磁化方向。由于大量原子磁矩瞬时转向,因此磁化很强烈,磁化曲线急剧上升。这个过程的壁移以不可逆的跳跃式进行,称为巴克豪森效应或巴克豪森跳跃,与图 4.31 中点 A 至点 C 磁化状态相对应。如果在该区域(如点 B)使磁场减弱,则磁化过程将偏离原先的磁化曲线到达点 B',显示出不可逆过程的特征。这就是第二阶段的磁畴壁不可逆迁移区。当所有的原子磁矩都转向与磁场方向成锐角的易磁化方向后晶体成为单畴。由于易磁化轴通常与外磁场不一致,如果再增强磁场,磁矩将逐渐转向外磁场 H 方向。显然这一过程磁场要为增加磁晶各向异性能而做功,因而磁矩转动很困难,磁化微弱,这与点 C 至点 D 的情况相对应,这就是第三阶段即磁畴旋转区。当外磁场使磁畴的磁化强度方向与外磁场方向一致(或基本上一致)时,磁化达到饱和,称为磁饱和状态。技术磁化过程实际就是在磁场中静磁能最小的畴开始长大,"吞噬"能量上不利的畴,最后使磁畴的磁矩方向与外磁场方向一致,材料磁化达到饱和的过程。

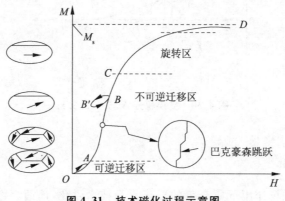

图 4.31　技术磁化过程示意图

　　图 4.32 示意说明了磁畴壁的迁移过程。在未加外磁场时,材料自发磁化形成两个磁畴,磁畴壁通过夹杂物(如图 4.32a 所示)。当外磁场 H 逐渐增强时,与外磁场方向相同(或相近)的那个磁畴的壁有所移动,壁移的过程就是壁内原子磁矩依次转向的过程,磁畴壁最后可能变为几段圆弧线(如图 4.32b 中弧线所示),但它暂时还离不开夹杂物。如果此时取消外磁场,则磁畴壁又会自动迁回原位,因为原位状态能量最低。这就是磁畴壁可逆迁移阶段。从这里还可以看出,虽然一个磁畴的面积增大,另一磁畴的面积减小,但变化都不大,这就相当于虽然外磁场增强,但材料的磁化强度增加不多,此时磁化曲线较为平坦,磁导率不高。若外磁场继续增强,一旦弧形磁畴壁的总长超过不通过夹杂物时的长度(如图 4.32b 中虚线),则磁畴壁就会脱离夹杂物而迁移到虚线位置(如图 4.32c 所示),即自动迁移到下一排夹杂物的位置,处于另一稳态。完成这一过程后,材料的磁化强度将有一较大的变化,这一过程对应磁化曲线上的陡峭部分,磁导率较高。磁畴壁的这种迁移,不会由于磁场消失而自动迁回原始位置,故称不可逆迁移,也就是巴克豪森跳跃,磁矩瞬时转至易磁化方向。不可逆迁移的结果是整个材料成为一个大磁畴,其磁化强度方向是晶体易磁化方向。继续增强外磁场,则促使整个磁畴的磁矩方向转向外磁场方向,这个过程称为磁畴的旋转。

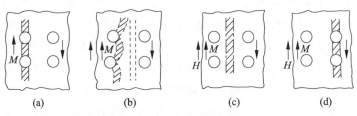

图 4.32 磁畴壁迁移示意图

技术磁化过程中,磁畴壁移动存在阻力,其主要来自两个方面:一是来自磁体磁化时产生的退磁能;二是来自由晶体内部的缺陷、应力及组织所造成的不均匀性。具体来说,影响磁畴壁迁移的因素主要有如下方面:第一是铁磁材料中夹杂物、第二相、空隙的数量及其分布。第二是内应力起伏的大小和分布,起伏愈大,分布愈不均匀,对磁畴壁迁移阻力愈大。第三是磁晶各向异性能的大小。因为磁畴壁迁移实质上是原子磁矩的转动,它必然要通过难磁化方向,所以降低磁晶各向异性能也可提高磁导率。此外,磁致伸缩和磁弹性能也影响壁移过程,因为壁移也会引起材料某一方向的伸长,另一方向则要缩短,所以要提高磁导率,应使材料具有较小的磁致伸缩和磁弹性能。

4.5 磁性材料在交变场中的变化

前面介绍的磁性材料的性能主要是在直流磁场下的表现,称之为静态特性。大多数磁性材料都是在磁路中起传导磁通作用,如"铁芯"或"磁芯"。例如,用于电机和电力变压器的铁芯材料(如硅钢片),在工频范围内工作是一个交流磁化过程。随着信息技术的发展,许多磁性材料在高频磁场条件下工作,因此,研究磁性材料在交变磁场条件下的变化非常重要。磁性材料在交变磁场甚至脉冲磁场作用下的性能统称为磁性材料的动态特性。

磁性材料在交变磁场中,如果交变磁场频率很高,材料的磁化强度就不再处于能量最低的状态,于是就会出现磁化强度朝能量极小方向运动的问题。除此之外,磁化强度也可以绕磁晶各向异性中的易磁化轴运动。这种运动过程的固有频率就是高频磁芯使用频率的上限。近年来出现了一种新的磁记录装置——磁泡存储器,其记忆和读出过程是通过磁泡的传递实现的。为了提高记忆和读出速度,必须设法提高磁泡的传递速度,这一传递过程决定于磁畴壁的动态特性。因此,材料的动态磁化特性关系到许多技术领域的进步。

4.5.1 动态磁化过程

软磁材料的动态磁化过程与静态的或准静态的磁化过程不同。静态过程只关心材料在该稳恒状态下所表现出的磁感应强度 B 对磁场强度 H 的依存关系,不关心材料从一个磁化状态到另一磁化状态所需要的时间。

　　交流磁化过程，也即动态磁化过程，因为该过程中磁场强度是周期性对称变化的，所以磁感应强度也跟着周期性对称地变化，变化一周期构成一曲线称为交流磁滞回线（dynamic magnetic hysteretic loop），简称交流回线。铁磁材料在交变磁场中反复磁化时，由于磁化处于非平衡状态，磁滞回线表现为动态特性。交流磁滞回线的形状介于直流磁滞回线和椭圆之间，在磁化场的振幅不变的情况下，若提高频率，则交流回线将逐渐变为椭圆形。图 4.33 所示为厚度为 0.06 mm 的 79Ni4MoFe 材料在直流和不同频率下的交流回线比较，从中可以清楚地看到不同频率对磁滞回线的影响。

　　在交流磁化过程中，不同的交流幅值磁场强度 H_m 对应于不同的交流回线，各交流回线顶点的轨迹，称为交流磁化曲线或简称 B_m–H_m 曲线，B_m 称为幅值磁感应强度，如图 4.34 所示。交流幅值磁场强度增大到饱和磁场强度 H_s 时，B_m 不再随 H_m 明显变化，B_m–H_m 关系呈现为一条趋于平直的可逆曲线，交流回线的面积不再随 H_m 变化，这时的交流回线称为极限交流回线。由极限交流回线可确定材料的饱和磁感应强度 B_s、交流剩余磁感应强度 B_{ra}、交流饱和矫顽力 H_c。

　　尽管动态磁化曲线和磁滞回线与静态的曲线形状相似，但是研究表明，动态磁滞回线有以下特点：① 交流回线形状除与磁场强度有关外，还与磁场变化的频率 f 和波形有关；② 在一定频率下，交流幅值磁场强度不断减小时，交流回线逐渐趋于椭圆形；③ 当频率升高时，呈现椭圆回线的磁场强度的范围会扩大，且各磁场强度下交流回线的矩形比 B_{ra}/B_m 会升高，这在图 4.33 中也有所体现。

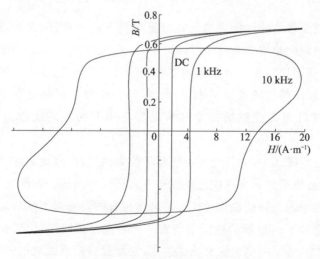

图 4.33　79Ni4MoFe 材料（厚 0.06 mm）在直流和不同频率下的交流回线比较

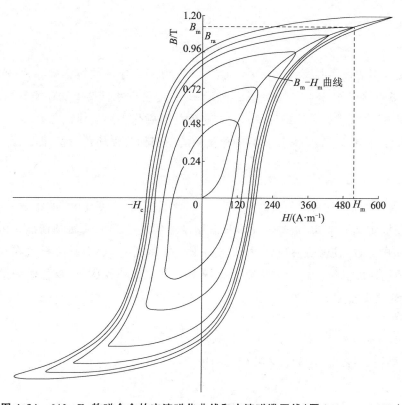

图 4.34　6Al－Fe 软磁合金的交流磁化曲线和交流磁滞回线(厚 0.1 mm,4 kHz)

4.5.2　复数磁导率

在交变磁场中磁化时,要考虑磁化态改变所需要的时间,具体讲应考虑 B 和 H 的相位差。即在交流情况下,我们希望磁导率 μ 不仅能反映类似静态磁化的那种导磁能力的大小,而且要表现出 B 和 H 间存在的相位差,因此,必须用复数形式表示磁导率,即复数磁导率。

设样品在弱交变场磁化,且 B 和 H 具有正弦波形,并以复数形式表示,B 与 H 存在的相位差为 δ,则

$$H = H_m e^{i\omega t} \tag{4.33}$$
$$B = B_m e^{i(\omega t - \delta)}$$

从而由磁导率定义得复数磁导率:

$$\mu = \frac{B}{H} = \frac{B_m}{H_m} \cos \delta - i \frac{B_m}{H_m} \sin \delta \tag{4.34}$$

引入与 H 同相位分量:$B_{1m} = B_m \cos \delta$,引入落后 H 90°的分量:$B_{2m} = B_m \sin \delta$。

$$\mu' = \frac{B_m}{H_m} \cos \delta$$

$$\mu'' = \frac{B_{\mathrm{m}}}{H_{\mathrm{m}}} \sin \delta \tag{4.35}$$

$$\mu = \mu' - \mathrm{i} \mu'' \tag{4.36}$$

复数磁导率的模为 $|\mu| = \sqrt{(\mu')^2 + (\mu'')^2}$，称为总磁导率或振幅磁导率（亦称幅磁导率）。除振幅磁导率外，还把 μ' 称为弹性磁导率，它代表磁性材料中储存能量的磁导率；把 μ'' 称为损耗磁导率（或称黏滞磁导率），它与磁性材料磁化一周的损耗有关。

磁感应强度相对于磁场强度落后的相位角的正切称为损耗角正切，即

$$\tan \delta = \frac{\mu''}{\mu'} \tag{4.37}$$

$\tan \delta$ 的倒数称为软磁材料的品质因数。事实上，落后磁场 H 变化 90° 的相位分量 $B_{\mathrm{m}} \sin \delta$ 或 μ'' 是由基波定义而来，因此式（4.37）只适用于非线性不强的弱磁场情况。由于复数磁导率虚部 μ'' 的存在，使得磁感应强度 B 落后于外加磁场 H，因而铁磁材料在动态磁化过程中不断消耗外加能量。处于均匀交变磁场中的单位体积铁磁体，单位时间的平均能损耗（或磁损耗功率密度 $P_{\text{耗}}$）为

$$P_{\text{耗}} = \frac{1}{T} \int_0^T H \, \mathrm{d}B \tag{4.38}$$

式中，T 为周期。将式（4.33）代入式（4.38）中得

$$P_{\text{耗}} = \frac{1}{2} \omega H_{\mathrm{m}} B_{\mathrm{m}} \sin \delta$$

结合式（4.35），得

$$P_{\text{耗}} = \pi f \mu'' H_{\mathrm{m}}^2 \tag{4.39}$$

式中，f 为外加交变磁场的频率。由此式可见，铁磁体单位体积内的磁损耗功率与复数磁导率的虚部 μ'' 成正比，与所加交变磁场的频率 f 成正比，与磁场峰值 H_{m} 的平方成正比。

同理可以导出一周内铁磁体储存的磁能密度

$$w = \frac{1}{2} \mu' H_{\mathrm{m}}^2 \tag{4.40}$$

由式（4.40）可知，磁能密度与复数磁导率的实部成正比，与外加交变磁场峰值 H_{m} 的平方成正比。

综上所述，复数磁导率的实部与铁磁材料在交变磁场中的磁能密度有关，而其虚部却与铁磁材料单位体积内损耗的能量有关。

4.5.3　交变磁场下的能量损耗

磁芯在不可逆交流磁化过程中所消耗的能量，统称铁芯损耗，简称铁损。它由磁滞损耗 W_{n}、涡流损耗 W_{e} 和剩余损耗 W_{c} 三部分组成，则总的磁损耗功率为

$$P_{\mathrm{m}} = P_{\mathrm{n}} + P_{\mathrm{e}} + P_{\mathrm{c}} \tag{4.41}$$

式中，$P_{\mathrm{n}}, P_{\mathrm{e}}, P_{\mathrm{c}}$ 分别为磁滞损耗功率、涡流损耗功率和剩余损耗功率。

4.5.3.1　趋肤效应和涡流损耗

根据法拉第电磁感应定律,磁性材料在交变磁化过程中会产生感应电动势,进而产生涡电流。涡电流产生的损耗称为涡流损耗。显然,涡电流大小与材料的电阻率成反比。因此,金属材料涡电流比铁氧体要大得多。除了宏观的涡电流以外,磁性材料的磁畴壁处还会出现微观的涡电流。涡电流的流动,在每个瞬间都会产生与外磁场产生的磁通方向相反的磁通,越到材料内部,这种反向的作用就越强,致使磁感应强度和磁场强度沿材料截面分布极不均匀。等效来看,好像是材料内部的磁感应强度被排斥到材料表面,这种现象叫趋肤效应。这就是金属软磁材料要轧成薄带使用的原因——减少涡电流的作用。正是这种趋肤效应产生了所谓的涡流屏蔽效应。

4.5.3.2　磁滞损耗

在交流磁化条件下,涡流损耗与磁滞损耗是相互依存的,不可能完全把它们分开,但在实际测量中,为满足材料研究的需要,总结了不少分离损耗的方法。在弱磁场范围内,即磁感应强度 B 低于其饱和值 $1/10$ 时,瑞利总结出磁感应强度 B 和磁场强度 H 的实际变化规律,得到了它们之间的解析表示式,故这一弱磁场范围被称为瑞利区。按瑞利的说法,弱磁场的磁滞回线可以分为上升支和下降支,图 4.35 中 $B'(1)B$ 为上升支,$B(2)B'$ 为下降支,该磁滞回线在原点附近正负对称变化,其磁感应强度的解析式:

$$B_{(1)} = (\mu_i + \nu H_m)H - \frac{\nu}{2}(H_m^2 - H^2) \tag{4.42}$$

$$B_{(2)} = (\mu_i + \nu H_m)H + \frac{\nu}{2}(H_m^2 - H^2) \tag{4.43}$$

式中,μ_i 为起始磁导率;$\nu = \dfrac{d\mu}{dH}$ 称为瑞利常量,其物理意义是磁化过程中能量不可逆部分的大小。

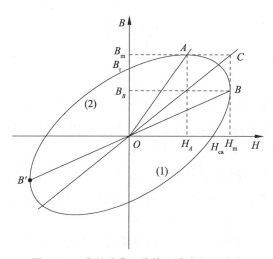

图 4.35　瑞利磁滞回线的上升支和下降支

由式(4.42)和式(4.43)可求得单位体积材料磁化一周的磁滞损耗：

$$W_n = \oint H\,dB = \int_B^{B'} H\,dB_{(2)} - \int_{B'}^B H\,dB_{(1)} \approx \frac{4}{3}\nu H_m^3 \tag{4.44}$$

那么，材料在交变场中每秒的磁滞损耗功率为

$$P_n = fW_n \approx \frac{4}{3}f\nu H_m^3 \tag{4.45}$$

由此可见，磁滞损耗功率同频率 f、瑞利常量 ν、磁化幅值 H_m 的三次方成正比。一些铁磁材料的起始磁导率 μ_i 和瑞利常量 ν 值见表4.1。

表 4.1 一些铁磁材料的初始磁导率和瑞利常量

铁磁材料	起始磁导率 μ_i	瑞利常量 $\nu/(\text{A}\cdot\text{m}^{-1})$
纯铁	290	25
压缩铁粉	30	0.013
钴	70	0.13
镍	220	3.1
45 坡莫合金	2300	201
47.9 Mo 坡莫合金	20000	4300
超坡莫合金	100000	150000
45.25 坡明伐	400	0.0013

制造电子仪器的工程师更关注磁性材料的品质因数 Q 和波形失真度，电力工业工程师更关注磁性材料的能量损耗。如果所施加的外磁场是一简谐振动，即 $H = H_m\cos\omega t$。那么，由式(4.42)和式(4.43)便可得当磁感应强度 B 相对于磁场强度 H 落后相位角 δ 时，所引起的损耗角正切 $\tan\delta$ 及波形失真系数 K：

$$\tan\delta = \frac{4}{3\pi}\frac{\nu H_m}{\mu_i + \mu H_m} \tag{4.46}$$

$$K = \frac{4}{5\pi}\frac{\nu H_m}{\mu_i + \nu H_m}\cos\delta \approx \frac{4}{5}\frac{\nu H_m}{5\pi\mu_i} \tag{4.47}$$

应当注意的是，磁性材料自身的 Q 值和含磁性材料谐振回路及电抗元件的 Q 值的区别。显然磁性材料的 Q 值越高，在相同工作条件下，其谐振回路和电抗元件的 Q 值也越高。

4.5.3.3 剩余损耗及磁导率减落现象

由式(4.41)知，除磁滞损耗、涡流损耗外的其他损耗归结为剩余损耗。引起剩余损耗的原因不少，但尚不完全清楚，因此很难写出其具体解析式。在低频和弱磁场条件下，剩余损耗主要是由磁后效引起的。

处于外磁场为 H_{t0} 的磁性材料，当外磁场突然阶跃变化到 H_{t1} 时，磁性材料的磁感应强度并不是立即全部达到稳定值，而是一部分瞬时达到稳定值，另一部分缓慢趋近稳定值，这种现象称为磁后效(magnetic after effect)，如图 4.36 所示。图 4.36a 表示外磁场从

t_0 时的 H_m 阶跃到 t_1 的 H 时,磁性材料 B 值的变化;图 4.36b 表示外磁场从 t_0 时的 H 阶跃上升到 t_1 的 H_m 时,磁性材料 B 值的变化。由于磁后效机制不同,其表现也不同。由杂质原子扩散引起的可逆后效是一种重要的磁后效现象,通常称为里希特(Richter)后效。

描述磁后效进行所需时间的参数称为弛豫时间 τ,满足下列方程:

$$\frac{\mathrm{d}B}{\mathrm{d}t}=\frac{B_m-B}{\tau} \tag{4.48}$$

设 $t=0$ 时,$B=0$,而当 $t=\infty$ 时,$B=B_m$(稳恒值),则式(4.48)的解为

$$B=B_m(1-\mathrm{e}^{-t/\tau}) \tag{4.49}$$

由式(4.49)可知,τ 代表磁感应强度 B 到达其平衡值 B_m 的 $(1-\mathrm{e}^{-1})$ 倍时所需的时间。在非晶态磁合金研究中发现,τ 与材料的稳定性密切相关。这类非晶态合金的磁后效应与温度、频率关系密切。

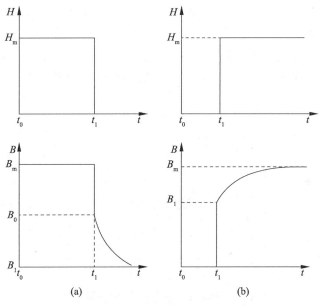

图 4.36　磁后效应示意图

由热起伏引起的不可逆后效,常称为约旦(Jordan)后效。其特点是几乎与温度和磁化场的频率无关。

永磁材料经过长时间放置后,其剩磁逐渐减小,即磁性随着时间的推移而变弱,这也是一种磁后效现象,称为"减落"。例如,放久的永磁铁由于退磁场的持续作用,磁后效过程引起永久磁铁逐渐退磁。如果不了解磁后效的机制并加以克服,想要得到稳定的永久磁铁是不可能的。

磁导率的减落也是一种与磁后效有关的现象。实验发现,几乎所有软磁材料,如硅钢、铁镍合金、各类铁氧体,在交流退磁后,其起始磁导率 μ_i 都会随时间而降低,最后达到

稳定值,这就是通称的磁导率减落。表征磁导率减落的参量为磁导率减落系数 DA,其定义式为

$$DA = \frac{\mu_{i1} - \mu_{i2}}{\mu_{i1}^2 \lg(t_2/t_1)} \tag{4.50}$$

要求 DA,通常的做法是先进行交流退磁使材料中性化,且为了方便,一般取时间 $t_1 =$ 10 min,时间 $t_2 = 100$ min,其相应的起始磁导率分别为 μ_{i1},μ_{i2}。将这些数据代入式(4.50)即可计算出减落系数 DA。显然,实际使用的磁性材料的 DA 越小越好。图 4.37 为 Mn-Zn 铁氧体的磁导率减落曲线。由图可知,磁导率减落系数与温度关系密切,同样对机械振动、冲击也十分敏感。目前,人们认为磁导率减落是由材料中电子或离子扩散后效造成的。电子或离子扩散后效的弛豫时间为几分钟到几年,其激活能为几个电子伏特。由于磁性材料退磁时处于亚稳状态,随着时间推移,磁性材料的自由能将趋于最小值,电子或离子将不断向有利的位置扩散,把磁畴壁稳定在势阱中,达到磁中性化后,磁性材料的起始磁导率随时间而减落。当然时间要足够长,扩散才能趋于完成,起始磁导率也就趋于稳定值。考虑到减落机制,在使用磁性材料前不仅要对材料进行老化处理,还要尽可能减少材料的机械振动及对材料的冲击等。

深入研究剩余损耗会发现,当磁后效的弛豫时间 τ 确定后,在某一特定频率下,损耗显著增大。这是一种共振损耗,包括材料尺寸共振损耗、复数磁导率虚部 μ'' 共振损耗等,在高频时应当注意。

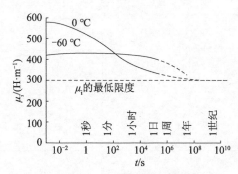

图 4.37　Mn-Zn 铁氧体的磁导率减落曲线

*4.6　磁性材料

磁性材料按矫顽力的大小,可以分为硬磁材料和软磁材料两种;按照材料特性,可分为巨磁材料、磁致伸缩材料、磁阻材料等;按功能,可分为热磁合金、磁存储材料。人类最早认识的磁性材料是天然磁石,其主要成分是四氧化三铁(Fe_3O_4),它是一种尖晶石结构的铁氧体,其显著特点是具有吸铁的能力,称为永磁材料,也称为硬磁或恒磁材料。

磁性材料一直是国民经济、国防工业的重要支柱与基础,广泛地应用于电信、自动控

制、通信、家用电器等领域,在微机、大型计算机中的应用具有重要地位。本节主要介绍传统的软磁材料、硬磁材料及其主要应用,并进一步阐述磁性材料的一些相关性能。

4.6.1　软磁材料

软磁材料的特点是高磁导率、低矫顽力(一般 $H_c < 100$ A/m)和低铁芯损耗。

软磁材料的磁滞回线呈狭长形,低矫顽力主要体现于材料在磁场中被磁化,将材料移出磁场后,它获得的磁性便会全部消失或大部分消失。

通过多年的基础研究,研究者已经了解了磁性材料性能与磁学基本参量的关系,并把磁畴核心及其移动变化作为它们相互联系的机制。软磁材料应用范围广泛,不同的工作条件对其有不同的要求,但共同的要求是:① 矫顽力和磁滞损耗低;② 电阻率较高,磁通变化时产生的涡流损耗小;③ 高的磁导率,有时要求在弱磁场下具有恒定的磁导率;④ 高的饱和磁感应强度;⑤ 某些材料的磁滞回线呈矩形,要求高的矩形比。

由于软磁材料具有以上特性,因此,外加很小的磁场就可达到饱和状态。故软磁材料适合作为交变磁场的器件,如变压器的铁芯。此外,还可以用于电机和开关器件。软磁材料的矫顽力很小,当外磁场的大小和方向发生变化时,其磁畴壁很容易运动,因此,任何能阻碍磁畴壁运动的因素都能增加材料的矫顽力。晶体缺陷,如非磁化相的粒子或空位,会阻碍磁畴壁的运动。因此,应尽量减少软磁材料的晶体缺陷和杂质含量。

软磁材料的发展经历了晶态、非晶态、纳米微晶态的过程。常用的软磁材料有纯铁、低碳钢、铁-硅合金、铁-铝合金和铁-铝-硅合金、镍-铁合金、铁-钴合金等。典型的软磁工程材料见表 4.2。代表性的直流磁化曲线表示在图 4.38 中。

表 4.2　典型的软磁工程材料

| 名称 | 成分/% | 相对磁导率 | | 矫顽力 H_c/ (A·m^{-1}) | 剩磁 B_r/T | 最大磁感应强度/T | 电阻率/ ($\mu\Omega$·cm) |
		初始	最大				
1. 工业纯铁	99.8Fe	150	5000	80	0.77	2.14	10
2. 低碳钢	99.5Fe	200	4000	100	0.77	2.14	112
3. 硅钢(无织构)	3Si 余 Fe	270	8000	60	0.77	2.01	47
4. 硅钢(织构)	3Si 余 Fe	1400	50000	7	1.20	2.01	50
5. 4750 合金	48Ni 余 Fe	11000	80000	2	1.20	1.55	48
6. 4-79 坡莫合金	4Mo79Ni 余 Fe	40000	200000	1	1.20	0.80	58
7. 含钼超磁导率合金	5Mo80Ni 余 Fe	80000	450000	0.4	1.20	0.78	65
8. 帕门杜尔铁钴系高磁导率合金	2V49Co 余 Fe	800	8000	160	1.20	2.30	40
9. 苏帕门杜尔软磁合金	2V49Co 余 Fe	800	100000	16	2.00	2.30	26

续表

名称	成分/%	相对磁导率		矫顽力 H_c/	剩磁 B_r/T	最大磁感应强度/T	电阻率/
		初始	最大	(A·m⁻¹)			($\mu\Omega$·cm)
10. 金属玻璃 2605SC	Fe81B13.5Si3.5C2	800	210000	14	1.46	1.6	125
11. 金属玻璃 2605-3	Fe79B16Si5	800	30000	8	0.30	1.58	125
12. MnZn 铁氧体	H5C2*	10000	30000	7	0.09	0.40	15×10^{16}
13. NiZn 铁氧体	K5*	290	30000	80	0.25	0.33	20×10^{13}

注:* TDK 铁氧体牌号。

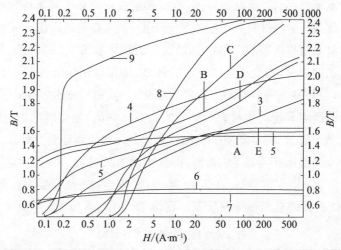

A—德尔塔马克斯高导磁金(50%Ni-Fe);B—经氢气退火的纯铁;C—Hiperco 27 高导磁合金;

D—磁铁;E—45 坡莫合金;其余数字代表表 4.2 中数字所指合金。

图 4.38　软磁材料磁化曲线

(1) 纯铁和硅钢

铁是最早应用的一种经典软磁材料,通常纯铁的纯度要求在 99.9% 以上,主要用于制作直流电磁铁极头。其特点是饱和磁化强度高,矫顽力低,电阻率低。电工用纯铁只能在直流磁场下工作,这是因为其在交变磁场下工作时,涡流损耗太大。为此,加入少量硅(质量分数:0.38%~4%)形成固溶体,从而提高合金电阻率。若硅的质量分数高于 4% 则合金太脆。硅钢片按生产方法、结晶结构和磁性能可分为以下四类:① 热轧非织构(无取向)硅钢片;② 冷轧非织构(无取向)硅钢片;③ 冷轧高斯结构硅钢片;④ 冷轧立方织构(双取向)硅钢片。

工业纯铁起始磁导率一般为 $300 \sim 500\mu_0$,最大磁导率为 $6000 \sim 12000\mu_0$,矫顽力 H_c 为 $40 \sim 95$ A/m。硅钢片的性能比纯铁优越得多,但是硅钢片的机械性能和磁性能都受硅含量、冶炼过程、轧制工艺、晶粒大小等因素的影响。一般来说,硅含量高、晶粒大、杂质少,磁性能就高些。但是若硅的质量分数超过 4%,机械性能和加工性能会大大降低。热轧硅钢片的反复磁化损失仅为工业纯铁的 1/10。如果将硅钢片在叠加拉伸应力的条件下冷轧,然后再结晶退火,就会形成一种特殊结构,即高斯结构。在这种结构中,所有晶粒具有同一取向,也就是晶粒的易磁化方向[100]轴与轧制方向反向平行,难磁化方向[111]轴与轧制方向成 55°角,而中等磁化方向[110]轴与轧制方向垂直。这种结构的硅钢片即冷轧取向硅钢片。如果用这种板材做变压器的铁芯,起始磁导率很高,磁滞回线特别窄且上升到饱和区的曲线很陡,反复磁化损失比一般热轧硅钢片低 70%。

立方结构硅钢片,其晶粒按立方取向。即立方体(100)面平行于轧制方向,而(110)面与轧制方向成 45°角,[111]轴偏离磁化平面。这种立方结构硅钢片比高斯结构的硅钢片性能更好,而且在轧制方向或垂直于轧制方向上具有同样高的磁导率。尽管此类硅钢片性能优越,但制作工艺尚不成熟,故没有广泛应用。总之,铁-硅合金晶粒择优取向的结构板材的发现,对于磁性材料的发展具有重要意义。

(2) 镍-铁合金

镍-铁合金磁导率高、饱和磁感应强度和损耗低,但价格昂贵。这些材料在对质量要求较高的电子变压器、电感器和磁屏蔽设备上有重要应用。它们有足够的延展性,可轧成 0.0003 cm(厚度),常用于制作高频 500 kHz 下应用的带绕磁芯。典型的镍-铁合金——坡莫合金(79%Ni,21%Fe)具有很高的磁导率,虽然它的饱和磁感应强度不高,只有硅钢片的一半,但它的磁化率极高(150000 或更高),矫顽力很低(约 0.4 A/m),反复磁化损失较低,只有热轧硅钢片的 5% 左右。

镍-铁合金不仅可以通过轧制和退火获得,而且可以通过在居里点之下进行磁场冷却,强迫 Ni 和 Fe 原子定向排列,获得磁滞回线为矩形的镍-铁合金,扩大其使用范围。就镍-铁合金的化学成分而言,一般镍的质量分数为 40%～90%。此时,合金为单相固溶体。超结构相 Ni3Fe 的有序—无序转变温度为 506 ℃,居里温度为 611 ℃。原子有序化对合金的电阻率、磁晶各向异性常数、磁致伸缩系数、磁导率和矫顽力都有影响。要想得到较高的磁导率,镍的质量分数必须在 76%～80%,此时,相冷却过程中已经发生了有序变化,磁晶各向异性常数和磁致伸缩系数也发生了变化,为使它们趋于零,镍-铁合金热处理中必须急速冷却,否则就会影响磁性能。为了避免这个问题,可在合金中加入 Mo,Co,Cu 等元素,以减缓合金有序化的速度,简化处理工序,改善磁性能。

(3) 磁性陶瓷材料

磁性陶瓷材料在 20 世纪 40 年代就已成为重要的磁性材料。由于它具有磁性耦合强、电阻率高和损耗低等特点,并且种类繁多,因此应用广泛。铁氧体磁性材料(磁性瓷)主要有两类:一类是具有尖晶石结构,化学式为 MFe_2O_4 的铁氧体材料。化学式中的 M 在锰锌铁氧体中代表 Mn,Zn 和 Fe 的结合,而在镍锌铁氧体中代表 Ni,Zn 和 Fe 的结合。铁氧体材料主要用于通信变压器和电感器,以及偏置磁轭和阴极射线管用变压器,最近也用于制作开关电源中的变压器。锡锌铁氧体的应用频率高达 1 MHz,若高于这个频率则使用镍锌铁氧体,因为后者的电阻率更高。目前设计开关电源时,其工作频率要求在 10^5 Hz,坡莫合金、铁氧体和非晶态合金这三种材料正在竞争。铁氧体的另一应用领域是制作微波器件，如隔离器(isolator)、环行器(circulators)，它们工作在旋磁频率附近(1～100 GHz)。另一类是具有石榴石磁性结构，化学式为 $R_3Fe_5O_{12}$ 的铁氧体材料，其中 R 代表铱或稀土元素。这类材料也可用于制作微波器件。它们比尖晶石结构铁氧体的饱和磁化强度低，可用于 1～5 GHz 频率范围。在非磁性基片上外延生长薄膜石榴石铁氧体可制作磁泡记忆材料。几种代表性磁性陶瓷材料的性能见表 4.3。

表 4.3 几种代表性磁性陶瓷材料的性能

材料体系	起始磁导率 μ_i	B_s/T	$H_c/$ $(A \cdot cm^{-1})$	T_c/K	电阻率/ $(\Omega \cdot cm)$	使用频率/ MHz
Mn-Zn 系	>15000	0.35	2.4	373	2	0.01
Mn-Zn 系	4500	0.46	16	573		0.01～0.1
Mn-Zn 系	800	0.40	40	573	500	0.01～0.5
Ni-Zn 系	200	0.25	120	523	5×10^4	0.3～10
Ni-Zn 系	20	0.15	960	>673	10^7	40～80
Cu-Zn 系	50～500	0.15～0.29	30～40	313～523	$10^6 \sim 10^7$	0.1～30

(4) 非晶态合金

成分接近 $(Fe,Co,Ni)_{80}(B,C,Si)_{20}$ 的过渡金属和类金属组成的合金显示出非晶态结构。把液态金属快速冷凝时，就可得到非晶态合金。非晶态软磁合金(amorphous soft magnetic alloy)的出现，为软磁材料的应用开辟了新领域。例如，$Fe_{80}P_{13}C_3B_1$ 相和 $Fe_{40}Ni_{40}P_{14}B_6$ 相的矫顽力和饱和磁化强度虽然与 50NiFe 合金相当，但其非金属成分的质量分数低于 20%，不仅制造工艺简单、成本低，而且具有比电阻高、交流损失小、强度高、耐腐蚀等优点。

非晶态合金大致分为三类：铁基合金、铁镍基合金和钴基合金。铁基合金饱和磁化强度为 1.6～1.8 T，代替取向硅钢，作为低损耗软磁材料它主要用于制作配电变压器。铁基合金的频率特性(达 50 kHz)也较好。铁镍基合金饱和磁化强度为 0.75～0.9 T，在某种意义上可以认为是 4Mo-79Ni-Fe 晶体合金的仿制品。钴基合金，具有接近零的磁致伸缩系数、较高的磁导率，损耗低且对应力不敏感。

(5) 纳米晶软磁材料

纳米晶软磁材料中的晶粒尺寸为纳米量级(一般≤50 nm)，其起始磁导率较高($\mu_i \approx 10^5$)、矫顽力较低($H_c \approx 0.5$ A/m)。一般是在 Fe-B-Si 基合金中加少量 Cu 和 Nb，在制成非晶材料后，再进行适当热处理，由于 Cu 和 Nb 的作用，核数量增加、晶粒长大受到抑制，从而获得纳米级晶粒结构。据理论推算，当晶粒尺寸只有 10 nm 时，晶粒间的静磁作用基本消失，晶粒间只有邻近晶粒的交换耦合作用。正是纳米材料中的强烈晶粒交换耦合作用，使材料的剩磁增强，矫顽力下降。此类材料是新开发的一类磁性材料。

4.6.2 硬磁材料

硬磁材料又称永磁材料,是指材料被外磁场磁化后,去掉外磁场仍然保持着较强剩磁的磁性材料。硬磁材料的磁滞回线较宽,具有高剩磁、高矫顽力和高饱和磁感应强度。磁场应用的永磁体不仅要求有较大的剩余磁感应强度 B_r 和矫顽力 H_c,而且要求在各种环境下具有稳定的磁性能。

硬磁材料也可分为硬磁铁氧体和金属硬磁材料两大类。金属硬磁材料按照生产方法的不同,可以再细分为铸造合金、粉末合金、微粉合金、变形合金和稀土合金等。

(1) 硬磁铁氧体

硬磁铁氧体的一般式是 $MO \cdot 6Fe_2O_3$,M 代表 Ba 或 Sr。钡铁氧体已批量生产。最近的研究表明,锶铁氧体有优良性质并已在市场应用。由于铁氧体磁性材料是以陶瓷技术生产的,所以常称为陶瓷磁体。

硬磁铁氧体具有六方晶体结构,其磁晶各向异性常数大($K_1 = 0.3 \ MJ/m^3$),饱和磁化强度较低($M_s = 0.47 \ T$),矫顽力较大。硬磁铁氧体的居里温度只有 450 ℃,远低于铝镍钴材料(铝镍钴 5 型的居里温度为 850 ℃),所以其磁性能对温度十分敏感。

硬磁材料领域相关研究发展最快的是可塑黏结铁氧体。虽然其磁性能不如烧结磁性材料,但它具有价格便宜,易加工(切削、钻孔等)并可弯曲等特点,可大量用于制作门扣、墙壁磁体、冰箱门密封条、小玩具及小马达等。

(2) 铝镍钴合金(铸造合金)

铝镍钴合金具有高的磁能积,$(BH)_{max} = 40 \sim 70 \ kJ/m^3$,高剩余磁感应强度($B_r = 0.7 \sim 1.35 \ T$),适中的矫顽力($H_c = 40 \sim 160 \ kA/m$)。它们是含有 Al,Ni,Co 和 3%Cu 的铁基系合金。铝镍钴 1~4 型是各向同性的,而铝镍钴型以上各型号通过磁场热处理可得到各向异性的硬磁材料。适中的价格和实用的 $(BH)_{max}$ 使铝镍钴型成为该合金系中使用最广泛的合金。铝镍钴是脆性的,可以用粉末冶金方法生产。

铝镍钴合金属于析出(沉淀)硬化型磁体。当由高温冷却时,体心立方相转变为在弱磁基或非铁磁的 Ni-Al 富 α 相中弥散的铁磁 α′ 相,α′ 相趋于形成针状,在 <100> 方向直径约 10 nm,长度约 100 nm。如果分解发生在居里温度以下(各向异性铝镍钴合金),所加磁场有利于 α′ 相朝 <100> 方向生长,增加了 $(BH)_{max}$。钴在这一过程中起着关键作用,因为它提高了合金的居里温度,使各向异性分解发生在磁场退火条件下。通过定向凝固生产的 <100> 取向的铸锭,称为柱状铝镍钴。通过增加 Co 含量或增加 Ti,Nb 含量,铝镍钴合金的矫顽力可以增加到典型值的 3 倍,如铝镍钴 8 型和 9 型。铝镍钴合金中矫顽力的机制是针状 α′ 相粒子非协调转动,α′ 相具有形状各向异性。矫顽力随针状 α′ 相的直径和长度比以及体心立方相和 α′ 相间的饱和磁化强度之差的增加而增加。

铝镍钴合金被广泛用于电机器件上,如发电机、电动机、继电器和磁电机,其在电子行业中主要应用于扬声器、行波管、电话耳机和受话器等。此外,铝镍钴合金还可用于各种夹持装置。由于与铁氧体比较,它的价格较高,因此自 20 世纪 70 年代中期起逐渐被铁氧体代替。

（3）稀土永磁材料

稀土永磁材料是 20 世纪 60 年代出现的新型金属永磁材料，是稀土金属（用 R 表示）与过渡金属 Fe,Co,Cu,Zr 等或非金属 B,C,N 等组成的金属间化合物。它可以分为两大类:钴基稀土永磁体和铁基稀土永磁体（见图 4.39）。钴基稀土永磁体又称稀土钴永磁体，它又包括两种永磁体。第一种是 1∶5 型 R-Co 永磁体。R 表示稀土元素，其他金属元素用 TM 表示。因为起主要作用的金属间化合物的组成比例是 1∶5，所以称 1∶5 型 R-Co 永磁体。它们分单相和多相两种。单相是指从磁学原理上为单一化合物的 RCo_5 永磁体，如 $SmCo_5$,$(SmPr)Co_5$ 烧结永磁体。多相的 1∶5 型 Sm-Co 永磁体是指以 1∶5 相为基体，有少量的 2∶17 型沉淀相的永磁体。第二种是 2∶17 型 R-Co（或 R-TM）永磁体。因为起主要作用的金属间化合物的组成比例是 2∶17（R 与 TM 的原子数比），所以称 2∶17 型永磁体。其单相、多相之分同 1∶5 型永磁体类似。

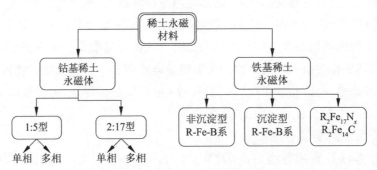

图 4.39　稀土永磁材料分类图

$SmCo_5$ 金属化合物具有 $CaCu_5$ 型的六方结构，其饱和磁化强度适中（$M_s = 0.97$ T），磁晶各向异性常数极高（$K_1 = 17.2$ MJ/m³）。由 $SmCo_5$ 构成的磁体是单相磁体。实验室已获得剩余磁感应强度 $B_r = 1$ T,矫顽力 $H_c = 3200$ kA/m,$(BH)_{max} = 200$ kJ/m³ 的性能参数，典型的商品值 $(BH)_{max} = 130 \sim 160$ kJ/m³。单相磁体的矫顽力来源机制基于磁畴的成核和晶界处的磁畴壁钉扎。只有在具有细化的小晶粒（$1 \sim 10$ μm）的材料中矫顽力才能达到最大值，或者用细粉烧结这样细小的晶粒磁体来获得最大矫顽力。金属间化合物 Sm_2Co_{17} 同样是六方晶体结构，其具有较高的饱和磁化强度（$M_s = 1.20$ T），但磁晶各向异性常数较低（$K_1 = 3.3$ MJ/m³）。以 Sm_2Co_{17} 为基的磁体是多相沉淀硬化型的磁体，最早是在 $SmCo_5$ 系列中以 Cu 代替部分 Co 发现的。与单相磁体不同，其矫顽力来源机制是沉淀粒子在磁畴壁的钉扎。因为它有高的饱和磁化强度，所以期望得到比 $SmCo_5$ 高的 $(BH)_{max}$。以 Sm_2Co_{17} 为基的 $Sm(Co_{0.65}Fe_{0.28}Cu_{0.05}Zr_{0.02})_{7.69}$,其 $(BH)_{max} = 265$ kJ/m³;可塑黏结 Sm_2Co_{17} 的商品值 $(BH)_{max}$ 已达 120 kJ/m³。树脂黏结稀土磁体应用前景广阔，尽管其磁性能略低，但可制备成具有高精度尺寸的复杂零件。此时，沉淀硬化合金明显比单相磁体更抗时效，因为单相磁体更具有氧化倾向。由 $Sm(Co_{0.672}Cu_{0.08}Fe_{0.22}Zr_{0.028})_{8.35}$

构成的树脂黏结磁体材料,具有 $B_r = 0.85$ T,$H_c = 760$ kA/m,$(BH)_{max} = 132$ kJ/m^3 的性能参数。这已可与某些致密烧结的 SmCo$_5$ 单相磁体相比拟了。

铁基稀土永磁体的代表是 Nd-Fe-B 系合金,它是 1983 年由日本住友特殊金属株式会社的佐川真人(Sagama)等用粉末冶金方法研制的。目前,这类材料的商品值 $(BH)_{max} = 430.6$ kJ/m^3,$B_r = 1.48$ T,$H_c = 684.6$ kA/m,20～100 ℃范围内磁可逆温度系数 α 已降到$(-0.035\% \sim -0.01\%)/℃$。这类材料目前逐渐取代 Sm-Co 永磁体和铸造永磁材料。至于其能否取代铁氧体,决定于它的制造成本能否进一步降低。Nd-Fe-B 系硬磁材料主要以金属间化合物 Nd$_2$Fe$_{14}$B 为基体,但必须含有适当的富 Nd 相和富 B 相,氧的质量分数要低于 1500×10^{-6},其他杂质如 Cu 的含量也要很低,只有非磁相体积分数小于 1%,磁体才能获最佳性能。

4.7　材料的磁性测量方法

铁磁材料的磁性包括直流磁性和交流磁性。前者包括在直流磁场下测量得到的基本磁化曲线、磁滞回线以及由这两类曲线所定义的各种磁性参数。后者主要是指软磁材料在交变磁场中的性能,即在各种工作磁通密度 B 下,从低频到高频的磁导率和损耗。材料的磁性测量主要包括对组织结构不敏感量(本征参量)如饱和磁化强度 M_s、居里温度 T_c、磁晶各向异性常数 K、饱和磁致伸缩系数 λ_s 和组织结构敏感量(非本征参量)如矫顽力 H_c、剩磁 B_r、磁导率 μ_i 与 μ_m、磁化率 χ 等的测量。此外,还包括对物质结构及各种现象的观测分析,如磁畴结构、点阵原子磁矩取向、各种磁效应(磁热、磁光、磁电、磁致伸缩、磁共振),以及交变磁场条件下的磁参数测量。本书的介绍只限于材料研究中常用的一些磁性测量方法。

4.7.1　材料的直流磁性测量

4.7.1.1　冲击法

若要全面衡量合金的铁磁性,应测出其磁化曲线和磁滞回线。最经典和标准的磁化曲线与磁滞回线测量方法是冲击法。冲击法测量原理如图 4.40 所示。图中 O 为试样,为了消除退磁场的影响,试样的标准形状应为环形(闭路试样)。1 为磁化线圈,2 为测量线圈,G 为冲击检流计,A 为直流电流表。R_1,R_2……为可变电阻,K_1,K_2 是双向换向开关,K_3,K_4,K_5 为普通开关。L 为标准互感器。

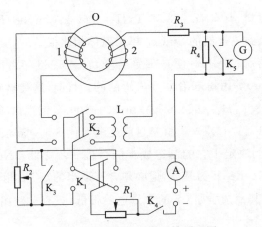

图 4.40　冲击法测量磁性原理图

在线圈 1 中通以电流 i，则在此线圈中产生磁场

$$H = \frac{Ni}{l} (\text{SI}) \tag{4.51}$$

式中，H 为磁场强度，A/m；N 代表磁化线圈 1 的匝数；l 为环形试样的平均周长，m；i 为电流，A。试样被磁化，设其磁感应强度为 $\boldsymbol{B}$。如果利用换向开关 K_1 突然使之换向（此时 K_2 应闭合），则线圈 1 的磁场从 $-H$ 变化为 $+H$，这个变化是在极短的时间 τ 秒内完成的。此时试样的 $\boldsymbol{B}$ 也应该由 $-\boldsymbol{B}$ 变化为 $+\boldsymbol{B}$。试样中的磁通量为 $\boldsymbol{\Phi} = \boldsymbol{B} \cdot S$，$S$ 是试样的截面积。磁通量的变化，引起线圈 2（匝数为 n）中产生感生电动势 ε：

$$\varepsilon = -n\,\mathrm{d}\Phi/\mathrm{d}\tau = -nS\,\mathrm{d}B/\mathrm{d}\tau \tag{4.52}$$

这个电动势在由磁化线圈 1，测量线圈 2 及 L,G,R_3,R_4 所组成的测量回路中产生的电流为

$$i_0 = \frac{\varepsilon}{r} \tag{4.53}$$

式中，r 为测量回路中总的折合电阻。此电流是瞬时电流，由冲击检流计测出其电量为

$$Q = \int_0^\tau i_0\,\mathrm{d}\tau = \int_0^\tau \frac{\varepsilon}{r}\,\mathrm{d}\tau = \frac{nS}{r}\int_{-B}^{B}\mathrm{d}B = -2nSB/r \tag{4.54}$$

Q 引起检流计指示部分偏转一个 α 角，则 $Q = C\alpha$，C 为冲击检流计常数。故可写出：

$$2nSB/r = C\alpha \tag{4.55}$$

$$B = Cr\alpha/2nS \tag{4.56}$$

测出 α 的大小，即可换算出 B。式中的 Cr 可以用下面的方法求得。

当 K_2 合上 L 的线路时，设在标准互感器 L 的主线圈上电流 i 由零变到 i'，其副线圈两端产生的感应电动势为

$$\varepsilon' = -M\frac{\mathrm{d}i}{\mathrm{d}\tau} \tag{4.57}$$

因此，在测量回路中产生的感生电流为

$$i_0' = \frac{\varepsilon'}{r} \tag{4.58}$$

设通过检流计的电量为 Q',并引起其偏转角 α_0,则

$$Q' = C\alpha_0 = \int_0^\tau i_0' \mathrm{d}\tau = \int_0^\tau \frac{\varepsilon'}{r} \mathrm{d}\tau = -\int_0^{i'} \frac{M}{r} \frac{\mathrm{d}i}{\mathrm{d}\tau} \mathrm{d}\tau = -\frac{M}{r} i' \tag{4.59}$$

故可得到

$$Cr = -Mi'/\alpha_0 \tag{4.60}$$

式中,Cr 为测量回路的冲击常数,M 为互感器的互感系数。将式(4.60)代入式(4.56)即可算出 B。

在不同的磁场强度 H 条件下,测出 B,就可绘出磁化曲线。以上介绍的方法称为换向冲击法。该方法针对闭路试样测量其静态磁特性,实际上是测定不同磁化电流所产生的磁场 H 下试样的磁感应强度 B,测量时环形试样的磁化线圈 1 经过主电路的调节变阻器 R_1 由直流电源供电。在测量基本磁化曲线时,利用 K_1 改变磁化电流的方向。这时 K_3 将变阻器 R_2 短路。在测量磁滞回线时,则通过 R_2 改变磁化电流。R_3 和 R_4 分别为互感二次线圈及试样测量线圈的等效电阻,用以保证检流计回路的电阻在分度和测量过程中保持恒定。

为了使试样从退磁状态 $H=0$,$B=0$ 开始测量,通常采用交流退磁法,即在试样上加一个低频交变磁场。磁场幅度由某一最大值(不小于材料矫顽力的 10 倍)均匀地减小至零。

测量基本磁化曲线时,为了使磁化电流从小到大变化,R_1 应从最大值开始逐渐减小。为了保证试样磁状态的稳定,必须用每一个选定的磁化电流对试样进行磁锻炼,使用开关 K_1 换向次数即可。测量时对应于磁化电流 i_1,采用式(4.51)计算出磁场 H_1,同样读得 i_2,依次类推得到不同磁化电流下的偏移值。

这种利用环形试样测定磁化曲线和磁滞回线的方法,只适用于软磁材料。因为线圈 1 所产生的磁场比较小,只有软磁材料才能在弱磁场条件下磁化达到饱和。

硬磁材料需要在较强的外磁场条件下才能磁化达到饱和,因此环状试样是不适用的。这时将试样制成棒状(开路试样),测量线圈 2 绕在试样上,然后将试样夹持在一个电磁铁的两极头之间(见图 4.41)。磁场强度 H 的大小直接测量得出。电磁铁的磁化线包中通以不同电流,测定磁极之间空气隙的磁感应强度(测定时不放试样,应保持两极头的距离与有试样时完全一致)。由于空气磁导率 $\mu=1$(SI),因此所测出的 B 即是电磁铁两极头之间的磁场强度 H。为了减小尺寸因素对所测结果的影响,试样长度应不小于 50 mm。

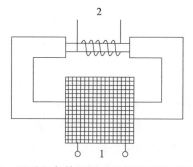

图 4.41 强磁场条件下硬磁材料的磁性测量原理图

　　由于开路试样内部存在着非均匀的退磁场,其内部磁场是不均匀的,因此,开路试样的磁性测量必须解决两个问题:一是如何消除或减小试样的非均匀磁化的影响;二是如何测量材料的内部磁场。

4.7.1.2　仪器测试法

　　为了减小试样的非均匀磁化的影响,开路试样磁性测量的磁化装置必须采用能够产生强磁场的磁导计或电磁铁。但是,磁场强度越高,均匀区域越小,所以必须使试样的形状和大小符合一定要求。具体要求可参考有关手册。

　　现已有完全自动记录测量磁参数的磁性测量仪,它可以在 $X-Y$ 记录仪或计算机上直接绘出磁化曲线或磁滞回线。在金属学研究工作中,通常不需要测定完整的磁化曲线或磁滞回线,只需测出某些磁学量或某个参数就可以了。下面简单介绍有关的测试方法和应用。

　　(1) 热磁仪

　　热磁仪又称阿库洛夫(Акулов)仪,其原理是将磁学量转换成力学量进行测量,故又称磁转矩仪。热磁仪的原理示意图如图4.42所示。图4.42中1是待测试样,试样的标准尺寸是 $\phi 3\ \text{mm} \times 30\ \text{mm}$(长度与直径比大于或等于10);2是电磁铁极头,应保证工作空间内的磁场强度大于 $24 \times 10^4\ \text{A/m}$(3000 Oe);3是平衡转矩用的弹性系统;4是试样夹持杆,一般用耐热的细陶瓷管;5是小的平面反射镜;6是读数标尺,用以读出试样的转角;7是带有刻度标记的光源,它所发出的光束对准反射镜反射在标尺6上。

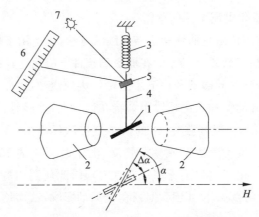

1—待测试样;2—电磁铁极头;3—弹性系统;4—试样夹持杆;5—平面反射镜;6—读数标尺;7—光源。

图4.42　热磁仪原理示意图

　　试样水平安装在磁极轴的平面内,但与磁场方向相交成一个 α 角,并使磁极轴、试样的中心合在一起。通磁场以后,试样磁化,其磁化强度为 M,则试样将受到一个力矩的作用。此力矩将使试样转动,力矩的大小为 $L_1 = VHM\sin\alpha$(CGS)。式中,V 为试样体积,H 为磁场强度,α 是试样与磁场方向的夹角。在此力矩作用下,试样转动了 $\Delta\alpha$ 角,则试样此时所受力矩为 $L_1' = VHM\sin(\alpha - \Delta\alpha)$。由于试样固定在弹性元件上,它的微小转动都会引起弹簧的变化,因此弹性系统产生一反力矩 $L_2 = C\Delta\alpha$,当两个力矩作用达到平衡状态时,$L'_1 = L_2$,即

$$VHM\sin(\alpha - \Delta\alpha) = C\Delta\alpha \qquad (4.61)$$
$$M = C\Delta\alpha / VH\sin(\alpha - \Delta\alpha)$$

当 $\Delta\alpha$ 与 α 相比非常小时,$\sin(\alpha - \Delta\alpha) \approx \sin\alpha$(试验中一般 $\alpha < 20°$,$\Delta\alpha < 3°$才能保证 M 与 $\Delta\alpha$ 为线性关系),可得到磁化强度 M 的表达式:

$$M = C\Delta\alpha / VH\sin\alpha \qquad (4.62)$$

$\Delta\alpha$ 可以通过光标、反射镜在标尺上读得。C 是弹性系统的弹性常数。只要已知 C,V,H 和 α 即可算出磁化强度 M。

用这种方法测定 M 的绝对值有一定困难,暂且不谈棒状试样退磁因子的影响,光是准确确定 C,α 就比较困难。但此法对于测定磁化强度 M 的动态变化非常方便。

(2) 振动样品磁强计(vibrating sample magnetometer,VSM)

振动样品磁强计是灵敏度高、应用广泛的一种磁性测量仪器。其采用比较法进行测量,原理示意图如图 4.43 所示。

VSM 测定材料磁性参数的样品通常为球形,设其磁性为各向同性,且置于均匀磁场中。如果样品的尺寸远小于样品到检测线圈的距离,则样品小球可近似于一个磁矩为 m 的磁偶极子,其磁矩在数值上等于球体中心的总磁矩,而样品被磁化产生的磁场,等效于磁偶极子平行于磁场方向所产生的磁场。

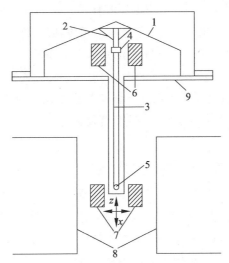

1—扬声器;2—锥形纸环支架;3—空心螺杆;4—参考样品;

5—被测样品;6—参考线圈;7—检测线圈;8—磁极;9—金属屏蔽箱。

图 4.43　振动样品磁强计原理示意图

如图 4.43 所示,当样品球沿检测线圈方向做小幅振动时,则在线圈中感应的电动势 e_s 正比于在 x 方向的磁通量 Φ_s 变化

$$e_s = -N \left(\frac{\mathrm{d}\Phi_s}{\mathrm{d}x} \right)_{x_0} \frac{\mathrm{d}x}{\mathrm{d}t} \tag{4.63}$$

式中，N 为检测线圈匝数。样品在 x 方向以角频率 ω、振幅 δ 振动，其运动方程为

$$x = x_0 + \delta \sin \omega t \tag{4.64}$$

设样品球心的平衡位置为坐标原点，则线圈中的感生电动势为

$$e_s = G\omega\delta V_s M_s \cos \omega t \tag{4.65}$$

式中，V_s 为样品体积；M_s 为样品的磁化强度；G 为常数，由下式决定

$$G = \frac{3}{4\pi} \mu_0 NA \frac{z_0 (r^2 - 5x_0^2)}{r^7} \tag{4.66}$$

式中，r 表示小线圈位置，且 $r^2 = x_0^2 + y_0^2 + z_0^2$；$A$ 为线圈平均截面积。

由于式（4.65）中的 M_s 准确计算比较困难，因此，实际测量时通常用已知磁化强度的标准样品如镍球来进行相对测量。这就是比较法测量的意义所在。已知标准样品的饱和磁化强度为 M_c，体积为 V_c，设标准样品在检测线圈中的感应电压为 E_c，则由比较法可以求出样品的饱和磁化强度 M_s，即

$$\frac{M_s}{M_c} = \frac{E_s}{E_c} \cdot \frac{V_c}{V_s} \tag{4.67}$$

如果把样品体积以样品球直径 D 表示，并且仪器电压读数分别为 E_s' 和 E_c'，则可求 M_s：

$$M_s = \left(\frac{E_s'}{E_c'} \right) \left[\frac{D_c^3}{D_s^3} \right] M_c \tag{4.68}$$

由式（4.68）可知，检测线圈中的感应电压与样品的饱和磁化强度 M_s 成正比，只要保持检测线圈振动度和频率不变，感应电压的频率就是定值，因此感应电压的测量十分方便。

VSM 的优点：① 灵敏度高，约为自动记录式磁通计的 200 倍，可以测量微小试样；② 几乎没有漂移，能长时间进行测量（稳定度可达 0.05%/天）；③ 可以进行高、低温和角度相关特性的测量，也可在交变磁场条件下测定材料的动态磁性能。VSM 的缺点是测量时由于磁化装置的极头不能夹持试样，因此是开路测量，必须进行退磁修正。

（3）磁天平（磁秤）

磁天平主要用来测量弱磁体（顺磁体与抗磁体）的磁化率，也可用来研究材料的磁化强度 M_s 与温度的关系，还常用于测量钢的残余奥氏体量、双相不锈钢中的 α 相量、马氏体时效钢的逆转变奥氏体量等。磁秤法是通过测量材料在非均匀磁场中所受的力来确定其饱和磁化强度的。若配以电炉或杜瓦瓶，在不同温度下测量，则可确定居里温度等。图 4.44 为磁天平原理示意图。其工作原理如下。将一个体积为 V 的小试样放入一个非均匀的磁场中，试样被磁化，且受到一个沿磁场梯度方向的力

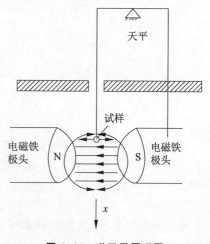

图 4.44　磁天平原理图

F。如果试样是顺磁体,则 F 将与 dH/dx 增大的方向相同。力 F 可由式(4.69)算出:

$$F_x = VMdH/dx \qquad (4.69)$$

$$F_x = \chi VHdH/dx \,(\text{CGS}) \qquad (4.70)$$

式中,χ 是单位体积磁化率;H 及 dH/dx 是试样所处位置的磁场强度及磁场梯度。不均匀磁场可以由经过特殊设计的、使磁极头呈一定曲面的电磁铁产生。测出 x 轴上各点的 H,就可求得 dH/dx。

若试样是小长条形,并平行于 x 轴放置,则 F_x 可由对式(4.70)积分得到:

$$F_x = \int_V \chi H \frac{dH}{dx} dV = \int_{x_1}^{x_2} \chi H \frac{dH}{dx} S dx = \chi S \int_{H_1}^{H_2} H dH = \frac{1}{2}\chi S(H_1^2 - H_2^2) \qquad (4.71)$$

式中,S 是试样的截面积;H_1 和 H_2 是试样两端处的磁场强度。可以通过天平或其他方式测定 F_x。如用天平则

$$F_x = mg \qquad (4.72)$$

式中,m 是砝码的质量;g 为重力加速度。

当天平平衡时有

$$\frac{1}{2}\chi S(H_1^2 - H_2^2) = mg$$

$$\chi = 2mg/[S(H_1^2 - H_2^2)] \qquad (4.73)$$

这种方法称为戈尤(Gouy)法。利用该法求出磁化率 χ 之后,便可由 $M = \chi H$ 求出 M 值。

磁秤法将磁学量 χ,M 的测量转化为力的测量,而测量力的方法很多,除天平外还可用电测方法,如使用差动变压器可以实现自动测试。

测定磁化率除可以确定固溶体的溶解度曲线、建立合金的状态图外,还可用于研究有序转变、同素异构转变,确定再结晶温度等。

4.7.2　材料的交流(动态)磁性测量

交变磁场下的磁特性测量主要用于软磁材料。虽然动态磁参量很多,但基本上分为与动态磁滞回线相关的磁参量,以及与实际使用状态有关的磁动态参量,如二次谐波量、记忆磁芯参量等。本节主要介绍软磁材料的交流(动态)磁性测量。动态磁性测量应注意波形条件、样品尺寸和状态(先进行退磁-磁中性化处理)、测量顺序及样品温升问题等。

(1) 伏安法

伏安法是最简单方便的测试交流磁化曲线的方法。图 4.45 所示是其测试原理图。图中,A 是安培计,V 是伏特计,N_1 为磁化线圈的匝数,N_2 为测量线圈 2 的匝数,E_A 为交流电源,幅值可调。设磁化线圈 1 中的电流有效值在安培计中显示为 I,那么,在电源为正弦波的条件下,样品中的峰值磁场强度 H_m 为

$$H_m = \frac{N_1 I \sqrt{2}}{l_s} \qquad (4.74)$$

式中，l_s 为样品的平均磁路长。当样品中有一交变磁通时，在测量线圈 2 中将产生感应电动势，用并联整流式电压表（称为磁通伏特表）可测得平均电动势 $\overline{E}$，它可表示为

$$\overline{E} = 4N_2 A_s f B_m \tag{4.75}$$

式中，f 为磁化电流的频率；A_s 为样品的有效截面积。

由式（4.74）和式（4.75）可求出不同磁化电流下相应的峰值磁场强度 H_m 和峰值磁感应强度 B_m，从而绘出样品的交流磁化曲线 B_m-H_m。此法的缺点是误差较大，达 $10\%\sim15\%$，不能测量交流磁损耗。

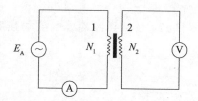

图 4.45　伏安法测交流磁化曲线原理图

（2）示波法

示波法用于测量样品在 10 Hz 到 100 kHz 的磁滞回线，既可用环形样品，也可用开启磁路测量，图 4.46 所示是环形样品测量的线路原理图。把与流经绕组 W_1 的磁化电流瞬时值成正比的电压加到示波器的 X 轴；通过 RC 积分器，把与样品中的磁感应强度瞬时值成正比的电压加到示波器的 Y 轴，在示波器的屏上就能显示出磁滞回线的图形。磁滞回线上任意点的磁场强度 H 可以表示为

$$H = \frac{N_1 \widetilde{U}_R}{R_s l_s} \tag{4.76}$$

式中，N_1 为磁化绕组的匝数；$\widetilde{U}_R$ 为电阻 R_s 的峰值端电压；l_s 为样品的平均磁路长。在 Y 轴上得到 B_m 的值，其表达式为

$$B_m = \frac{RC}{N_2 A_s} \widetilde{U}_C \tag{4.77}$$

式中，$R，C$ 分别为积分线路的电阻和电容；N_2 为测量线圈匝数；A_s 为样品的横截面积；$\widetilde{U}_C$ 为积分电容的峰值电压。如果要通过示波器上显示的磁滞回线确定磁参量，还必须对示波器的 $X，Y$ 轴定标，确定示波器的常数 K_H[A/(m/mm)] 和 K_B（T/mm）。这样，只要确定了示波器上 $X，Y$ 轴的读数，便可求出样品的磁参量 $H_c，B_r$ 和 B_s。

交流磁化损耗决定于 B_m-H_m 包围的磁滞回线面积。采用求积仪测出磁滞回线面积 S_0（单位 mm^2）后，样品单位质量的损耗功率 P_0 可按下式计算：

$$P_0 = \frac{S_0 K_H K_B f}{d} （W/kg） \tag{4.78}$$

式中，d 为样品的密度；f 为磁化场基波频率。

示波器可迅速测得材料的磁滞回线及其参量,特别适于批量样品检验。测量时应注意防止磁滞回线形状畸变。示波器的测量误差来源不少,如果采用大屏幕示波器,误差为 5%~7%。

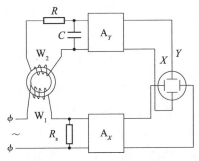

图 4.46　示波器线路原理图

（3）电桥法

交流电桥法是测量软磁材料复数磁导率的有效方法。在很宽的频率范围内,软磁材料被大量用来制作各种电感元件,其工作磁通密度很低(对铁氧体,磁场强度小于 1 A/m;对金属软磁材料,磁场强度小于 0.081 A/m),磁性能的主要参数是复数磁导率的两个分量 μ' 和 μ''。

图 4.47 为交流四臂测磁电桥原理图,它一般由三部分组成:电源、指零仪和桥体。图 4.47 中 Z_x 为被测磁芯线圈的等效阻抗,Z_2 和 Z_4 为标准量具(标准电阻、电容、电感等)构成的固定臂阻抗,Z_3 为可调的标准电容和电阻等的组合阻抗。电桥平衡时,即指零仪 D 两端处于相同电位时,则有

$$Z_x = \frac{Z_2 Z_4}{Z_3} \tag{4.79}$$

由上式可得未知阻抗 Z_x。用于测量复数磁导率的交流电桥,都把磁芯线圈等效为电感 L_x 和电阻 R_x 串联的阻抗,且 L_x,R_x 与复数磁导率分量 μ' 和 μ'' 的关系如下:

$$L_x = \frac{w^2 S}{\pi \bar{d}} \mu' \mu_0 \tag{4.80}$$

$$R_x = \omega \frac{w^2 S}{\pi \bar{d}} \mu'' \mu_0 + R_{x0} \tag{4.81}$$

式中,w 为线圈匝数;S 为样品横截面积;$\bar{d}$ 为样品平均直径;μ_0 为真空磁导率;ω 为电源的角频率;R_{x0} 为绕组导线的铜电阻。因此,只要用交流电桥测出 L_x 和 R_x 就可以得到样品的复数磁导率,并可计算该频率下的损耗角正切:

$$\tan \varphi = \frac{\mu''}{\mu'} = \frac{R_x - R_{x0}}{\omega L_x} \tag{4.82}$$

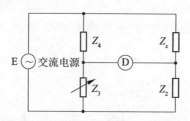

图 4.47　交流四臂测磁电桥原理图

电桥法不仅可以测量复数磁导率和损耗,而且可以测量样品在各种频率和不同磁通密度下的磁化曲线,只不过在具体电路上增加了其他仪表。因为电感的意义是每单位电流变化量所引起的磁通变化量,所以凡是能够测量电感的电桥,都可以用来测量磁通。

图 4.48 为麦克斯韦-维恩电桥原理图,它是一种相对桥臂为异性阻抗的交流电桥。其中 D 为交流指零仪。如果样品的线圈被等效为 L_x 和 R_x 的串联电路,样品线圈品质因数为 Q_x,则电桥平衡条件为

$$R_x = \frac{R_2 R_4}{R_N} \tag{4.83}$$

$$L_x = R_2 R_4 C_N \tag{4.84}$$

$$Q_x = \omega R_N C_N \tag{4.85}$$

由电压表 V 测得电源对角线的电压有效值为 U,则流经线圈的电流值为

$$I = \frac{U}{\sqrt{\left(\dfrac{R_2 R_4}{R_N} + R_2\right)^2 + (\omega C_N R_2 R_4)^2}} \tag{4.86}$$

样品中的交流磁化损耗功率为

$$P_e = I^2 (R_x - R_{x0}) \tag{4.87}$$

式中,R_{x0} 为线圈的铜电阻。

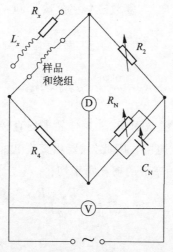

图 4.48　麦克斯韦-维恩电桥原理图

4.8　磁性测试分析应用

4.8.1　铁磁性分析

铁磁性分析在金属研究中应用广泛,它可以用来研究合金的成分、相和点阵的结构、应力状态及组织转变等方面的问题。

4.8.1.1　钢中残余奥氏体含量测定

各种钢淬火后,室温下钢的组织中或多或少地都存在残余奥氏体。钢中残余奥氏体的存在对其工艺及力学性能有重要影响。例如,对于工具钢,残余奥氏体的存在可以减小淬火变形;对于高强度钢和超高强度钢,一定数量的残余奥氏体可显著改善断裂韧性;对于轴承钢,从尺寸稳定性出发,要求把残余奥氏体量限制在一定的范围内。近年来研究证明,GCr15 钢中的残余奥氏体有利于提高接触疲劳强度,延长使用寿命。因此,测定钢中残余奥氏体含量有重要实际意义。

这里首先介绍淬火钢中只有马氏体和残余奥氏体时的简单情况,然后再讨论复杂情况。

（1）淬火钢中只有一个非铁磁相

许多钢材经过淬火,除了得到淬火马氏体外,还有残余奥氏体。由于

$$M_s V = M_1 V_1 + M_2 V_2 + \cdots + M_n V_n$$

$$M_s = M_1 \frac{V_1}{V} + M_2 \frac{V_2}{V} + \cdots + M_n \frac{V_n}{V} = M_1 \varphi_1 + M_2 \varphi_2 + \cdots + M_n \varphi_n$$

式中,$M_1, M_2, \cdots, M_n$ 是合金中各相的饱和磁化强度;$V_1, V_2, \cdots, V_n$ 为各相的体积,且 $V = V_1 + V_2 + \cdots + V_n$;$\varphi_1, \varphi_2, \cdots, \varphi_n$ 为各相的体积分数。因此,淬火钢饱和磁化强度 M_s 为

$$M_s = M_M \frac{V_M}{V} + M_A \frac{V_A}{V} \tag{4.88}$$

式中,M_s 为待测试样的饱和磁化强度;M_M, M_A 分别是马氏体和残余奥氏体的饱和磁化强度;V_M, V_A 分别是马氏体和残余奥氏体的体积,V 是试样体积。由于奥氏体是顺磁体,$M_A \approx 0$,则式(4.88)可改写为

$$\frac{V_M}{V} = \frac{M_s}{M_M} \tag{4.89}$$

式(4.89)给出的是试样中马氏体的体积含量。因此,残余奥氏体的体积含量为

$$\varphi_A = \frac{V - V_M}{V} = \frac{M_M - M_s}{M_M} \tag{4.90}$$

这种方法利用待测试样的饱和磁化强度 M_s 与一个纯马氏体试样的饱和磁化强度

M_M 做比较,从而求得残余奥氏体的体积百分数。这个纯马氏体试样称为标准试样,要获得纯马氏体组织的试样非常困难,在实际测量中常用相对标准试样来代替理想马氏体试样,即用淬火后立即进行深冷处理或回火处理的试样作为相对标准试样。

(2)淬火钢中含有两个或更多非铁磁相

高碳钢淬火组织由马氏体、残余奥氏体和碳化物组成,后两者均为非铁磁相,此时,残余奥氏体量由下式求出:

$$\varphi_A = \frac{M_M - M_s}{M_M} - \varphi_c \tag{4.91}$$

式中,φ_c 为碳化物体积分数,可通过定量金相法或电介萃取法确定。

利用上述方法测定残余奥氏体含量时,试样和标准试样的饱和磁化强度可用冲击磁性仪法和热磁仪法测出,常用的是冲击磁性仪法,这种方法测量速度快、精度高。

4.8.1.2　研究过冷奥氏体的等温分解

用热磁仪测定钢的等温分解动力学曲线是比较方便的,所以应用较多。

由于奥氏体是顺磁体,而其分解产物珠光体、贝氏体、马氏体等均为铁磁体,因此在过冷奥氏体分解过程中,钢的饱和磁化强度与转变产物的数量成正比。

测量过程如下:将试样放在磁极之间的高温炉中加热到奥氏体化温度,增强磁场。因为奥氏体是顺磁体,所以试样在磁场作用下并不发生偏转。采用专用工具将加热炉迅速从磁极之间取出,并换上等温炉(等温炉的温度已调至预定的温度),这时过冷奥氏体将在该温度下发生等温分解,其分解产物(在高温区为珠光体,中温区为贝氏体,低温区为马氏体)都是铁磁相。随着等温时间延长,分解产物增多,试样磁化强度 M_s 增大,试样的偏转角也就增大。连续记录下试样的转角,经过适当的换算,就可以算出奥氏体转变量,进而可以绘出奥氏体等温分解动力学曲线(见图4.49)。将不同温度下测得的转变开始时间 t_o 和转变终了时间 t_f 标到温度-时间坐标中,便可得到过冷奥氏体的等温分解曲线。

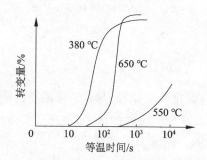

图4.49　热磁法测得的过冷奥氏体等温分解动力学曲线

4.8.1.3　研究淬火钢的回火转变

淬火钢在回火过程中,马氏体和残余奥氏体都会发生分解引起饱和磁化强度的变化。由于多相系统的饱和磁化强度服从相加原则,故可将饱和磁化强度随回火温度的变化情况作为相分析的根据,确定不同相发生分解的温度区间,判断生成相的性质。可以采用热磁仪进行测试分析。

在回火过程中残余奥氏体分解的产物都是铁磁相,会引起饱和磁化强度的升高;马氏体分解析出的碳化物是弱铁磁相,会引起饱和磁化强度的下降。回火过程中析出的碳化物 θ 相(Fe_3C)、χ 相(Fe_3C_2)和 ε 相($Fe_{2.4}C$)的居里温度分别为 210 ℃,265 ℃和 38 ℃。分析回火过程中饱和磁化强度的变化时,必须分清楚是受温度的影响还是组织变化的影响。

图 4.50 所示为 T10 钢淬火试样回火时饱和磁化强度变化的典型曲线。曲线 1 表明试样在 20~200 ℃加热时饱和磁化强度缓慢减小,试样在冷却时饱和磁化强度不沿原曲线恢复到原始状态,而沿曲线 3 增大。这说明试样内部组织发生了转变,即所谓回火第一阶段的转变。在 20~200 ℃曲线 1 呈下降趋势,从饱和磁化强度与温度的关系看,与一般下降的规律是一致的,这说明存在温度的影响。但曲线是不可逆的,说明不只有温度的影响,还有组织发生变化的影响,试样组织发生了变化,即从马氏体中析出了碳化物。这种组织转变的不可逆性导致磁化强度的不可逆变化。

在 200~300 ℃范围内是回火的第二阶段,其特点是饱和磁化强度随温度升高急剧增大。在这一阶段,饱和磁化强度主要受以下因素的影响:① 温度。温度升高导致饱和磁化强度大大增加。② 残余奥氏体的分解。残余奥氏体分解生成的回火马氏体是强铁磁相。③ 析出的 θ 相和 χ 相。对析出的 θ 相和 χ 相来说,该阶段的温度接近或高于它们的居里温度,将引起饱和磁化强度减小。图 4.50 中曲线变化表明磁化强度仍大幅度增大,说明在这些因素中残余奥氏体的分解和转变占主导地位。

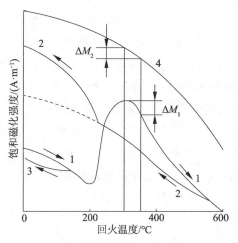

图 4.50　T10 钢淬火试样回火时饱和磁化强度变化曲线

回火的第三阶段是 300~350 ℃范围,在这个温度范围内饱和磁化强度显著减小。这一区间也同样存在温度对饱和磁化强度的影响。但应注意,这个温度范围距铁的居里温度还较远,按理不会引起这样急剧的变化。从工业纯铁的 $M - t$ 曲线(图 4.50 曲线 4)可见,在 300~350 ℃范围,工业纯铁饱和磁化强度的变化 ΔM_2 小于淬火钢饱和磁化强度的变化 ΔM_1,这说明除了温度的影响之外,还有组织变化的影响。在这个温度范围内 θ 相和

χ 相是顺磁的,它们对饱和磁化强度已无影响,而残余奥氏体的分解主要导致饱和磁化强度增大。因此,只能从 ε 相变成顺磁相、马氏体分解方面来分析饱和磁化强度大幅度减小的原因。

回火的第四阶段是 350~500 ℃范围。350 ℃以上曲线 1 单调下降,在 350~500 ℃范围,试样的饱和磁化强度和退火状态时相比还存在一个差值(曲线 1 与曲线 2 不重合)。这说明回火组织还没有达到稳定的平衡状态,故可推断在此温度范围淬火钢中仍然存在相变。此温度范围距铁的居里温度还有一定距离,温度的影响仍然存在,但并不大。饱和磁化强度减小的原因主要是 χ 相和铁作用生成 Fe_3C,铁素体基体的相对含量减小。

在 500 ℃以上温度回火,曲线 1 持续下降,但在随后的冷却过程中曲线逆向升高,即在 500 ℃以上曲线 1 是可逆的。这说明在此区间试样已完成淬火组织的所有分解和转变,而达到平衡组织状态。500 ℃以上温度回火,饱和磁感应强度曲线下降的影响因素只有温度。在此温度范围内完成渗碳体的聚集与球化,渗碳体组织分布的变化不能反映在组织结构不敏感参量 M_s 上。多数中、低合金钢淬火后,在回火过程中饱和磁化强度的变化规律与 T10 钢类似。

4.8.1.4 建立合金相图

根据两相合金磁化率的变化规律可以建立合金的相图。

对于置换式固溶体,合金的成分对矫顽力基本无影响,但合金的组织对矫顽力有显著影响。当合金成分超过最大固溶度而生成第二相时,矫顽力将显著增大,因此,根据矫顽力的变化情况很容易确定合金的最大固溶度。图 4.51 给出了 Fe-Mo 合金的矫顽力与成分的关系曲线,由图可以看出,当 $w_{Mo} < 7.5\%$时,矫顽力基本无变化,这表明合金处于 α 固溶体状态。当 $w_{Mo} > 7.5\%$时,矫顽力随钼含量的增多而增大,这表明合金的组织中除饱和的 α 固溶体外,又形成了第二相 Fe_3Mo_2,合金处于两相混合组织状态。α 固溶体为铁磁相,Fe_3Mo_2 为顺磁相,起着杂质的作用,因此钼含量越多,即 Fe_3Mo_2 相数量越多,矫顽力也越大。矫顽力随成分变化的关系曲线上的拐折点所对应的 $w_{Mo} = 7.5\%$,即室温下钼在铁中的最大固溶度。若取一系列不同成分的合金,将它们分别加热到不同温度进行固溶处理,然后测出它们的矫顽力与成分的关系曲线,并确定出相应的拐折点,便可确定不同温度时钼在铁中的最大固溶度。以温度和固溶度作图即可获得合金状态图中的固溶度曲线。

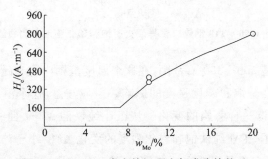

图 4.51 Fe-Mo 合金的矫顽力与成分的关系

4.8.2　抗磁性和顺磁性分析

如前所述,合金的磁化率取决于其成分、组织和结构状态。根据磁化率变化的特点可以分析合金组织的变化,以及这些变化与成分和温度之间的关系。这种分析在测定铝合金的固溶度曲线和研究铝合金的时效等问题中取得了良好的应用结果。

4.8.2.1　测定 Al-Cu 合金的固溶度曲线

为了测定铜在铝中的固溶度曲线,首先取不同成分的 Al-Cu 合金,把每种成分的合金制备成若干个试样,将它们分别进行退火或不同温度淬火,然后测出它们的磁化率与合金成分的关系曲线,如图 4.52 所示。图中,曲线 bm 是退火试样测得的结果,它所对应的组织是以铝为基的固溶体和 $CuAl_2$ 相的混合物,随着铜含量的增多,$CuAl_2$ 相的数量随之增多。由于铜是抗磁性金属,它所产生的抗磁矩部分抵消了铝所产生的顺磁矩。形成 $CuAl_2$ 相时,据计算,每一个铜原子影响两个铝原子,因此随着 $CuAl_2$ 相数量的增多,合金的磁化率曲线下降,但下降得比较缓慢。不同成分的合金经不同温度淬火后,凡是与 bm 平行的线段,如 450℃淬火后的 en 线段,均对应于两相混合物组织。

图 4.52 中曲线 bf 所对应的组织是铜与铝所组成的单相固溶体。据计算,在单相固溶体中一个铜原子可影响 14～15 个铝原子的顺磁性。因此,与两相混合物相比,它的磁化率随铜含量的增多迅速降低。经不同温度淬火后,只要合金处于单相固溶体状态,合金磁化率的变化趋势便与 bf 曲线一致。

从以上分析不难看出,随着合金成分的变化合金由单相固溶体变为两相混合物组织时,由于二者磁化率随成分变化的曲线的斜率不同,曲线上会出现拐折,拐折点所对应的铜含量即是在该淬火温度加热时的最大固溶度。退火状态曲线上的拐折点 b 与 450 ℃淬火状态曲线上的拐折点 e 分别对应于 $w_{Cu}=0.3\%$ 和 $w_{Cu}=2.5\%$,它们分别是室温和 450 ℃时铜在铝中的最大固溶度。同理,曲线上的拐折点 c,d 和 f 所对应的分别是 300 ℃,400 ℃和 500 ℃时铜在铝中的最大固溶度。取上述各拐折点所对应的温度与成分作图,即可获得合金的固溶度曲线。

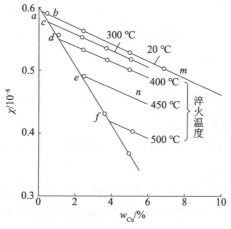

图 4.52　Al-Cu 合金的磁化率与成分和淬火温度的关系

4.8.2.2　研究铝合金的分解

测量磁化率的变化不仅可以确定合金的固溶度曲线,而且可用于研究淬火铝合金的分解。这里,仍以常见的 Al-Cu 合金为例。

取 $w_{Cu}=5\%$ 的铝合金试样分别进行淬火和退火处理,然后在不同温度下测量它们的磁化率,测量结果见图 4.53。图 4.53 中曲线表示 Al-Cu 合金淬火和退火状态的磁化率与温度之间的关系。从图 4.53 中可以看出,由于淬火状态铜和铝形成了过饱和固溶体,铜的抗磁作用对铝的顺磁影响较大,使合金的顺磁磁化率显著降低。在退火状态的合金中,有 94% 的铜以 $CuAl_2$ 的形式存在,因此铜对铝的顺磁性影响较小,故退火状态合金的磁化率比淬火状态时高。随着温度的升高,在淬火试样中析出 $CuAl_2$ 相,合金的磁化率逐渐增大。若将退火状态合金与纯铝的磁化率曲线相比,便可看出合金的磁化率较纯铝低,这是由铜的抗磁作用造成的。用这种方法很适合研究铝合金时效时从过饱和固溶体向平衡态组织变化的情况。

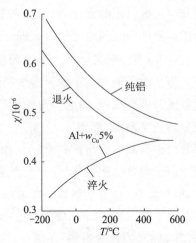

图 4.53　Al-Cu 合金淬火和退火状态的磁化率与温度的关系

磁化率测量对于研究奥氏体不锈钢和铸铁也具有重要的意义。在用加工硬化方法提高奥氏体钢的强度时,若在加工硬化的过程中自奥氏体中析出了铁素体,将导致材料的抗腐蚀性能显著下降。由于析出的铁素体数量极少,采用其他方法(包括金相法、X 射线法等)很难测出,而磁化率则对微量铁素体的存在很敏感,因此根据磁化率测量的结果可以分析铁素体析出的条件、原因以及消除的方法。

*4.9　拓展专题:信息存储磁性材料

磁信息存储技术可视为磁学的应用,与磁性材料发展十分密切。自 1898 年丹麦人浦尔生(Poalsen)发明了第一台录音电话机至今,磁信息存储的发展已有 100 多年的历史,它在以下各方面获得广泛应用。

① 录音技术方面。这是磁信息存储最早应用的领域。录音技术正在向数字式方向发展,以进一步提高信噪比和其他性能。

② 计算机技术方面。磁盘存储器和磁带存储器作为计算机外存储设备具有容量大、成本低等优点。

③ 录像技术方面。1956 年前后,广播录像机试制成功不久,彩色录像机也成了商品。由于录像磁带可以快速显示,剪辑加工与编辑等都比传统制版方法效率高,并且可以消磁重复使用,所以录像磁带很快成为电视广播的关键设备。

④ 科学研究方面。多速模拟记录装置可以将记录下来的信号进行时间放大或缩小，从而使数据处理更为方便灵活。

⑤ 日常生活方面。如磁性卡片可用于存取款、图书保存以及交通工具乘坐票证等。

磁信息存储的基本技术是磁记录技术。其分类方法有很多，可以按输入信号的形式分类，也可以按介质的形状分类，还可以按应用的领域分类。例如，计算机应用的硬盘、软盘或磁带，它们输入的信号都是二进位数字信号，用磁极方向来表示 1 和 0（N 极向上存储的信息表示为 1，N 极向下存储的信息表示为 0）。因此，可以称它们为数字记录应用，其特点是数据可靠性高、存储速度快。而在音频磁带、录像磁带、卫星传输信号应用等方面，使用频率调制信号或数字编码（digital encoding），以及线性模拟技术，它们统称为模拟记录应用，其特点是信噪比高、畸变低、单位时间的使用成本低。数字记录应用和模拟记录应用虽有差别，但都属于磁信息存储系统。磁信息存储系统涉及许多技术，它包括磁芯记忆系统、磁感应记录系统、磁光记录系统和磁泡记忆系统。20 世纪 70 年代初，计算机用磁芯记忆系统已被半导体元件代替。磁泡记忆元件现只在个别地方使用，主要是作为不易失的固态存储器应用，但成本高。

4.9.1　磁感应（盘、带）记录系统

（1）磁感应记录的一般原理

磁盘/磁带记录系统可以概括地分为以下四个基本单元：存储介质、换能器、介质或磁头的驱动系统以及相匹配的电子线路系统。存储介质也就是磁记录介质，涂（镀）在带或盘上；换能器就是常说的磁头，正是靠它把电信号变成磁信号，把信息记录在磁介质中（写入）或者把磁信号变成电信号（读出）。

（2）磁记录介质材料

磁记录介质多数是用颗粒涂布方法制成的，即将磁粉与非磁性黏合剂等含有少量添加剂形成的磁浆涂布于聚酯（又称涤纶）薄膜基体上。为了得到理想的记录特性，必须控制磁记录介质的下列技术条件：

① 矫顽力 H_c。磁介质最重要的材料特征是磁粉的畴结构，为了提高磁粉的矫顽力，必须消除磁畴壁，使粒子尺寸达到单畴的尺寸。这种磁粉的矫顽力来源于两个方面：一个是由磁晶各向异性决定的内禀矫顽力 H_c；另一个是由形状决定的内禀矫顽力 H_c。

② 剩余磁感应强度 B_r。磁记录介质具有剩余磁感应强度 B_r（简称剩磁）。B_r 愈高，读出信号就愈大，系统的信噪比愈高，同时退磁场强度越高。因此，必须考虑剩磁和退磁场对记录系统的综合影响。B_r 决定于磁粉特性和磁粉在介质中所占的体积（或质量）分数。介质的磁感应强度值随磁粉比例减少而线性下降。此外，磁粉在加工成磁带时其分散性、涂布工艺和磁粉颗粒的取向都会影响磁介质的磁感应强度。

③ 磁层厚度。磁层愈厚，退磁愈严重，记录密度越低。同时，磁层愈厚，愈不容易均匀化，容易引起读出过程的峰值位移，降低读出信号幅度，引起读出误差。要提高记录密度就要减小厚度，但厚度减小，读出信号峰值下降且涂布工艺也很难做到均匀化，为此必须

综合各种因素选择最适当的厚度层。

④ 磁层的表面光洁度和均匀性。磁层表面条件决定于磁浆的分散性和流动性、基体的表面特性,以及涂布过程中的工艺及机械公差等。

磁记录介质常用的材料有以下几种。

① $\gamma\text{-}Fe_2O_3$。它是一种具有尖晶石立方结构的氧化物介质材料,由磁铁矿在温度约 200 ℃有水蒸气存在时氧化制成。最早用于磁带、磁盘的磁粉就是 $\gamma\text{-}Fe_2O_3$。这种材料具有良好的记录表面。在音频、射频、数字记录及仪器记录中都能得到理想的效果,并且价格便宜,性能稳定。$\gamma\text{-}Fe_2O_3$ 通常制成针状颗粒,长度为 $0.1\sim0.9\ \mu m$,长度与直径比为$(3:1)\sim$ $(10:1)$,具有明显的形状各向异性,它是亚铁质。内禀矫顽力为 $15.9\sim31.8$ kA/m,饱和磁化强度约为 0.503 Wb/m^2。

② CrO_2。CrO_2 是一种强磁性氧化物,属于亚稳铁磁性材料。它的结构为四方晶系,具有单轴各向异性,它的各向异性是由形状各向异性和磁晶各向异性共同贡献的。CrO_2 是在 $400\sim525$ ℃,$50\sim300$ MPa 条件下由 CrO_3 分解制得的。CrO_2 粉末的 H_c 为 31.8 kA/m,若加入$(Te+Sn)$,$(Te+Sb)$ 等复合物,H_c 可达 59.7 kA/m。

CrO_2 的一个特点是居里温度低(125 ℃)。这个特点使它成为目前唯一可用于热磁复制的材料。热磁复制是一种比磁记录速度快得多的高密度复制方法。

③ 金属磁粉。金属磁粉主要包括 Fe-Co-Ni 和 Co-Ni-P 合金粉、Fe 粉、Fe-Co 合金粉。其特点是 B_s 和 H_c 都较高,并且有高的灵敏度和分辨率。B_s 高可以使材料在薄层内得到较大的读出信号,H_c 高使记录介质能承受较大的退磁作用,实现高密度记录。金属磁粉的缺点是稳定性差,它们趋于氧化或有其他反应。通常采用合金化或用有机膜保护等办法控制它们表面氧化。控制氧化的方法是表面钝化,但钝化后常常降低了粒子的磁化强度,磁化强度降低幅度决定于钝化层的厚度和粒子的尺寸。

④ 钡铁氧体磁粉。钡铁氧体属于六方结构氧化物铁氧磁体。该氧化物铁氧磁体的化学式为 $MO \cdot 6Fe_2O_3$,M 可能是 Ba,Pb 或 Sr。其中,钡铁氧体磁粉可以作为磁记录材料。钡铁氧体由于制作材料来源丰富,成本低,制成的磁粉有较高的矫顽力和磁能积,且抗氧化能力强,因此成为应用广泛的永磁材料。与其他陶瓷材料一样,钡铁氧体的磁性能除了与成分有关外,还与晶粒大小、晶界状态、气孔率及微观结构有关。它的矫顽力高于 398 kA/m,本不适于作为磁记录介质,但近年来由于高密度磁记录的发展需要及钡铁氧体材料综合性能的改善已使它可以作为磁记录介质应用。钡铁氧体的主要特点如下:① 它的六方形平板结构和垂直于平板平面的易磁化轴,使它适合作垂直记录介质;② 用 Co^{2+} 和 Ti^{4+} 离子取代部分 Fe^{3+},降低了磁晶各向异性,从而降低了矫顽力;③ 能够制成直径小于 0.1 μm,厚度为 0.01 μm 的粒子。这些特点使它成为理想的高密度磁记录材料。钡铁氧体具有磁晶各向异性和形状各向异性,因而具有一定的发展潜力。通过加 Sn 可以控制其矫顽力与温度的关系,同时加 Zn 可改善其他磁性能。尽管钡铁氧体有了很大发展,但磁化强度低限制了它的应用。

⑤ 金属薄膜。随着信息化时代的到来,磁记录向高密度、大容量、微型化方向发展,促

使磁记录介质由非连续颗粒涂布型向连续磁薄膜型过渡。从原理上讲,金属薄膜是最理想的磁记录介质,目前微机中的硬盘广泛使用的是溅射沉积在铝基片上的金属膜,厚度为 $0.03 \sim 0.1~\mu m$,其信号输出比厚的氧化物膜好,原因是薄膜的填充因子(packing factor)是 1,且没有本征退磁场。但是金属膜也存在一些问题,主要是易氧化,易腐蚀,并且膜面易擦伤磨损,同时制造技术难度大,价格高。随着技术的进步,金属连续介质膜不断有新产品问世,如微盒式磁带、Hi8ME 型录像带等。

4.9.2　磁头材料

从录音机到电子计算机,都应用了磁头。磁头的基本功能是与磁记录介质构成磁性回路,起换能器的作用,对信息进行加工,包括记录(录音、录像、录文件)、重放(读出信息)、消磁(除信息)三种功能。根据设计不同,磁头可以有不同的结构与形式。按工作原理,目前磁头基本上分为感应式磁头和磁阻式磁头两类。当前应用的主要是感应式磁头,磁阻式磁头的工作原理涉及磁致电阻效应。下面简要介绍磁阻的由来和应用于磁头的原因。

（1）磁致电阻效应

磁性材料的电阻率随磁化状态而改变的现象称为磁致电阻效应(magneto-resistance effect),简称磁阻效应。具有这种效应的磁性材料为磁(致)电阻材料。表征磁电阻材料性能的参数是磁阻比 β,它满足下式:

$$\beta = (R_H - R_0)/R_0 \tag{4.92}$$

式中,R_H,R_0 分别为材料在存在外磁场和不存在外磁场时的电阻;β 的符号可以为正或负。

磁电阻材料技术不仅可应用于制备磁头,还可用于制作磁传感器和磁记忆元件,目前成为磁性材料研究的热点。已发现的磁阻效应有以下四类:① 一般金属的磁阻效应;② 铁磁金属的各向异性磁阻效应;③ 金属多层膜的巨磁阻(giant magnetoresistance)效应;④ 钙钛矿结构锰酸盐的庞磁阻(colossal magnetoresistance)效应。

一般金属磁阻效应产生的原因:外磁场存在时,金属中的传导电子受到洛伦兹力的作用而进行螺旋式的运动,电阻较高;而没有磁场时,电子做自由直线运动,电阻很小。当然,磁场引起的这种电阻变化很小,没有应用价值。铁磁性金属及它们的合金的各向异性磁阻效应可使电阻提高 2% 左右。研究发现,磁场平行于电流方向和垂直于电流方向时铁磁性金属及合金的电阻是不同的,前者高于后者,原因是当平行于电流方向外加磁场时,增加了对电子的散射截面,故铁磁性金属及合金的电阻增大。各向异性磁阻效应的应用较早,如应用于磁阻式磁头。

一些多层膜系统和颗粒薄材的电阻率变化在 50% 以上。例如 1986 年 Baibich 研究发现,对于 Fe/Cr 超薄多层膜,磁场引起其电阻率变化达 50% 以上,这种现象称为巨磁阻效应,这种材料称为巨磁电阻材料(GMR)。GMR 是由非磁性膜隔开的磁性膜组成的多层膜系统,当过渡金属(Fe,Co,Ni)与薄的非铁磁性金属(Cr,Cu,Ag)隔层组成多层膜系统时,一般都有巨磁阻效应。GMR 多层膜结构如图 4.54a 所示。GMR 在没有磁场时便具有高电阻,原因是此时自旋向上的电子被自旋向下的电子所散射,反之亦然,也有高电阻。当加上磁场时,GMR 具有图 4.54b 所示的结构时,系统具有低电阻。低电阻产生的原因是,当所加磁场足够克服反铁耦合作用时,膜层具有一致的铁磁性,此时自旋相容的导电电子在异质结构中受到较小的散射,故材料电阻降低。

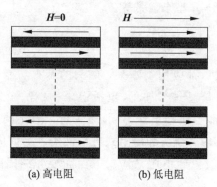

(a) 高电阻   (b) 低电阻

图 4.54 GMR 多层膜系统示意图

若磁场使材料的电阻变化达到更高量级,这种材料称为庞磁电阻材料,但庞磁阻效应一般是在磁感应强度很高的磁场(约 1 T)中产生的。在实际应用中,必须降低材料工作磁场条件,因此必须研制低磁感应强度下(0.1 T)的庞磁电阻材料。学者们在研究钙钛矿型的$(Nd_{1-y}Sm_y)_{1/2}Sr_{1/2}MnO_3$ 的单晶磁性和磁电阻性能时,观察到了显著的低磁场庞磁阻现象。当 $y=0.94$,测试的温度略高于材料的居里温度 T_c 时,在磁感应强度为 0.4 T 的外磁场中得到磁电阻率变化 $\rho_0/\rho_H > 10^3$ 的庞磁电阻。这为庞磁电阻材料的应用开辟了光明的前景。更多有关庞磁电阻材料的研究进展,可以参考相关文献。

(2) 磁阻式磁头

用磁电阻材料制作磁头时,磁头可以做得很薄,在外磁场的影响下,磁头的电阻率将下降。这个外磁场可来自磁带的记录过渡区,特别是其垂直分量。如果该磁场引起磁电阻元件的电阻变化为 R,通过该磁电阻元件的恒电流是 i,那么,外磁场的垂直分量在磁电阻元件上引起的电压变化为 iR。这个电压变化恰是复制了磁带记录的信号变化,因此,利用磁电阻材料做的磁头(MRH)就读出了磁带中的信号。

1971 年 Hunt 提出利用磁电阻材料——FeNi 合金,制作只有读出功能的磁头。这种磁头的优点是灵敏度高,分辨率高,输出信号与磁带速度无关。它的缺点是只能读出,不能记录,而且工作时必须有足够大的电流和偏置磁场。

用于制作 MRH 的材料主要是 $Ni_{81}Fe_{19}$ 合金,它的 ρ_0/ρ_H 达 2.5%,而磁滞伸缩系数却只有 5×10^{-7}。另一些 MRH 材料就是前文已述的由过渡金属和非铁磁性金属隔层组构成的多层膜系统,即 GMR,例如 NiFe-Ag,NiFe-Cu-Co 等。

MRH 存在的问题之一是极薄(50 nm)的元件含有 Fe,易腐蚀。另外,若 MRH 和导电膜接触则会造成短路,因此需加保护膜。而双面磁电阻磁头(DMRH)解决了这个问题。

为了具有磁头功能,选择磁头材料是十分重要的,选择参量应包括:高的磁导率 μ_r,以提高磁头使用效率;低的矫顽力 H_c,以降低磁滞损耗,同时得到低的剩磁;高的电阻率 ρ,以减少涡流损失;在同样的电阻率情况下,叠层使用时,减小每片的厚度 d,减少涡流损失。

由于涉及加工,应选易加工成型且耐磨的磁头材料。表 4.4 列出了国际上常用的磁头芯材料。

表 4.4 国际上常用的磁头芯材料

材料牌号	成分	μ_i	$H_c/$ $(A \cdot m^{-1})$	Bsat/T	$\rho/$ $(\mu\Omega \cdot cm)$	ε	$T_c/℃$
坡莫合金	Ni79Fe17Mo4	20000	4.00	0.87	25	13.2	460
HyMu80	Ni80Fe15MoMnSi	40000	1.59	0.75	25	12.9	460
韧性坡莫合金	NiFeTi	40000	1.59	0.50	90		280
铁铝硅合金	Fe85Al16Si9	10000	4.77	1.00	90	15	500
Vacodur16	FeAl	8000	4.77	0.80	145	15	350
金属玻璃	FeCo	20000	0.80	0.55	130	12.5	250
MnZn 铁氧体	MnOZnOFeO	4000	7.96	0.55	10^7	11.1	170
NiZn 铁氧体	NiOZnOFeO	3000	15.92	0.30	10^{10}	9	100～210
FeRuGaSi*	Fe68Ru8Ga7Si17	1500	39.79	1.40	130	14.0	
Fe/FeCrB#	Fe73Cr7B20	3000	39.79	1.90			
FeN	Fe16N2	>1000	>95.80	2.80			

注:* 表示叠层,2 μm/100 nm;# 表示多层,10 nm/3 nm。

4.9.3 磁光记录材料

磁光(MO)记录的特点是兼有光记录的大容量和磁记录的可重写性。因为一个位码仅占 1 $\mu m \times 1$ μm 的面积,所以预测当磁光盘使用蓝光写入时,最终存储容量在 5.25 英寸的 MO 盘上达 1.3～5 GB。磁光记录为非接触存取,没有磨损,可靠性高,使用寿命长,一个磁光盘可重写数百次。磁光记录系统的主要缺点是存取速度比固定磁盘小 0.5～1 个数量级,并且存储容量对于存储复杂图像信息仍不够大,至少需要扩大 10 倍以上。

目前,磁光盘主要应用于广播电视和计算机系统。1993 年日本应用磁光盘推出用于录音的袖珍唱机,它可录放高保真立体声音乐。磁性材料的磁光记录是通过磁光效应完成的,下面做简要介绍。

(1)磁光效应

材料在外加磁场作用下呈现光学各向异性,使通过材料的光波偏振态发生改变,这种现象称为磁光效应。磁光效应种类很多,如法拉第效应、克尔效应、磁双折射效应和塞曼效应等。

（2）磁光记录薄膜材料

根据磁光记录和读取原理,在选择磁光盘薄膜材料时应注意以下参量。

① 薄膜材料的易磁化轴垂直于膜面,且具有垂直各向异性,这与磁盘薄膜材料的要求相同。

② 由于要求记录密度高,因此材料的饱和磁化强度 M_s 和矫顽力 H_c 的乘积要大,以得到稳定的、尺寸较小的磁畴。在室温下材料的 H_c 要高,以保证存储信息的温度稳定性。

③ 材料具有高于室温但又不太高的居里温度或者补偿温度,一般在 $100\sim300\ ℃$ 范围,以便在室温下可进行记录。

④ 读出信息的信噪比正比于克尔效应和反射率,薄膜材料在磁光记录波长内应有大的克尔效应和反射率,以保证读出信息的高信噪比。

除了以上要求外,还要求材料性能均匀、易加工成膜等。

最早的磁光盘用磁性膜是 MnBi 合金,其居里温度为 $200\ ℃$,克尔效应的克尔角为 $0.7°$,属于多晶膜,信噪比很低。后来发展了由稀土金属(RE)和过渡金属(TM)构成的非晶态薄膜,例如 $Tb_{20}Fe_{74}Co_6$,由于它们不存在晶界,所以噪声低,具有较高的信噪比。利用连续制膜方法可一次制出包括 RE-TM 膜、保护膜和反射膜在内的多层膜。储存在有保护膜的这类磁光盘中的信息寿命达 10 年以上。

RE-TM 合金属于亚铁磁性合金,存在补偿温度,此温度下 M_s 降为零,该温度一般在室温和居里温度之间。补偿点写入法正是利用了这类材料的性质,降低了写入加热温度,减小了热影响区,提高了信噪比,并且利于保持材料性能不退化。

新一代磁光记录技术要求开发在短波前(小于 780 nm)具有大克尔效应的磁光材料。由 Nd,Pr,Ce 等稀土元素组成的 RE-TM 非晶薄膜、Pt-Co 多层人工晶格薄膜和铁氧体磁性薄膜都可以认为是新型磁光材料,它们都具有较大的克尔角,但是由于磁光存储技术的驱动速度较磁盘系统慢且新型磁光材料的价格较贵,因此应用受到限制。新型磁光材料受到来自光存储技术的 CDs 和 DVDs 盘的威胁。

 **复习题**

1. 画图说明抗磁性、顺磁性和铁磁性物质在外磁场 $B_0=0,B_0\neq0$ 时的磁行为。比较其磁化率 χ 的大小和符号,并表示出 μ,μ_r,χ 之间的关系。

2. 分析抗磁性、顺磁性、反铁磁性、亚铁磁性材料的磁化率和温度的关系。

3. 解释物质中为什么会产生磁性。

4. 什么是自发磁化? 铁磁体形成的条件是什么? 有人说"铁磁性金属没有磁性",这句话对吗? 为什么?

5. 试用磁畴模型解释软磁材料的技术磁化过程。

6. 哪些磁性能参数是组织敏感的? 哪些是组织不敏感的? 举例说明成分、热处理、冷变形、晶粒取向等因素对磁性的影响。

7. 比较静态磁化和动态磁化的特点。

8. 试解释动态磁化过程中磁损耗与磁场变化的频率的关系。

9. 软磁材料有哪些特性？常用软磁材料有哪些？

10. 硬磁材料有哪些特性？常用硬磁材料有哪些？

编写人：张晨　袁妍妍

第 5 章

材料的光学性能

本章导学

光学性能主要包括光与固体的相互作用,光的反射、透射和吸收,材料的受激辐射和发光,光纤和光导,光电效应,磁光效应等。本章就光与固体材料作用本质、发光机理、光学效应的应用以及主要的测试方法加以探讨。学习中应重点关注材料光学性能变化的宏观和微观机理的关系,通过拓展专题了解材料光学性能的应用。

5.1 光的波粒二象性

5.1.1 波粒二象性

人类对关于光本质的认识经历了长期的争论和发展历程。19 世纪末,根据原子力理论的观点认为,物质都是由微小的粒子——原子构成的。例如,电原本被认为是一种流体,汤姆逊的阴极射线实验证明其由被称为电子的粒子组成。牛顿等人认为,光是由光源发射出的粒子流,并以此观点来解释反射和折射现象。但随着生产和技术的发展,又出现了许多用光的直线传播概念不能解释的复杂现象。与此同时,波动理论的研究日渐成熟,波被认为是物质的另一种存在形式。19 世纪 60 年代,麦克斯韦提出了电磁波理论,它既解释了光的直线传播和反射现象,又解释了光的干涉和衍射现象,表明光是一种电磁波。波动说一度占据了统治地位,然而随着人们对光的发生及其与物质的相互作用的研究日益深入,波动说却遇到了新的难题。

1900 年,普朗克提出了光的量子假说,认为原子在吸收或发射热辐射(电磁波)时,能量是不连续的,而是一份一份的,提出了完全符合实验谱线的黑体辐射理论公式,成功解决了经典黑体辐射公式与实验结果之间的矛盾。1905 年,爱因斯坦在《关于光的产生和转

160

化的一个试探性观点》一文中提出了光电子假说,他把量子这一概念扩展到辐射的传播和吸收的领域中,认为热辐射和光辐射除了在原子吸收或发射它们时是一份一份的之外,它们在空间传播的过程也是一份一份的,进一步完善了光的量子理论。爱因斯坦将表征粒子性质的物理量(光子的能量、动量等)和表征波动性质的物理量(频率、波长等)联系起来,提出的光电效应方程如式(5.1)所示。

$$E = h\nu = \frac{hc}{\lambda} \tag{5.1}$$

式中,E 为每个光量子的能量;h 为普朗克常量;c 为光速;ν 为入射光的频率;λ 为光的波长。

光量子概念的提出,成功地解释了光电效应中与经典电磁波理论不符的现象。然而,由于缺乏精确测量的实验数据支持和与经典观念完全不同,光量子假说和光电效应方程没有被当时的物理学家们认可。直到 1915 年,密立根第一次通过实验证实了光电效应方程是正确的。康普顿在研究 X 射线的散射现象时发现,在散射线中不仅有和入射线波长相等的射线,还存在大于入射波波长的射线。康普顿效应的发现才使得光量子假说真正被人们接受。

综上所述,光的干涉和衍射现象说明了光是波,而光电效应和康普顿效应又表明了光是粒子。20 世纪初,量子力学的建立终于解决了波与粒子的困扰,提出了波粒二象性。爱因斯坦在 1909 年说道:"在我看来,在理论物理学发展的过程中,最近阶段给我们带来了一种新的光的理论,这个新的理论就是微粒理论和波动理论的一种统一……"爱因斯坦把光的波动性和微粒性在新的层次上统一起来,提出了光具有波动和粒子的双重属性。波粒二象性是指物质同时具有波的特性和粒子的特性。它提供了一个理论框架,使得任何物质在一定环境下都能够表现出这两种性质。

5.1.2　光的电磁性

1845 年,法拉第等人对电磁学进行了深入研究,发现了光的振动面在强磁场中可以旋转的现象。1856 年,韦伯和科尔劳斯在实验中测得电荷的电磁单位和静电单位的比值是个特殊值,与光在真空中的传播速度相同。1865 年,麦克斯韦在其著名论文《电磁场的动力理论》中提出了光的电磁波理论,得出在真空中电磁波的传播速度与真空中的光速是相等的。麦克斯韦提出光是产生电磁现象的媒质的横振动(即电磁波),在理论上预言了电磁波的存在。1888 年,赫兹通过实验验证了电磁波的存在。

光是一定频率范围内的电磁波,在光波中电场和磁场是交织在一起的。电磁场以波的形式朝着各个方向向外扩展。如图 5.1 所示,电磁波具有宽阔的频谱,其中光波的范围从远红外到真空紫外并延伸到软 X 射线区。可见光的波长在 390~770 nm 范围内,不同的波长引起不同的颜色视觉效果。

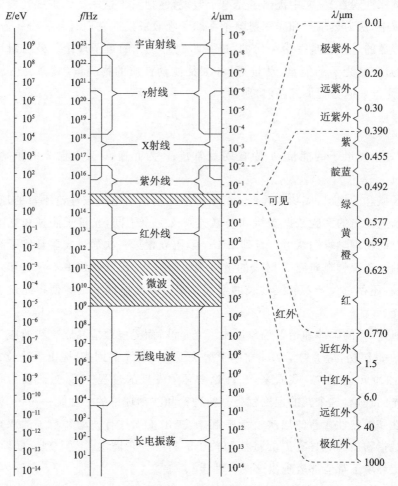

图 5.1　电磁波谱

光是一种横波,其电场强度 E 和磁场强度 H 的振动方向互相垂直,它们和光波的传播方向 S 构成一个直角坐标系,如图 5.2 所示。在实际讨论中,往往只考虑电场作用,而忽略磁场。因此将电场强度矢量直接作为"光矢量"。

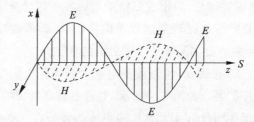

图 5.2　线偏振光中电振动、磁场振动及光的传播方向

光波在不同介质中的传播速度不同,但光振动频率不变,因此光波在不同介质中具有不同波长。光波在真空中的传播速度与真空中的光速相等,以 c 表示。c 与真空介电常数

ε_0 和真空磁导率 μ_0 的关系为

$$c = \frac{1}{\sqrt{\varepsilon_0 \mu_0}} \tag{5.2}$$

根据麦克斯韦方程组,可以推算出光在介质中的速度 v 为

$$v = \frac{C}{\sqrt{\varepsilon_r \mu_r}} \tag{5.3}$$

式中,c 为真空中的光速,3×10^8 m/s;ε_r 为介质的相对介电常数,μ_r 为介质的相对磁导率。

光具有波粒二象性,因此在讨论材料对光的反射、透射和折射现象时,用光的粒子性更容易理解;在讨论光波在介质中的传播、衍射等现象时,用光的波动性更易理解。

5.2 光与固体的相互作用

光在均匀的介质 A 中沿直线传播,当光进入另一种介质 B 表面后,将被折射、反射、透射、吸收和散射。

5.2.1 光的折射

5.2.1.1 折射率

当光从一种介质进入另一种介质的表面以后,如果不考虑吸收、散射等其他形式的能量损失,则入射光只在两种介质的界面上发生反射和折射,入射光的能量重新进行分配,总能量保持不变。这种情况下一条入射光线通常被分为两条光线,一条返回原介质,被称为反射光线;另一条进入另一种介质,被称为折射光线。入射线与入射点处界面的法线所构成的平面称为入射面,其中法线和入射线及反射线所构成的角度 θ_1 和 θ_1' 分别称为入射角和反射角;折射线与法线的夹角 θ_2 称为折射角。光的反射和折射分别遵循反射定律和折射定律。

反射定律:反射线和入射线处于同一平面内,分别位于法线两侧;反射角等于入射角,即 $\theta_1' = \theta_1$。

折射定律:折射线处于入射线平面内,与入射线分位于法线两侧。对单色光来说,入射角 θ_1 的正弦和折射角 θ_2 的正弦之比为一个常数,即

$$\sin \theta_1 / \sin \theta_2 = n_{21} \tag{5.4}$$

其中,n_{21} 为介质 2 相对介质 1 的相对折射率。折射率与光波的波长和界面两侧介质的性质有关,与入射角无关。如果介质 1 为真空,则上式可写为

$$\sin \theta_1 / \sin \theta_2 = n_2 \tag{5.5}$$

其中,n_2 为第二介质相对于真空的相对折射率,或第二介质的绝对折射率,简称折射率。大多数情况下,介质相对空气的相对折射率与其绝对折射率相差较小,通常情况下不加区分。表 5.1 为部分玻璃和晶体的折射率。材料的折射率反映了光在该材料中传播速度的

快慢。两种介质中,折射率较小、光传播速度较快的,称为光疏物质;折射率较大、光传播速度较慢的,称为光密物质。图 5.3 显示了部分无机固体材料的折射率与波长的关系。

表 5.1 部分玻璃和晶体的折射率

	材料	平均折射率	双折射率
玻璃	由正长石($KAlSi_3O_8$)组成的玻璃	1.51	
	由钠长石($NaAlSi_3O_8$)组成的玻璃	1.49	
	由霞石正长岩组成的玻璃	1.50	
	氧化硅玻璃	1.46	
	高硼硅酸玻璃	1.46	
	硫化钾玻璃	2.66	
	钠钙硅酸盐玻璃	1.51~1.52	
晶体	四氟化硅	1.41	
	氟化锂	1.39	
	氟化钠	1.33	
	氟化钙	1.43	
	刚玉(Al_2O_3)	1.76	0.008
	方镁石(MgO)	1.74	
	石英(SiO_2)	1.55	0.009
	尖晶石($MgAl_2O_4$)	1.72	
	锆英石($ZrSiO_4$)	1.95	0.055
	正长石($KAlSi_3O_8$)	1.53	0.007
	钠长石($NaAlSi_3O_8$)	1.53	0.008
	钙长石($CaAl_2Si_2O_8$)	1.59	0.008
	金红石(TiO_2)	2.71	0.287
	方解石($CaCO_3$)	1.65	0.170
	硅	3.49	
	碲化镉	2.74	
	硫化镉	2.50	
	钛酸锶	2.49	
	氧化钇	1.92	

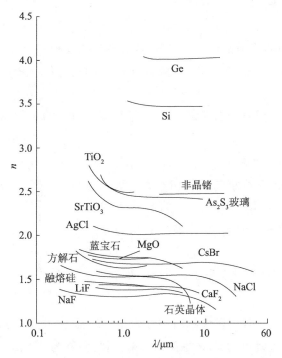

图 5.3　部分无机固体材料的折射率与波长的关系

5.2.1.2　折射率的影响因素

折射率是研究材料光学性能和实际应用的重要特征参数和依据。通常情况下,材料的折射率都是大于 1 的正数(如表 5.1 所示)。麦克斯韦关系式($\varepsilon_r = n^2$)反映了光的折射率与材料的介电常数的关系。材料的相对原子质量、电子分布、化学性质等微观因素通过宏观介电常数来影响光在材料中的传播速度,因此,影响材料折射率的因素主要有以下几个方面:

(1) 构成材料元素的离子半径和电子结构

折射率是材料组成离子的极化率总和。离子的极化率是由离子的半径及其外层电子结构决定的。原子价相同的正离子,半径越大,极化率越高;离子的极化率很大程度上会受到周围离子极化的影响,尤其是负离子。氧离子与周围离子键合力越大,越不易被极化,极化率也就越小。正离子半径增加将减弱其与负离子间的键合力,不仅可以提高其本身的极化率,还可以提高负离子的极化率,从而迅速提高材料的折射率。例如,为了提高玻璃的折射率,往往通过掺入 PbO 等含有大离子的氧化物来提高折射率。

(2) 材料的结构、晶型

构成材料的离子的排列情况是影响材料折射率的重要因素之一。根据光线通过介质材料的表现,可以把介质分为均匀介质和非均匀介质。当光通过非晶态和立方晶体等各向同性的材料时,折射率不因光的传播方向不同而变化,即材料只有一个折射率,该类材料被称为均匀介质。除立方晶体材料外,其他晶体材料都属于非均匀介质,光进入该类介质时会产生双折射现象。

（3）同质异构体

在同质异构材料中，高温晶型折射率低，低温晶型折射率较高。例如：常温时，石英玻璃 $n=1.46$，石英晶体 $n=1.55$；高温时，鳞石英 $n=1.47$，方石英 $n=1.49$。

（4）材料内应力

材料的内应力对其折射率也有影响，垂直于拉应力方向的折射率大，平行于拉应力方向的折射率小。

5.2.1.3　材料的双折射

材料的折射率与离子排列情况密切相关。当光通过除非晶态和立方晶体外的非均匀介质时，在不同方向表现出不同的折射率。因此，当光通过非均匀介质表面时，在各方向上的折射率不同，折射光会分成两束沿着不同的方向传播，这种现象称为双折射，如图 5.4 所示。

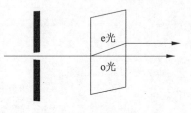

图 5.4　双折射现象

双折射是指一束光在各向异性材料中分为两束传播，其中的一束称为寻常光（o 光），其折射率与入射光的入射角无关，严格服从折射定律，始终为一常数，称为常光折射率 n_o；另一束称为非常光（e 光），其折射率随着入射光方向的改变而改变，不遵守折射定律，称为非寻常光折射率 n_e。在各向异性晶体中存在着一些特殊的方向，光沿着这些方向传播时，不发生双折射现象。这些特殊的方向被称为晶体的光轴。方解石、石英等只有一个光轴的晶体，被称为单轴晶体；云母、黄玉等具有两个光轴的晶体，被称为双轴晶体。当光沿着晶体光轴方向入射时，只有 n_o 存在；当光垂直光轴方向入射时，n_o 和 n_e 同时存在，将此时的 n_o 与 n_e 合称为晶体的主折射率。如果已知某晶体的 n_o 和 n_e 及光轴的方向，可以把光沿着其他方向入射时 e 光的折射方向完全确定下来，其折射率介于 n_o 和 n_e 之间。光线沿着晶体的某界面入射，此界面的法线与晶体的光轴构成的平面，称为主截面。当入射面与主截面重合时，两折射线都在入射面内；否则，e 光不在入射面内。双折射是非均质晶体的特性，该类晶体的所有光学性能都与双折射有关。

5.2.2　光的反射和透射

图 5.5 表明，光作为一种波，从介质 1（折射率 n_1）穿过界面进入介质 2（折射率 n_2）出现一次反射；折射光在介质 2 中经过第二个界面时，也要发生反射和折射。由于入射时发生反射，透过界面进入介质 2 中的光强度减弱。如果设置光的总能量流 W 为

$$W = W' + W'' \tag{5.6}$$

式中，W，W'，W'' 分别为单位时间通过单位面积的入射光、反射光和折射光的能量流。当入射光垂直或接近于垂直介质界面时，根据反射定律和能量守恒定律可以推导出，材料的反射系数为

$$R = \frac{W'}{W} = \left(\frac{n_{21} - 1}{n_{21} + 1} \right)^2 \quad \left(n_{21} = \frac{n_2}{n_1} \right) \tag{5.7}$$

式中，R 为反射系数。由式(5.7)可知，当光线垂直入射时，光在界面上反射的多少取决于两种介质的相对折射率 n_{21}。结合式(5.6)和式(5.7)可知：

$$\frac{W''}{W} = 1 - \frac{W'}{W} = 1 - R \tag{5.8}$$

其中，$1 - R$ 为透射系数。如果介质 1 为空气，可认为 $n_1 = 1$，则 $n_{21} = n_2$。若 n_1 和 n_2 相差很大，则界面反射损失严重。如果 $n_1 = n_2$，则 $R = 0$，因此，在垂直入射的情况下，几乎没有反射损失。

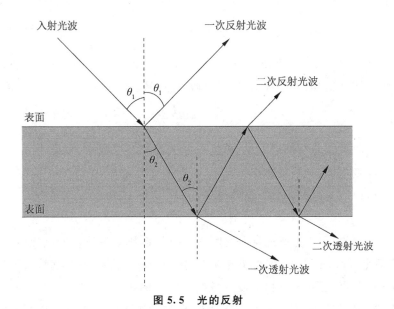

图 5.5　光的反射

综上可知，两种介质的折射率决定了反射率和透射率，如果两种介质的折射率相差较大，界面反射损失就严重。介质的折射率与波长有关，所以同一种材料对不同波长的光有不同反射率。如金对绿光的垂直反射率为 50%，而对红光的垂直反射率在 96% 以上。不同材料对同一波长的光的反射率也有较大差距。

5.2.3　光的吸收

光波通过介质时，除了发生反射和折射而改变其传播方向外，进入材料之后还会发生两种变化，一是部分光的能量被吸收，这种现象称为材料对光的吸收；二是光在材料中的传播速度比在真空中小，且传播速度与波长相关，这种现象称为光的色散。

5.2.3.1　吸收系数

光作为能量流穿过材料时，会引起材料的价电子跃迁或使原子振动而消耗能量，从而产生光吸收。材料中的价电子吸收光子能量而激发，当尚未退激而发出光子时，电子在运动中与其他分子碰撞，电子的能量转变成分子的动能，从而造成光能的衰减。普通光在固体和液体介质中的吸收遵循朗伯定律和比尔定律。

（1）朗伯定律

布格和朗伯先后在 1729 年和 1760 年阐明了物质对光吸收程度与吸收介质厚度之间的关系。如图 5.6 所示，一束强度为 I_0 的平行光束沿着 x 方向在厚度为 L 的均匀介质中通过一段距离 l_0 后，光的强度由起始强度 I_0 减弱为 I，再经过一个薄层 $\mathrm{d}l$，强度变为 $I-\mathrm{d}I$。大量实验证明：入射光强减少量 $\mathrm{d}I/I$ 与吸收层的厚度 $\mathrm{d}l$ 成正比，即

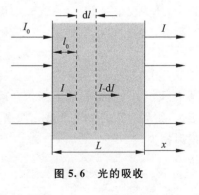

图 5.6　光的吸收

$$\frac{\mathrm{d}I}{I}=-\kappa\mathrm{d}l \tag{5.9}$$

式中，κ 称为吸收系数，与介质性质及波长有关，与入射光强度无关。式（5.9）是光强 I 的线性微分方程，是光吸收的线性规律，所以吸收系数 $\kappa(\lambda)$ 的值为

$$\kappa(\lambda)=-\frac{\mathrm{d}I}{I}\frac{1}{\mathrm{d}l} \tag{5.10}$$

式（5.10）表明吸收系数的物理意义是：单位长度上的光强吸收率，单位为 m^{-1}。式中负号表示随吸收层厚度增加，光强度减小。

当 $l=0$ 时，$I=I_0$，将式（5.10）积分得到：

$$I=I_0\mathrm{e}^{-\kappa(\lambda)l} \tag{5.11}$$

上式称为朗伯定律，式中 l 为通过材料的厚度。吸收系数 κ 是波长的函数，在一般吸收的波段内，κ 值很小，近似一常数；在选择吸收的波段内，κ 值很大，并且随波长不同而显著变化。当光的传播距离达到 $1/\kappa$ 时，强度衰减到入射时的 $1/e$。κ 越大、材料越厚，光被吸收得越多，因此透过后的光强度就越小。光吸收系数可按不同的光谱区进行测定。然而对于强激光来说，光和物质的非线性相互作用显示出来，吸收系数则和折射率一样都依赖于光强度，朗伯定律不再适用。

（2）比尔定律

当光通过透明溶液时，溶液的吸收系数与溶液的质量分数 C 成正比，即 $\kappa=AC$，A 仅决定于溶质的分子特性而与质量分数无关。因此，溶液对光的吸收规律可以写成式（5.12）。

$$I=I_0\mathrm{e}^{-ACl} \tag{5.12}$$

上式称为比尔定律，常用来测定溶液的质量分数。该定律只在溶质分子对光的吸收不受周围分子影响的条件下成立。

5.2.3.2　光吸收与波长的关系

通常情况下，没有一种介质（真空除外）对任何波长的电磁波是完全透明的，所有物质都是对某些范围内的光透明，而对另一些范围内的光不透明。例如，石英对可见光几乎完全透明，而对波长在 $3.5\sim5~\mu\mathrm{m}$ 的红外线不透明，即石英对可见光吸收很少，而对波长在

$3.5\sim5~\mu m$ 的红外线强烈吸收。吸收是物质的普遍性,如石英对可见光的吸收为一般吸收,其特点是吸收很少并且吸收系数在给定波段内几乎是不变的;石英对波长在 $3.5\sim5~\mu m$ 的红外线的吸收称为选择吸收,其特点是吸收很大并且吸收系数随波长有很大的变化。所有介质对光的吸收都是由一般吸收和选择吸收组成的。

由于波长越短,光子的能量越大,因此一般情况下,材料在紫外区会出现紫外吸收端。当光子能量达到材料的禁带宽度 E_g 时,电子就会吸收光子能量从满带跃迁到导带,此时吸收系数急速增大。此紫外吸收端相应的波长可根据材料的 E_g 求得,即

$$E_g = h\nu = h\cdot\frac{c}{\lambda} \tag{5.13}$$

式中,h 为普朗克常量;c 为光速。由式(5.13)可知,禁带宽度大的材料,紫外吸收端的波长较小。对于光窗、透镜、棱镜等光学元件,材料能透过的波长范围越广越好,最好是能透过紫外线、可见光和红外光,但是由于短波侧受材料的禁带宽度限制,这种材料很难找到。

材料在红外区的吸收峰是因离子的弹性振动与光子辐射发生谐振消耗能量所致。要使谐振点的波长尽可能远离可见光区,即使吸收峰的频率尽可能小,需要选择具有较小热振频率 ν 的材料。该频率 ν 与材料的其他常数满足如下关系:

$$\nu^2 = 2\beta\left(\frac{1}{M_c}+\frac{1}{M_a}\right) \tag{5.14}$$

式中,β 是与力有关的常数,由离子间结合力确定;M_c 和 M_a 分别代表阳离子和阴离子的质量。因此,如果希望材料在电磁波谱的可见光区的透过范围较广,那么要求紫外吸收端波长小,材料的 E_g 要大。除此之外,最好有弱的离子间结合力和大的离子质量。高离子质量的二价碱金属卤化物,较好地满足了上述条件。表 5.2 列举了部分厚度为 2 mm 的材料的透光超过 10% 的波长范围。

表 5.2　部分材料透光波长范围

材料	透光的波长范围 $\lambda/\mu m$	材料	透光的波长范围 $\lambda/\mu m$
熔融二氧化硅	$0.16\sim4.00$	多晶氟化钙	$0.13\sim11.80$
熔融石英	$0.18\sim4.20$	单晶氟化钙	$0.13\sim12.00$
铝酸钙玻璃	$0.40\sim5.50$	氟化钡-氟化钙	$0.75\sim12.00$
偏铌酸锂	$0.35\sim5.50$	三硫化砷玻璃	$0.60\sim13.00$
方解石	$0.43\sim6.20$	硫化锌	$0.60\sim14.50$
钛酸锶	$0.39\sim6.80$	氟化钡	$0.13\sim15.00$
三氧化二铝	$0.20\sim7.00$	硅	$1.20\sim15.00$
蓝宝石	$0.15\sim7.50$	氟化铅	$0.29\sim15.00$
氟化锂	$0.12\sim8.50$	硫化镉	$0.55\sim16.00$
氧化钇	$0.26\sim9.20$	硒化锌	$0.48\sim22.00$
单晶氧化镁	$0.25\sim9.50$	锗	$1.80\sim23.00$

5.2.4 光的散射

造成光通过材料时强度减弱的原因主要有两方面,一是材料吸收了光的能量,二是材料的不均匀性、微粒杂质等引起光散射。光波在透明介质中传播时,部分光波偏离原来的传播方向而向四面八方传播的现象称为光的散射,偏离原方向的光称为散射光。光的散射可分为两类:一类是散射光的波长不发生变化时的散射,如瑞利散射、米氏散射等;另一类是散射光的波长发生了改变的散射,如拉曼散射、布里渊散射等。

5.2.4.1 散射的一般规律

光通过均匀的透明介质时,从侧面是很难看到光线的。若介质不均匀,则可以从侧面清晰地看到光线的轨迹。这是介质的不均匀性使光线向各个方向散射的结果。当光通过均匀介质时,遇到烟尘、微粒、悬浮液或者结构成分不均匀的微小结构区域时,会引起部分光散射,因此光在传播方向上的强度将会减弱。对于相分布均匀的材料,光减弱规律与光吸收规律具有相同的形式:

$$I = I_0 e^{-sl} \tag{5.15}$$

式中,I_0 为光的原始光强;I 为光通过厚度为 l 的材料后,由于散射,在传播方向上的剩余光强;s 为散射系数,其单位为 m^{-1}。实际情况下,光强在传播方向上的衰减是由吸收和散射共同造成的,因此,将吸收规律与散射规律统一起来,可得到

$$I = I_0 e^{-(\kappa+s)l} \tag{5.16}$$

式中,I_0 为光的原始光强;I 为光通过厚度为 l 的材料后,由于吸收和散射,在传播方向上的剩余光强;κ 和 s 分别为吸收系数和散射系数,是衰减系数的两个组成部分。

5.2.4.2 弹性散射和非弹性散射

根据光散射前后波长是否变化,可以将其分为弹性散射和非弹性散射两大类。其中,散射前后光的波长不变的称为弹性散射,散射前后光的波长发生改变的称为非弹性散射。与弹性散射相比,非弹性散射强度通常要弱几个量级,因而常常被忽略。

(1) 弹性散射

根据经典力学的观点,弹性散射的过程被看成光子和散射中心的弹性碰撞过程。其结果只改变了光子的运动方向,而不改变其能量。弹性散射的规律除了波长不变外,散射光的强度与波长的关系可因散射中心尺度的大小而具有不同的规律,一般满足如下关系:

$$I_s \propto \frac{1}{\lambda^\sigma} \tag{5.17}$$

式中,I_s 为散射光强度;λ 为入射光波长;σ 与散射中心尺度 d 和波长 λ 的相对大小有关。

按照 d 和 λ 的大小关系,弹性散射又可分为三种情况。

延德尔散射:当 $d \gg \lambda$ 时,$\sigma \to 0$,即散射中心尺度远大于入射光波长时,散射光强度与入射光波长无关。例如,粉笔灰颗粒的尺寸对所有可见光波长均满足这一条件,所以,粉笔灰对白光中所有单色成分都有相同的散射能力,它看起来是白色的。

米氏散射:当 $d \approx \lambda$ 时,即散射中心尺度与入射光波长可以比拟时,σ 在 $0 \sim 4$ 范围,具

体数值与散射中心尺度有关。该范围内的粒子散射光性质比较复杂,如存在散射光强度随 d/λ 值的变化而波动和散射光强度在空间分布不均匀等问题。米氏散射原理主要用来研究微粒体系中微粒(散射单元)的尺寸和分布,近年来也用于研究聚合物合金的相结构及相尺寸的分布,以及粒度分析仪器制造。

瑞利散射:当 $d \ll \lambda$ 时,$\sigma = 4$,即散射中心尺度远小于入射光波长时,散射光强度与入射光波长的 4 次方成反比。根据瑞利定律,微小粒子($d \ll \lambda$)对短波的散射强度高于长波。图 5.7 显示了 I_s 与波长 λ 的关系。在可见光的短波侧 $\lambda = 400$ nm 处紫光的散射强度约是长波侧 $\lambda = 720$ nm 处红外光的散射强度的 10 倍。根据瑞利原理,就可以解释晴天早晨的太阳呈鲜红色而中午却变成白色。

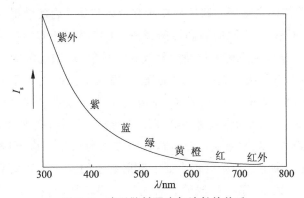

图 5.7　瑞利散射强度与波长的关系

在日常生活和科学研究中,瑞利散射有广泛的应用。利用瑞利散射,可以研究高分子的结晶行为和结晶结构;通过对瑞利散射的图样进行傅里叶转变,可研究聚合物共混体系的相结构即相尺寸。

通常情况下,散射光的强弱可用于判断材料光学均匀性的好坏。通过对各种介质弹性散射性质的测量和分析,可以获取胶体溶液、浑浊介质、晶体和玻璃等光学材料的物理化学性质,确定流体中散射微粒的大小和运动速率。利用激光在大气中的散射,可以测量大气中悬浮微粒的密度、检测大气污染的程度等。

(2)非弹性散射

当光通过材料时,侧向接收到的散射光主要是波长不变的瑞利散射光,属于弹性散射。除此之外,使用高灵敏度和高分辨率的光谱仪器还可以发现散射光中其他光谱的成分,如图 5.8 所示。这些光谱在频率坐标上对称地分布在弹性散射光的低频和高频侧,强度一般比弹性散射弱很多。这种光散射的频率改变是由入射光子与材料发生非弹性碰撞造成的。图 5.8 中,在瑞利线两侧的两条谱线为布里渊散射线,其与瑞利线的波数差一般在 $10^{-1} \sim 10^{0}$ cm^{-1} 量级;距离瑞利线远些的谱线是拉曼散射线,其与瑞利线的波数差因散射介质能级结构不同在 $10^{0} \sim 10^{4}$ cm^{-1} 之间变化。

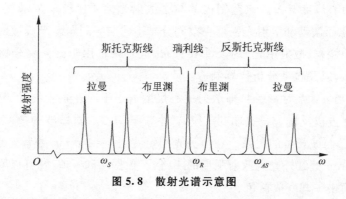

图 5.8　散射光谱示意图

拉曼散射:1928 年印度物理学家拉曼在研究液体和晶体内的散射时,发现在散射光中除了频率与入射光频率 ν_0 相同的瑞利散射线外,在其两侧还有频率为 $\nu_0 \pm \nu_i (i=1, 2, 3\cdots)$ 的散射线存在。这种现象称为拉曼散射或联合散射,对该现象的解释是:入射光子与分子发生非弹性碰撞,分子吸收频率为 ν_0 的光子,发射 $\nu_0 - \nu_i$ 的光子,同时分子从低能态跃迁到高能态;分子吸收频率为 ν_0 的光子,发射 $\nu_0 + \nu_i$ 的光子,同时分子从高能态跃迁到低能态。其中频率为 $\nu_0 - \nu_i$ 的谱线称为红伴线或斯托克斯线;频率为 $\nu_0 + \nu_i$ 的谱线称为紫伴线或反斯托克斯线。频率差 $\nu_i (i=1,2,3\cdots)$ 被称为拉曼位移,与入射光的频率 ν_0 无关,由散射物质的性质决定。拉曼位移表征了散射物质的分子振动频率,每种散射物质都有自己特定的拉曼位移。由于拉曼散射具有这一重要特征,它在研究分子结构方面具有举足轻重的作用,可以用来确定分子振动的固有频率、判断分子对称性、研究分子的动力学行为。

拉曼散射可以分为共振拉曼散射和表面增强拉曼散射两种类型。当一种化合物被入射光激发,激发线的频率处于该化合物的电子吸收谱带以内时,电子跃迁和分子振动的耦合,使某些拉曼谱线的强度急剧增大,这个效应称为共振拉曼散射。共振拉曼光谱是激发拉曼光谱中比较活跃的一个领域,主要有以下 3 个原因:① 拉曼谱线强度显著增大,提高了检测的灵敏度,适合于稀溶液的研究,尤其是浓度小的自由基和生物材料研究;② 共振拉曼增强的谱线属于产生电子吸收的基团,其他部分可能因为激光的吸收而被减弱,因此可用于研究生物大分子中的某些部分;③ 从共振拉曼的退偏度的测量中,可以得到正常拉曼光谱中得不到的分子对称性信息。当一些分子被吸附到金、银、铜等粗糙的金属表面时,拉曼谱线强度会显著增大,这种效应称为表面增强拉曼散射。

布里渊散射:入射光在密度不均匀的介质中传播时发生的一种散射现象。散色光的频率和强度与介质中声波的频率有关,根据多普勒原理,散射光的频率将发生多普勒频率位移。1922 年布里渊推出了计算散射光频率的公式:

$$\begin{cases} \nu_s = \nu_0 \pm \nu_p \\ \nu_p = \dfrac{2vn}{c}\nu_0 \sin \dfrac{\theta}{2} \end{cases} \tag{5.18}$$

式中,ν_s 是散射光的频率;ν_0 为入射光频率;ν_p 为介质内声波的频率;v 是声波在介质中的传播速度;n 为介质的折射率;c 为真空中的光速;θ 代表散射光传播方向与入射光之间的夹角。该公式于 1932 年得到实验证实,这种散射被称为布里渊散射,$\nu_0 - \nu_s$ 为布里渊散射频率,与声波频率 ν_p 相等。由于布里渊散射波数位移量很小(约 10^{-10} cm^{-1}),散射强度只有原入射光强度的亿分之一左右,所以布里渊散射被发现后难以应用。

5.3　材料的光发射和受激辐射

材料以某种方式吸收能量,并将其转化为光能(即发射光子)的过程,称为光发射。

5.3.1　材料发光的激励方式和基本性质

5.3.1.1　激励过程和激励方式

材料从外界吸收能量,将引起内部合适的激发,部分能量以发光的形式发射出来。材料吸收能量的来源可以是可见光、紫外光、X 射线等电磁波或带电粒子束,也可是物理能、机械能、化学能、生物能等。虽然能量的来源不同,但是材料的发光过程基本都是相同的。具体过程可以分为以下 4 个阶段:① 激发过程:材料吸收能量后,将本身的原子、分子或离子从基态激发到高能态,这个过程称为激发,是发光现象经历的第一个物理过程;② 辐射跃迁过程:发光材料受到激发后,其中原子(离子)被激发到高能态,这些高能态处于不稳定状态,将会从激发态跃迁回基态,多余的能量以光子的形式释放出来;③ 无辐射跃迁过程:发光中心从激发态跃迁回基态,多余的能量以声子的形式释放到晶格中,导致材料的温度升高;④ 能量传输过程:输入的激发能在基质与发光中心间、发光中心与发光中心间进行传递。

发光材料常见的激励方式主要有以下 3 种:① 光致发光:通过光的辐照将材料中的电子激发到高能态从而导致发光,其激励光源可以处于可见光波段、紫外线波段、红外线波段、X 射线波段、γ 射线波段。发光波长比吸收光波长要长,光致发光常用来使看不见的紫外线或 X 射线转变为可见光。② 场致发光:利用直流或交流电场能量来激发发光,又称电致发光。场致发光包括几种不同类型的电子过程:一是物质中的电子从外电场吸收能量,与晶格相碰时使晶格离化,产生电子-空穴对,复合时产生辐射;二是外电场使发光中心激化,发光中心从激发态回到基态时发光,这种发光称为本征场致发光;三是在半导体的 PN 结上加正向电压,P 区中的空穴和 N 区中的电子分别注入对方区域成为少数载流子,复合时产生光辐射,称为载流子注入发光,又称结型场致发光。③ 阴极射线致发光:在真空中利用高能量的电子轰击材料,通过电子在材料内部的多次散射碰撞,使材料中多种发光中心被激发或电离而发光的过程称为阴极射线致发光。这种发光只局限于电子所轰击的区域附近。用电子束激发时,其电子能量通常在几千甚至几万电子伏,入射到发光材料中产生大量次级电子离化和激发发光中心引起发光。阴极射线发光材料主要被用作荧光屏。

5.3.1.2 基本性质

（1）吸收光谱

吸收光谱反映了吸收能量值与投射到发光材料上的光波波长的关系，也反映出不同波长的光对材料的激发效果，是发光材料的重要特性之一，可以用来确定对发光有贡献的激发光波长范围。光波不仅可以被基质"晶格"吸收，也可以被发光中心吸收。因此，吸收和产生吸收的光谱区域由激活剂和晶格性质共同决定。图 5.9 为半导体材料中所观测到的吸收光谱，随着入射光能量的增加，可以观测到由自由电子和空穴引起的吸收、杂质间的吸收、由激子引起的吸收。在高能量区域，还可以观测到强光带间吸收。

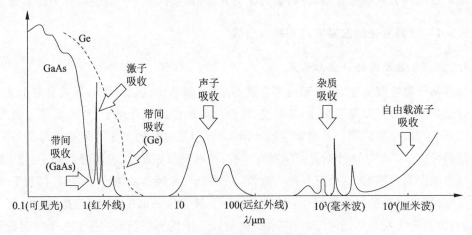

图 5.9　半导体的吸收光谱

（2）发射光谱

发射光谱是指发光材料在一定激发条件下所发射的不同波长光的强度或能量分布，反映材料从高能级向低能级跃迁的过程，是发光材料独具的特征。发射光谱的形状与材料的能量结构有关，有些材料的发射光谱呈现宽谱带，甚至由宽谱带交叠而形成连续谱带；有些材料的发射光谱比较窄，在低温下分解成许多谱线。发射光谱的波长分布与吸收辐射的波长无关，仅与物质的性质和物质分子所处的环境有关。

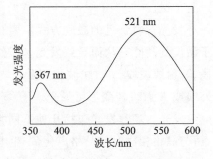

图 5.10　ZnO 的发射光谱

图 5.10 为 ZnO 的发射光谱，由图可知，ZnO 可以同时发绿光和蓝光。

（3）激发光谱

激发光谱是发光材料发射某种特定谱线的发光强度随激发光的波长而改变的曲线，反映了不同波长的光激发材料的效果。激发光谱表示对发光起作用的激发光的波长范围，能够引起材料发光的激发波长也一定是材料可以吸收的波长。激发光谱与吸收光谱有相似之处，但是有些材料吸收光后不一定会发射光，吸收的能量可能被转化为热能而耗散掉，这些对发光没有贡献的吸收不会出现在激发光谱上。所以，激发光谱又不同于吸收光谱。图 5.11 所示为 $Y_2SiO_5:Eu^{3+}$ 的激发光谱,其中横坐标为激发光波长,纵坐标为发光强度,发光越强,能量就越高。

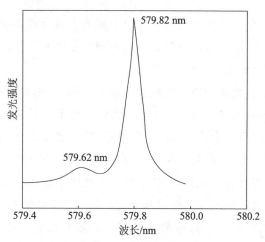

图 5.11　$Y_2SiO_5:Eu^{3+}$ 的激发光谱

（4）发光效率

发光效率反映了材料吸收激发能量后转化为光能的比例,可通过能量效率、量子效率、流明效率三种方式来表示。① 能量效率:发光能量与吸收能量之比。发光材料吸收的能量一部分转变为热能,能量效率值表征激发能量转变为发光能量的比例。发光中心本身直接吸收能量时,发光效率最高;如果能量被基质吸收,如复合型发光材料,吸收能量发光时形成电子和空穴,它们沿着晶格移动时可能被陷阱俘获,以及空穴和电子的无辐射复合会使能量效率降低。② 量子效率:发光材料辐射出的量子数（N_{em}）与吸收的激发光量子数（N_{ex}）之比。量子效率不考虑辐射光谱对吸收光谱斯托克斯位移时的能量损失。量子效率值主要由发光材料的基质、制备工艺决定。除此之外,量子效率还与杂质、激活剂的浓度、激发条件、激发光波长、激发光强度和温度等众多因素有关。通常情况下,激发光光子的能量总是大于发射光光子的能量,当激发光波长比发射光波长短很多时,能量损失很大。③ 流明效率:发光材料发射的光通量ϕ与发光材料吸收的能量 E_{ex} 之比,单位为 lm/W。人眼对不同波长光的敏感程度区别很大,因此,在用人眼衡量发光器件性能时,引入流明效率这一参量。

（5）发光寿命

发光寿命是指发光体在激发停止后持续发光时间的长短。由于激发后,电子在激发态中做调整,从到达激发态到跃迁回基态的时间段里,还有其他过程发生。因此,不同发光材料的衰减规律不一样,发光的持续时间也不一样。人们将激发停止后立即停止的发光称为荧光,而将激发停止后,延续相当长一段时间的发光称为磷光。在实际应用中,将从激发停止时的发光强度 I_0 衰减到 $I_0/10$ 的时间称为余辉时间。根据余辉时间的长短,发光材料可以分为:超短余辉（<1 ms）、短余辉（1～10 μs）、中短余辉（10^{-2}～1 ms）、中余

辉（1～100 ms）、长余辉（0.1～1 s）和超长余辉（>1 s）。

5.3.2　材料发光的物理机制

固体材料的发光可分为分立中心发光和复合发光两种微观的物理过程。对具体的发光材料而言，可能只存在其中一种过程，也可能两种过程同时存在。

5.3.2.1　分立中心发光

除了半导体注入式发光是利用带间跃迁产生发光外，大多数发光体都具有发光中心。发光体的发光中心通常是掺杂在基质材料中的离子，也可以是基质材料自身结构的某一个基团。如 Y_2O_3 :Eu 的发光中心是 Eu^{3+} ，$CaWO_4$ 的发光中心是 WO_4^{2-} 离子团，$ZnSiO_4$:Mn 的发光中心除 Mn^{2+} 外，还有邻近的 O 离子。发光中心吸收能量后从基态跃迁到激发态，从激发态跃迁回基态时释放出能量即发光。在基质中掺入少量杂质可以形成发光中心，掺入的杂质被称为激活剂。激活剂对基质起激活作用，从而使原来不发光或发光较弱的基质材料能够发出较强的光。激活剂本身可以成为发光中心，也可以与周围离子或晶格缺陷组成发光中心。发光中心决定发光的光谱，从而可以调节发光的颜色。通过选择基质和激活剂，可以得到发出不同颜色的光的发光材料。发光中心会受周围基质晶格的影响，有的激活剂受基质晶格影响较小，作为发光中心的主要部分，其能级结构基本接近自由离子的情况。有的发光中心受晶格的影响较大，发光中心的能级状态和自由离子不同。即使电子处于激发态，也不会离开发光中心。在考虑了周围离子的作用后，还能找出对应的关系。这表明这些发光中心在晶格中是比较独立的，激发的电子可以不和晶格共有，对晶体的导电性没有贡献，周围晶格离子对发光中心只起到次要的作用。这类发光中心被称为分立发光中心，离子性较强的晶体常常具有这类发光中心。

分立发光中心可以分成三种类型：① 中心基本是孤立的，晶格对其只有次要的影响，例如以三价稀土离子为激活剂的材料属于这一类型。② 晶格使激活剂离子的能级结构有很大的变化，但是运动晶体场理论基本可以判别各个谱线或谱带的起源。③ 晶格对基质材料离子的影响很大，需要把它们的振动和激活剂离子的电子跃迁放在一起考虑，其光谱需要运用位形坐标模型分析，但是往往只能得到半定量或经验型的结果。

分立发光中心的最好例子是掺杂在各种基质中的三价稀土离子。三价稀土离子产生光学跃迁的是 4f 电子，发光的只是 4f 次壳层中的电子跃迁。由于 4f 电子被外层的 $5s^25p^6$ 电子（共 8 个电子）所屏蔽，因此，晶格场对激活剂离子的影响很小，其能量结构和发射光谱很接近自由离子的情况。晶格场对激活剂离子的影响主要表现在以下几个方面：① 影响光谱结构。晶格场的扰动会引起中心离子简并能级的分裂，从而引起发光谱线的分裂，因此，发射光谱比自由离子的要复杂。② 影响光谱的相对强度。晶格场的参与改变了跃迁选择的定则，从而改变了不同谱线的跃迁概率。③ 影响发光寿命。晶格场对发光寿命的影响一般也是通过改变选择定则来实现的。

5.3.2.2　复合发光

复合发光可直接由带间的电子和空穴的复合产生，也可以通过发光中心复合产生。

与分立中心发光的根本差别在于,复合发光时电子跃迁涉及固体的能带。当电子被激发到导带时,价带上就产生一个空穴,因此当导带的电子回到价带与空穴复合时,将释放能量产生光。这种发光过程称为复合发光,所发射的光子能量等于材料的禁带宽度。通常复合发光采用半导体材料,并通过掺杂的方式提高发光效率。硅基发光二极管就是根据上述原理制作的发光器件。Si 属于 IV 族元素,有 4 个价电子,在材料中与邻近其他原子的价电子构成共价键。在低温的平衡状态时 Si 没有自由电子,不导电。当价电子受到激发而跃迁到导带时变成自由电子,同时价带上产生一个空穴,这称为本征激发。此时,自由电子和空穴都成为材料中的载流子,使材料具有一定的导电性。在 Si 中掺入 V 族元素或Ⅲ族元素等杂质时,材料导电能力将极大地增强。这两类元素杂质的作用不同,V 族元素向 Si 材料中释放电子,靠自由电子导电,称为 N 型杂质,对应于 N 型半导体;Ⅲ族元素将接受电子,靠空穴导电,称为 P 型杂质,对应于 P 型半导体。

N 型半导体和 P 型半导体的吸收和自发发射的过程在本质上与原子、分子相同,不同之处在于半导体内电子的能量分布是具有一定宽度的价带和导带。受到某种因素影响,半导体的价带和导带上形成电子－空穴对,激发的电子将会由于自发发射而同价带内的空穴复合,从而产生复合发光。

5.3.3　材料受激辐射和激光

激光是 20 世纪 60 年代初期出现的新型相干光源,与传统光源相比,激光具有单色性好、方向性好、辐射能量高度集中等突出优势。激光科学技术在有充足的理论准备和迫切的生产实践需要的双重背景下发展。爱因斯坦于 1917 年在量子理论的基础上提出了一个崭新的概念:在物质与辐射场的相互作用中,构成物质的原子或分子可以在光子的激励下产生光子的受激发射或吸收。这表明,在适当的激励条件下(非热平衡状态),在粒子体系的特定高低能级间实现粒子数反转(即在非热平衡分布下,高能级上粒子分布的数量大于低能级上粒子分布的数量),就有可能利用受激发射实现光放大(light amplification by stimulated emission of radiation-laser)。后来,受激发射光子和激励光子具有相同的频率、方向、相位和偏振等都被理论物理学家证实。20 世纪 50 年代,电子学和微波技术的发展需要将无线电技术从微波推向光波,这就需要一种能够像微波振荡器一样产生可控制的光波的振荡器,即光波振荡器(激光器),它也是当时光学技术迫切需要的强相干光源。经过科学家的不懈努力,世界上第一台红宝石固态激光器于 1960 年 7 月研制成功。激光的发展不仅仅促进了传统光学科学和光学技术的进步,更是一部典型的学科交叉的创造发明史。激光科学和技术的发展,在推动信息、医学、工业、能源、航空航天等领域的现代化进程方面起着举足轻重的作用。与普通光源相比,激光之所以拥有无可比拟的优越性,根本在于它利用了材料的受激辐射。本节将对材料产生受激辐射的性质和激光形成的机制进行讨论。

5.3.3.1　受激辐射、受激吸收和自发辐射

材料的光吸收和光发射都是光和物质相互作用的基本过程。1900 年普朗克用辐射量

子化假设成功地解释了黑体辐射分布规律。

黑体辐射的普朗克定律：能够完全吸收任何波长的电磁辐射的物体称为绝对黑体，简称黑体。绝对黑体是一种理想化的物体，实际中不存在绝对黑体，但是可以用壁上开有一个小孔的空腔在一定波长范围内模拟，如图 5.12 所示。

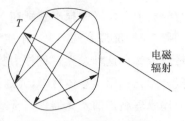

图 5.12　绝对黑体示意图

当光波长远小于小孔的尺寸时，光从小孔入射到空腔内后，经过腔壁多次反射，几乎完全被腔体吸收。根据能量守恒定律，当空腔黑体处于热平衡时，也会向外发出电磁辐射，称为黑体辐射。黑体辐射的能量密度是温度 T 和辐射频率 ν 的函数，用单色能量密度 ρ_ν 来描述。在频率 $\nu \sim (\nu + d\nu)$ 范围内，辐射的能量密度为

$$d\rho = \rho_\nu d\nu \tag{5.19}$$

因此，$\rho_\nu = \dfrac{d\rho}{d\nu}$ 为单位频率意义下的能量密度，其表达式为

$$\rho_\nu = \frac{8\pi h \nu^3}{c^3} \frac{1}{e^{(h\nu/kT)} - 1} \tag{5.20}$$

式中，h 为普朗克常量；k 为玻尔兹曼常量；T 为温度。式（5.20）为黑体辐射的普朗克公式。

1917 年，爱因斯坦研究辐射场和原子之间的相互作用，从光量子概念出发，对式（5.20）的黑体辐射的普朗克公式进行了重新推导，并提出了光和物质相互作用的三个物理过程，即受激辐射、受激吸收和自发辐射。式（5.20）表示了黑体辐射实质上是辐射能量密度 ρ_ν 和构成黑体的物质原子（或分子、离子）的相互作用结果。为简化问题，只考虑众多电子能级中的两个能级 E_1 和 $E_2 (E_2 > E_1)$，假设一个电子处于这两个能级中的 E_1 能级上，光照射后电子从 E_1 能级跃迁到 E_2 能级，则电子的能量增加了 $E_2 - E_1$，根据能量守恒定律，光能减少了 $E_2 - E_1$。这时光被物质所吸收，相当于消失了一个光子（$h\nu$），即

$$E_2 - E_1 = h\nu \tag{5.21}$$

图 5.13 为光和物质相互作用的三个物理过程的示意图，分别为受激吸收、受激辐射和自发辐射。在描述这三个过程时，假设单位体积内处于 E_2 和 E_1 的原子数分别为 n_2 和 n_1。

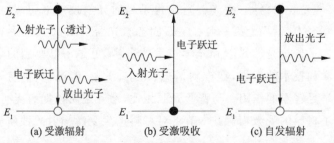

注：●表示相互作用前存在的电子消失，○表示相互作用生成电子。电子由于与光相互作用由●状态变成○状态。这些相互作用只有在光频 υ 满足能量守恒定律 $h\nu = E_2 - E_1$ 时才发生。

图 5.13　光和物质相互作用的三个物理过程示意图

受激辐射过程:在频率为 ν 的单色场的扰动下,处于高能级的电子将跃迁到低能级,同时发射能量为 $h\nu = E_2 - E_1$ 的光子。这种受激辐射跃迁发出光波的过程称为受激辐射,受激辐射跃迁概率 W_{21} 为

$$W_{21} = \left(\frac{\mathrm{d}n_{21}}{\mathrm{d}t}\right)_{\mathrm{st}} \frac{1}{n_2} \tag{5.22}$$

$$W_{21} = B_{21}\rho_\nu \tag{5.23}$$

式中,$(\mathrm{d}n_{21})_{\mathrm{st}}$ 表示 $\mathrm{d}t$ 时间内受激辐射引起的由 E_2 向 E_1 跃迁的电子数;B_{21} 为常数。

受激辐射跃迁是在入射光的扰动下产生的,所产生的辐射和入射光具有相同的特性。从光子的角度来讲,受激辐射跃迁所发射的光子和入射的光子具有相同的量子状态。

受激吸收过程:如果电子处于低能级,在频率为 ν 的单色场的扰动下,当有能满足 $h\nu = E_2 - E_1$ 的光子趋近它时,电子可能吸收一个光子并跃迁到高能级。由于这个吸收过程只有在存在合适频率的外来光子时才会发生,因此称为"受激吸收"。受激吸收概率 W_{12} 为

$$W_{12} = \left(\frac{\mathrm{d}n_{12}}{\mathrm{d}t}\right)_{\mathrm{st}} \frac{1}{n_1} \tag{5.24}$$

式中,$(\mathrm{d}n_{12})_{\mathrm{st}}$ 表示 $\mathrm{d}t$ 时间内受激跃迁引起的由 E_1 向 E_2 跃迁的电子数。需要注意的是,受激跃迁与自发跃迁是本质不同的物理过程,因此,受激吸收概率 W_{12} 不仅与原子本身性质有关,还与辐射场的能量密度成正比,可以表示为

$$W_{12} = B_{12}\rho_\nu \tag{5.25}$$

式中,B_{12} 称为受激吸收跃迁爱因斯坦系数,只与原子性质有关。

自发辐射过程:处于高能级 E_2 的电子自发地向低能级 E_1 跃迁,并发射一个能量为 $h\nu$ 的光子,这个过程称为自发跃迁。由电子自发跃迁发出的光波称为自发辐射。自发辐射系数定义为单位时间内 n_2 个高能态电子中发生自发跃迁的电子数与 n_2 的比值,可以用自发跃迁概率 A_{21} 来表示

$$A_{21} = \left(\frac{\mathrm{d}n_{21}}{\mathrm{d}t}\right)_{\mathrm{sp}} \frac{1}{n_2} \tag{5.26}$$

式中,$(\mathrm{d}n_{21})_{\mathrm{sp}}$ 表示 $\mathrm{d}t$ 时间内自发跃迁引起的由 E_2 向 E_1 跃迁的电子数。A_{21} 为没有辐射场存在时电子从高能级向低能级跃迁的概率,仅与原子本身的性质有关而与辐射场无关。

5.3.3.2　激活介质

由于我们平时接触到的体系都是热平衡体系或偏离热平衡不远的体系,所以人们没有观察到受激辐射的存在。根据玻尔兹曼分布公式,能量差在光频波段的两个能级中,高能级的原子密度总是远小于低能级的原子密度,而受激辐射产生的光子数与受激吸收的光子数之比等于高、低能级粒子数之比,所以受激辐射微乎其微以至于长期没有被察觉。要实现光的放大,必须采取特殊措施,打破原子数在热平衡状态下的玻尔兹曼分布,使高能级的原子密度高于低能级的原子密度,我们将这种状态称为"粒子数反转"。因此,产生

激光的首要条件是实现粒子数反转,实现粒子数反转的介质称为激活介质。要实现粒子数反转分布,需要满足两个条件:第一,激活介质要有适当的能级结构,第二,要有必要的能量输入系统。我们将给低能态原子供给能量,促使其跃迁到高能态的过程称为抽运过程。根据材料的不同,激励方式可以分为气体放电激励、电子束激励、载流子注入激励、化学激励、激光激励等。形成激光的激励方式和材料光发射所采用的方式类似,但其激励程度不同,一般发光不要求达到粒子数反转。

以固体激光器用的激活介质的激活过程为例,来说明激活介质的激活过程和产生激光的原理。固体激光通常采用光激励,要求介质有较宽的吸收谱带,以使较多发光中心离子被激发。被激发的粒子一般通过无辐射跃迁过渡到不稳定的高能级,人们希望这个过程量子效率高,以达到高的荧光量子效率。很快粒子就从不稳定的高能级无辐射跃迁到一个亚稳态能级,粒子在亚稳态能级应具有较长的寿命,有利于积累较多的粒子,形成粒子数反转。实现粒子数反转后,粒子跌落到基态并释放出同一性质的光子,光子又激发其他粒子,使其跌落到基态,释放出新的光子,这样便起到放大的作用。光的放大在一个光谐振腔内反复作用,构成光振荡,并产生激光。此外,作为发射激光的低能级应尽可能占有少的粒子数,尽量避免采用基态为激光跃迁的低能级。

半导体激光器又称激光二极管,其基本结构是由掺杂浓度很高的半导体材料制成的PN 结,利用半导体能带跃迁的复合发光引发受激辐射而形成激光。为了实现粒子数反转,P 区和 N 区都必须重掺杂,一般掺杂物浓度需要达到 10^{18} 个原子/cm^3。平衡状态时,费米能级位于 P 区的价带和 N 区的导带内。当加正向偏压 U 时,PN 结势垒降低,N 区向 P 区注入电子,P 区向 N 区注入空穴。此时,PN 结处于结型激光器的非平衡状态,电子的准费米能级 E_{Fn} 和空穴的准费米能级 E_{Fp} 之间的距离为 qU。由于 PN 结是重掺杂的,平衡时势垒很高,即使正向偏压加大到 $qU \geqslant E_g$,也还不足以使势垒完全消失,这时结面附近出现 $E_{Fn} - E_{Fp} > E_g$ 的区域。这个区域称为分布反转区,在这个特定区域,导带的电子浓度和价带的空穴浓度很高。这一分布反转区很薄(1 μm 左右),却是激光器的核心,称为激活区。要实现分布反转,必须由外界输入能量,使电子不断激发到高能级,这一过程称为载流子的"抽运"或"泵吸"。在 PN 结激光器中,利用正向电流输入能量,这是常用的注入式泵源。此外,电子束或激光灯也可以作为泵源,使半导体晶体中的电子受激发,形成分布反转。

5.4 材料的光学效应

材料的光学性能和声、电、磁、热等性能不是完全独立的,对于某些特定材料或在特殊情况下,它们之间是息息相关的。

5.4.1　光纤和光导

5.4.1.1　光纤的基本结构和传输原理

光纤是光导纤维的简称,具有束缚和传输从红外到可见光区域内光和传感的功能。光纤光学是一门研究光波在光纤中传输及变换特性的科学,在现代光通信和光传感发展中具有无可比拟的作用,在国防、航空航天、农业生产等领域有着广泛应用。

光纤是工作在光波波段的一种介质波导,把以光的形式出现的电磁波能量利用全反射的原理约束在其界面内,并引导光波沿着光纤轴线的方向前进。光纤是由中心的纤芯和外围的包层所构成的光的传输介质,一般为双层或多层的同心圆柱形,为轴对称结构,如图 5.14 所示。

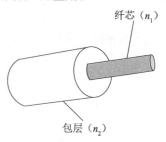

图 5.14　光纤的结构

光纤的结构和材料决定了其传输特性。通常情况下,纤芯材料的折射率 n_1 会稍大于包层材料的折射率 n_2。纤芯的作用是导光,包层为光的传输提供反射面和光隔离,还可以起到机械保护作用。根据光纤材料折射率分布不同,可以将光纤分为阶跃折射率分布光纤和渐变折射率分布光纤两大类。阶跃折射率分布光纤的纤芯和包层的折射率均为常数,且 $n_1 > n_2$。在渐变折射率分布光纤中,包层折射率仍为 n_2,但纤芯折射率自纤轴沿半径方向逐渐下降,在纤轴处,折射率最大且等于 n_1,在纤壁处,折射率最小且等于 n_2。

光线在光纤中的传输原理如图 5.15 所示。首先,入射光线在光纤端面以小角度 θ 从空气入射到纤芯,折射角为 θ_0。折射后的光线在纤芯内直线传播,以角度 φ_0 入射到纤芯与包层交界面。根据全反射理论,当入射光线与纤芯所成角度 θ 大于光导纤维可接受光的最大光角 θ_c 时就发生光的散射,无法实现光导。根据纤芯和包层界面的全反射条件可以求得

$$\theta_c = \arcsin \sqrt{n_1^2 - n_2^2} \approx \sqrt{2n_1(n_1 - n_2)} \tag{5.27}$$

式中,n_1 和 n_2 分别为纤芯和包层材料的折射率。要使光传导过程中损耗尽可能小,纤芯的透光性须尽可能好。

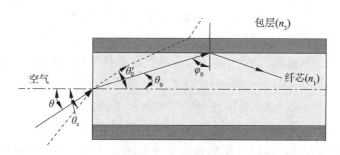

图 5.15　光的全反射

光纤除了对纤芯和包层材料的光学性能有要求外,对两种材料的其他性能也有一定

要求。例如,要求两种材料的热膨胀系数差越小越好,尽可能避免形成光导纤维内应力,导致透光率和纤维强度降低;材料的软化点和高温下的黏度要相接近,否则会导致纤芯和包层结合不均匀,从而影响光纤的导光性能。

5.4.1.2 光纤传输的特性

光纤具有几何、光学、温度、机械、传输等特性,其中传输特性是最主要的特性。传输特性主要包括光纤的损耗、色散和非线性效应三类。

(1) 损耗

光在光纤中传输时,随着传输距离的增加,光功率将逐渐减小,这表明光纤对光产生了衰减作用,这种衰减作用被称为损耗。在光纤中,光功率 P 随传输距离 z 的变化率 $\dfrac{dP}{dz}$ 与 P 成正比,满足

$$\frac{dP(z)}{dz} = -a_p P(z) \tag{5.28}$$

式中,a_p 称为光纤的"衰减系数",为一常数,是衡量光纤损耗特性的参数,它是波长 λ 的函数,因材料的不同而不同。光纤的损耗具有三个主要特征:衰减系数随波长的增加呈现降低的趋势;衰减吸收峰与 OH^- 有关;在波长大于 $1.6\ \mu m$ 以后,损耗增大。

光纤损耗包括光纤本身的损耗,也包括其他因素引起的损耗。根据损耗机理的不同,可以将其分为吸收损耗、散射损耗和辐射损耗三大类。吸收损耗:光通过光纤时,部分光能被光纤介质吸收后转换成热能,从而造成光功率的损失。散射损耗:光通过非均匀介质时,除了传输方向外,在其他方向发生散射造成光功率的损失。辐射损耗:光纤在使用过程中,不可避免会发生弯曲,当弯曲的曲率半径小到一定值时,光的全反射条件被破坏,导致纤芯中部分导模转变为辐射模进入包层,从而造成辐射损耗。

(2) 色散

光纤中传的光信号由光源发射,经电信号调制后,入射到光纤中。光源发射的光波不是单色光,有一定的频谱宽度。此外,如果光波入射到多模光纤中,还将激励多个传输模式。因此,在光纤中传输的光信号由多个波长成分(有时还有多个模式成分)构成,这些不同成分在光纤中传输一段距离后,成分之间会出现延时差,在传输过程中彼此散开,从而引起传输信号的波形畸变,这一现象称为光纤的色散。

造成光纤色散的原因可以分为内部原因和外部原因。内部原因来源于光纤本身,是由光纤材料、波导结构和模式结构引起的,是色散的本征原因,也是光纤固有的特性。外部原因是注入的光信号不是单色的,而导致光信号不是单色的原因又包括两方面:一是实用的光源总具有一定的谱宽;二是传输的光信号都是调制信号。

(3) 光纤的非线性效应

在强的电磁场作用下,任何介质都会呈现出非线性效应。介质的非线性效应的大小主要取决于介质的非线性系数、光场强度和光场与介质的有效作用长度等因素。多数情况下,介质中的电磁场不够强,非线性效应极其微弱。但是,对通信用的光纤而言,光是被

约束在芯径很小的纤芯中传输的,因此,激光的高功率和光纤的低损耗使得纤芯中的光场强度非常高,容易产生非线性效应。光纤中的非线性效应会引起传输信号的畸变,导致信道之间的串话和信号平移等。当然,通过有效的手段,非线性效应也可以产生积极的作用。例如:光弧子通信利用管线的色散和非线性效应的相互作用,使光脉冲保持原来的形状进行传输,从而消除色散的影响,极大地提高了通信的传输速率,延长了传输距离。

5.4.1.3　光纤材料的分类和应用

光纤是各种光纤系统中最重要、最基本的部件,其分类标准各不相同,主要有以下五种:按工作波长可分为紫外光纤、可见光纤、近红外光纤等;按折射率分布可分为阶跃型光纤、近阶跃型光纤、渐变型光纤和其他类型光纤;按传输模式可分为单模光纤和多模光纤等;按制备方法可分为气相轴向沉积法制备光纤、化学气相沉积法制备光纤等;按原材料种类可分为无机光纤和高分子光纤。无机光纤可以分为石英玻璃系列和非石英玻璃系列两类,其中石英玻璃系列光纤的主要原料是四氯化硅、三氯氧磷和三溴化硼等,这类光纤要求铜、铁、锰等过渡金属离子杂质的含量低于 10^{-9},同时要求 OH^- 离子的摩尔浓度低于10^{-9}。高分子光纤,又称聚合物光纤或塑料光纤,是由导光芯材与包层组成的高科技纤维。高分子光纤对光的传输损耗比玻璃光纤大,一般不能用于远距离光信号传输。高分子光纤具有芯径较大、数值孔径大、可挠性好、轻质易加工等特性,应用范围日益广泛。

光纤在通信、传感、过程控制、光谱分析及激光传送等领域有着广泛的应用,并且各类光纤制品在日常生活和工作中日益普及。在通信领域,近年来我国的光纤事业得到了政府的大力扶持迅速发展,光纤通信系统已经进入第四、第五代。第四代光纤通信系统中出现了长波长 1.55 μm 的光电器件,在这一长波处,光纤的损耗降低了很多;第四代光纤通信系统采用单频激光管使光纤色散位移,进而使光纤色散降到零。目前,第五代光纤通信系统正处于实验室研究阶段,如相干光通信、光弧子通信及全光通信等,这些有可能使未来通信系统发生根本性变革。由于光纤在物理、化学、传输和机械等方面的优良特性,使得光纤传感器具有传统传感器无法比拟的优势。光纤传感器灵敏度高、体积小、抗电磁干扰、抗腐蚀性强,能在极端恶劣的环境中使用。

5.4.2　光电效应

光电技术是研究光与电之间转换的一门技术性学科,要实现光信息与电信息之间的相互转换,就需要明确二者之间的转换机理。光电效应是物质在光作用下释放出电子的物理现象。光与物质的作用实质上是光子与电子的作用,电子吸收光子的能量后,电子的运动规律发生改变。由于物质的结构和物理性能不同,同时光和物质的作用条件不同,因此,在光子作用下产生的载流子的运动状态各异,从而导致产生不同种类的光电效应。所以,光电效应的确切定义为某些物质在辐射作用下,不经升温而直接引起物质中电子运动状态发生变化,因而产生光电导效应、光生伏特效应和光电子发射效应等,统称为光电效应。

5.4.2.1 光电效应的几种现象

光电效应可以分为内光电效应和外光电效应两大类。内光电效应是指受光照而激发的电子在物质内部参与导电,电子并不逸出光敏物质表面,其多发生于半导体内,可以分为光电导效应和光生伏特效应等。外光电效应,又称光电子发射效应,是指物质受光照而激发的电子逸出物质的表面,在外电场作用下形成真空中的电子流,其多发生于金属和金属氧化物。

光电导效应:半导体材料受光照时,对光子的吸收引起载流子浓度的增大,从而导致材料电导率增大的现象。具有光电导效应的半导体材料称为光电导体。材料对光的吸收有本征型和非本征型之分,因此光电导效应也有本征型和非本征型之分。当光子能量大于材料禁带宽度时,价带中的电子被激发到导带,在价带中留下自由空穴,从而引起材料电导率的增加,这种现象称为本征光电导效应。如果光子能量激发杂质中的施主或者受主,使其电离产生自由电子或自由空穴,进而引起材料电导率的增加,这种现象称为非本征光电导效应。

光生伏特效应:光照使不均匀半导体或均匀半导体中光生电子和空穴在空间分开,从而产生电位差的现象。在不均匀半导体中,内建电场会使光生载流子产生定向运动而形成电位差。这种由内建电场的作用或者说由势垒效应而产生光生电动势的现象是光生伏特效应最重要的一类,又称为结光电效应,主要是对 PN 结、异质结、肖特基结而言的。这种效应是基于两种材料相接触形成内建势垒,当光子激发后光生载流子注入势垒附近形成了光生电动势。由于材料结构和性能的差异,从而有半导体 PN 结势垒、异质结势垒以及金属与半导体接触形成的肖特基势垒等多种结构的光生伏特效应。然而,均匀半导体内没有内建电场,当光照射时,光生载流子浓度梯度的不同引起载流子的扩散运动。但是,电子和空穴的迁移率不相等,在不均匀光照时,两种载流子扩散速度的不同将导致两种电荷分开,从而造成光生电势差,这种现象称为丹倍效应。此外,如果存在外加磁场,也可使扩散中的两种载流子向相反方向偏转,从而产生光生电动势,这种现象称为光磁电效应。通常将丹倍效应和光磁电效应统称为体积光生伏特效应。

光电子发射效应:金属或半导体等物质吸收具有能量 $h\nu$ 的光子后激发出自由电子,当激发出的自由电子能量足以克服表面势垒而逸出物质表面时,将产生光电子发射,逸出光电子在外电场作用下形成光电子流。可以发射电子的物质被称为光电发射体。光电发射现象满足以下两条基本定律:① 光电发射第一定律,又称斯托列托夫定律,即入射辐射的光谱分布不变时,饱和光电流与入射辐射通量成正比;② 光电发射第二定律,又称爱因斯坦定律,即发射体发射的光电子的最大动能,随入射光频率的增加而线性地增加,而与入射光的强度无关。

5.4.2.2 太阳能电池

太阳能电池是利用光生伏特效应将太阳能转化为电能的一种典型半导体光电器件,其核心是由 P 型半导体和 N 型半导体形成的 PN 结,费米能级不同的 P 型半导体和 N 型半导体连接区界面上所产生的接触电位差将形成内部电场。太阳能电池的基本结构可以认为是一个 PN 结二极管,如图 5.16 所示。它是将一个很薄的 N 型层(发射极)配置在入射光的外侧,而将主要产生光电流的 P 层(基极)配置在入射光内侧的 PN 结二极管。其工作原理如下:当能量高于半导体禁带宽度的光照射在半导体时,价带上的电子被激发跃迁到导带上,形成了电子-空穴对;这些电子-空穴对在 PN 结附近的内部电场作用下向相反的方向分离,P 区的电子被收集到 N 层一端的外侧电极,N 区的空穴漂移到 P 层一端的内侧电极上,形成自 N 区向 P 区的光生电流。

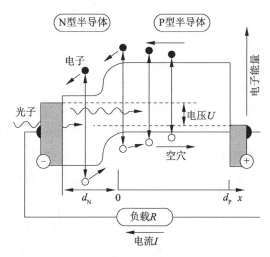

图 5.16　PN 结太阳能电池示意图

太阳能电池发展的核心是太阳能电池材料,其工作原理主要是利用光电材料吸收光能后发生光电转换效应。因此,太阳能电池材料具有半导体材料所有的基本物理性质。由于材料本身物理性质的限制和目前技术条件的不足,不是所有半导体材料都可以用作太阳能电池材料。目前,实际应用于太阳能电池的半导体材料种类有限,根据应用材料的不同,可将其分为硅太阳能电池、无机盐化合物半导体太阳能电池、有机聚合物太阳能电池等。

硅太阳能电池可分为单晶硅太阳能电池、多晶硅薄膜太阳能电池、非晶硅薄膜太阳能电池。其中,单晶硅太阳能电池转换效率最高,技术最为成熟,在大规模应用和工业生产中占有主导地位;但是受单晶硅材料价格及复杂的电池工艺的影响,其成本居高不下。因此,多晶硅薄膜太阳能电池和非晶硅薄膜太阳能电池成为单晶硅太阳能电池的有效替代品。多晶硅薄膜太阳能电池兼具单晶硅和多晶硅电池高转换效率和长寿命的优势,同时其制备工艺相对简单,生产成本显著降低。非晶硅薄膜太阳能电池生产成本低,可以大规模生产,具有极大的发展潜力。但是,非晶硅材料存在转换效率低和性能不稳定等问题,这主要是由于非晶硅对太阳能辐射光谱的长波长区域不敏感和材料本身具有光致衰退效应。因此,如何有效提高转换效率和解决稳定性问题,成为非晶硅薄膜太阳能电池发展的关键。

无机盐化合物半导体太阳能电池材料主要包括砷化镓Ⅲ-Ⅴ族化合物、硫化镉、碲化镉及铜铟镓硒等无机盐化合物。与硅系列太阳能电池相比,砷化镓电池具有光电转换效率高(多结砷化镓电池理论转换效率可超过50%)、光谱响应性和高温性能好等优势,但是砷化镓材料的生产成本高,很大程度上限制了其应用。铜铟镓硒薄膜太阳能电池具有成本低、污染小、光电转换效率高等优势,有望成为新型太阳能电池材料的主导者,是近年来的研究热点,具有广阔的市场前景,但是其发展受到资源短缺的限制。

有机聚合物具有性能好、制备工艺简单、材料来源广泛、成本低廉等优势,成为太阳能电池材料的重要研究方向。但是,有机聚合物太阳能电池的光电转换效率和使用寿命与无机太阳能电池相差较远,需要进一步探索和研究。

5.4.3 磁光效应

磁光效应是指具有固有磁矩的物质在外加磁场的作用下,其电磁特性发生改变,使得通过该物质的光的传输特性随之发生改变,从而引起各种光学现象。磁光效应包括法拉第效应、磁光克尔效应、塞曼效应和科顿-穆顿效应等,这些效应都起源于物质的磁化,在外加磁场作用下呈现光学各向异性,使得通过材料的光波偏振发生改变,反映了光与磁性物质间的联系。这些效应在电磁学发展历程中起着重要的作用,为光的电磁理论以及包括电子自旋和自旋轨道耦合的物质的经典理论和量子理论提供了支持。

5.4.3.1 法拉第旋转效应

一束线偏振光通过放置在磁场中的铅硅酸玻璃时,透射光的偏振面发生了旋转,这表明磁场和光之间有着密切的关系。这一现象于1845年首次由法拉第在实验中发现,被称为法拉第效应,它也被视为磁光学领域的开端。偏振光通过水晶、含糖溶液等透明物质时,若在平行于光的传播方向上加一强磁场,则偏振光的偏振面将发生旋转,这一现象称为旋光效应。用人工方法产生旋光现象的方法之一是磁致旋光,通常称法拉第旋转效应,如图5.17所示。平行于磁场方向射入的线偏振光,通过磁场中透明样品时,其偏振面的旋转角 θ 与磁感应强度 B 和光穿越材料的长度 l 的乘积成正比,即

$$\theta = VBl \tag{5.29}$$

式中,θ 为旋转角,(°);l 为长度,cm;B 为磁感应强度,Oe;V 为材料的费尔德常数,(°)/(Oe·cm),与材料性质及光波频率有关。

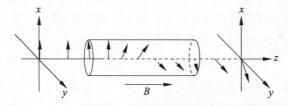

图 5.17　法拉第旋转效应

5.4.3.2 磁光克尔效应

入射的线偏振光在已磁化的物质表面反射时,反射光将成为椭圆偏振光,且以椭圆的长轴为标志的偏振面相对于入射线的偏振面将旋转一定的角度,这种现象称为磁光克尔效应。磁光克尔效应分极向、纵向和横向三种,分别对应物质的磁化强度与反射表面垂直、物质的磁化强度与表面和入射面平行、物质的磁化强度与表面平行而与入射面垂直三种情形。具体情况如图5.18所示,图中 M 为介质磁化强度,箭头表示其方向;E_0 为入射偏振光的电矢量。纵向和横向磁光克尔效应的磁致旋光都正比于磁化强度,一般极向的效应最强,纵向次之,横向则无明显的磁致旋光。磁光克尔效应的最重要应用是观察铁磁体的磁畴。不同的磁畴有不同的自发磁化方向,引起反射光振动面的不同旋转,通过偏振片反射观察反射光时,将观察到与各磁畴对应的明暗不同的区域。

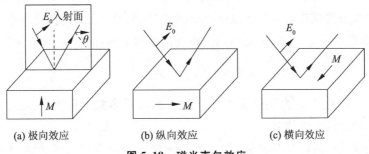

(a) 极向效应　　　　(b) 纵向效应　　　　(c) 横向效应

图 5.18　磁光克尔效应

5.4.4　非线性光学效应

激光的相干电磁场功率密度可达 10^{12} W/cm^2，相应的电场强度可与原子的库仑场强相比较。当激光通过材料时，材料在激光产生的强相干电场作用下，产生非线性效应。在这种强电场作用下，材料的极化强度 P 与电场强度的二次、三次甚至更高次幂相关。通过激光器所进行的大量实验证明，过去被认为与光强无关的光学效应或参量都与光强密切相关。光波通过介质时极化率的非线性响应对光波产生了反作用，从而产生了和频、差频等谐波。这种与光强有关，不同于线性光学现象的效应称为非线性光学效应。具有非线性光学效应的材料，称为非线性光学材料。

光波在材料中传播，材料的极化强度 P 是光波电场强度 E 的函数。极化强度 P 可分为线性和非线性两部分。一般情况下，将 P 近似展开为 E 的幂级数，即

$$P = \varepsilon_0 (x_1 E + x_2 E^2 + x_3 E^3 + \cdots) \tag{5.30}$$

E 的高次项是作为非线性的成分加入式中的，式中 x_1 为普通的线性电极化率，$x_2, x_3, \cdots$，为非线性电极化率。

假设一足够强的激光作用于非线性光学材料上，其电场 $E = E_0 \sin \omega t$，从式（5.30）可得：

$$
\begin{aligned}
P &= \varepsilon_0 (x_1 E_0 \sin \omega t + x_2 E_0^2 \sin^2 \omega t + x_3 E_0^3 \sin^3 \omega t + \cdots) \\
&= \varepsilon_0 x_1 E_0 \sin \omega t + \frac{1}{2} \varepsilon_0 x_2 E_0^2 (1 - \cos \omega t) + \frac{1}{4} \varepsilon_0 x_3 E_0^3 (3 \sin \omega t - \sin 3\omega t) + \cdots
\end{aligned} \tag{5.31}
$$

式中，第一项 $\varepsilon_0 x_1 E_0 \sin \omega t$ 代表一般线性电介质的极化反应；第二项含有两个分量，其中 $-\frac{1}{2} \varepsilon_0 x_2 E_0^2 \cos \omega t$ 分量代表频率等于入射波频率两倍的电场的极化变化，说明单一频率的激光作用在合适的非线性光学材料上产生了二次谐波现象。如果考虑材料的各向异性和光子与材料间的耦合作用，则材料的电极化强度 P 的三个分量为 P_1, P_2, P_3，电场 E 的三个分量为 E_1, E_2, E_3，写成通式为

$$
P_i = \sum_j x_{ij}^{(1)} E_j + \sum_{j,k} x_{ijk}^{(2)} E_j E_k + \sum_{i,k,l} x_{ijkl}^{(3)} E_j E_k E_l + \cdots
$$
$$
(i, j, k, l = 1, 2, 3) \tag{5.32}
$$

式中,极化强度 P_i 可以分为线性和非线性两部分。式(5.32)中第一项为线性极化强度,记为 P^L,第二项及其以后各项为非线性极化强度,记为 P^{NL}。为得到光在非线性介质中的传播,以解释非线性光学现象,要采用耦合波理论并解下列方程:

$$\nabla^2 E - \frac{1}{v^2}\frac{\partial^2 E}{\partial t^2} = \mu_0 \frac{\partial^2 P^{NL}}{\partial t^2} \tag{5.33}$$

式中,$v=c/n$,c 为光速,n 为晶体折射率。由于涉及许多数学问题,在此不做深入介绍。这里只讨论二阶非线性极化效应。

入射激光激发非线性光学晶体时,会发生光波电场的非线性参数的相互作用。二次非线性光学晶体的光频转换,由三束相互作用的光波($\omega_1,\omega_2,\omega_3$)的混频决定。从光量子系统的能量守恒关系 $\omega_1+\omega_2=\omega_3$,可以得到非线性光学晶体实现激光频率转换的两种类型——和频和信频。当 $\omega_1+\omega_2=\omega_3$ 时,光波参量作用由 ω_1 和 ω_2 产生和频激光,和频产生的二次谐波频率大于基频光波频率(波长变短),这种过程称为上转换。当 $\omega_1=\omega_2$ 时,$\omega_3=\omega_1+\omega_2=2\omega_1$,产生倍频(波长为入射光的一半);若 $\omega_2=2\omega_1$,则 $\omega_3=\omega_1+\omega_2=3\omega_1$,产生基频光($\omega_1$)3 倍数的激光过程。激光与材料相互作用时,除了产生和频外,还可以产生差频,即当 $\omega_3=\omega_1-\omega_2$ 时,产生的谐波频率减小(波长变长),从可见光或近红外激光可获得红外、远红外乃至亚毫米波段的激光。这一过程称为下转换。当 $\omega_1=\omega_2$ 时,$\omega_3=\omega_1-\omega_2=0$,激光通过非线性光学晶体产生直流极化,称为光整流。图 5.19 为红外光频率上转换成可见光的示意图。

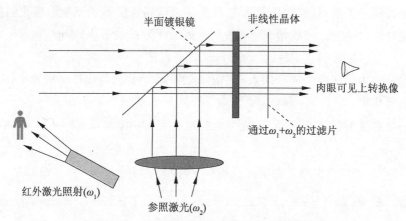

图 5.19 红外光上转换成可见光的示意图

5.5　常用的光学测量方法

5.5.1　分光光度分析

当入射光照射材料时,组成材料的分子或原子会吸收入射光中某些特定波长的光,相应地发生分子振动能级跃迁和电子能级跃迁,从而产生对应的吸收光谱。由于不同材料具有分子、原子和空间结构差异,其吸收光能量的情况各不相同,所以每种材料都有其特有的、固定的吸收光谱。分光光度分析法是根据物质的吸收光谱研究物质的成分、结构和物质间相互作用的有效手段。根据吸收光谱上的某些特征波长处的吸光度的高低判断或测定物质的含量是分光光度定性和定量分析的基础。分光光度法是获得物质光吸收特性、定量信息的重要手段,具有灵敏度高、选择性好、仪器操作简单、适用面广等优势,在冶金、地质、环境监测、食品卫生安全等领域有着广泛的应用。在吸收光谱分析中,根据所使用光的波长不同,可以将其分为原子吸收光谱、紫外－可见吸收光谱、红外吸收光谱。

5.5.1.1　紫外－可见吸收光谱

物质内部存在不同形式的微观运动,每种微观运动都有许多种可能的状态,不同的状态具有不同的能量,属于不同的能级。分子吸收电磁波能量受到激发,从基态跃迁到激发态,产生吸收光谱。用紫外或可见光照射物质引起分子内部电子能级的跃迁,紫外－可见光与分子中电子能级相互作用产生的吸收光谱称为紫外－可见吸收光谱。研究物质在紫外、可见光区(200~800 mm)的分子吸收光谱的分析方法称为紫外－可见分光光度法。

紫外－可见分光光度法的定量分析基础和依据是朗伯－比尔定律,即物质的吸光度与其浓度及吸收层的厚度成正比。常见的基于紫外－可见分光光度法原理,利用物质分子对紫外可见光谱区的辐射吸收进行分析的一种仪器是紫外－可见分光光度计。紫外－可见分光光度计可分为单光束分光光度计、双光束分光光度计、双波长分光光度计、多通道分光光度计、探头式分光光度计等,其中前三类比较常见,基本结构如图 5.20 所示。

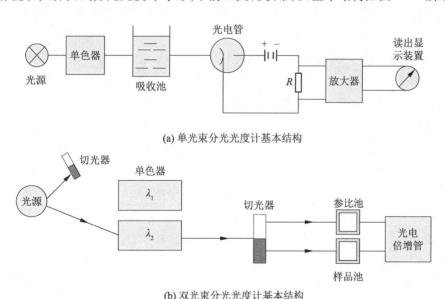

(a) 单光束分光光度计基本结构

(b) 双光束分光光度计基本结构

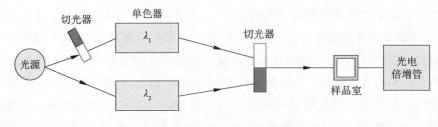

(c) 双波长分光光度计基本结构

图 5.20　部分类型分光光度计的基本结构

　　对各种类型的紫外－可见分光光度计而言,其基本结构都是由光源、单色器、吸收池(样品室、参比池)、检测器和信号指示系统等五部分组成。光源的作用是提供激发能,它要满足在仪器的工作波段范围内提供连续辐射、有足够的辐射强度和良好的稳定性、辐射能量随波长的变化尽可能小等要求。紫外光源常用氢灯或氘灯,可见光源常用钨灯丝,而紫外－可见连续光源通常采用氙灯,能提供 250～700 nm 范围内的连续光谱。单色器是产生高光谱纯度辐射束的装置,由入射狭缝、准直透镜、色散元件、聚焦透镜和出射狭缝等部件组成,安装于不透光的暗盒中。单色器的作用是将复合光分解成单色光或有一定宽度的谱带,其性能直接影响入射光的单色性,进而影响测定的灵敏度、选择性及校准曲线的线性关系等。色散元件是单色器的核心部分,主要有棱镜和光栅两种,起分光作用。棱镜可以采用玻璃和石英两种材料制成,棱镜分光的依据是不同波长的光折射率不同。玻璃棱镜只能用于 350～3200 nm 的波长范围,只能用于可见光域,而石英棱镜可用于 185～4000 nm 的波长范围,可用于紫外、可见和近红外三个光域。光栅是利用光的衍射与干涉作用制成的,可用于紫外、可见和红外光域。它具有色散波长范围宽、分辨率高、成本低、易制备保存等优势,但是各级光谱会重叠而引起干扰。吸收池又称样品室,用于放置分析试样,可采用玻璃和石英两种材料制成。石英池适用于可见光区和紫外光区,玻璃池只能用于可见光区。吸收池的光学面必须完全垂直于光束方向,从而减少光的损失。吸收池材料本身的吸光特征以及其光程长度的精度等对分析结果都有影响,因此,在高精度的分析测定中,吸收池要挑选配对。检测器是检测信号、测量单色光透过溶液后光强度变化的一种装置。紫外－可见分光光度计的检测系统必须具有以下优良的性能:对弱辐射有高的灵敏度,对一定波段范围的辐射有稳定且快速的响应,产生的电信号易放大,噪声低。常用的检测器有光电池、光电管、光电倍增管等。信号指示系统的作用是放大信号并以适当方式指示或记录下来。常用的信号指示装置有直读检流计、电位调节指零装置以及数字显示或自动记录装置等。现在大多采用微型计算机,可以实现自动控制和自动分析,也可以用于记录样品的吸收曲线,进行数据数理,从而提高仪器的精度、灵敏度和稳定性。

　　紫外－可见分光光度法具有仪器普及、操作简单、灵敏度高和稳定性好等优点,被广泛地用于无机和有机化合物的定性和定量分析。具体的应用包括以下几方面:① 化合物鉴定:主要有两种方法 (a)通过吸收光谱图上的一些特征吸收,特别是吸收光谱的形状、吸收峰的数目和位置,以及摩尔吸收系数;(b) 比较样品吸收光谱与标准光谱是否一致,常用的标准图谱有四种,收录了几万种化合物的紫外吸收光谱。② 纯度检测:通过检测吸收峰或吸光稀疏可以确定某一化合物是否含有杂质,样品与纯品之间的差示光谱就是样品中含有的杂质光谱。③ 成分分析:可以测定单一的微量组分,也可以测定多组分混合物及高含量组分。④ 氢键强度测定:不同的极性溶剂产生氢键的强度不同,可以通过判断化合物在不同溶剂中的氢键强度,来选择溶剂种类。⑤ 推测化合物的分子结构。⑥ 测定配合物组成及其稳定常数。

5.5.1.2　红外吸收光谱

红外吸收光谱可表征分子的振动-转动能级跃迁,主要用于研究在振动中伴随偶极矩变化的化合物。相较于紫外光而言,红外光的能量较低,当其照射分子时不足以引起分子中价电子能级的跃迁,但是能引起分子振动能级和转动能级的跃迁,所以以红外光谱又称为分子振动光谱。根据波长范围的不同,红外光区可以分为近红外区、中红外区和远红外区,其主要作用和应用范围也有所差异。红外光谱是由分子振动能级跃迁而产生的,物质分子吸收红外辐射应该满足两个条件:① 辐射分子具有的能量与发生振动跃迁所需的能量相等;② 辐射与物质之间有耦合作用,因此分子振动必须伴随偶极矩的变化。

常用于测定红外吸收光谱的仪器有三类:① 光栅色散型分光光度计,主要用于定性分析;② 非色散型光度计,用于定量测定大气中各种有机物质;③傅里叶变换红外光谱仪,可以进行定性和定量分析。在 20 世纪 80 年代以前,色散型分光光度计应用较为广泛。由于傅里叶变换红外光谱仪具有分析速度快、分辨率高、灵敏度高、波长精度好等优点,尤其是近年来这一类红外光谱仪的体积越来越小,生产成本大幅降低,所以目前傅里叶变换红外光谱仪已经在很大程度上取代了色散型分光光度计,广泛应用于各领域。因此,这里主要介绍傅里叶变换红外光谱仪。

傅里叶变换红外光谱仪,被称为第三代红外光谱仪,由红外光源、迈克尔逊干涉仪、样品室、检测器、记录仪等部分组成,其结构及工作原理如图 5.21 所示。光源发出红外光,经过干涉仪变成干涉图,再通过样品得到带有样品信息的干涉图,经放大器将信号放大,然后记录在磁带、穿孔卡片或纸带上,经过计算机处理的数据信号最终在记录器上绘出红外光谱。

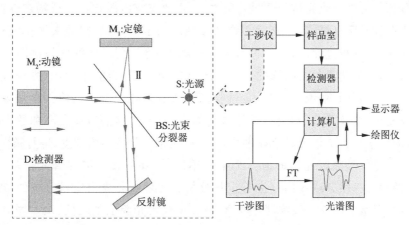

图 5.21　傅里叶变换红外光谱仪原理图

迈克尔逊干涉仪是傅里叶变换红外光谱仪的核心光学系统,主要由定镜 M_1、动镜 M_2、光束分裂器 BS 和检测器 D 组成。定镜 M_1 和动镜 M_2 相互垂直放置,其中定镜 M_1 固定不动,动镜 M_2 可沿镜轴方向前后移动。在定镜 M_1 和动镜 M_2 之间放置一呈 45°角的半透膜光束分裂器,可以使来自光源的入射光的一半被反射,另一半被透过。透射光被动镜反射,沿原路返回到光束分裂器,并在光束分裂器上再次发生反射和透射,反射部分通过样品 S 后到达检测器。在检测器上得到反射光和透射光的相干光,如果进入干涉仪的是波长为 λ 的单色光,当定镜和动镜与光束分裂器的距离相等时,到达检测器的两束光无光程差且相位相同,两束光将发生相加干涉,亮度最大。当动镜移动 $\lambda/4$ 的偶数倍距离时,到达检测器的两束光的光程差为 $\lambda/4$ 的偶数倍,两束光将发生相加干涉。当动镜移动 $\lambda/4$ 的奇数倍距离时,两束光将发生相减干涉,亮度最小。部分相减干涉则发生在上述两种位移值之间。综上所述,当动镜均匀向光束分裂器移动时,即连续改变到达检测器上的两束光的光程差,可以得到单色光的干涉图。当入射光为多色光时,可以得到多色光的干涉图。这种干涉多色光通过样品后,样品分子吸收了某些频率的光的能量,改变了得到的多色光干涉图,通过计算机将此干涉图进行傅里叶转换,就可以得到透光率随波数变化的红外吸收光谱图。

傅里叶变换红外光谱仪具有多通道测量、辐射通量大、波数准确度高、杂散光干扰小、可研究光谱范围宽及分辨能力高等优势,在化学领域具有多方面的应用。它可以用于确定分子的空间结构,求出化学键的力常数、键长和键角;还被广泛地用于化合物的定性、定量分析和化学反应的机理研究等。

红外吸收光谱的解析是红外吸收光谱应用的重要环节,主要可以分为以下几步:检查分析光谱图是否符合要求;了解样品的来源、理化性质、其他分析数据、样品的重结晶溶剂及纯度;排除可能的假谱带;若可以根据其他分析数据写出分子式,则应先算出分子的不饱和度;确定分子所含基团及化学键的类型;结合其他分析数据,确定化合物的结构单元,推出可能的结构式;已知化合物分子结构的验证;与标准谱进行对照;与计算机谱图库已有图谱对照。

定性分析是红外吸收光谱的重要应用之一,主要有官能团定性和结构定性两个方面。定性分析主要针对两种情况:一是已知物及其纯度的定性鉴定,二是未知物结构的确定。对于前者而言,其分析过程比较简单,具体过程如下:将得到试样的红外谱图与纯物质的谱图进行对比,如果两者各吸收峰的位置和形状完全相同,峰的相对强度一样,可以认为试样是该已知物;否则,就说明两者为不同物质,或者试样中含有杂质。未知物结构的确定则相对较复杂,涉及图谱的解析,具体过程如下:收集试样的有关资料和数据,如纯度、外观、试样的元素分析结果及其他理化性质等;确定未知物的不饱和度;进行谱图解析。

定量分析是红外吸收光谱的另一个重要用途,红外吸收光谱的谱带较多,选择余地大,能较方便地对单组分或多组分进行定量分析。红外吸收光谱定量分析的依据也是朗伯-比尔定律,但是由于红外吸收谱带较窄、色散型仪器光源强度较低、检测器灵敏度不够等,使用的带宽常常与吸收峰的宽度不在同一个数量级,从而出现吸光度与浓度间的非线性关系,即偏离朗伯-比尔定律。

红外吸收光谱的谱带很多,特征吸收谱带的选择对定量分析至关重要。因此,特征吸收谱带的选择应该注意以下几点:① 摩尔吸光系数要较大;② 谱带的峰形要有较好的对称性;③ 在选择的特征谱带区内没有其他组分产生干扰;④ 在所选的特征谱带区域内,溶剂或介质无吸收或基本没有吸收;⑤ 溶剂的浓度变化不应对所选的特征谱带的峰形产生影响;⑥ 特征谱带不应对 CO_2、水蒸气有强吸收区域。根据被测物质的情况和定量分析的要求,定量分析可采用直接计算法、工作曲线法、吸光度对比法、内标法等。

5.5.2　拉曼光谱分析

1928 年,印度物理学家拉曼发现了光的非弹性散射效应,以此为基础发展起来的光谱学称为拉曼光谱学。拉曼光谱是利用光子与分子之间发生非弹性碰撞获得的散射光谱,用以研究分子或物质微观结构。拉曼光谱与红外光谱联合使用,在化学、物理学、生物化学、材料科学和分子光谱学等领域有着重要的应用价值。拉曼光谱分析技术是以拉曼效应为基础建立起来的分子结构表征技术,是一种典型的无损表征技术,一般采用氩离子激光器作为激光光源,所以又称为激光拉曼光谱。

5.5.2.1　拉曼光谱基本原理

当频率为 ν_0 的单色光入射到一透明物体时,有 $10^{-5} \sim 10^{-3}$ 强度的入射光被散射。绝大部分散射光具有与入射光相同的频率,还有比入射光强小 10^{-7} 量级的非弹性散射光具有其他频率,这一效应被称为拉曼效应。

根据量子理论,光的散射是光量子与分子碰撞的结果。碰撞时,光量子可以弹性地或非弹性地被分子所散射。在非弹性散射中,光量子与分子之间有能量交换,可能有两种情况。一种情况是分子处于基态振动能级,与光子碰撞后,从光子中获取能量达到较高的能级。若与此相应的跃迁能级有关的频率是 ν_1,则分子从入射光中得到的能量为 $h\nu_1$,而散射光子的能量降低到 $h\nu_0 - h\nu_1$,频率降低为 $\nu_0 - \nu_1$。另一种情况是分子处于振动的激发态,并且在与光子碰撞时把 $h\nu_1$ 的能量传给光子,形成一条能量为 $h\nu_0 + h\nu_1$ 和频率为 $\nu_0 + \nu_1$ 的谱线。通常把低于入射光频率的散射线(频率为 $\nu_0 - \nu_1$)称为斯托克斯线,把高于入射光频率的散射线(频率为 $\nu_0 + \nu_1$)称为反斯托克斯线。ν_1 称为拉曼位移,拉曼位移的大小取决于分子振动跃迁能级差。对于同一分子能级,斯托克斯线和反斯托克斯线的拉曼位移是相等的。在正常情况下,由于分子大多数处于基态,测量得到的斯托克斯线强度比反斯托克斯线高很多,所以在一般拉曼光谱分析中,都采用斯托克斯线研究拉曼位移。

5.5.2.2　拉曼光谱仪

拉曼光谱仪一般由激光光源系统、样品池、干涉仪、滤光片、单色器、光电倍增管、检测系统和计算机记录及信息处理系统等组成。拉曼散射光较弱,只有激发光强度的 $10^{-8} \sim 10^{-6}$,因此要采用很强的单色光来激发样品,才能产生强的拉曼散射信号。激光是非常理想的光源,一般采用连续气体激光器,如最常用的氩离子(Ar^+)激光器(激光波长为514.5 nm 和 488.0 nm),以及 He-Ne 激光器(激光波长为 632.8 nm)和 Kr^+ 离子激光器

（激光波长为 568.2 nm）。激发光的波长不同时，所测得的拉曼位移是不变的，只是测得的拉曼散射强度不同。在光源系统中，除了激光光源外，还有透镜和反射镜等。透镜将激光束聚焦于样品上，反射镜则将透射过样品的光再反射回样品，以提高对光束能量的利用，增大信号强度。样品池的设计要考虑最有效地照射样品和聚焦散射辐射，即保证照射最有效、杂散光最少，尤其要避免入射激光进入光谱仪入射狭缝。对于透明样品，最佳的样品布置方案是使样品被照射部分呈光谱仪入射狭缝形状的长圆柱体，并使收集方向垂直于入射光的传播方向。单色器是激光拉曼光谱仪最重要的部分，由于拉曼散射信号十分微弱，为了尽可能地获得强的拉曼散射信号，需要提高对散射光的收集率。因此，单色器必须具有很高的分辨率，以及优异的抑制杂散光的能力，拉曼光谱仪一般采用全息光栅的双单色器，并且双单色器的内壁和狭缝均为黑色，从而达到上述目的。

如图 5.22 所示，傅里叶变换拉曼光谱仪的基本结构与普通可见激光拉曼光谱仪相似，不同之处在于它用工作波长为 1.06 μm 的 Nd：YAG 激光器代替可见激光器作光源，用干涉仪傅里叶变换系统代替分光色散系统对散射光进行探测。为了精准定位干涉仪动镜的移动距离，需要另加一个 He-Ne 激光器，使其输出光束通过光束复合器与 1.06 μm 激光共线。同时，调校仪器光路时可以可见的 He-Ne 激光为准。探测器采用高灵敏度的铟镓砷探头，并在液氮冷却下工作，从而大大降低了探测器的噪声。

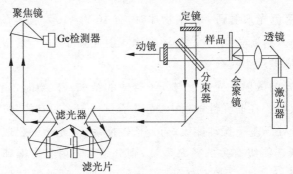

图 5.22　傅里叶变换拉曼光谱仪光路图

5.5.2.3　拉曼光谱分析的特点

拉曼光谱的优点如下：

① 波长范围在中红外区，有红外活性及拉曼活性的分子，其红外光谱和拉曼光谱近似。

② 拉曼光谱可以提供快速、简单、可重复和无损伤的定性、定量分析，无需样品准备，可直接通过光纤探头或者通过玻璃、石英测量。

③ 由于激光束的直径在它的聚焦部位通常只有 0.2～2 μm，常规拉曼光谱只需要少量的样品就可以获得。

④ 拉曼光谱可以同时覆盖 50～4000 cm^{-1} 的区间以对有机物及无机物进行分析。

⑤ 利用共振拉曼、表面增强拉曼可以提高测定灵敏度。

⑥ 选择性高，分析复杂体系时不必分离，因为其特征谱带十分明显。

拉曼光谱的缺点如下：① 激光光源可能破坏样品；② 一般不适用于荧光性样品的测定，如要检测荧光性样品，需要改用近红外激光激发；③ 要求样品对激发辐射必须是透明的，即激发的谱线绝对不能被样品所吸收，否则本身已经很弱的拉曼谱线将被淹没，所以拉曼光谱不能研究黑色、暗棕色或灰色的样品。

5.5.2.4　拉曼光谱的分析

在红外吸收光谱分析中，不引起分子偶极矩改变的振动被称为红外非活性振动，它不能形成振动吸收，因而使红外吸收光谱的应用受到一定程度的限制。但是，这些红外非活性振动信息可以通过拉曼光谱获得，故拉曼光谱成为红外吸收光谱分析的补充技术。由于二者都反映了分子的振动频率特征，因此，红外吸收光谱中的几种分析方法同样也适用于拉曼光谱。但是，在分析拉曼光谱图时需要注意 1500 cm^{-1} 的分界点。当测得某种物质的拉曼光谱后，先注意 1500 cm^{-1} 的分界点，1500 cm^{-1} 以上的谱带必定是一个基团的频率，对基团的解释通常是可靠的。因此，分析谱图通常从高波数端开始，1500 cm^{-1} 以下的区域叫作指纹区，该区域的谱带可以是源自基团频率也可以是指纹频率。通常频率越低，谱带就越不可能是由基团振动引起的，即使在这个区域内有一个谱带具有某一基团的频率，也不能断定这个基团的存在。拉曼光谱与红外光谱配合使用时，需要注意的问题包括：① 相互排斥原则，凡具有对称中心的分子，若其红外是活性的，则拉曼就是非活性的；反之，若拉曼是活性的，则其红外是非活性的。② 相互允许规则，一般来说，没有对称中心的分子，其红外和拉曼都是活性的。③ 拉曼光谱对分子骨架较灵敏，红外光谱对连接在分子骨架上的官能团较灵敏。④ 水对拉曼光谱影响较小，拉曼光谱比较适合做水化物的结构测定。

5.5.2.5　拉曼光谱的应用

拉曼光谱分析被广泛地用于物质的鉴定、分子结构的研究、有机物和无机物分析化学、生物化学、高分子化学催化、石油化工和环境科学等领域。

① 定性和定量分析。拉曼光谱的横坐标为拉曼位移，不同的分子振动、不同的晶体结构具有不同的特征拉曼位移，测量拉曼位移，可以对物质结构进行定性分析。如果固定入射光波长等实验条件，拉曼散射光强度与物质的浓度成正比，因此根据光谱的相对强度可以确定各组成成分的含量，即进行定量分析。

② 无机物及金属配合物的研究。对于无机体系，拉曼光谱比红外光谱更具优势，这是因为在振动过程中，水的极化度变化很小，其拉曼散射很弱，干扰很小。此外，在络合物中金属－配位体键的振动频率一般都在 100～700 cm^{-1} 范围，很难用红外光谱进行分析。然而，这些键的振动常具有拉曼活性，在上述范围内的拉曼谱带易于观测，因此拉曼光谱可以用于测定无机原子团的结构，也可以对配合物的组成、结构和稳定性进行研究。

③ 结构分析。对光谱谱带的分析是进行物质结构分析的基础。

④ 生物大分子的研究。拉曼光谱可以提供生物大分子的构象、氢键和氨基酸残基周围环境等方面的结构信息。

5.5.3 荧光分析法

分子荧光光谱法又称为荧光光谱法或发光光谱法。当物质分子吸收一定的能量后，由原来的基态能级跃迁至电子激发态的各个不同振动能级。激发态分子因与周围分子撞击而消耗部分能量，下降至基态的过程中，以光辐射的形式释放出多余的能量，此时所发射的光即为荧光。荧光分析是利用某些物质被紫外光照射后所产生的能够反映出该物质特性的荧光，进行该物质的定性分析和定量分析的测试技术。荧光分析法在工业、农业、医药卫生业和科学研究等领域有着广泛的应用。不同的发光物质有着不同的内部结构和固有的发光特性，因此可以根据其荧光光谱对物质进行定性分析，或者根据特定波长下的发光强度进行定量分析。荧光分光光度计是常用的荧光分析仪器。

5.5.3.1 荧光分光光度计

一般而言，荧光分光光度计由光源、聚焦系统、激发单色器、样品室、荧光单色器、光电管、光电管电流放大器等部分组成。在荧光分析法中，激发是通过吸收紫外或可见光来实现的，因此其光源要能发射紫外或可见光。氙弧灯能发射从可见到紫外范围的高强度的光辐射，可以测定一个完整的激发光谱，是目前荧光分光光度计中应用最多的光源。试样前的激发单色器主要对光源进行分光，选择激发光波长，实现激发光波长扫描以获得激发光谱。用某一固定单色光照射试样，试样吸收辐射光后发射出荧光，通过激发单色器选择发射光波长，或扫描测定各发射波长下的荧光强度，可获得试样的发射光谱。为避免光源的背景干扰，将检测器与光源设计成直角。采用染料激光器作为光源时，可以提高荧光测量的灵敏度。

5.5.3.2 荧光分析法的特点

① 灵敏度高。一般情况下，分子荧光分析法的灵敏度比紫外－可见分光光度法高 $2 \sim 4$ 个数量级，检出限可达 $0.001 \sim 0.01 \mu g \cdot cm^{-3}$。

② 选择性强。凡是能发荧光的物质，必须能吸收一定频率的光，但能吸收光的物质不一定会产生荧光。对于某一给定波长的激发光，能产生荧光的一些物质发出的荧光波也不尽相同，因此只要控制荧光分光光度计中激发光和荧光单色器的波长，便可得到选择性良好的方法。

③ 荧光分析法还具有重现性好、取样容易、试样需求量少等特点。

荧光分析法也有其不足之处，与其他分析法相比，其应用范围较小。这主要是因为许多物质本身不会产生荧光以及能形成荧光测量体系的材料较少。

5.5.3.3 荧光光谱分析

荧光光谱有荧光发射光谱和荧光激发光谱两种。荧光发射光谱是保持激发光的波长和强度不变，让物质所发出的荧光通过发射单色器照射于检测器进行扫描，得到的以荧光波长为横坐标、荧光强度为纵坐标的图谱，图谱形状与激发光的波长无关。荧光激发光谱是以不同波长的激发光激发物质使其发生荧光，让荧光以固定的发射波长照射到检测器上，从而得到的以激发光波长为横坐标、荧光强度为纵坐标的图谱。

5.5.3.4　荧光分析法的应用

① 无机化合物的荧光分析。能发生荧光的无机化合物数量不多,其中Ⅷ族元素、过渡元素及稀土元素的顺磁性原子会产生线状荧光光谱,碱土金属及碱土金属的卤化物会发出紫外光荧光。

② 有机化合物的荧光分析。目前,已有数千种有机化合物的荧光分析检出限低于 1 mg/L。食品工艺、医药卫生、农副产品质量检测、生命科学研究等领域中涉及的有机化合物检测都可用荧光分析法。

*5.6　拓展专题:发光材料

发光材料的分类方法较多,按照材料类型分类,可以分为无机发光材料和有机发光材料;按照发光持续时间分类,可以分为荧光材料和磷光材料;按照基质的阴离子分类,可以分为硅酸盐发光材料、硼酸盐发光材料、卤化物发光材料、氧化物发光材料等;按照发光光谱类型分类,可以分为多谱带发光材料、紫外发光材料、红外发光材料等;按照激发方式分类,可以分为光致发光材料、电致发光材料、场致发光材料等。本部分主要介绍以材料类型分类的发光材料。

5.6.1　无机发光材料

无机发光材料一般由基质和激活剂两部分组成,按照其基质的阴离子种类不同,可以分为硅酸盐发光材料、硼酸盐发光材料、卤化物发光材料、氧化物发光材料等。

5.6.1.1　硅酸盐类发光材料

地壳中含有丰富的硅酸盐类矿物质,其中能构成发光材料的硅酸盐的种类非常多。硅酸盐发光材料是最早获得应用的一类发光材料,不同的硅酸盐发光材料具有不同的发光性质,可用于不同的照明光源和显示器件。硅酸盐的基本结构 $[SiO_4]^{4-}$ 单元通过不同的连接方法形成岛状、环状、链状或层状等相对复杂的晶体结构。所以,关于硅酸盐基质的发光材料的研究广泛,它有巨大的应用潜力。常见的硅酸盐发光材料基质有二元硅酸盐(如 Zn_2SiO_4,Sr_2SiO_4 等)、三元硅酸盐。

Zn_2SiO_4:Mn^{2+} 是最早发现的高效发光材料之一,具有六方晶系的硅锌矿结构,Zn 原子占据两个不同的格位,这两个格位在稍畸变的四面体(Td)中都有 4 个最近邻氧原子配位。Mn^{2+} 取代 Zn^{2+} 位于四面体格位中,Zn^{2+} 也可以被 Be^{2+} 部分取代,形成固溶体,如 (Zn,Be)$_2$SiO$_4$:Mn 黄粉。Zn_2SiO_4:Mn^{2+} 在真空紫外辐射、短波紫外光子(200~300 nm)和电子束激发下,均能发射出纯度很高的强绿光,发射峰位于 525 nm 处。在 Zn_2SiO_4:Mn 中,Mn^{2+} 的发光是由于 d 电子的 $^4T_{1g}$ 向 $^6A_1$ 能级跃迁。部分 Zn 被 Be 取代后,Mn^{2+} 在 610 nm 附近出现一个新的发射带,随着 Be 取代量的增加,发光材料的发光颜色从绿变化到橙。Zn_2SiO_4:Mn^{2+} 是最早用于荧光灯和阴极射线管(CRT)的绿色发光材料,并向等离子显示器(PDP)和场致电子发射器(PED)等新领域发展。

$Sr_2SiO_4:Eu^{2+}$ 是研究较早的白光用 LED 发光材料,基质 Sr_2SiO_4 中 Sr^{2+} 存在 2 个晶格格位 Sr(Ⅰ)和 Sr(Ⅱ),在受到激光照射时,优先还原位于 Sr(I)位的 Eu^{3+},$Eu^{3+} \leftarrow O^{2-}$ 的电荷迁移带直接参与了 Eu^{3+} 向 Eu^{2+} 的还原过程。基质 Sr_2SiO_4 有 α 和 β 两种晶型,其在低温下为 $β\text{-}Sr_2SiO_4$ 相,高温下为 $α\text{-}Sr_2SiO_4$ 相。在室温下,添加 Ba 或 Eu 可以稳定 $α\text{-}Sr_2SiO_4$ 相,通常用的该类发光材料基质是 $α\text{-}Sr_2SiO_4$ 相。$α\text{-}Sr_2SiO_4$ 和 Ba_2SiO_4 具有相同的斜方结构,所以 $Sr_xBa_{2-x}SiO_4:Eu^{2+}$ 固溶体发光材料在所有 Sr 浓度下都保持相同的斜方结构。不同 Sr 含量掺杂的 $Sr_xBa_{2-x}SiO_4:Eu^{2+}$ 都可以被 450 nm 的蓝光和 405 nm 的近紫外光有效激发,并在绿光到黄光区域发射,非常适合白色照明应用和商业化应用。

5.6.1.2　磷酸盐类发光材料

磷酸盐类发光材料发展较早,20 世纪 60 年代,稀土离子激活的碱土磷酸盐就被用于复印机打印中,20 世纪 80 年代后期,Ce^{3+} 和 Tb^{3+} 共激活的稀土磷酸盐成功地被用于稀土三基色中,并取得了良好的效果。目前,稀土磷酸盐发光材料已经被广泛地用于场效应晶体管、上下转换材料、太阳能电池和显示等领域。磷酸盐基质本身的发光通常较弱,引入稀土离子可以有效地改善和提高其发光性能,并且可以获得丰富的颜色。

YPO_4 是一种典型的磷酸盐,具有较宽的间接带隙(约 8.6 eV)、高的介电常数、高的折射率和高熔点等特性。YPO_4 是一种可以广泛掺杂稀土离子和其他离子的优异基质材料,由于与稀土离子具有相似的离子半径,三价稀土离子可以很容易地被掺入或共掺进入 YPO_4 基质。Ce^{3+} 和 Tb^{3+} 共掺的绿色发光材料 $LaPO_4:Ce,Tb$ 属于正磷酸盐体系,其中 Ce^{3+} 起敏化作用,Tb^{3+} 为激活剂。在 280 nm 处有一个 Ce^{3+} 的最强吸收峰,而其发射峰位于 360 nm 处;Ce^{3+} 向 Tb^{3+} 的传递概率相当高,致使 Ce^{3+},Tb^{3+} 之间的能量传递效率也比较高。Ce^{3+} 吸收 253.7 nm 的紫外辐射后,将吸收的能量传递给邻近的 Tb^{3+},Tb^{3+} 的激发态电子经无辐射弛豫到荧光态 $^5D_4$,$^5D_3$,再由荧光态向基态 ^7F_J 跃迁,从而发出绿光。

磷酸盐发光材料具有以下特点:合成温度较低,发光效率高,化学稳定性好,光学性能好,原材料价格低,节能环保,功能用途广泛等。目前,稀土磷酸盐发光材料主要被用作绿色发光材料和蓝色发光材料,主要应用于显示、照明等领域。

5.6.2　有机发光材料

有机发光材料是发光材料中重要的一类,与无机发光材料相比,具有原料来源广泛、分子结构易修饰、制备工艺简单、柔性好等优势,在有机半导体材料领域大力发展并赋予其丰富的光电性质,使得它在有机发光二极管、有机太阳能电池和有机场效应晶体管等领域应用潜力巨大,备受人们的关注。有机发光材料根据其分子结构的不同,可以分为有机小分子发光材料、有机金属配合物发光材料和有机聚合物发光材料三类。

5.6.2.1　有机小分子发光材料

有机小分子通常是指相对分子质量小于 1000 的分子,有机小分子发光材料具有多样化的结构,分子结构清晰,可简单计算相对分子质量,并通过分子修饰来调控发光颜色。在有机小分子中,由于载流子容易传输,因此有机小分子发光材料发光效率较高。在实际应用中,有机小分子发光材料是通过真空沉积法制成薄膜材料进行使用。有机小分子发光材料通常为非共轭结构且溶解度较好,因其相对分子质量较小,可在高温下蒸发,也可在溶液中制备,但是小分子间的 π-π 紧密堆积会导致发光淬灭,而且成膜性不太好。为了解决这一问题,在沉积成膜过程中,会引入其他有机材料,形成激基复合物。

5.6.2.2　有机金属配合物发光材料

有机金属配合物发光材料是由无机金属中心与桥连的有机配体通过自组装相互连接,形成的一类多功能发光材料,它介于无机物和有机物之间,既具有有机物的高荧光量子效率,又具有无机物的良好稳定性,被认为具有良好的应用前景。

电致发光的配合物要求金属配位数饱和,呈电中性,具有优良的真空升华特性或在有机溶剂中有良好的溶解性。电致发光配合物具有“内络盐”结构,络合剂一般为二齿或三齿配体,中心离子可以是一些主族元素、过渡族元素或稀土元素。根据发光机制的不同,电致发光的有机金属配合物可以分为三类,分别是金属离子微扰配体发光的配合物、配体微扰金属离子发光的配合物、基于电荷转移跃迁发光的配合物。

金属离子微扰配体发光的配合物:许多配体在自由状态下不发光或发光微弱,形成配合物后变成强发光物质,如 8-羟基喹啉、Schiff 碱。这类配体在形成配合物后,金属离子起桥梁作用,增强了分子内各环间的相互作用,扩大了平面共轭体系,增强了配体分子的刚性,减小了能量的振动耗散,从而使辐射跃迁概率增大,荧光增强。

配体微扰金属离子发光的配合物:这类配合物主要是稀土配合物。其发光过程如下:首先,配体通过 π→π* 跃迁而被激发,从基态跃迁到激发单重态,然后通过系间窜跃将能量传递给激发三重态,再通过配体激发三重态将能量传递给发光的稀土金属离子的激发态,最后发生稀土金属离子激发态到基态的辐射跃迁而发光。在这个过程中,只有配体的三重态激发能量与金属离子的 f→f* 跃迁能量匹配,才能使配体和金属离子间发生有效的能量传递,否则配合物不发光。

基于电荷转移跃迁发光的配合物:金属离子与配体间的电荷转移可以分为两种,一种是从金属离子到配体的电荷转移跃迁,另一种是从配体到金属离子的电荷转移跃迁。前者表示电子从金属离子的基态跃迁到配体的激发态,一般发生于金属离子易于氧化且配体具有低能量 π* 空轨道的情况下,该类跃迁在紫外吸收光谱上的特征是可见或近紫外区有明显吸收。后者表示电子从配体的基态跃迁到金属离子的激发态,一般发生于配体有能量较高的孤对电子或者金属具有能量较低的空轨道情况下,在有机配合物中不常见。

5.6.2.3　有机聚合物发光材料

有机聚合物由一种或多种单体聚合而成,相对分子质量较高,具有很多特殊的性能。有机聚合物发光材料柔性好,易于制备大面积的薄膜;能够通过对分子支链进行修饰调控发光颜色;具有与金属和半导体相似的电学性能,稳定性好。有机聚合物发光材料的应用范围广,可以覆盖的波段范围为 390~780 nm,利用其制备发光器件的技术比较成熟,接近商业生产的水平,是目前研究最多的有机发光材料。

*5.7 拓展专题:光电材料

光电材料主要是指用于制造各种光电设备的材料,是光电产业的基础和先导。光电材料主要包括红外材料、激光材料、光纤材料、非线性光学材料等,广泛应用于光通信网络、光电显示、光电存储、光电探测和光电转换等领域。

5.7.1 红外材料

1800 年,赫胥尔发现红外光谱区。20 世纪 30 年代以后,科学家发现除非炽热物体,每种处于 0 K 以上的物体均发射特征电磁波辐射,且发射的特征电磁波主要位于电磁波谱的红外区域。这种特征对于军事观察和测定肉眼看不见的物体具有特殊意义。红外技术发展至今,除了在军事国防领域的应用外,在国民经济各个领域都有应用,主要可以概括为以下四个方面:辐射测量和光谱测量、对能量辐射物的搜索和追踪、制造红外成像器件、通信和遥控。红外技术的发展与红外材料的研发息息相关。红外材料是指与红外线的辐射、吸收、透射和探测等相关的材料,主要有红外探测材料、红外透波材料、红外辐射材料等。

5.7.1.1 红外探测材料

红外探测材料可以探测到环境红外光的变化,其本质是光子与材料的相互作用。光子与材料的相互作用可分为两类:一类是光子与材料相互作用无选择性,这类材料称为无选择辐射探测器材料,包括热释电材料、超导材料、声光材料等;另一类是光子与材料相互作用有选择性,从而引起物理性能变化,这类材料包括外光电效应材料、内光电效应材料、光生伏打光电材料和光磁效应材料。

硫化铅、锑化铟、碲镉汞、锗酸铅、氧化镁等一系列材料都可以用作红外探测材料,其中锑化铟和碲镉汞是军事红外光电系统主要采用的红外探测材料。例如,碲镉汞(Hg-Cd-Te,英文缩写为 MCT),是目前研究最为成熟的光子型探测器材料,是仅次于 Si,GaAs 的重要半导体材料。MCT 是直接带隙半导体,其能带的最大特点是带隙随成分呈线性变化,带隙具有可调节性,使得其可以应用于从近红外、中红外到远红外较宽的波长范围。MCT 还具有以下优点:电子迁移率较高,其膨胀系数与底材 Si 的膨胀系数相近,表面易于钝化,可以光电导、光伏特及光磁电等多种形式工作。但是,其制造技术复杂,成分难以控制均匀,化学稳定性较差,难以制成大尺寸单晶,大面积均匀性差,这些缺点限制了它的应用。针对以上缺点,MCT 现已进入薄膜材料研制和应用阶段,寻找新的制备工艺技术。例如,采用分子束外延、液相外延和金属有机化合物气相沉积等方法,可以制备出大面积、组分均匀、表面状态良好的 MCT 薄膜材料。

近年来,红外探测器向低维方向发展。尤其是二维异质结新材料,通过合理地设计材料参数,如掺杂、成分、超晶格材料结构的厚度等,来"裁剪"它们的性质,从而形成特征吸收,以满足红外探测器的要求。

5.7.1.2　红外透波材料

红外透波材料是指对红外线透过率高的材料,是红外技术的应用基础之一。红外系统对于红外透波材料的最基本要求是透过率高,透过的短波限要低、频宽要宽,一般红外透过波段是从 $0.7~\mu m$ 到 $20~\mu m$。对透波材料,要保持高的透过率,就尽量要有低的折射率、小的散射和吸收系数。红外透波材料主要用作红外探测器和飞行器中的窗口、头罩或整流罩等,可以分为玻璃、晶体、透明陶瓷和塑料四类。

玻璃具有光学均匀性好、易成型、价格便宜等优点,但是其透过波长较短、使用温度偏低。目前,红外透波用玻璃种类主要有硅酸盐、铝酸盐、硫属化物、锗酸盐、碲酸盐、铋酸铅等。部分红外玻璃的成分及透过波段如表 5.3 所示。不同种类的红外玻璃具有不同的性质,例如,氧化物玻璃透过波长不超过 $7~\mu m$;硫族化合物(含有元素周期表中第 VI 主族的 S,Se,Te 的化合物)玻璃有较宽的红外透过范围($0.8\sim16~\mu m$),如 $Ge_{30}As_{30}Se_{40}$ 玻璃可透过波长 $13~\mu m$ 的红外波,但是其工艺复杂,且含有毒元素。

表 5.3　部分红外玻璃的成分和透过波段

红外玻璃		化学组成	透过波段/μm
硅酸盐玻璃类	光学玻璃	SiO_2-B_2O_3-P_2O_5-PbO	$0.3\sim3.0$
非硅酸盐玻璃类	BS37A 铝酸盐玻璃	SiO_2-CaO-MgO-Al_2O_3	$0.3\sim5.0$
	BS37B 铝酸盐玻璃	CaO-BaO-MgO-Al_2O_3	$0.3\sim3.5$
	镓酸盐玻璃	SrO-CaO-MgO-BaO-Ga_2O_3	$0.30\sim6.65$
	碲酸盐玻璃	BaO-ZnO-TeO_3	$0.3\sim6.0$
硫属化物玻璃类	三硫化二砷玻璃	$As_{40}S_{60}$	$1\sim11$
	硒化砷玻璃	$As_{38.7}Se_{61.3}$	$1\sim15$
	20 号玻璃	$Ge_{33}As_{12}Se_{55}$	$1\sim16$
	锗锑硒玻璃	$Ge_{28}Sb_{12}Se_{60}$	$1\sim15$
	锗磷硫玻璃	$Ge_{30}P_{10}S_{60}$	$2\sim8$
	砷硫硒碲玻璃	$As_{50}S_{20}Se_{20}Te_{10}$	$1\sim13$

晶体很早就被用作红外区域的光学材料,可透过波长高达 $60~\mu m$ 的长波,折射率和色散范围较大。相较玻璃材料而言,大多数晶体具有熔点高、硬度高、热稳定性好,以及独特的双折射性能等优点。但是,其缺点也比较明显,晶体生长较慢,且难以获得大尺寸,制备价格昂贵,这限制了它的应用。锗和硅单晶体是常用的红外光学材料,与锗单晶体相比,硅单晶体的力学性能和抗热冲击性能更好,温度影响也小,但是其折射率高。因此,硅单晶体使用时需要镀增透膜,减少反射损失。另一类常用的单晶体是离子晶体,即碱卤化合物和碱土化合物,如 CsI 和 MgF_2。MgF_2 用于做红外窗口或整流罩材料时多采用热压多

晶体,其红外透过率高达 90%。ZnS,ZnSe 等硫族化合物是比较常用的长波红外透波材料,工程上多采用热压或化学气相沉积制备的 ZnS 或 ZnSe 多晶体。制备方法在很大程度上会影响材料的性能,如热压制备的产品具有更好的物理性能(高硬度、高强度),而化学气相沉积的产品的折射率均匀度很高且吸收很小,可以用作 CO_2 激光窗口。

随着红外技术和应用领域的不断拓展,耐温性成为红外透波材料的重要性能指标。例如,高速飞行器在飞行过程中会使红外窗口和罩材处于高温、高压、强烈的风沙雨水冲刷和侵蚀的环境下,这对红外透波材料的性能提出了更高的要求。透明陶瓷在苛刻工况下,具有高强度、耐高温、耐侵蚀等性能,是一种理想的红外透波材料。目前,可供选择的红外透明陶瓷材料种类较多,如镁铝尖晶石、蓝宝石、氧化钇、铝氧氮化物、氧化铝等。氧化铝透明陶瓷不仅可以透过红外光,还可以透过可见光,且其熔点高达 2050 ℃,性能可比肩蓝宝石,但是价格却比蓝宝石便宜得多。

5.7.2 激光材料

激光技术是 21 世纪光电技术重要产业之一,它同时与多个学科交叉结合发展,形成了众多的新兴交叉学科,如光电子学、激光医学、导波光学、激光生物学等,推动了传统产业和新兴产业的发展,其应用范围几乎覆盖国民经济的所有领域,产生了巨大的社会效益和经济效益。激光材料是激光技术发展的核心和基础,目前,激光材料种类繁多,涉及单晶、玻璃、陶瓷等种类。

5.7.2.1 激光晶体材料

激光晶体材料是长程有序的固态材料的总称,具有结构有序稳定、构效关系清楚、本征特性多样等特征。激光晶体由发光中心和基质晶体组成,在光或电激励下可以产生激光。激光晶体可以根据不同的标准进行分类,如按照输出功率大小,可以分为高功率激光晶体、中等功率激光晶体和小功率激光晶体;按照输出激光的波长,可以分为固体波长激光晶体和可调谐激光晶体;按照结构类型,可以分为石榴石型、刚玉型、钙钛矿型、氟磷灰石型等;按照激活特点,可分为稀土离子激活型、顺磁离子激活型、色心及半导体激光晶体等。

自红宝石激光器问世以来,可用作激光晶体基质的材料越来越多,相关的研究也有很多。激光晶体基质材料具有热导率较高、硬度高等显著优点,但是其化学成分和掺杂均匀性较差等也是亟待解决的问题。常见的激光晶体基质材料有氧化物、钒酸盐、磷酸盐、硅酸盐、氟化物等。

常见的氧化物基质材料有红宝石、蓝宝石和钇铝石榴石。红宝石激光材料是世界上第一台激光器所用的发光材料,是掺有少量 Cr_2O_3 的 Al_2O_3 晶体。Cr^{3+} 离子掺杂进入 Al_2O_3 晶格中,提供产生激光所必需的电子能态。蓝宝石是 Al_2O_3 单晶,是一种重要的氧化物激光单晶基质。自 1982 年发现掺钛的蓝宝石晶体可以产生可调谐激光以来,掺钛蓝宝石晶体引起了科研人员的极大兴趣,并对其进行了深入研究。掺钛蓝宝石晶体(Ti^{3+}:Al_2O_3),即 Ti^{3+} 离子掺杂进入 Al_2O_3 晶体,呈红色,属六方晶系,与红宝石具有相似的物理化学性能,稳定性好,热导率高。掺钛蓝宝石晶体是国际公认的最佳宽带可调谐激光晶体,具有增益带宽、高饱和通量、大的峰值增益截面、高量子效率、高激光损伤阈值及热稳定性好等优点,也是超短脉冲和高功率可调谐激光系统优良的振荡及放大介质。钇铝石榴石($Y_3Al_5O_{12}$,英文缩写为 YAG)属于立方晶系,在光学上具有各向同性,硬度较高,光谱透光范围宽(300～5000 nm),物理化学性能稳定。当采用三价稀土离子或过渡离子(如 Nd^{3+},Cr^{3+})部分取代 YAG 晶格点阵上的 Y^{3+} 后,便可形成激光晶体。目前,最常用和技术最成熟的固体激光器采用的激光材料是掺钕钇铝石榴石(Nd:YAG)晶体,属于稀土离子激活型激光晶体。Nd:YAG 激光器属于四能级系统,具有量子效率高、受激辐射截面大等优点,其激光阈值比红宝石和钕玻璃激光器小很多。它还具有热导率高、易散热等特点,不仅可以单次脉冲运转,还可以用于高重复率运转或连续运转。

5.7.2.2　激光玻璃材料

激光玻璃材料的激光发射特性受玻璃基质的结构和离子格位状态的控制,目前,只有稀土离子在玻璃基质中实现了受激发射。与晶体材料相比,玻璃材料具有以下优点:可制备大体积器件,以便产生高能量输出;具有优越的光学质量,便于透光;加工制备简单,易于进行光学加工;不同激活离子具有不同的结晶环境,使得玻璃中的激活离子的荧光线宽较晶体中的宽。玻璃激光器的激光阈值通常比晶体激光器的高。但是,玻璃的热导率远低于大多数晶体基质材料,当玻璃激光棒以高平均功率工作时,低的热导率将引起大量的热致双折射和光学畸变,不利于高功率泵浦。

5.7.2.3　激光陶瓷材料

随着透明陶瓷材料的不断发展,激光陶瓷材料越来越受到人们的关注。与玻璃材料相比,陶瓷材料的热导率高得多。与单晶材料相比,陶瓷材料的制备周期短、成本低,并且可以均匀掺杂高浓度的激活离子,以制备出大尺寸的陶瓷样品。目前,Nd:YAG 陶瓷已经表现出了与 Nd:YAG 单晶相当的激光性能。例如,掺杂浓度达到 20% 的 Nd:YAG 陶瓷激光器的激光斜效率达到 52%;二极管泵浦的 Nd:YAG 陶瓷激光器的输出功率最高可达542 W,光转换效率接近 40%。这些实验结果表明,激光陶瓷材料具有较大的发展潜力。

5.7.3　其他光电材料

5.7.3.1　磁光晶体材料

随着光通信和光信息处理技术的发展需要,磁光单晶膜成为一种新材料。它被用于小型坚固的非互易元件、光隔离器、磁光存储器和磁光显示器等。目前,实用的具有法拉第效应的磁光晶体主要是立方晶体和光学单轴晶体。其中,稀土石榴石型、钙钛矿型和磁铅矿型铁氧体晶体性能较好。钇铁石榴石(YIG)晶体在近红外波段,其法拉第旋转角可达200°/cm 左右,是近红外波段中应用最广的磁光晶体。YIG 在超高频场中的磁损耗比其他几种铁氧体要低几个数量级。除 RIG(R 为稀土)外,钆镓石榴石($Gd_3Ga_5O_{12}$,GGG)也是一种重要的磁光晶体,它具有激光低温磁致冷性质,可作为人造宝石。在钆镓石榴石衬底上外延生长的 GGG 是最实用的单晶膜,其在 633 nm 波长处的法拉第旋转角为 835°/cm。

具有更大法拉第旋转角的单晶膜正不断地被开发出来，例如 GGG 衬底上外延生长的 $Bi_3Fe_5O_{12}$，$(YLa)_3Fe_5O_{12}$ 等石榴石型铁氧单晶膜。

5.7.3.2 非线性光学晶体材料

非线性光学晶体主要用作激光频率转换材料，广泛应用于光通信、集成光学、激光电视的红绿蓝三基色光源，以及下一代光盘蓝色光源等领域。根据其转换功能不同，可以分为倍频晶体、频率上转换晶体、频率下转换晶体、参量放大或参量振荡晶体。按照应用激光的特性，可以分为高强功率、中功率、低功率激光频率转换晶体。没有中心对称的晶体点群只有 20 种，分析非线性光学效应存在的条件可以发现，考虑离子对晶体的电极化贡献几乎为零，非线性光学系数主要取决为电子运动，其中 422 和 622 两种晶体点群的二阶非线性光学系数全部为零，所以只有 18 种晶体点群可能具有非线性光学效应。但实际上还需要考虑非线性光学效应的晶体相位匹配要求，所以只有更少的晶体点群可能成为非线性光学晶体。

目前，优良的非线性光学晶体多集中于紫外、可见及近红外区域。实际应用的非线性光学晶体，大多数都是电光晶体材料，如磷酸盐类的磷酸二氢钾（KDP）、磷酸二氘钾（DKDP）、磷酸钛氧钾（KTP）、三硼酸锂（LBO）等。其中 KDP 和 DKDP 一直是备受重视的功能晶体，透过波段为 178～1450 nm，它是负光性双轴晶体，非线性光学系数 $d_{36}=0.39$ pm/V（1.064 μm），常用作标准与其他晶体比较。KDP 晶体最早作为频率转换晶体对波长为 1.064 μm 的激光实现二、三、四倍频以及对染料激光实现倍频，后被广泛应用。它还可以制造 Q 开关，特别是在特大功率激光受控热核反应、核爆模拟应用方面，大尺寸 KDP 是唯一已经采用的倍频材料，其转换效率在 80% 以上。虽然有新材料出现，但特大晶体的综合性能，仍以 KDP 为最优。KTP 晶体属于正光性双轴晶体，透过波段为 350～4500 nm，非线性光学系数 d_{33} 是 KDP 的 d_{36} 的 20 余倍。KTP 晶体具有较高的激光损伤阈值，可用于中小功率激光倍频等。利用该晶体制成的倍频器及光参量放大器等已应用于全固态可调谐激光光源。

三硼酸锂（LBO）是一种新型紫外倍频晶体，它是透过波段为 160～2600 nm 的负光性双轴晶体，有效倍频系数是 KDP 的 d_{36} 的 3 倍。LBO 晶体的激光损伤阈值较高、化学性能稳定、抗潮性好、加工性能良好，被广泛应用于高功率倍频、三倍频、四倍频及和频、差频等方面，在参量振荡、参量放大、光波导及光电效应等方面也有良好的应用前景。偏硼酸钡晶体是中国科学院福建物质结构研究所首次发现和研制的，是目前应用最为广泛的紫外倍频晶体。α-碘酸锂晶体是一种具有旋光、热释电、压电、电光等效应的极性晶体，但它不是铁电体，而是一种重要的非线性负光性单轴晶体，透过波段为 280～6000 nm，非线性光学系数比 KDP 的 d_{36} 大一个量级，可以实现相位匹配。它可以用于 Nd:YAG 和红宝石激光器腔内倍频及其他频率转换。红外非线性光学晶体是非线性光学效应的重要载体。很多半导体非线性光学晶体可以用于远红外波段，例如单质半导体晶体（如 Se，Te）可用作远红外非线性光学晶体材料。

 复习题

1. 简述光的物理本质。

2. 简述光与固体相互作用的微观过程。

3. 简述光的折射、反射、透射、吸收、散射等光学现象。

4. 解释材料的折射率的影响因素。

5. 阐述材料发光的激励方式有哪些。

6. 解释吸收光谱、激发光谱与发射光谱的区别。

7. 简述如何评价材料的发光特性。

8. 简述激光的特性和应用。

9. 简述爱因斯坦提出的光和物质相互作用的三个物理过程。

10. 试述光导纤维传导光的原理、光纤传输特性。

11. 简述光电效应及其分类。

12. 试述太阳能电池的工作原理,说明新型太阳能电池的应用前景。

13. 试举例说明磁光效应、非线性光学效应的应用。

14. 简述常用的光学测量方法、相应的工作原理及其应用领域。

编写人:尹丽

第 6 章

材料的热学性能

🔊 **本章导学**

　　材料的热学性能包括热容、热膨胀、热传导、热电性、热稳定性等，热学性能是材料的重要物理性能之一。本章就材料热性能的基本理论、一般规律、典型热学参量的主要测试方法及其在材料研究中的应用加以探讨。学习过程中应重点关注材料热性能的宏微观本质的关系，以便在选材、用材、改善材料性能、设计新材料、新工艺方面打下物理理论基础。

6.1　晶格热振动

　　材料各种热性能的物理本质，均与晶格热振动有关。晶体点阵中的质点（原子、离子）总是围绕其平衡位置做微小振动，这种振动称为晶格热振动。晶格热振动是三维的，可以根据空间力系将其分解成三个方向的线性振动。当振动很微弱，相邻质点间的作用力大小近似和位移成正比时，可以认为原子做简谐振动。不同的质点有不同的热振动频率。某材料内有 N 个质点，就有 N 个频率的振动组合在一起。温度高时动能增大，所以振幅和频率均增大。各质点热运动时动能的总和，即为该物体的热量，即

$$\sum_{i=1}^{N}（动能）_i = 热量$$

　　由于材料中质点间有着很强的相互作用力，因此一个质点的振动会使邻近质点随之振动。因相邻质点间的振动存在着一定的位相差，所以晶格振动以弹性波的形式（又称格波）在整个材料内传播。弹性波是多频率振动的组合波。

　　如果振动着的质点中包含频率很低的格波，质点彼此之间的位相差不大，则格波类似于弹性体中的应变波，称为"声频支振动"。格波中频率很高的振动波，质点间的位相差很大，邻近质点的运动几乎相反时，格波频率往往在红外光区，称为"光频支振动"。

图 6.1 表示晶胞中存在两种不同的原子,两种原子各有独立的振动频率,即使它们的频率都与晶胞振动频率相同,由于两种原子的质量不同,振幅也不同,所以两原子间会有相对运动。声频支可以看成相邻原子具有相同的振动方向。光频支可以看成相邻原子振动方向相反,形成了一个范围很小、频率很高的振动。如果是离子型晶体,就是正、负离子间的相对振动,当异号离子间有反向位移时,便构成了一个偶极子,在振动过程中,此偶极子的偶极矩是周期性变化的。据电动力学理论可知,它会发射电磁波,电磁波强度取决于振动振幅大小。在室温下,偶极子所发射的这种电磁波是微弱的,如果从外界辐射相应频率的红外光,则立即被晶体强烈吸收,从而激发晶体振动。这表明离子晶体具有很强的红外光吸收特性,这也就是该支格波被称为光频支的原因。

(a) 声频支　　　　　　(b) 光频支

图 6.1　一维双原子点阵中的格波

6.2　材料的热容

6.2.1　热容的概念

热容是表征分子或原子热运动的能量随温度而变化的物理量,其不严格定义是物质温度升高 1 K 所需要增加的能量。不同温度下,物质的热容不一定相同,所以在温度 T 时物质的热容可严格定义为

$$C_T = \left(\frac{\partial Q}{\partial T}\right)_T (\text{J/K}) \tag{6.1}$$

物质的质量不同,热容也不同。为便于比较,我们可使用比热容,即单位质量物质在没有相变和化学反应的条件下升高 1 K 所需的热量,单位是 $\text{J}/(\text{K} \cdot \text{kg})$,用小写字母 c 表示,其与物质的本性有关,而与质量无关。如果物质的量用 1 mol 表示,则为摩尔热容 C_m,单位是 $\text{J}/(\text{K} \cdot \text{mol})$。

工程上所用的平均热容 $\overline{C}$ 是指物质从温度 T_1 到 T_2 所吸收的热量的平均值:

$$\overline{C} = \frac{Q}{T_2 - T_1} (\text{J/K}) \tag{6.2}$$

平均热容是比较粗略的,$T_1 \sim T_2$ 的范围愈大,精度愈差,应用时要特别注意适用的温度范围。

另外,物体的热容还与它的热过程有关,假如加热过程是在恒压条件下进行的,所测定的热容称为定压热容(C_p);假如加热过程中保持物体容积不变,所测定的热容称为定容热容(C_V)。由于恒压加热过程中,物体除温度升高外,还要对外界做功,所以温度每提高 1 K 需要吸收更多的热量,即 $C_p > C_V$。

由于在没有其他功的条件下,体系在等容过程中所吸收的热量全部用以增加内能;体系在等压过程中所吸收的热量,全部用于使焓增加。因此,

$$C_V = \left(\frac{\partial Q}{\partial T}\right)_V = \left(\frac{\partial U}{\partial T}\right)_V \tag{6.3}$$

$$C_p = \left(\frac{\partial Q}{\partial T}\right)_p = \left(\frac{\partial H}{\partial T}\right)_p \tag{6.4}$$

式中,Q 为热量;U 为内能;H 为焓。

C_p 的测定比较简单,但 C_V 更有理论意义,因为它可以直接通过系统的能量增量计算。高温时,两者的差别增大。根据热力学第二定律可以导出摩尔定压热容 $C_{p,m}$ 和摩尔定容热容 $C_{V,m}$ 的关系:

$$C_{p,m} - C_{V,m} = \frac{\alpha_V^2 V_m T}{\beta} \tag{6.5}$$

式中,$\alpha_V = \dfrac{\mathrm{d}V}{V\mathrm{d}T}$ 是膨胀系数;$\beta = \dfrac{-\mathrm{d}V}{V\mathrm{d}p}$ 是压缩系数;V_m 是摩尔体积。

6.2.2 晶态固体热容理论

6.2.2.1 经典热容理论

20 世纪科学家们就已经发现了两个有关晶体热容的经验定律。一是元素的热容定律即杜隆-珀替定律:元素的原子摩尔热容为 25 J/(K·mol);二是化合物的热容定律即诺埃曼-考普(Neumann-Kopp)定律:固态化合物分子摩尔定压热容 $C_{p,m}$ 是由构成此化合物的所有原子的摩尔定压热容按比例相加而得。

实际上,大部分元素的原子摩尔热容都接近 25 J/(K·mol),特别在高温时,元素的实际热容与热容定律符合得更好。部分元素的原子摩尔热容见表 6.1。

表 6.1 元素的原子摩尔热容

元素	H	B	C	O	F	Si	P	S	Cl
$C_{p,m}/(\mathrm{J \cdot K^{-1} \cdot mol^{-1}})$	9.6	11.3	7.5	16.7	20.9	15.9	22.5	22.5	20.4

经典热容理论把气体分子热容理论用于固体,并对杜隆-珀替定律做出了解释。

根据晶格振动理论,在固体中可以用谐振子代表每个原子在 1 个自由度的振动,按照经典理论,能量按自由度均分,每一振动自由度的平均动能和平均位能都为 $(1/2)kT$,一个原子有 3 个振动自由度,平均动能和位能的总和就等于 $3kT$,1 mol 固体中有 N_A 个原子,总能量为

$$U_m = N_A\left(\frac{3}{2}kT + \frac{3}{2}kT\right) = 3N_A kT = 3RT \tag{6.6}$$

式中，N_A 为阿伏伽德罗常量，$N_A = 6.023 \times 10^{23}/\mathrm{mol}$；$T$ 为热力学温度；k 为玻尔兹曼常数，$k = 1.381 \times 10^{-23}$ J/K；R 为理想气体常数，$R = 8.314$ J/(K·mol)。

由热容定义，摩尔定容热容为

$$C_{V,\mathrm{m}} = \left(\frac{\partial U_{\mathrm{m}}}{\partial T}\right)_V = \left[\frac{\partial (3N_A k T)}{\partial T}\right]_V = 3N_A k = 3R \approx 25 \text{ J/(K·mol)} \tag{6.7}$$

由式(6.7)可知，元素的摩尔热容是一个与温度无关的常数，这就是杜隆-珀替定律。对于双原子的固态化合物，1 mol 中的原子数为 $2N_A$，故其摩尔定容热容 $C_{V,\mathrm{m}} = 2 \times 25$ J/(K·mol)，三原子固态化合物的摩尔定容热容 $C_{V,\mathrm{m}} = 3 \times 25$ J/(K·mol)，依此类推。

事实上，杜隆-珀替定律只适于部分固体材料和有限温度范围。其在高温时与实验结果是很符合的，而在低温时，热容的实验值并不是一个恒量，它随温度降低而减小，按正比于 T^3 的规律趋于零。因此，低温条件下经典热容理论与实际不符。

6.2.2.2　量子热容理论

普朗克在研究黑体辐射时，提出振子能量的量子化理论。他认为在一物体内，即使温度 T 相同，但在不同质点上所表现的热振动(简谐振动)的频率 ν 也不尽相同。因此，在物体内，质点热振动时所具有的动能有大有小，即使同一质点，其能量也有时大，有时小。但无论如何，它们的能量是量子化的，都以 $h\nu$ 为最小单位。$h\nu$ 称为量子能阶，通过实验测得普朗克常数 h 的平均值为 6.626×10^{-34} J·s。所以各个质点的能量只能是 $0, h\nu, 2h\nu, \cdots, nh\nu$，其中 n 称为量子数，$n = 0, 1, 2, \cdots$。但因基于量子理论计算热容时需获得谐振子的频谱，故可采用爱因斯坦模型和德拜模型予以简化。

（1）爱因斯坦模型

爱因斯坦在 1906 年引入点阵振动能量量子化概念，把原子振动视为谐振子，认为晶格点阵上的每个原子都是一个独立的振子，原子之间彼此无关并且振动频率都为 ν。量子力学认为，谐振子具有零点能(温度为 0 K 时，谐振子具有的能量)，谐振子振动能量为

$$U_n = nh\nu + \frac{1}{2}h\nu \tag{6.8}$$

式中，U_n 为频率是 ν 的谐振子的振动能；h 为普朗克常数；n 为声子量子数，取 $0, 1, 2, 3\cdots$；$\frac{1}{2}h\nu$ 为零点能，因它是常数，常略去。

根据玻尔兹曼分布，具有能量为 U_n 的谐振子数目正比于 $\mathrm{e}^{-\frac{U_n}{kT}} = \mathrm{e}^{-\frac{nh\nu}{kT}}$。那么，温度为 T，振动频率为 ν 的谐振子平均能量为

$$\bar{\varepsilon} = \frac{\displaystyle\sum_0^\infty nh\nu \exp\left(-\frac{nh\nu}{kT}\right)}{\displaystyle\sum_0^\infty \exp\left(-\frac{nh\nu}{kT}\right)} = \frac{h\nu}{\exp\left(\dfrac{h\nu}{kT}\right) - 1} \tag{6.9}$$

令 $x = \exp\left(-\dfrac{h\nu}{kT}\right)$，则

$$\bar{\varepsilon} = \frac{\sum_0^\infty nh\nu x^n}{\sum_0^\infty x^n} = \frac{h\nu x \dfrac{\mathrm{d}}{\mathrm{d}x} \sum x^n}{\sum x^n} = \frac{h\nu x (1-x)^{-2}}{(1-x)^{-1}}$$

$$\bar{\varepsilon} = \frac{h\nu}{x^{-1} - 1} = \frac{h\nu}{\exp\left(\dfrac{h\nu}{kT}\right) - 1}$$

若 1 mol 晶体有 N_A 个原子,每个原子有 3 个自由度,则晶体共有 $3N_A$ 个自由度,而每一个自由度相当于有 1 个谐振子在振动,那么,晶体振动平均能量为

$$U_m = 3N_A \bar{\varepsilon} = 3N_A \frac{h\nu}{\exp\left(\dfrac{h\nu}{kT}\right) - 1} \tag{6.10}$$

由摩尔定容热容定义得

$$C_{V,m} = \left(\frac{\partial U_m}{\partial T}\right)_V = 3N_A k \left(\frac{h\nu}{kT}\right)^2 \frac{\exp\left(\dfrac{h\nu}{kT}\right)}{\left[\exp\left(\dfrac{h\nu}{kT}\right) - 1\right]^2} = 3R f_E(\Theta_E / T) \tag{6.11}$$

式中,$f_E(\Theta_E / T) = \left(\dfrac{h\nu}{kT}\right)^2 \dfrac{\exp\left(\dfrac{h\nu}{kT}\right)}{\left[\exp\left(\dfrac{h\nu}{kT}\right) - 1\right]^2}$,称为爱因斯坦函数;$R = N_A k$;$\Theta_E = h\nu / k$,称为爱因斯坦温度。

现对式(6.11)进行讨论。

① 当温度 T 很高即晶体处于较高温度时,$kT \gg h\nu$,则 $h\nu / kT \ll 1$,故 $C_{V,m} \approx 3R \approx 25 \, \mathrm{J/(mol \cdot K)}$。这个结果和杜隆-珀替定律是一致的。也就是说,按爱因斯坦量子热容理论计算的热容值,在高温时与经典公式一致,与实验结果相符合。

② 当温度很低时,$h\nu \gg kT$,则

$$C_{V,m} = 3R \left(\frac{h\nu}{kT}\right)^2 \exp\left(-\frac{h\nu}{kT}\right) \tag{6.12}$$

实验指出,在低温时,热容和 T^3 成正比,而式(6.12)的理论计算值比实验值更快地趋于零。

③ 当 $T \rightarrow 0$ K 时,$C_{V,m}$ 也趋近于零,与实验相符。

式(6.12)表明:$C_{V,m}$ 值随温度以指数形式变化,并不服从实验中得出的按 T^3 变化的规律。这就使得在低温区域,按爱因斯坦模型计算出的 $C_{V,m}$ 值与实验值相比小太多。这主要是由于爱因斯坦模型的基本假设存在问题。爱因斯坦把每个原子看作独立的谐振子,而实际上每个原子和它邻近的原子之间存在着联系,其振动频率也不完全相同。爱因斯坦忽略了晶格波的频率差别,这是在低温下理论值与实验值不符的主要原因。

德拜模型在这一方面做了改进,故得到了更好的结果。

（2）德拜模型

德拜(Debye)理论考虑了晶体中原子的相互作用,提出晶体中各原子间存在着弹性斥力和引力,这种力使原子的热振动相互受到牵连和制约,从而达到相邻原子间协调齐步地振动,如图 6.2a 所示。

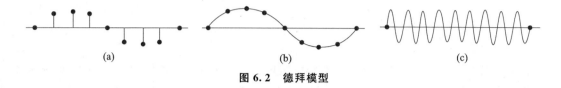

图 6.2　德拜模型

晶格中对热容贡献最大的是弹性波的振动,如图 6.2b,c 所示,也就是说波长较长的声频支在低温下的振动占主导地位。由于声频波的波长远大于晶体的晶格常数,可以把晶体近似为连续介质。所以,声频支的振动也近似地看作连续的,具有从 0 到频率 ν_{max} 的谱带。高于 ν_{max} 不在声频支而在光频支范围,对热容贡献很小,可以忽略不计。ν_{max} 由分子密度及声速决定。由上述假设导出了德拜热容模型的表达式:

$$C_{V,m} = 9N_A k \left(\frac{T}{\Theta_D}\right)^3 \int_0^{\Theta_D/T} \frac{e^x x^4}{(e^x - 1)^2} dx \tag{6.13}$$

式中,$\Theta_D = \dfrac{h\nu_{max}}{k}$ 为德拜温度;$x = \dfrac{h\nu}{kT}$。

为讨论问题方便,进一步引入德拜热容函数 $f_D(\Theta_D/T)$,令

$$f_D(\Theta_D/T) = 3(T/\Theta_D)^3 \int_0^{\Theta_D/T} \frac{e^x x^4}{(e^x - 1)^2} dx \tag{6.14}$$

则式(6.13)变为

$$C_{V,m} = 3N_A k f_D(\Theta_D/T) = 3R f_D(\Theta_D/T) \tag{6.15}$$

现针对式(6.15)讨论德拜热容模型与实验的符合情况。

① 当晶体处于较高温度时,$kT \gg h\nu_{max}$,则 $x \ll 1$,$f_D(\Theta_D/T) \approx 1$,故 $C_{V,m} = 3R f_D(\Theta_D/T) \approx 3R \approx 25$ J/(mol·K),这个结果与杜隆-珀替定律一致。

② 当晶体处于低温时,$T \ll \Theta_D$,取 $\Theta_D/T \to \infty$,则 $\int_0^\infty \frac{e^x x^4}{(e^x - 1)^2} dx = \frac{4}{15}\pi^4$,代入式(6.13)中,则

$$C_{V,m} = 9 R(T/\Theta_D)^3 \frac{4}{15}\pi^4 = \frac{12\pi^4}{5} R(T/\Theta_D)^3 \tag{6.16}$$

由式(6.16)知,在低温下,德拜热容理论也能很好地描述晶体热容,$C_{V,m} \propto T^3$ 就是著名的德拜三次方定律。

德拜热容模型虽比爱因斯坦模型有很大进步,但德拜把晶体看成连续介质,这对于原子振动频率较高部分不适用,故德拜理论对一些化合物的热容计算与实验不符。另外,德拜认为 Θ_D 与温度无关也不尽合理。

以上所说有关热容的量子理论,对于原子晶体和一部分较简单的离子晶体,如 Al,

Ag, C, KCl, Al_2O_3 在较宽广的温度范围内都与实验结果符合得很好,但并不完全适用于其他化合物,这是因为较复杂的分子结构往往会有各种高频振动耦合。至于多晶、多相的无机材料,情况则更复杂。

6.2.3 不同材料的热容

6.2.3.1 金属和合金的热容

(1) 金属的热容

金属与其他固体的重要差别之一是其内部有大量自由电子。讨论金属热容,必须先认识自由电子对金属热容的贡献。

经典自由电子理论把自由电子对热容的贡献估计得很大,在 $\frac{3}{2}k$ 数量级,并且认为其与温度无关。但实测电子对热容的贡献,常温下只有此数值的 1/100。根据量子自由电子理论可以算出电子摩尔热容 $C_{V,m}^e$ 为

$$C_{V,m}^e = \frac{\pi^2}{2} RZ \frac{k}{E_F^0} T \tag{6.17}$$

式中,R 为理想气体常数;Z 为金属原子价数;k 为玻尔兹曼常数;E_F^0 为 0 K 时金属的费密能。

常温时,与原子摩尔热容(约 $3R$)相比,电子摩尔热容很小,可忽略不计。

温度很低时,原子振动热容(以 $C_{V,m}^A$ 表示)满足式(6.16),则电子热容与原子热容之比为

$$\frac{C_{V,m}^e}{C_{V,m}^A} = \frac{5}{24\pi^2} \frac{kTZ}{E_F^0} (\Theta_D/T)^3 \tag{6.18}$$

若取 $\Theta_D = 200$,$k/E_F^0 = 0.13 \times 10^{-4}$,则 $C_{V,m}^e/C_{V,m}^A \approx \frac{2}{T^2}$。当 $T < 1.4$ K 时,$C_{V,m}^e/C_{V,m}^A > 1$ 即 $C_{V,m}^e > C_{V,m}^A$。实验已经证明,温度低于 5 K 时,$C_{V,m} \propto T$,即热容以电子贡献为主。这些分析表明,当温度很低时,金属热容需要同时考虑晶格振动和自由电子两部分对热容的贡献。为此,金属热容可以写成

$$C_{V,m} = C_{V,m}^A + C_{V,m}^e = AT^3 + BT \tag{6.19}$$

式(6.19)两边同除以 T,则得 $\frac{C_{V,m}}{T} = B + AT^2$,再以 T^2 为横坐标,$C_{V,m}/T$ 为纵坐标,便可以绘出斜率为 A,截距为 B 的金属实验热容随 T^2 变化的直线。图 6.3 是根据钾热容实验值绘制的 $(C_{V,m}/T)$-T^2 图形。

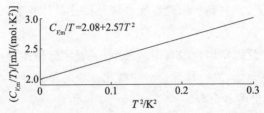

图 6.3 根据钾热容实验值绘制的 $(C_{V,m}/T)$-T^2 图形

由上述分析可知,材料的标识特征常数 A,B 在理论上可以计算,即

$$A=\frac{12}{5}R\pi^4/\Theta_D^3,\quad B=\frac{\pi^2}{2}ZR\frac{k}{E_F^0}$$

又可以通过测试低温下的金属热容得到 A,B 值。将通过计算和测试获得的数据进行对比后便可检验理论的正确性,这对物质结构的研究具有实际意义。

由于金属含有大量的自由电子,因此,金属的热容-温度曲线不同于其他键合晶体材料的热容-温度曲线,特别是在极高温和极低温条件下,金属材料的热容都必须考虑自由电子对热容的贡献。以铜为例绘出一般金属热容随温度变化的曲线,如图 6.4 所示。图中 I 区被放大,温度范围为 0～5 K,$C_{V,m}\propto T$。II 区 $C_{V,m}\propto T^3$,这一温度区间相当大。当温度达到 Θ_D 附近,热容趋于一常数。当温度高于 Θ_D 很多时,

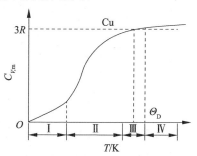

图 6.4　金属铜热容随温度变化的曲线

热容-温度曲线稍有平缓上升趋势,这就是曲线 IV 区部分 $C_{V,m}>3R$,其增加部分主要是金属中自由电子对热容的贡献。

（2）合金的热容

合金组织结构比纯金属要复杂,它们由合金相（固溶体、化合物和中间相）或它们的多相组成,在形成合金相时总能量可能增加（主要为相形成热）,但是,组成相的每个原子的热振动能,在高温（大于德拜温度）下几乎与原子在纯单质物质中同一温度的热振动能一样,且合金的热容具有可加性。例如,固溶体合金的摩尔热容由组元原子热容按比例相加而得,其数学表达式为

$$C_{p,m}=\sum w_i C_{p,m,i} \tag{6.20}$$

式中,w_i 是合金中各组成 i 的原子百分数;$C_{p,m,i}$ 为各组元的摩尔热容。式（6.20）即为诺埃曼-考普（Neumann-Kopp）定律。它可应用于多相混合组织、固溶体或化合物。但对不同对象表达式稍有差别。

由诺埃曼-考普定律计算的热容值与实验值相差不大于 4%。但应当指出,它不适用于低温条件（低于德拜温度）或铁磁性合金。

6.2.3.2　无机非金属材料的热容

无机材料是由晶体及非晶体组成的,德拜热容理论同样适用于无机材料。事实上,由于陶瓷材料主要由离子键和共价键组成,室温下几乎无自由电子,因此热容与温度的关系更符合德拜模型。对于绝大多数氧化物、碳化物,热容都是从低温时的一个低的数值增加到 Θ_D 附近近似于 25 J/(K·mol) 的数值。温度进一步升高,热容基本上没有什么变化。图 6.5 所示为几种陶瓷材料的热容-温度曲线。大多数氧化物和硅酸盐化合物在 573 K 以上的热容用诺埃曼-考普定律计算的数值有较好的结果。

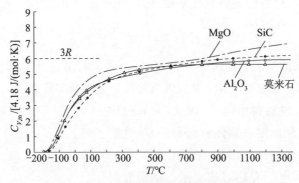

图 6.5　几种陶瓷材料的热容-温度曲线

无机材料的热容与材料结构的关系是不大的,如图 6.6 所示。CaO 和 SiO₂ 的混合物 (混合比例为 1∶1)与 CaSiO₃ 的热容-温度曲线基本重合。虽然固体材料的摩尔热容不是结构敏感的,但是由于陶瓷材料一般是多晶多相系统,材料中的气孔率对单位体积的热容有影响。多孔材料质量轻,热容小,提高轻质多孔隔热材料的温度所需要的热量远低于致密耐火材料。因此,周期加热的窑炉尽可能选用多孔的硅藻土砖、泡沫刚玉等以达到节能的目的。

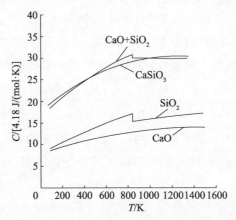

图 6.6　CaO 和 SiO₂ 混合物与 CaSiO₃ 的热容-温度曲线

6.2.3.3　高分子材料的热容

高聚物多为部分结晶或无定形结构,热容不一定符合德拜热容理论式。大多数高聚物的比热容在玻璃化温度以下比较小,温度升高至玻璃化转变点时,分子运动单元发生变化,热运动加剧,热容出现阶梯式变化,也正是基于此,可以根据热容随温度的变化规律,测量高聚物的玻璃化温度。结晶高聚物的热容在熔点处出现极大值,温度更高时热容又降低。一般而言,高聚物的比热容比金属和无机材料的比热容大。高分子材料的比热容由化学结构决定,温度升高,使链段振动加剧,而高聚物是长链,使之改变运动状态较困难,因而,需提供更多的能量。表 6.2 给出了不同类型材料的比热容。

表 6.2　不同类型材料的比热容

类别	材料	定压比热容/$(J \cdot kg^{-1} \cdot K^{-1})$
金属	铝	900
	铁	448
	镍	443
	316 不锈钢	502
陶瓷	氧化铝(Al_2O_3)	775
	氧化铍(BeO)	1050 *
	氧化镁(MgO)	940
	尖晶石($MgAl_2O_4$)	790
	熔融氧化硅(SiO_2)	740
	钠钙玻璃	840
高聚物	聚乙烯	2100
	聚丙烯	1880
	聚苯乙烯	1360
	聚四氟乙烯	1050

注：* 表示 100 ℃时测得的数据。

6.3　材料的热膨胀

6.3.1　固体热膨胀的概念与物理本质

物体的体积或长度随温度的升高而增大的现象称为热膨胀。固体材料热膨胀的本质可归结为点阵结构中的质点间平均距离随温度升高而增大。如图 6.7 所示为双原子模型，设有两个原子，其中一个在点 b 固定不动，另一个以点 a 为中心振动，振幅位置如虚线 1 和 2 所示。当温度由 T_1 升高到 T_2 时，振幅增大且振动的平衡位置 a 也向右偏移，从而导致原子间距增大，材料发生膨胀。

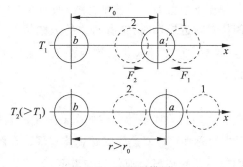

图 6.7　双原子模型

晶格振动中相邻质点间存在相互作用力,这种作用力来自异性电荷的库仑引力和同性电荷的库仑斥力及泡利不相容原理引起的斥力,引力和斥力都和原子间距有关。这些作用力实际上是非线性的,即作用力并不简单地与位移成正比。由图 6.8 可以看到,在质点平衡位置 r_0 的两侧,合力曲线的斜率是不等的。在 $r<r_0$ 一侧,合力斜率较大,所以 $r<r_0$ 时,斥力随位移的增大变化很快;$r>r_0$ 时,引力随位移的增大变化要慢一些。在这样的受力情况下,温度升高,质点振动的平均位置不在 r_0 处,而要向右移,因此相邻质点间平均距离增加。温度愈高,振幅愈大,质点在 r_0 两侧受力不对称情况愈显著,平衡位置向右移动越多,相邻质点间平均距离就增加得越多,导致微观上晶胞参数增大,宏观上晶体膨胀。

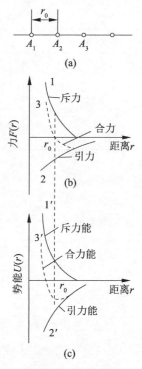

图 6.8　晶体中质点间引力-
斥力曲线和位能曲线

设相互作用的两个原子中的一个固定在坐标原点,而另一个原子处于平衡位置 $r=r_0$(设温度为 0 K)。由于热运动,两个原子的相互位置在不断变化。设动原子离开平衡位置的位移为 x,则两个原子间的距离 $r=r_0+x$,两个原子间的势能 $U(r)$ 是两个原子间距 r 的函数。此函数可在 $r=r_0$ 处展开成泰勒级数:

$$U(r)=U(r_0)+\left(\frac{\mathrm{d}U}{\mathrm{d}r}\right)_{r_0}x+\frac{1}{2!}\left(\frac{\mathrm{d}^2U}{\mathrm{d}r^2}\right)_{r_0}x^2+\frac{1}{3!}\left(\frac{\mathrm{d}^3U}{\mathrm{d}r^3}\right)_{r_0}x^3+\cdots \tag{6.21}$$

因为 $\left(\dfrac{\mathrm{d}U}{\mathrm{d}r}\right)_{r_0}=0$,令 $\dfrac{1}{2!}\left(\dfrac{\mathrm{d}^2U}{\mathrm{d}r^2}\right)_{r_0}=c$,$-\dfrac{1}{3!}\left(\dfrac{\mathrm{d}^3U}{\mathrm{d}r^3}\right)_{r_0}=g$,则式(6.21)变为

$$U(r)=U(r_0)+cx^2-gx^3+\cdots \tag{6.22}$$

如果略去 x^3 及以后的高次项,则式(6.22)变为 $U(r)=U(r_0)+cx^2$,此时 $U(r)$ 代表一条顶点下移 $U(r_0)$ 的抛物线,如图 6.9 中虚线所示。此时势能曲线是对称的,原子在平衡位置附近振动时,左右两边的振幅恒等,温度升高只能使振幅增大,平均位置仍为 $r=r_0$,故不会产生热膨胀。这与膨胀的事实相反,故略去 x^3 项是不合理的。保留 x^3 项,则式(6.22)变为

$$U(r)=U(r_0)+cx^2-gx^3 \tag{6.23}$$

式(6.23)代表的曲线如图 6.9 中的实线所示,其不再是对称的抛物线。利用势能曲线的非对称性可以对热膨胀做具体解释。在图 6.9 中作平行横轴的平行线 $0,1,2,3,\cdots,n$,它们与横轴的距离分别代表在 0 K,$T_1,T_2,T_3,\cdots,T$ 温度下质点振动的总能量。由图可见,原子的平衡位置随温度升高将沿着 AB 线变化,温度升得愈高,则平衡位置移得愈远,引起晶体膨胀。

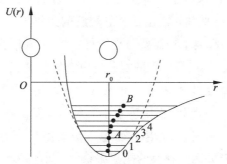

图 6.9 双原子相互作用势能曲线

6.3.2 热膨胀系数

我们通常使用热膨胀系数对固体热膨胀进行表征,热膨胀系数又分为线膨胀系数及体膨张系数。

设 $\bar{\alpha}_l$ 为平均线膨胀系数,$\Delta l = l_2 - l_1$ 表示 ΔT 温度区间试样长度变化值,$\Delta T = T_2 - T_1$,则

$$l_2 = l_1 [1 + \bar{\alpha}_l (T_2 - T_1)]$$

$$\bar{\alpha}_l = \frac{\Delta l}{l_1 \Delta T} \tag{6.24}$$

同理,平均体膨胀系数

$$\bar{\beta} = \frac{\Delta V}{V_1 \Delta T} \tag{6.25}$$

式中,ΔV 为温度变化 ΔT 时试样体积变化值。

一般情况下,表征材料热膨胀用平均线膨胀系数,但在材料研究中也用体膨胀系数表征材料在某一给定温度下的热膨胀特征。当式(6.24)中的 ΔT 趋向于零时,则可得到温度为 T 时材料的真线膨胀系数

$$\alpha_T = \frac{\mathrm{d}l}{l_T \mathrm{d}T} \tag{6.26}$$

通过实验可得到膨胀曲线 $l = f(T)$,见图 6.10。取膨胀曲线上的一点 a,过 a 作切线,该切线之斜率除以 l_T 即为材料在温度 T 时的真线膨胀系数。相应的真体膨胀系数为

$$\beta_T = \frac{\mathrm{d}V}{V_T \mathrm{d}T} \tag{6.27}$$

多数情况下实验测得的是线膨胀系数。对于立方晶系,各方向的膨胀系数相同,即

$$\beta = 3\alpha_l \tag{6.28}$$

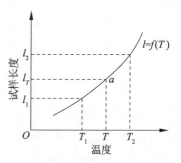

图 6.10 热膨胀曲线示意图

热膨胀系数是描述材料热性能的重要参数之一,在材料的分析、应用过程中,其是经常要考虑的物理参数之一。例如在高温钠蒸灯灯管的封接工艺中,为保持电真空,选用的封装材料的 α_l 值在低温和高温下均需要与灯管材料的 α_l 值相近,高温钠蒸灯灯管所用的透明 Al_2O_3 的 α_l 为 $8\times10^{-6}\ K^{-1}$,选用的封装导电金属铌的 α_l 为 $7.8\times10^{-6}\ K^{-1}$,二者相近。在多晶、多相材料及复合材料中,由各相及各方向的 α_l 不同所引起的热应力问题已成为选材、用材中的突出矛盾。例如,石墨垂直于 c 轴方向的 $\alpha_l=1.0\times10^{-6}\ K^{-1}$,平行于 c 轴方向的 $\alpha_l=27\times10^{-6}\ K^{-1}$,所以,石墨在常温下极易因热应力较大而强度不高,但在高温时内应力消除,强度反而升高。材料的热膨胀系数大小与热稳定性直接相关,一般 α_l 小的,热稳定性较好。例如,Si_3N_4 的 α_l 为 $2.7\times10^{-6}\ K^{-1}$,在陶瓷材料中是偏低的,因此它的热稳定性好。

6.3.3　热膨胀与其他性能的关系

（1）热膨胀与热容

热膨胀是固体材料受热以后晶格振动加剧而引起的体积膨胀,而晶格振动的激化就是热运动能量的增大。每升高单位温度时能量的增量就是热容,所以热膨胀显然与热容关系密切。格律乃森（Grüneisen）从晶格热振动理论导出体膨胀系数与热容间存在的关系为

$$\beta=\frac{r}{KV}c_V \tag{6.29}$$

式中,r 是格律乃森常数,此常数是表示原子非线性振动的物理量,一般 r 在 $1.5\sim2.5$ 之间变化;K 是体弹性模量;V 是体积;c_V 是定容比热容。

物体的热膨胀系数与定容比热容成正比,并且它们和温度的变化规律相似。在低温下随温度升高急剧增大,而到高温则趋于平缓。这一规律称为格律乃森定律。从热容理论知,低温下 c_V 与 T^3 成正比,则膨胀系数在低温下也与 T^3 成正比。图 6.11 为氧化铝的热膨胀系数和定容比热容与温度的关系,从图中可以看出,这两条曲线近于平行,变化趋势相同。

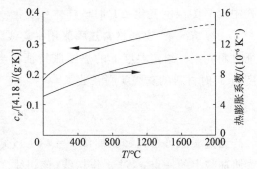

图 6.11　氧化铝的热膨胀系数和定容比热容与温度的关系

（2）热膨胀与熔点

当固态晶体温度升高至熔点时,原子热运动将突破原子间结合力,破坏原有的固态晶体结构,物体从固态变成液态,所以,固态晶体的膨胀有极限值。格律乃森指出一般纯金属由温度 0 K 加热到熔点 T_M,膨胀量为 6%,其表示为

$$\frac{V_{T_M}-V_0}{V_0}\approx0.06 \tag{6.30}$$

式中，V_{T_M} 为熔点时固态晶体体积；V_0 为 0 K 时固态晶体体积。

从式(6.30)可见，固体加热体积增大 6% 时，晶体原子间结合力已经很弱，以致于使固态熔化为液态。因为在 0 K 到熔点之间，物体体积要变化 6%，所以物质熔点愈低，其膨胀系数愈大，反之亦然。但由于各种金属原子结构、晶体点阵类型不同，因此它们的膨胀极限不可能刚好都等于 6%，如金属 In 和 β-Sn 的膨胀极限为 2.79%。

膨胀系数与熔点 T_M 有一定联系，其经验公式为

$$\alpha T_M = b \tag{6.31}$$

式中，α 为线膨胀系数；T_M 为熔点；b 为常数，大多数立方晶格和六方晶格金属 b 值取 $0.06 \sim 0.076$。

（3）热膨胀与原子序数

膨胀系数随元素的原子序数呈明显周期性变化。只有 I A 族元素 Li，Na，K，Rb，Cs，Fr 的 α_l 随原子序数增大而增大，其余 A 族元素随原子序数的增大，α_l 均减小。过渡族元素具有低的 α_l 值。碱金属的 α_l 值高，这是因为其原子结合力低。一般来说石英玻璃的膨胀系数是低的，大约为 $0.5 \times 10^{-6} \text{K}^{-1}$，而铁的膨胀系数为 $12 \times 10^{-6} \text{K}^{-1}$，几乎是石英玻璃的 25 倍。

（4）热膨胀与硬度

膨胀系数与纯金属的硬度也有一定的关系。金属本身硬度愈高，膨胀系数就愈小，部分纯金属的膨胀系数与硬度见表 6.3。

表 6.3　部分纯金属的膨胀系数与硬度

名称	Al	Cu	Ni	Co	α-Fe	Cr
$\alpha_{20 \sim 100}^{①}/(10^{-6} \text{ K}^{-1})$	23.6	17.0	13.4	12.4	11.5	6.2
HV②	20	90	110	120	120	130

注：① α 的下脚注表示温度范围为 20～100 ℃；② 硬度值一栏均为约数。

6.3.4　影响热膨胀的因素

热膨胀系数除随温度变化外，还受许多其他因素的影响。

6.3.4.1　化学组成、相和结构对热膨胀系数的影响

不同化学组成的材料有不同的热膨胀系数，即使化学组成相同，组成相或结构不同的材料，热膨胀系数也不同。组成合金的溶质元素及含量对合金热膨胀的影响极为明显，例如，铁中加入锰、锡，可使铁固溶体热膨胀系数增大，而加入铬、钒，可使铁固溶体热膨胀系数变小。合金固溶体的热膨胀系数与溶质元素的热膨胀系数和含量有关，组元之间形成无限固溶体时，固溶体的热膨胀系数将介于两组元热膨胀系数之间，图 6.12 中 Ag-Au 合金热膨胀系数与合金元素含量的关系曲线就是一个典型，其热膨胀系数随溶质原子含量的变化呈直线式变化。若金属固溶体中加入过渡族元素，则固溶体的热膨胀系数变化就没有规律性。

多相合金的热膨胀系数取决于组成相的性质和数量,对各相大小、分布及形状不敏感,如图 6.12 中 Cu-Pd 合金,合金热膨胀系数介于各组成相热膨胀系数之间,多相体的热膨胀系数可由特诺(Turner)公式给出:

$$\beta = \frac{\sum_i \beta_i w_{mi} K_i / \rho_i}{\sum_i w_{mi} K_i / \rho_i} \tag{6.32}$$

$$\alpha_l = \frac{\sum_i \alpha_{li} w_{mi} K_i / \rho_i}{\sum_i w_{mi} K_i / \rho_i} \tag{6.33}$$

式中,β_i,α_{li},w_{mi},K_i,ρ_i 分别表示第 i 相的体膨胀系数、线膨胀系数、质量分数、体弹性模量和密度。例如,钢的热膨胀特性取决于组成相特性,奥氏体热膨胀系数最高,铁素体、渗碳体次之,马氏体最低,钢中合金元素对热膨胀系数的影响主要取决于形成碳化物还是固溶于铁素体中,前者使钢的热膨胀系数增大,后者使其减小。

对于相同成分的物质,如果结构不同,那么热膨胀系数也不同。通常结构紧密的晶体,热膨胀系数较大,而类似于无定形的玻璃,则往往有较小的热膨胀系数。例如石英晶体的热膨胀系数为 12×10^{-6} K^{-1},而石英玻璃的热膨胀系数则只有 0.5×10^{-6} K^{-1}。结构紧密的多晶二元化合物都具有比玻璃大的热膨胀系数,这是由于玻璃的结构较疏松,内部空隙较多,所以当温度升高,原子振幅加大,原子间距离增大时,增大量部分地被结构内部的空隙所容纳,因而整个物体宏观的膨胀量就小些。

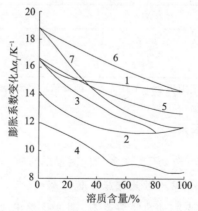

1 — Cu-Au(35 ℃);2 — Au-Pd(35 ℃);3 — Cu-Pd(35 ℃);4 — Cu-Pd(−140 ℃);
5 — Cu-Ni(35 ℃);6 — Ag-Au(35 ℃);7 — Ag-Pd(35 ℃)。

图 6.12 固溶体热膨胀系数与合金溶质含量的关系

6.3.4.2 相变对热膨胀系数的影响

当材料发生各类相变时,其膨胀量和热膨胀系数都会发生变化。图 6.13 是一级和二级相变引起膨胀变化示意图。金属发生一级相变过程中,伴随比热容的突变,相应的膨胀系数 α_l 有不连续变化,转变点处 α_l 将为无限大。如 ZrO$_2$ 晶体室温时为单斜晶型,当温度升至 1000 ℃以上时,转变为四方晶型,发生了明显的收缩(见图 6.14 线 2),严重影响其应用。为了改变这种现象,加入 MgO,CaO,Y_2O_3 等氧化物作为稳定剂,在高温下与 ZrO_2 形成立方晶型的固溶体,温度在 2000 ℃以下时均不再发生晶型转变(见图 6.14 线 1)。

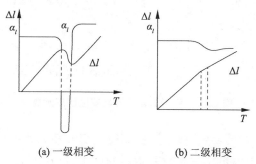

(a) 一级相变　　　　　(b) 二级相变

图 6.13　相变膨胀量与热膨胀系数变化示意图

　　二级相变的情况如图 6.13b 所示。如有序－无序转变属于二级相变,在相变点处膨胀系数曲线上有拐点。图 6.15 给出了三种合金有序－无序转变的膨胀曲线,其中 Au-50%Cu 合金有序结构加热至 300 ℃时,有序结构开始破坏,450 ℃时完全变为无序结构。在这段温度区间,热膨胀系数增加得很快。当冷却时合金发生有序转变,热膨胀系数也稍有降低,这是有序合金原子间结合力增强的结果。

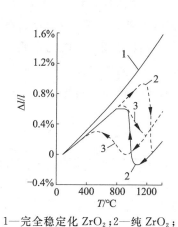

1—完全稳定化 ZrO_2;2—纯 ZrO_2;
3—掺杂 8%(摩尔分数)CaO 的部分稳定 ZrO_2。

图 6.14　ZrO_2 的加热和冷却膨胀曲线

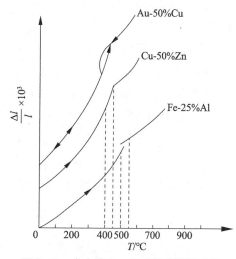

图 6.15　合金有序－无序转变膨胀曲线

　　大多数金属和合金的热膨胀系数随温度变化规律符合格律乃森定律,属于正常膨胀。但对于铁磁性金属和合金如铁、钴、镍及其某些合金,在磁性转变过程中热膨胀系数随温度变化不符合上述规律,在正常的膨胀曲线上出现附加的膨胀峰,这些变化称为反常膨胀,如图 6.16 所示。其中,镍和钴的热膨胀峰向上,称为正反常;铁的热膨胀峰向下,称为负反常。铁镍合金也具有负反常的膨胀特性。

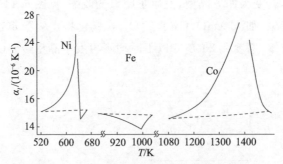

图 6.16　铁、钴、镍磁性转变区的膨胀曲线

具有负反常膨胀特性的合金,由于可以获得热膨胀系数为零或负值的因瓦(Invar)合金,或者在一定温度范围内热膨胀系数基本不变的可伐(Kovar)合金,故具有重大的工业意义。

至于出现反常的原因,目前大都从物质的铁磁性行为去解释,认为是磁致伸缩抵消了合金正常热膨胀的结果。

6.3.4.3　化学键对热膨胀系数的影响

材料的热膨胀系数与化学键强度密切相关。键强度越高的材料,热膨胀系数越小。如陶瓷材料中的化学键为共价键或离子键,较金属材料具有较高的键强度,它们的热膨胀系数一般比金属材料的小。对分子晶体而言,其分子间通过弱的范德华力相互作用,因此热膨胀系数大,约在 10^{-4} K^{-1} 数量级。而对于原子晶体,如金刚石,原子间以共价键相连,相互作用很强,热膨胀系数就小得多,只有 10^{-6} K^{-1}。对高聚物来说,长链分子中的原子沿链方向是以共价键相连接的,而垂直于链的方向,邻近分子间的相互作用是弱的范德华力,因此结晶高聚物和取向高聚物的热膨胀具有很大的各向异性。高聚物的热膨胀系数比金属、陶瓷的热膨胀系数约高一个数量级。

6.3.4.4　晶体缺陷对热膨胀系数的影响

实际晶体中总是含有某些缺陷,它们可明显地影响晶体的物理性能。空位对固体热膨胀具有显著影响,由空位引起的晶体附加体积变化可写成关系式:

$$\Delta V = BV_0 \exp\left(-\frac{Q}{kT}\right) \tag{6.34}$$

式中,Q 是空位形成能;B 是常数;V_0 是晶体在 0 K 时的体积;k 是玻尔兹曼常数;T 是热力学温度。这里的空位可以由粒子辐射产生,例如 X 射线,γ 射线,电子、中子、质子等辐照皆可引起辐照空位的产生,空位也可由高温淬火产生。

辐照空位使晶体的热膨胀系数增大。如果忽略空位周围应力,则由于辐照空位而增加的体积为

$$\Delta V = \frac{n}{N} V \tag{6.35}$$

式中,n/N 是辐照空位密度;N 为晶体原子数;n 为空位数;V 为晶体体积。

热缺陷的影响在温度接近熔点时更明显。由下面的公式可以得出空位引起的热膨胀系数变化值：

$$\Delta \beta = B \frac{Q}{T^2} \exp\left(-\frac{Q}{kT}\right) \tag{6.36}$$

齐特(Zieton)用式(6.36)分析了碱卤晶体热膨胀特性,指出从 200 ℃到熔化前晶体热膨胀的增长同晶体缺陷有关,即同肖特基空位和弗仑克尔缺陷有关。熔化前弗仑克尔缺陷占主导地位。

6.3.4.5　各向异性对热膨胀系数的影响

对于结构对称性较低的金属或其他晶体,其热膨胀系数有各向异性。一般来说弹性模量较高的方向有较小的热膨胀系数,反之亦然。表 6.4 列出了一些晶体的主膨胀系数。

对于非等轴晶系的晶体,各晶轴方向的热膨胀系数不等,最显著的是层状结构材料,因为层内有牢固的连接,而层间的连接要弱得多。例如,层状结构的石墨,在平行于 c 轴方向的膨胀系数为 27×10^{-6} K^{-1},而垂直于 c 轴方向的膨胀系数为 1.0×10^{-6} K^{-1};在结构上高度各向异性的材料,其体膨胀系数都很小,可作为一种优良的抗热振材料(如堇青石)得到广泛的应用。

表 6.4　各向异性晶体的主膨胀系数

晶体名称	主膨胀系数 $\alpha/(10^{-6} K^{-1})$	
	垂直于 c 轴	平行于 c 轴
刚玉	8.3	9.0
$Al_2 TiO_5$	-2.6	11.5
莫来石	4.5	5.7
锆英石	3.7	6.2
石英	14.0	9.0
石墨	1.0	27.0

某些结晶高聚物在沿分子链方向上具有负的热膨胀系数,即温度升高,它不但不膨胀,反而收缩。比如聚乙烯沿 a, b 和 c 轴方向上的线膨胀系数分别为 $\alpha_a = 20 \times 10^{-5}$ K^{-1}, $\alpha_b = 6.4 \times 10^{-5}$ K^{-1}, $\alpha_c = -1.3 \times 10^{-5}$ K^{-1},高聚物负膨胀系数一般在 $-5 \times 10^{-5} \sim -1 \times 10^{-5}$ K^{-1} 范围内。非晶态高聚物的拉伸取向,将导致拉伸方向上膨胀系数骤降和垂直方向上膨胀系数增大,从而呈现热膨胀的各向异性。

如果晶体各向均匀加热,此时晶体均匀变形,用形变张量 ε_{ij} 描述。当温度升高 ΔT 时,形变张量 ε_{ij} 正比于 ΔT,即

$$\varepsilon_{ij} = \alpha_{ij} \Delta T \tag{6.37}$$

如果取 α_{ij} 的方向为晶体主要晶轴方向,则式(6.37)简化为

$$\varepsilon_1 = \alpha_1 \Delta T$$
$$\varepsilon_2 = \alpha_2 \Delta T \qquad (6.38)$$
$$\varepsilon_3 = \alpha_3 \Delta T$$

式中，α_1，α_2，α_3 分别为晶体主要晶轴方向的热膨胀系数，则体膨胀系数为

$$\beta = \alpha_1 + \alpha_2 + \alpha_3 \qquad (6.39)$$

显然，对于立方晶系，$\alpha_{11} = \alpha_{22} = \alpha_{33}$，则立方晶系体膨胀系数 $\beta = 3\alpha$。

对于六角和三角晶系，热膨胀系数由两个方向的热膨胀系数决定，即平行和垂直六角（三角）柱体晶轴：$\alpha_{11} = \alpha_{22} = \alpha_\perp$，$\alpha_{33} = \alpha_\parallel$，所以六角、三角晶系的平均热膨胀系数为

$$\alpha_{平均} = \frac{1}{3}(\alpha_\parallel + 2\alpha_\perp) \qquad (6.40)$$

斜方晶系的热膨胀系数决定于三个垂直方向的热膨胀系数：

$$\alpha_{11} = \alpha_1, \alpha_{22} = \alpha_2, \alpha_{33} = \alpha_3$$

则斜方晶系的平均热膨胀系数为

$$\alpha_{平均} = \frac{1}{3}(\alpha_1 + \alpha_2 + \alpha_3) \qquad (6.41)$$

六角、三角、斜方晶系的体膨胀系数为

$$\beta = 3\alpha_{平均}$$

6.4 材料的热传导

6.4.1 材料的热传导及其表征

一块材料温度不均匀或两个温度不同的物体互相接触时，热量便会自动地从高温度区传向低温度区，这种现象称为热传导。不同的材料在导热性能上有很大的差别，有些材料是极为优良的绝热材料，有些又是热的良导体。工程应用上，有时希望材料的导热性尽可能差，如航天飞行器上使用的陶瓷瓦挡热板、加热炉的炉衬材料等；有时又希望材料的导热性尽可能好，如散热器材料、电子信息材料等。在热能工程、制冷技术、工业炉设计、燃气轮机叶片散热等诸多技术领域，都需要考虑材料的导热性能。

材料的导热性能好坏常用"热导率"进行表征。对于一根两端温度分别为 T_1，T_2 的均匀金属棒，当各点温度不随时间而变化时（稳态），单位时间内通过垂直截面上的热流密度 q 正比于该棒的温度梯度，数学表达式为

$$q = -\kappa \frac{\mathrm{d}T}{\mathrm{d}x} = -\kappa \operatorname{grad} T \qquad (6.42)$$

式中的负号表示热量向低温处传播。该式称为简化的傅里叶导热定律，它只适用于稳定传热的条件，即传热过程中，材料在 x 方向上各处的温度 T 是恒定的，与时间无关。比例

系数 κ 称为热导率(亦称导热系数),其物理意义是指单位温度梯度下,单位时间内通过单位垂直截面积的热量,单位为 W/(m·K)或 J/(m·K·s),它反映了该材料的导热能力。不同材料的热导率有很大差异,例如:金属的 $\kappa=50\sim415$ W/(m·K);合金的 $\kappa=12\sim120$ W/(m·K);绝热材料的 $\kappa=0.03\sim0.17$ W/(m·K);非金属液体的 $\kappa=0.17\sim0.7$ W/(m·K);大气压气体的 $\kappa=0.007\sim0.17$ W/(m·K)。

式(6.42)所表示的傅里叶导热定律只适用于稳态热传导。如果所讨论的情况是材料棒各点的温度随时间变化,即传热过程是不稳定的,那么该棒上的温度应是时间 t 和位置 x 的函数。若不考虑棒与环境的热交换,棒自身存在的温度梯度将导致热端温度不断下降,冷端温度不断上升,随着时间的推移,最后冷热端的温度差将趋于零,达到平衡状态。由此可导出截面上各点的温度变化率:

$$\frac{\partial T}{\partial t}=\frac{\kappa}{dc_p}\times\frac{\partial^2 T}{\partial x^2} \tag{6.43}$$

式中,t 为时间;T 为热力学温度;κ 为热导率;d 为材料密度;c_p 为定压比热容。

定义

$$\alpha=\frac{\kappa}{dc_p}(\mathrm{m^2/s}) \tag{6.44}$$

α 称为热扩散率,亦称导温系数。它的物理意义是与不稳定导热过程相联系的。不稳定导热过程是物体一方面有热量传导变化,同时又有温度变化,热扩散率正是把二者联系起来的物理量。它标志温度变化的速度。在相同加热和冷却条件下,α 愈大,物体各处温差愈小。

工程上经常要处理选择保温材料或热交换材料的问题,导热系数、导温系数都是选择依据的参量之一。事实上,除了上述两个参量之外,还有一个热学参量就是热阻 R,其定义式为

$$R=\frac{\Delta T}{\varPhi} \tag{6.45}$$

式中,ΔT 为热流量 $\varPhi$ 通过的截面所具有的温度差。R 为单位为 K/W。热阻的物理意义顾名思义就是热量传递所受阻力。热阻的倒数 $1/R$ 为热导,常用 G 表示。

6.4.2 材料热传导的物理机制

众所周知,气体的传热是依靠分子的直接碰撞来实现的,而固体组成质点只能在其平衡位置附近做微小的振动,不能像气体分子那样杂乱地自由运动,所以也不能像气体那样依靠质点间的直接碰撞来传递热能。固体中的导热主要是靠晶格振动的格波(即声子)和自由电子的运动来实现的。一般来说,若固体的热导率为 κ,则

$$\kappa=\kappa_{\mathrm{ph}}+\kappa_e \tag{6.46}$$

式中,κ_{ph} 为声子热导率;κ_e 为电子热导率。

金属中由于有大量的自由电子,所以能迅速地实现热量的传递。因此,金属一般都具有较大的热导率。纯金属中热传导以自由电子导热为主,虽然晶格振动对金属导热也有

贡献,但只是次要的。合金热传导则要同时考虑自由电子导热和声子导热的贡献。在非金属晶体如一般离子晶体的晶格中,自由电子很少,因此,声子导热是它们的主要导热机制。高分子材料的热传导以链段运动传热为主,而高分子链段运动比较困难,所以其导热能力较差。当然,温度较高时,还需考虑光子导热的贡献。

(1) 金属的热传导

对于纯金属,导热主要靠自由电子,而合金导热就要同时考虑声子导热的贡献。由金属电子论知,金属中大量的自由电子可视为自由电子气,因而,借用理想气体的热导率公式来描述自由电子热导率,是一种合理的近似。理想气体热导率的表达式为

$$\kappa = \frac{1}{3} C \bar{v} l \tag{6.47}$$

式中,C 为单位体积气体热容;$\bar{v}$ 为分子平均运动速度;l 为分子运动平均自由程。把自由电子气的相关数据代入式(6.47),则 κ_e 可近似求得。设单位体积内自由电子数为 n,那么,单位体积电子热容为 $C = \frac{\pi^2}{2} k \frac{kT}{E_F^0} n$;由于 E_F^0 随温度变化不大,则用 E_F 代替 E_F^0;自由电子运动速度取 v_F 代入式(6.47)中得

$$\kappa_e = \frac{1}{3} \left(\frac{\pi^2}{2} k^2 Tn / E_F \right) v_F l_F$$

考虑到 $E_F = \frac{1}{2} m v_F^2$;$l_F / v_F = \tau_F$(自由电子弛豫时间),则

$$\kappa_e = \frac{\pi^2 n k^2 T}{3m} \tau_F \tag{6.48}$$

由金属热导和电导的微观物理本质可知,自由电子是这两种物理过程的主要载体。研究发现,在不太低的温度下,金属热导率与电导率之比正比于温度,其中比例常数的值不依赖于具体金属。首先发现这种关系的是维德曼(Widemann)和弗兰兹(Franz),故称之为维德曼-弗兰兹定律。其数学表达式为

$$\frac{\kappa_e}{\sigma} = L_0 T \tag{6.49}$$

式中,L_0 为洛伦兹数(Lorenz number)。

当温度高于 Θ_D 时,对于电导率较高的金属,式(6.49)一般都成立。但对于电导率低的金属,在较低温度下,L_0 是变数。事实上,实验测得的热导率由两部分组成,即满足式(6.46),则维德曼-弗兰兹定律应写成

$$\kappa / (\sigma T) = \frac{\kappa_e}{\sigma T} + \frac{\kappa_{ph}}{\sigma T} = L_0 + \kappa_{ph} / \sigma T \tag{6.50}$$

分析式(6.50)可见,只有当 $T > \Theta_D$,金属导热主要由自由电子贡献时,即 $\kappa_{ph} / \sigma T \to 0$ 时,维德曼-弗兰兹定律才成立。现代研究表明,$\kappa / (\sigma T)$ 并不是完全与温度无关的常数,也不是完全与金属种类无关。尽管维德曼-弗兰兹定律有不足之处,但它在历史上支持了自由电子理论。此外,根据这个关系可由电导率估计热导率。

（2）非金属晶体的热传导

在非金属晶体中，晶格振动是它们的主要导热机制。

假设晶格中一质点处于较高的温度下，它的热振动较强烈，平均振幅也较大，而其邻近质点所处的温度较低，热振动较弱。由于质点间存在相互作用力，振动较弱的质点在振动较强质点的影响下，振动加剧，热运动能量增加。这样，热量就能转移和传递，使整个晶体中热量从温度较高处传向温度较低处，产生热传导现象。假如系统对周围是热绝缘的，振动较强的质点受到邻近振动较弱质点的牵制，振动减弱下来，则使整个晶体最终趋于平衡状态。

从上述过程可知热量是由晶格振动的格波来传递的，而格波可分为声频支和光频支两部分，下面就这两类格波的影响分别进行讨论。

1）声子热导

温度不太高时，光频支格波的能量很小，因此导热的贡献主要来自声频支格波，也就是声子作为导热的载体，因而可以把格波在晶体中传播时遇到的散射看作声子同晶体中质点的碰撞，把理想晶体中的热阻归为声子同声子的碰撞。这样便可以把热传导视为声子与声子碰撞的结果，也就是说晶体的热导率 κ 也应有与理想气体热导率式（6.47）类似的表达式，即声子体积热导率 κ_{ph} 与声子的平均速率 v 以及平均自由程 l 有关。具体讲，声频支声子的速度可以看作仅与晶体的密度和弹性力学性质有关，而与角频率无关，由于热容和自由程都是声子振动频率 ν 的函数，所以晶体热导率的普遍形式可以写成：

$$\kappa = \frac{1}{3}\int C(\nu)vl(\nu)\mathrm{d}\nu \tag{6.51}$$

热导率的温度依赖性取决于相应的定容热容、声子自由程及运动速度，但这些参量随温度变化有不同的影响趋势。当热容随温度上升到德拜温度后基本保持常量时，声子的自由程和运动速度却由于非谐波振动上升而下降。在低温时，声子的波长比较大，易于绕过缺陷，实际上没有什么散射。随温度上升，声子密度增大，自由程减小。此时，声子在缺陷、杂质、相界处受限散射，并且声子相互碰撞，自由程大大降低。随着温度升高，自由程最后达到晶格间距的数量级，因为自由程不能小于结构尺寸，所以热导率在此温度以上保持为常量。

2）光子热导

固体中分子、原子等质点的振动、转动等运动状态的改变会辐射出频率较高的电磁波。这类电磁波覆盖了一较宽的频谱。其中具有较强热效应的是波长在 $0.4\sim40$ μm 间的可见光与部分近红外光的区域。这部分辐射线称为热射线。热射线的传递过程称为热辐射。由于热射线都在光频范围内，其传播过程和光在介质（透明材料、气体介质）中传播的现象类似，也有散射、衍射、吸收、反射和折射。这样便可以把它们的导热过程看作光子在介质中传播的导热过程。可以这样定性地解释辐射传热过程：在热稳定状态，介质中任一体积元平均辐射的能量与平均吸收的能量相同，以保持各点温度不随时间改变。当相邻体积元间存在温度梯度时，温度高的体积元辐射出的能量多，吸收的能量少；温度低的体积元能量变化情况正好相反,吸收能量多于辐射的能量。因此,能量便从高温处向低温处转移。描述这种介质中辐射能传递能力的参量便是辐射热导率 κ_r。κ_r 仍然具有式(6.51)的一般表达式,即辐射热导率仍与定容热容、光子传递速度、平均自由程相关。因为辐射能 E_r 与温度的四次方成正比,所以当温度不太高时,固体中的电磁辐射能很微弱。温度为 T_1 的黑体单位容积的辐射能 E_r 为

$$E_r = 4\sigma n^3 T^4 / c \tag{6.52}$$

式中,σ 为斯蒂芬-玻尔兹曼常量,$\sigma = 5.67 \times 10^{-8}$ W/(m² · K⁴);n 是折射率;c 是光速,$c = 3 \times 10^{10}$ cm/s。

若把热容视为提高辐射温度所需能量,那么定容热容为

$$C_V = \left(\frac{\partial E_r}{\partial T}\right)_V \frac{16\sigma n^3 T^3}{c} \tag{6.53}$$

同时辐射线在介质中传播的速率为 $v_r = \dfrac{c}{n}$,将 v_r 及 C_V 代入热导率的一般表达式 $\kappa = (1/3)Cvl$ 中,则 κ_r 便可近似写成

$$\kappa_r = \frac{16}{3}\sigma n^2 T^3 l_r \tag{6.54}$$

式中,l_r 为辐射光子的平均自由程。

由于光子的 C_V 和 l_r 都依赖于频率,因此一般情况下辐射热导率的基本表达式仍是式(6.51)。

材料中的辐射导热机制主要发生在透明材料中,此时光子有大的平均自由程,热阻很小。对于热辐射不完全透明的材料,平均自由程 l_r 很小,对于热辐射完全不透明的材料,$l_r = 0$,故在这种材料中热辐射传热可以忽略。一般情况下,单晶体和玻璃对热辐射比较透明,因此在 773~1273 K 辐射传热已很明显。大多数烧结材料对热辐射半透明或透明性很差的,其 l_r 比单晶和玻璃小很多。一般耐火氧化物材料在 1773 K 高温辐射传热才明显。

光子平均自由程 l_r 还与材料的吸收系数和散射系数有关。例如吸收系数小的透明材料,当温度为几百摄氏度时,光辐射是主要的。对于吸收系数大的不透明材料,即使在高温时光子传热也不重要。无机多晶材料只是在 1500 ℃ 以上,光子传导才是主要的,因为高温下的陶瓷呈半透明的亮红色。

6.4.3 影响材料热导率的因素

6.4.3.1 温度对材料热导率的影响

一般来说,晶体材料在常用温度范围内,热导率随温度的上升而下降。因为在以声子导热为主的温度范围,决定热导率的因素有材料的热容、声子平均运动速度 v 和声子的平均自由程 l,而声子平均运动速度 v 可看作常数(只有温度很高时,它才会减小),在温度很低时,声子的平均自由程 l 增大到晶粒的大小,达到了上限,且 l 值基本上无多大变化,所

以此阶段热导率 κ 就由热容决定。在低温下热容与 T^3 成正比,因此 κ 也近似与 T^3 成正比,随着温度的升高, κ 迅速增大;然而温度继续升高,热容不再与 T^3 成比例,并在德拜温度以后趋于一恒定值,而 l 值因温度升高而减小,成了影响热导率主要的因素,因此, κ 值随温度升高而迅速减小。这样,在某个低温处, κ 出现极大值,在更高的温度后,由于热容已基本上无变化, l 值也逐渐趋于下限,所以随温度的变化 κ 的变化也变得缓和了。氧化铝的热导率随温度的变化过程如图 6.17 所示,其变化趋势分为

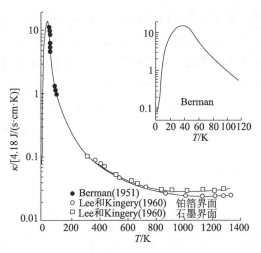

图 6.17　Al_2O_3 单晶的热导率随温度变化的曲线

四个温度区间,即低温下迅速上升区、极大值区、迅速下降区、缓慢下降区。κ 在温度约 40 K 处出现极大值,而在常温范围内,热导率随温度的上升而下降。Al_2O_3 晶体在达到高温时,如 1600 K 以后热导率又有上升趋势,这主要是辐射导热的作用。

图 6.18 所示为实测的铜热导率与温度的关系。由图可见,在低温时,热导率随温度升高而不断增大,并达到最大值。随后,热导率在一小段温度范围内基本保持不变;当温度升高到某一温度后,热导率开始急剧下降,并在熔点处达到最低值。像铋和锑这类金属熔化时,它们的热导率增大一倍,这可能是金属由固态时的共价键结合过渡至液态时的金属键结合所致。

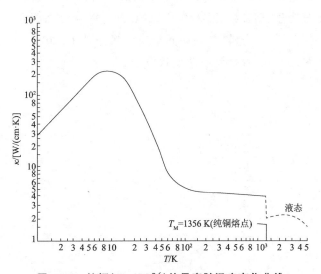

图 6.18　纯铜(99.999%)热导率随温度变化曲线

物质种类不同,热导率随温度变化的规律也有很大不同。例如,对纯金属来说,由于温度升高而使平均自由程减小的作用超过温度的直接作用,因而在常用温度范围内纯金

属热导率随温度的上升而下降；而合金的热导率则不同，由于异类原子的存在，平均自由程受温度的影响相对较小，温度本身的影响起主导作用，使声子导热作用加强，因此，合金的热导率随温度上升而增大。多晶氧化物材料在实用的温度范围内，随温度的上升，热导率下降。对于含气孔的不密实的耐火材料，如黏土砖、硅藻土砖、红砖等，气孔导热占一定比例，随着温度的上升，热导率略有增大。高聚物的热导率与温度的关系比较复杂，但总的来说，热导率随温度的上升而增大。对非晶高聚物，在 $0.5 \sim 5$ K，κ 与 T^2 成正比；在 $5 \sim 15$ K，κ 与 T 几乎无关；高于 15 K，κ 随 T 的变化比低温时平缓。

6.4.3.2　化学组成对材料热导率的影响

不同组成的晶体，热导率往往有很大差异。这是因为构成晶体的质点的大小、性质不同，它们的晶格振动状态不同，传导热量的能力也就不同。一般来说，组成元素的相对原子质量愈小，晶体的密度愈小，弹性模量愈大，德拜温度愈高，则热导率愈大。这样，轻元素的固体或结合能大的固体热导率较大，如金刚石的热导率为 1.7×10^{-2} W/(m·K)，较轻的硅、锗的热导率分别为 1.0×10^{-2} W/(m·K) 和 0.5×10^{-2} W/(m·K)。凡是相对原子质量较小的，即与氧及碳的相对原子质量相近的元素，其氧化物和碳化物的热导率就比相对原子质量较大的元素氧化物和碳化物的热导率要大一些。因此，在氧化物陶瓷中 BeO 具有最大的热导率。

晶体中存在的各种缺陷和杂质会导致声子的散射，降低声子的平均自由程，使热导率变小。固溶体同样也降低热导率，并且溶质元素的质量和大小与溶剂元素相差愈大，溶质取代后结合力改变愈大，对热导率的影响也愈大。这种影响在低温时随着温度的升高而加剧。当温度高于德拜温度的一半时，这种影响与温度无关。

图 6.19 所示为 MgO-NiO 固溶体的热导率曲线。由图可见，杂质含量很低时，杂质降低热导率的效应十分明显，即在接近纯 MgO 或纯 NiO 处，杂质含量稍有增加，κ 值迅速下降；杂质含量增大时，杂质效应减弱。在相同杂质含量条件下，200 ℃时比 1000 ℃时热导率下降更为明显。可以预见，在低温下杂质效应会更显著。

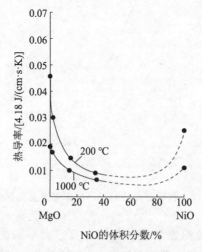

图 6.19　MgO-NiO 固溶体的热导率曲线

　　对于金属材料而言，一般纯金属的热导率比合金的高。两种金属构成连续无序固溶体时，溶质组元浓度愈高，热导率降低愈多，并且热导率最小值靠近溶质摩尔分数为 50% 处。图 6.20 所示为 Ag-Au 合金的热导率曲线。当组元为铁及过渡族金属时，热导率最小值偏离摩尔分数为 50% 处。当两种组元构成有序固溶体时，热导率提高，最大值对应于有序固溶体化学组分。钢中的合金元素、杂质及组织状态都影响其热导率。钢中各组织的热导率从低到高排列如下：奥氏体、淬火马氏体、回火马氏体、珠光体（索氏体、屈氏体）。

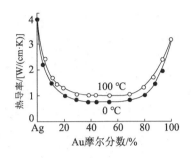

图 6.20　Ag-Au 合金的热导率曲线

6.4.3.3　结构对材料热导率的影响

（1）晶体结构的影响

晶体结构愈复杂，晶格振动的非线性程度愈大，格波受到的散射程度愈大，因此声子平均自由程较小，热导率降低。例如，莫来石的晶体结构复杂，因此其热导率比 Al_2O_3 和 MgO 都低，也比镁铝尖晶石的低。非等轴晶系的晶体热导率呈各向异性。石英、金红石、石墨等都是在热膨胀系数低的方向热导率最大。温度升高时，不同方向的热导率差异减小。这是因为温度升高，晶体的结构总是趋于更好的对称。

（2）显微结构的影响

无论是金属材料还是无机非金属材料，其晶粒大小都会对热导率产生影响。一般情况下金属的晶粒粗大，热导率高；晶粒愈细，热导率愈低。

（3）分散相的影响

常见复相陶瓷的典型微观结构是分散相均匀地分散在连续相中。比较典型的例子是分散相-晶相均匀地分散在连续相-玻璃相之中。普通的瓷器和黏土制品就可以视为这类复相陶瓷，其热导率更接近其成分中玻璃相的热导率，可以按下式计算：

$$\kappa = \kappa_c \times \frac{1 + 2\varphi_d \left(1 - \frac{\kappa_c}{\kappa_d}\right) \Big/ \left(\frac{2\kappa_c}{\kappa_d} + 1\right)}{1 - \varphi_d \left(1 - \frac{\kappa_c}{\kappa_d}\right) \Big/ \left(\frac{2\kappa_c}{\kappa_d} + 1\right)} \tag{6.55}$$

式中，κ_c，κ_d 分别为连续相和分散相的热导率；φ_d 为分散相的体积分数。

（4）晶态的影响

对于同一种物质，多晶体的热导率总是比单晶小。图 6.21 表示了几种无机材料单晶和多晶体时的热导率与温度的关系。由于多晶体中晶粒尺寸小，晶界多，缺陷多，晶界处杂质也多,声子更易受到散射,它的平均自由程较小,所以热导率小。另外还可以看到,低温时多晶的热导率与单晶热导率或与单晶不同方向热导率的平均值一致,但随着温度升高,它们的差异迅速变大。这也说明了晶界、缺陷、杂质等在较高温度下对声子传导有更大的阻碍作用,同时也使单晶在温度升高后比多晶在光子传导方面有更明显的效应。

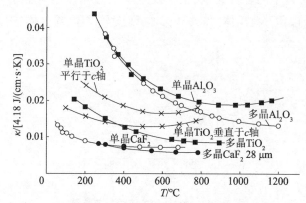

图 6.21　几种无机材料单晶和多晶体时的热导率与温度的关系

非晶体具有近程有序、远程无序的结构,在讨论它的导热机理时,近似地把它当作晶粒很小的“晶体”,这样,就可以用声子导热的机理来描述它的导热行为和规律,因此非晶体的声子平均自由程在不同温度下基本上是常数,其值近似等于几个晶格间距。

在较高温度下非晶体材料的导热主要由热容贡献,而在较高温度以上则需考虑光子导热的贡献。图 6.22 是一般非晶体的热导率随温度变化的曲线。由图可知,曲线基本上可分为三部分:

① 图中 oa 段,相当于 $400 \sim 600$ K 的中低温范围。此段光子的导热贡献可以忽略,因此导热由声子导热贡献,随着温度升高,热容增大,声子导热加剧,热导率呈缓慢上升趋势。

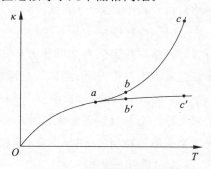

图 6.22　非晶体的热导率曲线

② 图中 ab 段,相当于 $600 \sim 900$ K,从中温进入较高温度区,此时声子热容不再增大,逐渐为一常数,而光子导热开始加剧,故曲线开始上扬;若无机材料不透明,则仍是趋于平行横轴的 ab' 段。

③ 图中 bc 段,温度高于 900 K,此时随着温度的进一步升高,声子导热变化仍不大,这相当于图中的 $b'c'$ 段。但由于光子的平均自由程明显增大,光子热导率 κ_r 将以 T^3 的速率增大。此时,光子热导率曲线由非晶体材料的吸收系数、折射率及气孔率等因素决定,这相当于图中 bc 段。对于那些不透明的非晶体材料,由于它的光子导热很小,不会出现这一段。

把晶体和非晶体的热导率曲线放在一起进行分析对照,如图 6.23 所示,可以从理论上解释二者热导率变化规律的差别。

① 若不考虑光子导热贡献,则所有温度下,非晶体热导率都低于晶体热导率。这主要是因为一些非晶体(如玻璃)的声子平均自由程在绝大多数温度范围内都比晶体的小得多。

② 在较高温度下,晶体和非晶体的热导率比较接近。这主要是因为当温度升到 c 点或 g 点所对应的温度时,晶体的声子平均自由程已减小到下限值,像非晶体的声子平均自由程那样,与几个晶格间距相等,而晶体与非晶体的声子热容也都接近 $3R$。此时,光子导热还未有明显的贡献,因此晶体与非晶体的热导率在较高温时比较接近。

③ 非晶体热导率随温度变化没有极值。这也说明非晶体物质的声子平均自由程在几乎所有温度范围内均接近一常数。

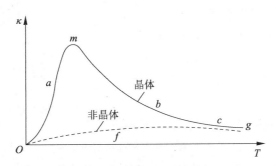

图 6.23 晶体和非晶体的热导率随温度变化的曲线

在无机材料中,有许多材料往往是晶体和非晶体同时存在的。对于这种材料,热导率随温度变化的规律仍然可以用上面讨论的晶体和非晶体热导率变化的规律进行预测和解释。一般情况下,这种晶体和非晶体共存材料的热导率曲线,往往介于晶体和非晶体热导率曲线之间,可能出现三种情况:

① 当材料中所含的晶相比非晶相多时,在一定温度以上,它的热导率将随温度上升而稍有下降。在高温下,它的热导率基本上不随温度变化。

② 当材料中所含的非晶相比晶相多时,它的热导率通常将随温度升高而增大。

③ 当材料中所含的晶相和非晶相为某一适当的比例时,它的热导率可以在一个相当大的温度范围内基本上保持常数。

6.4.3.4 气孔对材料热导率的影响

无机材料常含有气孔,气孔对热导率的影响较复杂。如果温度不是很高,且气孔率不大,气孔尺寸很小,分布又均匀,那么可以认为此时的气孔是复相陶瓷的分散相,此时陶瓷材料热导率可以按式(6.55)处理。由于与固相相比,气孔热导率很小,可以近似认为零,且 κ_c/κ_d 很大,因此 Eucken 把式(6.55)近似为

$$\kappa \approx \kappa_s(1-\varphi_{气孔}) \tag{6.56}$$

式中,κ_s 为陶瓷固相热导率;$\varphi_{气孔}$ 为气孔的体积分数。

Loeb 在式(6.56)的基础上,考虑了气孔的辐射传热,导出了更为精确的计算公式:

$$\kappa = \kappa_c (1-p) + \cfrac{p}{\cfrac{1}{\kappa_c}(1-p_L) + \cfrac{p_L}{4G\varepsilon\sigma d T^3}} \qquad (6.57)$$

式中,p 为气孔面积分数;p_L 是气孔的长度分数;ε 为辐射面的热发射率;σ 为斯蒂芬-玻尔兹曼常量;G 是几何因子:顺向长条气孔 $G=1$,横向圆柱形气孔 $G=\dfrac{\pi}{4}$,球形气孔 $G=2/3$;d 是气孔最大尺寸。

图 6.24 给出了气孔率对 Al_2O_3 陶瓷热导率的影响。由图可见,在不改变结构状态的情况下,气孔率增大导致热导率下降。这是多孔泡沫硅酸盐、纤维制品、粉末和空心球状轻质陶瓷制品的保温原理。从构造上看,最好是均匀分散的封闭气孔,如果是大尺寸孔洞,且有一定贯穿性,则易产生对流传热,不能用式(6.56)简单计算。

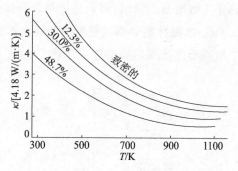

图 6.24　气孔率对 Al_2O_3 陶瓷热导率的影响

粉末和纤维材料的热导率比烧结材料低得多,这是因为在其间气孔形成了连续相。材料的热导率在很大程度上受气孔相热导率的影响。这也是粉末、多孔和纤维类材料有良好热绝缘性能的原因。

一些具有显著的各向异性的材料和膨胀系数较大的多相复合物,由于存在大的内应力会形成微裂纹,气孔以扁平微裂纹出现并沿晶界发展,使热流受到严重的阻碍。这样,即使气孔率很小,材料的热导率也明显地减小。

6.5　材料的热电性

温度测量中广泛使用的热电偶,是根据塞贝克发现的热电效应制造的。热电偶能进行温度测量正是由于热电偶材料具有热电性。下面对三类热电效应进行介绍。

6.5.1　塞贝克(T. J. Seebeck)效应

1821 年塞贝克发现,当两种不同材料 A 和 B (导体或半导体)组成回路(见图 6.25),且两接触处温度不同时,在回路中存在电动势。这种效应称为塞贝克效应。其电动势大小与材料和温度有关。当温差较小时,电动势与温度差有线性关系

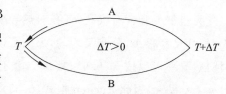

图 6.25　塞贝克效应示意图

$$E_{AB} = S_{AB}\Delta T \qquad (6.58)$$

式中,S_{AB} 称为 A 和 B 间的相对塞贝克系数。由于电动势有方向性,所以 S_{AB} 也有方向

性。通常规定,在冷端(温度相对低的一端)其电流由 A 流向 B,则 S_{AB} 为正,显然 E_{AB} 也为正。相对塞贝克系数具有代数相加性,因此,绝对塞贝克系数定义为

$$S_{AB} = S_A - S_B \tag{6.59}$$

6.5.2　珀尔帖(J. C. A. Peltier)效应

1834 年珀尔帖发现,当两种不同金属组成一回路并有电流在回路中通过时,将使两种金属的其中一接头处放热,另一接头处吸热(见图 6.26)。电流方向反向,则吸、放热接头改变。这种效应称为珀尔帖效应。它满足下式:

$$q_{AB} = \Pi_{AB} I \tag{6.60}$$

式中,q_{AB} 为接头处吸收珀尔帖热的速率;Π_{AB} 为金属 A 和 B 间的相对珀尔帖系数;I 为通过的电流。通常规定,电流由 A 流向 B 时,有热的吸收,其表示为

$$\Pi_{AB} = \Pi_A - \Pi_B \tag{6.61}$$

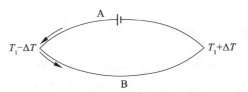

图 6.26　珀尔帖效应示意图

6.5.3　汤姆孙(W. Thomson)效应

1851 年汤姆孙根据热力学理论,证明珀尔帖效应是塞贝克效应的逆过程,并预测,当电流通过具有温度梯度的一根均匀导体时,会产生吸热和放热现象。这就是汤姆孙效应,如图 6.27 所示。一根均匀的导体上某一点 O 被加热至 T_2 温度,两端 P_1,P_2 点温度相同且为 T_1。如果这一均匀的导体构成回路,当有电流通过时,则 P_1,P_2 点会出现温度差。设汤姆孙效应产生的热吸收率为 q_A(对于导体 A),则

$$q_A = \sigma_A \, j \, \frac{dT}{dx} \tag{6.62}$$

式中,σ_A 为导体 A 的汤姆孙系数;dT/dx 为导体温度梯度;j 为电流密度。通常规定,电流方向和温度梯度方向相同,并在吸热时取 σ_A 为正。已经证明,塞贝克系数、珀尔帖系数和汤姆孙系数关系如下:

$$S_A = \int_0^T \frac{\sigma_A}{T} dT \tag{6.63}$$

$$\Pi_A = T S_A \tag{6.64}$$

1909—1911 年,E. Altenkirch 导出热电转换的效率,其后开始进行热电转换的应用试验。现在热电材料广泛用于加热、致冷和发电,特别是温差发电。本章将在拓展专题中针对热电材料及其应用做详细介绍。

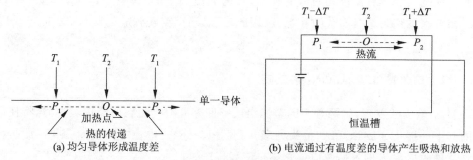

(a) 均匀导体形成温度差　　　　　(b) 电流通过有温度差的导体产生吸热和放热

图 6.27　汤姆孙效应示意图

6.6　材料的热稳定性

6.6.1　材料热稳定性及其表征

热稳定性是指材料承受温度的急剧变化而不被破坏的能力,也称抗热振性。无机材料和其他脆性材料一样,热稳定性比较差,在加工和使用过程中,经常会受到环境温度起伏的热冲击,因此,热稳定性是无机材料的重要工程物理性能之一。材料的热冲击损坏分为两种类型:一种是材料发生瞬时断裂,抵抗这类破坏的性能称为抗热冲击断裂性;另一种是在热冲击循环作用下,材料表面开裂、剥落,并不断发展,最终碎裂或变质,抵抗这类破坏的性能称为抗热冲击损伤性。本节主要讨论无机材料的抗热冲击断裂性。

由于应用场合的不同,对材料热稳定性的要求也不同。例如,对于一般的日用瓷器,只要求能承受温度差为 200 K 左右的热冲击;而对火箭喷嘴要求瞬时可承受 3000～4000 K 温差的热冲击,同时还要经受高速气流的机械和化学腐蚀作用。由于难以建立反映实际材料或器件在各种场合下的精确数学模型,因此对材料热稳定性能的评定,一般还是采用直观的测定方法。例如,日用瓷通常是以一定规格的试样,加热到一定温度,然后立即置于流动的室温水中急冷,并逐次提高加热温度并重复急冷,直至观测到试样发生龟裂,则以产生龟裂的前一次加热温度来表征其热稳定性;对于普通耐火材料,常将试样的一端加热到 1123 K 并保温 40 min,然后置于 283～293 K 的流动水中 3 min 或空气中 5～10 min,并重复这样的操作,直至试件失重 20% 为止,以失重 20% 时的操作次数来表征其热稳定性;对于某些高温陶瓷材料,通常将试样加热到一定温度后在水中急冷,然后通过测其抗折强度的损失率来评定它的热稳定性;而用于红外窗口的抗压 ZnS,则要求样品在 438 K 保温 1 h 后立即投入 292 K 水中保持 10 min,在 150 倍显微镜下观察不能有裂纹,同时其红外透过率不应有变化。如果制品形状较复杂,则在可能的情况下,直接用制品来进行测定,以免除形状和尺寸带来的影响,如高压电瓷的悬式绝缘子等,就是这样来考察热稳定性的。测试条件应参照实际使用条件并更严格些,以保证实际使用过程中的可靠性。

6.6.2　热应力

不改变外力作用状态,材料仅因热冲击造成开裂或断裂而损坏,这必然是材料在温度作用下产生的内应力超过了材料的力学强度极限所致。仅由于材料热膨胀或收缩而引起的这种内应力就称为热应力。这种应力可导致材料的断裂破坏或者发生不希望的塑性变形。因此了解热应力的来源和性质,对于防止和消除热应力的负面作用是有意义的。

热应力主要有下列三个方面的来源:

(1) 因热胀冷缩受到限制而产生的热应力

假设有一根均质各向同性固体杆受到均匀的加热和冷却,即杆内不存在温度梯度。如果这根杆的两端不被夹持,能自由地膨胀或收缩,那么杆内不会产生热应力。但如果杆的轴向运动受到两端刚性夹持的限制,则杆内就会产生热应力。当这根杆的温度从 T_0 改变到 T_f 时,产生的热应力为

$$\sigma = E\alpha_l(T_0 - T_f) = E\alpha_l \Delta T \tag{6.65}$$

式中,E 为材料的弹性模量;α_l 为线膨胀系数。加热时 $T_f > T_0$,故 $\sigma < 0$,即杆受压缩热应力作用,因为杆热膨胀时受到了限制。冷却时,$T_f < T_0$,所以 $\sigma > 0$,即杆受拉伸热应力作用,因为杆的冷缩受到了限制。式(6.65)中的应力大小实际上等于这根杆从 T_0 到 T_f 自由膨胀(或收缩)后,强迫它恢复到原长所需施加的弹性压缩(或拉伸)应力。显而易见,如果热应力大于材料的抗拉强度,那么将导致杆在冷却时断裂。

(2) 因温度梯度而产生热应力

固体加热或冷却时,内部的温度分布与样品的大小和形状以及材料的热导率、温度变化速率有关。当物体中存在温度梯度时,就会产生热应力。因为物体在迅速加热或冷却时,表面的温度变化比内部快,表面的尺寸变化比内部大,因而邻近体积单元的自由膨胀或自由压缩便受到限制,于是产生热应力。例如,物体迅速加热时,表面温度比内部温度高,则表面膨胀量比内部膨胀量大,但相邻的内部材料限制表面的自由膨胀,因此表面材料受压缩应力,而相邻内部材料受拉伸应力。同理,材料迅速冷却时(如淬火工艺),表面受拉伸应力,相邻内部材料受压缩应力。图 6.28 给出了玻璃平板冷却时温度和应力分布示意图。当平板表面以恒定速率冷却时,表面温度 T_s 比平均温度 T_a 低,表面产生张应力 σ_+,中心温度 T_c 比 T_a 高,所以中心是压应力 σ_-。假如样品处于加热过程,则情况正好相反。

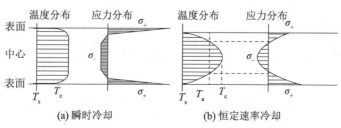

图 6.28　玻璃平板冷却时温度和应力分布示意图

（3）多相复合材料因各相膨胀系数不同而产生的热应力

这一种情况可以认为是第一种情况的延伸，只不过不是由于机械力限制了材料的热膨胀或收缩而产生热应力，而是由于结构中各相膨胀收缩的相互制约产生了热应力。

实际材料在受到热冲击时，三个方向都会有胀缩，即材料一般所受的是三向热应力，且它们相互影响。下面以平面陶瓷薄板为例（见图 6.29），将热应力的计算进行简化。假设此薄板 y 方向厚度较小，在材料突然冷却的瞬间，垂直 y 轴各平面上的温度是一致的，但在 x 轴和 z 轴方向上的表面和内部的温度有差异，外表面温度低，中间温度高。这两个方向上的收缩是受约束的（$\varepsilon_x = \varepsilon_z = 0$），因而产生内应力 $+\sigma_x$ 和 $+\sigma_z$。y 方向由于可自由胀缩，故 $\sigma_y = 0$。根据广义胡克定律：

$$\varepsilon_x = \frac{\sigma_x}{E} - \mu\left(\frac{\sigma_y}{E} + \frac{\sigma_z}{E}\right) - \alpha_l \Delta T = 0 \quad (x \text{ 方向胀缩受限制}) \tag{6.66}$$

$$\varepsilon_z = \frac{\sigma_z}{E} - \mu\left(\frac{\sigma_x}{E} + \frac{\sigma_y}{E}\right) - \alpha_l \Delta T = 0 \quad (z \text{ 方向胀缩受限制}) \tag{6.67}$$

$$\varepsilon_y = \frac{\sigma_y}{E} - \mu\left(\frac{\sigma_x}{E} + \frac{\sigma_z}{E}\right) - \alpha_l \Delta T \tag{6.68}$$

解之得

$$\sigma_x = \sigma_z = \frac{\alpha_l E}{1 - \mu} \Delta T \tag{6.69}$$

在时间 $t = 0$ 的瞬间，$\sigma_x = \sigma_z = \sigma_{max}$，若恰好达到材料的抗拉强度 σ_f，则表面将开裂破坏，代入上式得材料所能承受的最大温度差

$$\Delta T_{max} = \frac{\sigma_f(1 - \mu)}{E\alpha_l} \tag{6.70}$$

式中，σ_f 为材料抗拉强度；E 为材料弹性模量；μ 为材料泊松比；α_l 为材料线膨胀系数。

对于其他非平面薄板制品，可加上一形状因子 S，则式（6.70）成为

$$\Delta T_{max} = S\frac{\sigma_f(1 - \mu)}{E\alpha_l} \tag{6.71}$$

材料表面在迅速冷却时产生的热应力为拉应力，比迅速加热时产生的压应力危害性更大。

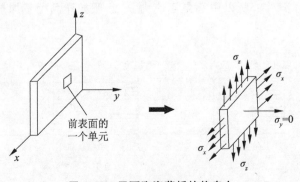

图 6.29　平面陶瓷薄板的热应力

6.6.3　抗热冲击断裂性能

通常有三种热应力断裂抵抗因子用以表征材料抗热冲击断裂性能,它们分别是第一热应力断裂抵抗因子 R,第二热应力断裂抵抗因子 R' 和第三热应力断裂抵抗因子 R'' 或 R_a。

（1）第一热应力断裂抵抗因子 R

根据上述分析,只要材料中最大热应力值 σ_{max}（常产生在表面或中心部位）不超过材料的强度极限 σ_f,材料就不会断裂。显然,材料所能承受的 ΔT_{max} 愈大,也就是材料所能承受的温度变化愈大,则材料的热稳定性愈好。因此,定义

$$R = \frac{\sigma_f(1-\mu)}{\alpha_l E} \tag{6.72}$$

R 称为第一热应力断裂抵抗因子或第一热应力因子。

（2）第二热应力断裂抵抗因子 R'

第一热应力断裂抵抗因子只考虑到了材料的 σ_f, α_l, E 以及 μ 对其热稳定性的影响,虽然可在一定程度上反映材料抗热冲击断裂性能,但材料是否出现热应力断裂,还与下列因素有关:

1）材料的热导率 κ

κ 愈大,传热愈快,热应力会因导热而愈快缓解,所以对热稳定性有利。

2）材料的尺寸

材料或制品的厚薄不同,达到热平衡的时间也不同,材料愈薄,传热通道愈短,愈易达到温度均匀,常用材料或制品半厚 r_m 表征材料的尺寸。

3）材料表面散热率

表征材料表面散热能力的系数为表面热传递系数 h,其定义为材料表面单位面积、单位时间每高出环境温度 1 K 所带走的热量。表面热传递系数 h 愈大,表面散热愈快,造成内外温差愈大,产生的热应力愈大,对于热稳定性愈不利。

综合考虑以上三种因素的影响,引入毕奥（Biot）模数 β（单位为 1）:

$$\beta = \frac{hr_m}{\kappa} \tag{6.73}$$

显然,β 越大对热稳定越不利。

实际上,无机材料在受到热冲击时,不会实现理想骤冷,即不会瞬时产生最大热应力 σ_{max},而且由于散热等因素的影响,σ_{max} 将滞后达到,数值也有折减。随 β 值的不同,其最大应力 σ_{max} 的折减程度不同,β 愈小,最大应力折减愈多,即可达到的实际最大应力要比 σ_{max} 小得多,且随 β 减小,实测最大应力滞后也愈严重。设折减后的实测应力为 σ,令 $\sigma^* = \dfrac{\sigma}{\sigma_{max}}$ 为无因次表面应力,其随时间变化的规律如图 6.30 所示。对于一般的对流及辐射传热条件下比较低的表面热传递系数,S. S. Manson 发现

$$[\sigma^*]_{\max}=0.31\beta=0.31\frac{r_{\mathrm{m}}h}{\kappa} \quad (6.74)$$

考虑到表面热传递系数 h、材料尺寸 r_{m} 和热导率 κ 的影响后,表征材料热稳定性的理论更接近实际情况。将式(6.70)和式(6.74)结合起来得到:

$$[\sigma^*]_{\max}=\frac{\sigma_{\mathrm{f}}}{\sigma_{\max}}=\frac{\sigma_{\mathrm{f}}}{\dfrac{E\alpha_l}{(1-\mu)}\Delta T_{\max}}=0.31\frac{r_{\mathrm{m}}h}{\kappa}$$

$$\Delta T_{\max}=\frac{\kappa\sigma_{\mathrm{f}}(1-\mu)}{E\alpha_l}\times\frac{1}{0.31r_{\mathrm{m}}h} \quad (6.75)$$

定义:

$$R'=\frac{\kappa\sigma_{\mathrm{f}}(1-\mu)}{E\alpha_l}(\mathrm{J\cdot cm^{-1}\cdot s^{-1}}) \quad (6.76)$$

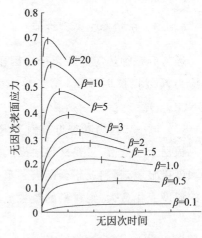

图 6.30　不同 β 的无限平板的无因次表面应力随时间的变化

R' 称为第二热应力断裂抵抗因子。考虑到样品形状,则

$$\Delta T_{\max}=R'S\times\frac{1}{0.31r_{\mathrm{m}}h} \quad (6.77)$$

式中,S 为非平板样品的形状系数。样品形状不同,S 值不同。

图 6.31 表示了一些材料在 400 ℃(其中 Al_2O_3 还有 100 ℃ 和 1000 ℃)时的 $\Delta T_{\max}$-$r_{\mathrm{m}}h$ 计算曲线。由图可见,在 $r_{\mathrm{m}}h$ 较小时,$\Delta T_{\max}$ 与 $r_{\mathrm{m}}h$ 成反比,当 $r_{\mathrm{m}}h$ 值较大时,$\Delta T_{\max}$ 趋于恒值。另外有几种材料的曲线交叉,以 BeO 最为突出,它在 $r_{\mathrm{m}}h$ 值较小时具有很大的 $\Delta T_{\max}$,即热稳定性很好,而在 $r_{\mathrm{m}}h$ 值很大时热稳定性很差,因此,不能简单地排列各种材料抗热冲击断裂性能的顺序。

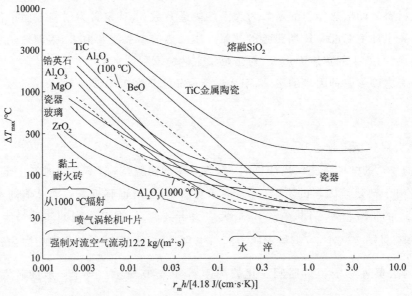

图 6.31　不同 $r_{\mathrm{m}}h$ 传热条件下,材料淬冷断裂的最大温差

（3）第三热应力断裂抵抗因子 R''

对于某些场合下使用的材料,需要确定其能允许的最大冷却(或加热)速率 $\left(\dfrac{\mathrm{d}T}{\mathrm{d}t}\right)_{\max}$。

以无限大的平板陶瓷为例予以讨论。假设无限平板厚为 $2r_{\mathrm{m}}$,在降温过程中,内、外温度的变化见图 6.32,其温度分布呈抛物线形,则有方程

$$T_{\mathrm{c}} - T = \lambda x^2$$

$$-\frac{\mathrm{d}T}{\mathrm{d}x} = 2\lambda x, \quad -\frac{\mathrm{d}^2 T}{\mathrm{d}x^2} = 2\lambda \tag{6.78}$$

式中,λ 为与材料有关的系数;T_{c} 为平板中心温度。

在平板的表面,有

$$T_{\mathrm{c}} - T_{\mathrm{s}} = \lambda r_{\mathrm{m}}^2 = T_0$$

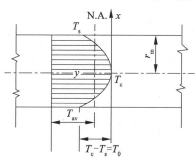

图 6.32　无限平板剖面上的温度分布

则 $\lambda = \dfrac{T_0}{r_{\mathrm{m}}^2}$,代入式(6.78)得

$$-\frac{\mathrm{d}^2 T}{\mathrm{d}x^2} = 2\frac{T_0}{r_{\mathrm{m}}^2} \tag{6.79}$$

将式(6.79)代入式(6.43)得

$$\frac{\partial T}{\partial t} = \frac{\kappa}{d c_p}\left(\frac{-2T_0}{r_{\mathrm{m}}^2}\right) \tag{6.80}$$

整理得

$$T_0 = T_{\mathrm{c}} - T_{\mathrm{s}} = \frac{-\dfrac{\mathrm{d}T}{\mathrm{d}t} r_{\mathrm{m}}^2 \times 0.5}{\alpha} \tag{6.81}$$

式中,α 为热扩散率。

对于其他形状的材料,T_0 的表示方式与式(6.81)相同,只是系数(此处为 0.5)不同。材料确定后由 $\dfrac{\mathrm{d}T}{\mathrm{d}t}$ 不同而导致无限平板表面与中心温差 T_0 不同,且表面温度 T_{s} 小于中心温度 T_{c} 时,在表面引起拉伸应力,其大小正比于表面温度与平均温度 T_{av} 之差。由图 6.32 可见,

$$T_{\mathrm{av}} - T_{\mathrm{s}} = \frac{2}{3}(T_{\mathrm{c}} - T_{\mathrm{s}}) = \frac{2}{3}T_0 \tag{6.82}$$

由式(6.70),在临界温差时

$$T_{\mathrm{av}} - T_{\mathrm{s}} = \frac{\sigma_{\mathrm{f}}(1-\mu)}{E\alpha_l} \tag{6.83}$$

将式(6.82)和式(6.83)代入式(6.80)得材料样品降温时所能允许的最大冷却速度为

$$-\left(\frac{\mathrm{d}T}{\mathrm{d}t}\right)_{\max} = \frac{\kappa}{d c_p}\frac{\sigma_{\mathrm{f}}(1-\mu)}{E\alpha_l}\frac{3}{r_{\mathrm{m}}^2} \tag{6.84}$$

式中,κ 为热导率;d 为密度;c_p 为定压比热容;E 为弹性模量;α_l 为线膨胀系数;σ_{f} 为材料

断裂强度；μ 为泊松比；r_m 为材料样品半厚度；负号表示降温。

热扩散率（即导温系数）α 愈大，样品内温差愈小，产生的热应力也愈小，对热稳定性愈有利，所以定义第三热应力断裂抵抗因子 R''（或 R_a）为

$$R'' \equiv \frac{\sigma_f(1-\mu)}{E\alpha_l} \cdot \alpha = \frac{\kappa\sigma_f(1-\mu)}{E\alpha_l dc_p} = \frac{R'}{dc_p} \tag{6.85}$$

则式（6.84）写为

$$-\left(\frac{dT}{dt}\right)_{max} = R'' \times \frac{3}{r_m^2} \tag{6.86}$$

第三热应力断裂抵抗因子 R'' 主要应用于确定材料所能允许的最大冷却速率。

（4）提高抗热冲击断裂性能的措施

提高无机材料抗热冲击断裂性能的措施，主要依据为上述抗热冲击断裂因子所涉及的各个性能参数对热稳定性的影响。

① 提高材料强度 σ，减小弹性模量 E，使 σ/E 提高。这样可提高材料的柔韧性能，使材料吸收较多的弹性应变能而不致开裂，提高材料的热稳定性。

② 提高材料的热导率 κ，使 R' 提高。κ 大的材料传递热量快，可使材料内外温差较快地得到缓解、平衡，因而降低了短时期热应力的聚集。金属的 κ 一般较大，在无机材料中只有 BeO 陶瓷的热导率可与金属热导率类比。

③ 减小材料的线膨胀系数 α_l，α_l 小的材料，在同样的温差下，产生的热应力小。例如，石英玻璃的 σ 并不高，仅为 109 MPa，其 σ/E 比陶瓷稍高一些。但其 α_l 只有 0.5×10^{-6} K^{-1}，比一般陶瓷低一个数量级，所以热应力因子 R 高达 3000，其 R' 在陶瓷类中也是较高的，故石英玻璃的热稳定性好。

④ 减小表面热传递系数 h。为了降低材料的表面散热速率，周围环境的散热条件特别重要。例如，在烧成冷却工艺阶段，维持一定的炉内降温速率，制品表面不吹风，保持缓慢地散热降温是提高产品质量及成品率的重要措施。

⑤ 减小产品的有效半厚 r_m。

⑥ 提高材料的热扩散率 α。

以上所列，是针对密实性陶瓷、玻璃等材料提高抗冲击断裂性能的一些措施。事实上，材料强度 σ、弹性模量 E、热导率 κ、线膨胀系数 α_l 等物理参数可通过多种途径实现调控，大家可结合各章节中这些物理参数的影响因素予以总结。

6.7　材料热学性能测量方法

6.7.1　热容的测量

6.7.1.1　热容的测量方法

（1）量热计法

量热计法是测定材料比热容的经典方法。要确定温度为 T 时材料的比热容,先把试样加热到该温度,经保温后放入装有水或其他液体的量热计中。根据试样的温度 T 和量热计最终的温度 T_f,由试样转移到量热计介质中的热量 Q 和试样的质量 m 得出比热容:

$$c_p = \frac{Q}{T-T_f} \times \frac{1}{m} \tag{6.87}$$

在低温区和中温区,最方便的方法是电加热法。把试样放在电阻为 R 的螺旋管中,螺旋管的电阻丝通入电流 I,若加热时间为 t,把质量为 m 的试样从温度 T_1 加热到 T_2,忽略散入空气中的热损失,则

$$c_p = \frac{I^2 Rt}{m(T_2-T_1)} \tag{6.88}$$

这样得到的是平均比热容,在物体得到的热量和温度变化都很小时,c_p 接近真实比热容。

（2）撒克司法

撒克司（Sykes）法是在高温下测量固体热容的方法。测量装置如图 6.33a 所示,装置包括试样 1、箱子 2、电阻丝 3,以及测量箱子温度用的热电偶与测量试样和箱子间温差的示差热电偶。根据热量和加热温度的关系得

$$c_p = \frac{\dfrac{dQ}{dt}}{m\dfrac{dT_s}{dt}} \tag{6.89}$$

式中,dQ/dt 为电阻丝的加热功率,可用安培计和伏特计测出；m 为试样的质量；dT_s/dt 为试样的温度变化速率,若试样的温度 T_s 与箱子的温度 T_B 相等,即可由式（6.89）求出比热容。为了保证 $T_s = T_B$,在试样中加一个螺旋状的电阻丝,电阻丝交替通电和断开,使 T_s 在 T_B 上下很小的范围内波动,如图 6.33b 所示。因此,dT_s/dt 可写成

$$\frac{dT_s}{dt} = \frac{dT_B}{dt} + \frac{d(T_s-T_B)}{dt} \tag{6.90}$$

等式右侧的第一项用接近 A_1B_1 上的热电偶测量,第二项用接近 A_2B_2 上的示差热电偶测量,如图 6.33c 所示。

除上述两种测量热容的方法外,还有史密斯（Smith）法和脉冲法,在此不再赘述。

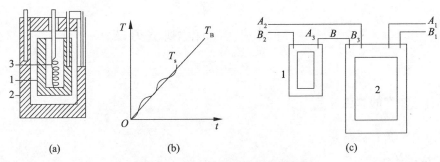

图 6.33 撒克司法测量热容原理图

6.7.1.2 热容分析应用举例

热力学分析已证明,材料发生一级相变时,除有体积突变外,还伴随相变潜热发生。一般,一级相变时在相变温度下,焓 H 发生突变,热容为无限大。具有这种特点的相变很多,如纯金属的三态变化,同素异构转变,共晶、包晶转变,固态的共析转变等。因此,获得热容随温度的变化情况对各类一级相变的研究有重要意义。如图 6.34 所示,SiO_2 的热容随温度变化发生不连续突变,这是由 SiO_2 发生同素异构转变(α-石英→β-石英)引起的。

此外,热容分析还可用于研究有序-无序转变等二级相变。一般材料发生二级相变时,焓也发生变化,但不像一级相变那样发生突变,其热容在转变温度附近也有剧烈变化,但为有限值。例如,铜锌合金成分接近 CuZn 时,形成体心立方点阵的固溶体。此合金在低温时,处于有序状态,随着温度的升高,它会逐渐转变为无序状态。这种转变是吸热过程,属于二级相变。图 6.35 所示是铜锌合金比热容-温度曲线。由热容曲线上升段(AB)和下降段(BD)两条曲线所包围的面积,可求出相变热效应数值。

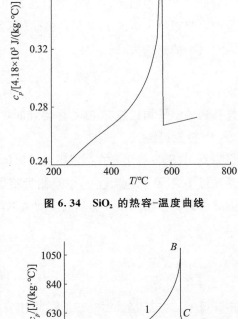

图 6.34 SiO_2 的热容-温度曲线

1—实线代表有转变;2—虚线代表无转变。
图 6.35 铜锌合金的热容—温度曲线

又如铁磁合金 Ni_3Fe 不仅存在有序-无序转变,还存在铁磁-顺磁转变,它们属于二级相变,热容都将出现峰值。图 6.36 为 Ni_3Fe 合金的热容-温度曲线,曲线 a 表示合金的原始状态为无序固溶体(即先加热后快冷成无序状态),在加热过程中,合金在 350～470 ℃ 发生部分有序化并放出潜热,使 c_p 相较于有序化前降低；合金在 470～590 ℃ 发生吸热的无序转变，c_p 升高，两个转变过程的热效应大小由对应的阴影面积确定。若在加热过程中，不发生有序－无序转变，则 c_p 曲线按虚线变化。曲线 b 表示合金的原始状态为有序态，在加热过程中，合金在 470 ℃ 发生无序化吸热过程，使 c_p 相较于有序合金升高，温度升至 590 ℃ 时合金为完全无序状态，c_p 又恢复到正常变化。Ni_3Fe 合金的有序－无序转变热效应远大于铁磁－顺磁转变热效应，所以，590 ℃ 时的磁性转变热效应峰几乎被无序化的热效应所掩盖；曲线 b 的热效应峰下的实线是 Ni_3Fe 合金由铁磁转变为顺磁的 c_p 变化曲线。

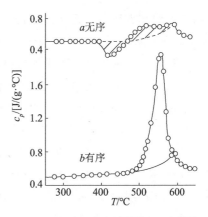

图 6.36　Ni_3Fe 合金的热容-温度曲线

6.7.2　热膨胀的测量

6.7.2.1　热膨胀的测量方法

由于理论和低温研究的需要，热膨胀测试在高灵敏（$\Delta l/l$ 高达 10^{-12}）、高精度方面发展很快，工业上膨胀测量向自动化和快速反应方向发展。测量热膨胀的方法很多，按其测量原理可以分为机械式、光学式和电测式三类。

（1）机械杠杆式膨胀仪

工业上为了精确测定材料的膨胀系数，需对热膨胀引起的位移进行放大和记录。杠杆机构是较早采用的一种放大系统，可把位移放大几百倍，且工作稳定。图 6.37 是机械杠杆式膨胀仪示意图。可以看出，试样的膨胀量经过两次杠杆放大传递到记录用的笔尖上，安放在转筒上的记录纸以一定的速度移动，就可把膨胀量随时间的变化记录下来。同时，用一个温度控制与记录装置记录试样的升温情况，根据膨胀量与时间的关系，以及温度与时间的关系就可换算出膨胀量与温度的关系曲线。为提高测量精度，试样不宜过短，且必须考虑石英的膨胀对测量数据的影响。

（2）光杠杆膨胀仪

光杠杆膨胀仪测试时要同时使用被测定膨胀的试样和不发生相变的标样，其测量原理

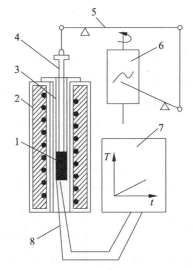

1—试样；2—加热炉；3—石英套管；
4—石英顶杆；5—杠杆机构；6—转筒；
7—温度记录仪；8—热电偶。
图 6.37　机械杠杆式膨胀仪示意图

是利用光杠杆来放大试样的膨胀量。所谓光杠杆，是一个三角形的金属片，光点打到金属片上，利用不同的支点改变光程，达到光放大的目的，通过标样的伸长标示试样温度。然

后,通过照相方法自动记录膨胀曲线。按光杠杆机构安装方式,光杠杆膨胀仪可分为普通光学膨胀仪和示差光学膨胀仪。

图 6.38 是示差光学膨胀仪结构示意图。标样 1、试样 15 和石英传动杆 2,14 装在石英管里,固定在水冷支架上(图中未绘出)。传动杆的另一端分别经过金属导向连接杆 3 和 13,顶在光杠杆 11 的支点 P_2 和 P_1 上。光杠杆是一个三角形金属片。三个角一般分别做成 $90°,45°,45°$ 或 $90°,60°,30°$,光杠杆有三个支点 P_1,P_2,P_3,其中 P_3 是固定不动的。凹面镜 10 固定在光杠杆的中心。记录部分是一个点光源 9,光经光阑 8 及聚光透镜 6 聚焦在凹面镜 10 上,然后又反射到照相底片 7 上。图中 4,5,12 为三个支撑光杠杆的螺钉。若改变光学杠杆的结构,把石英传动杆 2 顶在支点 P_3 上,即把支点 P_2 固定,P_3 可动,便构成了普通光学膨胀仪。通常利用普通光学膨胀仪测定试样的膨胀系数;如需测定临界点,则用示差光学膨胀仪更灵敏些。

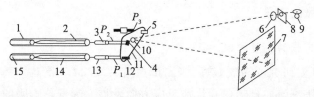

1—标样;2,14—石英传动杆;3,13—金属导向连接杆;4,5,12—支撑光杠杆螺钉;6—聚光透镜;7—照相底片;8—光阑;9—点光源;10—凹面镜(固定在光杠杆中心);11—光杠杆支点为 P_1,P_2 和 P_3;15—试样。

图 6.38　示差光学膨胀仪结构示意图

一般来说,标样由纯金属或特制合金做成。例如铜、铝纯金属标样,钢的标样成分为 82Ni-7Cr-5W-3Fe-3Mn,国外称之为皮洛斯(Pyros)合金。此合金在 0～1000 ℃内不发生相变,膨胀系数呈线性均匀增长。

(3) 电测膨胀仪

利用非电量的电测法,可以将试样的长度变化转化成相应的电信号,然后进行电信号的处理和记录。这类膨胀仪包括应变电阻式膨胀仪、电容式膨胀仪和电感式膨胀仪。下面主要介绍电感式膨胀仪。

电感式膨胀仪的传感器是差动变压器,故称之为差动变压器膨胀仪。差动变压器膨胀仪是目前自动记录、测量快速膨胀变化应用最多的一种仪器,其放大倍数可达 6000 倍。

图 6.39 为差动变压器膨胀仪结构示意图。当试样未加热时,铁芯在平衡位置,差动变压器输出为零。试样膨胀时,通过石英杆使铁芯 1 上升,则差动变压器次级线圈 2 中的上部线圈电感增加,下部线圈电感减小,这时,反向串联的两个次级线圈便有信号电压输出,此信号电压与试样伸长量呈线性关系。将此信号电压经放大后输入 X—Y 记录仪一端,温度信号输入 X—Y 记录仪的另一端,便可得到试样的膨胀曲线。为防止工业电网干扰,多数差动变压器的输入端不采用 50 Hz 工频,而多用 200～400 Hz 频率。

热膨胀的测量还可以通过激光膨胀仪、X 射线衍射等设备实现,对此本节不再予以详细介绍。

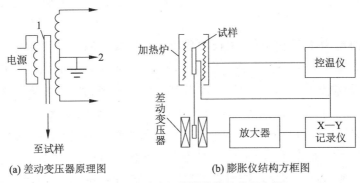

(a) 差动变压器原理图　　　　(b) 膨胀仪结构方框图

图 6.39　差动变压器膨胀仪结构示意图

6.7.2.2　热膨胀分析应用举例

材料的组织转变都伴随着十分明显的体积效应,根据这一特性,热膨胀分析对研究钢在加热、等温、连续冷却和回火过程中的转变非常有效。

（1）测定钢的相变临界点

相变研究是材料学中的一项基础研究工作,而相变临界点的测定对于每一个新钢种（或合金）研制是不可缺少的环节。

采用热膨胀分析法测定钢的相变临界点,首先要获得钢的膨胀曲线。试样在加热或冷却过程中,长度的变化来自两个方面:一是单纯由温度变化引起的膨胀或收缩;二是组织转变引起的体积效应。也就是说在组织转变温度范围内,除单独由温度引起的长度变化外,还有组织转变体积效应。因此,在组织转变开始和终了温度点,膨胀曲线将出现拐折,拐折点即对应组织转变开始和终了温度。

图 6.40 所示为钢的热膨胀曲线,确定其相变临界点主要有两种方法:

① 取加热或冷却曲线上开始偏离正常纯热膨胀（或纯冷收缩）的位置［如图 6.40 中 a 点（或 c 点）］对应温度作为珠光体向奥氏体转变的温度 A_{c1}（或奥氏体向铁素体转变的温度 A_{r3}）。取再次恢复纯热膨胀（或纯冷收缩）位置［如图 6.40 中 b 点（或 d 点）］对应温度作为铁素体向奥氏体转变的终了温度 A_{c3}（或奥氏体向珠光体转变的温度

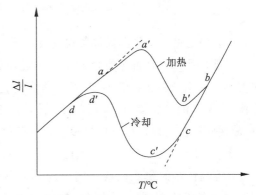

图 6.40　确定钢的相变临界点方法示意图

A_{r1}）。通常偏离正常纯热膨胀的位置,通过作切线得到,故称此法为切线法。该法符合金属学原理,缺点是采用手工作图判断切离点受主观因素的影响,切离点不易取准。所以,采用高精度的膨胀仪得到细而清晰的膨胀曲线并结合计算机处理,可以提高判断切离点的准确性。

② 取加热或冷却曲线上的 4 个极值位置,将图 6.40 中的 a',b',c',d' 点对应温度分别定为 A_{c1},A_{c3},A_{r3},A_{r1} 的温度。这种方法为极值法。这种方法的优点是极值温度容易

判断,便于不同实验条件下相变临界点的比较,其缺点是测定值与实际转变温度间有一定偏差。

值得注意的是,钢的原始组织、奥氏体化温度及保温时间都对相变临界点有影响,而化学成分对过冷奥氏体转变影响更大。因此,测定钢的相变临界点必须统一实验条件。第一,钢的原始组织要相同,具有相近的晶粒度;第二,采用相同的加热速度,一般不宜大于 200 ℃/h,对于合金钢冷却速度应小于 120 ℃/h;第三,奥氏体化温度及保温时间要一致。为了防止试样氧化与脱碳,实验最好在真空或保护气氛中进行,或将试样镀镍或铬。

热膨胀分析法除了可用于测定钢的相变临界点外,还可用于研究各类金属和合金的相变。而材料的加热及冷却速度会对点的测定产生影响。图 6.41 就是用快速膨胀仪测得的不同加热速度对 Fe-8%Co(质量分数)合金的 α→γ 相变温度的影响曲线。由测定的结果可见,随加热速度加快,α→γ 相变的温度向高温推移,这是因为 α→γ 相变是以扩散方式进行的。

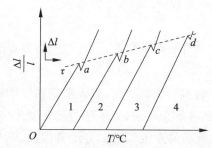

1—150 ℃/h; 2—750 ℃/h; 3—2400 ℃/h; 4—7800 ℃/h;
a—900 ℃; b—920 ℃; c—925 ℃; d—932 ℃。

图 6.41　不同加热速度对 Fe-8%Co(质量分数)α→γ 相变温度的影响曲线

(2) 测定钢的过冷奥氏体等温转变曲线

目前多用磁性法和膨胀法测定钢的过冷奥氏体等温转变曲线(TTT),用金相法校正关键点。由钢的膨胀特性可知,亚共析钢过冷奥氏体在高温区分解成先共析铁素体和珠光体、中温区的贝氏体、低温区的马氏体时,钢的体积都要膨胀,且膨胀量与转变量成比例,故用膨胀法可以定量研究过冷奥氏体分解。

图 6.42 所示为 55Si2MnB 钢过冷奥氏体在 500,600 ℃等温转变的膨胀曲线。图中的 $c'd'$ 段(时间)表示过冷奥氏体在 600 ℃等温分解的孕育期。从 c' 开始,600 ℃等温的试样开始膨胀(奥氏体开始分解),到 d' 点试样长度开始保持不变,这说明奥氏体分解完毕。

500 ℃等温转变时间更长,孕育期(cd 段)也长。

图 6.43 表示膨胀法测出的 55Si2MnB 钢等温转

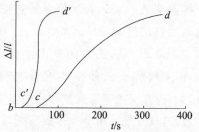

图 6.42　55Si2MnB 钢过冷奥氏体在 500℃(cd 段),600℃($c'd'$ 段)等温转变膨胀曲线

变动力学曲线。利用该曲线便可建立如图 6.44 所示的 TTT 曲线。该图已清楚说明此种钢在不同等温温度、不同等温时间的转变产物及转变量等。

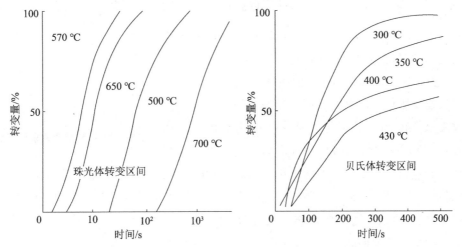

图 6.43　55Si2MnB 钢过冷奥氏体等温转变动力学曲线

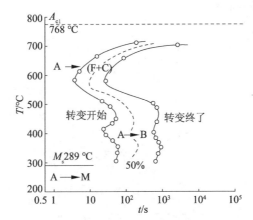

图 6.44　55Si2MnB 钢过冷奥氏体等温转变曲线

利用等温膨胀曲线可以进一步计算扩散型相变激活能。激活能是研究相变动力学的一个重要参数，其计算具有理论意义。

假如用膨胀法测得某扩散型相变的一系列等温膨胀曲线，其相变速度 v 可用下式表示

$$v = A e^{-\frac{Q}{RT}} \tag{6.91}$$

式中，A 为常数；Q 为激活能；R 为气体常数；T 为热力学温度。

已知试样长度变化 $dl/d\tau$ 正比于相变速度，即

$$dl/d\tau = A e^{-\frac{Q}{RT}} \tag{6.92}$$

则

$$\ln(\mathrm{d}l/\mathrm{d}\tau)=\ln A-\frac{Q}{RT} \tag{6.93}$$

如以 $\ln\left(\dfrac{\mathrm{d}l}{\mathrm{d}\tau}\right)$ 为纵坐标，$1/T$ 为横坐标，依式（6.92）作图（见图 6.45），其直线斜率为 Q/R，$\ln A$ 则是直线与纵坐标轴相交的截距，激活能 Q 值可求。

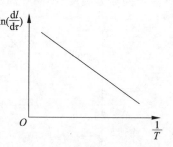

图 6.45　相变激活能求解示意图

（3）测定钢的连续冷却转变曲线（CCT 曲线）

用快速膨胀仪可以测出不同冷却速率下钢的膨胀曲线。发生组织转变时，冷却膨胀曲线就偏离纯冷收缩，曲线在此产生拐折，拐折的起点和终点所对应的温度分别是转变开始点及终止点。拐折的大小，可以反映出转变量的多少。根据拐折出现的温度范围（高、中、低温区）可以大致判断转变的类型及产物。根据不同温度范围膨胀曲线直线斜率变化情况，可以判断转变是连续进行的，还是分开进行的。因此，可以使用膨胀法测定钢的连续冷却转变曲线。

下面以 40CrNiMoA 钢为例加以说明。图 6.46 所示为几种有代表性冷却速度下的 40CrNiMoA 钢的冷却膨胀曲线。

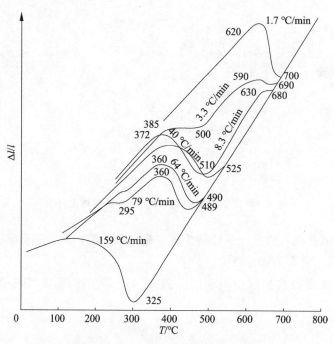

图 6.46　**40CrNiMoA 钢冷却膨胀曲线**

由图可见，当冷却速率为 159 ℃/min 时，膨胀曲线只出现 325 ℃的一个拐折点。分析表明此种条件下钢只发生低温下的马氏体转变。当冷却速率为 79 ℃/min 时，膨胀曲线出现两个拐折点：480～360 ℃区间的中温转变（贝氏体）；295 ℃～终止温度（没有标出）的低温转变(马氏体)。此时低温转变不如冷却速率 159 ℃/min 下的拐折大,说明马氏体转变量小。当冷却速率为 40 ℃/min 时,膨胀曲线上只有一个拐折点,此乃中温贝氏体转变区(525~360 ℃)。当冷却速率降到 8.3 ℃/min 和 3.3 ℃/min 时,膨胀曲线又出现两个拐折点,出现了高温区转变。请注意,两个拐折间的直线段(630~510 ℃,590~500 ℃)斜率小于拐折前直线段斜率,又大于拐折后的直线段斜率,这说明高温转变区和中温转变区是分离的。这是从钢的各相比容大小推算而来的,判断两种相变是否连续进行当冷却速率慢到 1.7 ℃/min 时,膨胀曲线上只有一个拐折点,说明只发生了高温转变,奥氏体全部转变为铁素体和珠光体。由于铁素体转变终止,珠光体开始析出时曲线斜率变化往往不明显,故常用金相法判断或校正其相变点。

图 6.47 为按图 6.46 所标出的相变点绘成的连续冷却转变图(CCT 曲线)。

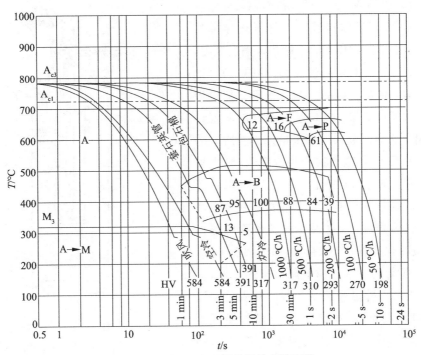

图 6.47　40CrNiMoA 钢连续冷却转变图

此外,热膨胀分析还可用于快速升温时金属相变及合金时效动力学以及金属淬火空位浓度的研究等。

6.7.3　热导率的测量

材料热导率的测量方法很多,对不同温度范围、不同热导率范围以及不同的精度要求,常需采用不同的测量方法。热导率测量方法可以根据试样内温度场是否随时间变化分为稳态法和动态(非稳态)法。

6.7.3.1　稳态法

常用的稳态法是驻流法。该方法要求在整个实验过程中,试样各点的温度保持不变,以使流过试样横截面的热量相等,然后利用测出的试样温度梯度 $\mathrm{d}T/\mathrm{d}x$ 及热流量,计算出材料的热导率。驻流法又分为直接法和比较法。

(1)直接法

将一长圆柱状试样一端用小电炉加热,并使样品此端温度保持在某一温度不变。假设炉子以功率 P 加热的热量没有向外散失,完全被试样吸收,则试样单位时间所接收的热量就是电炉的加热功率。如果试样侧面不散失热量,只从端部散热,那么当热流稳定(即试样两端温差恒定)时,测得试样长 L,两端温度分别为 T_1,$T_2(T_2 > T_1)$,根据式(6.42)可以得出

$$\frac{P}{S} = \kappa \frac{T_2 - T_1}{L}, \text{即} \kappa = \frac{PL}{S(T_2 - T_1)} \tag{6.94}$$

式中,P 为电功率,W;S 为试样截面积,cm^2。

图 6.48 为测量较高温度下材料热导率的装置结构示意图。试棒 1 的下端放入铜块 2 内,试棒下端 2 位置处有电阻丝加热(外热式)。试棒的上端紧密地旋入铜头 3,铜头 3 即试棒上端位置处以循环水冷却。入口水的温度以温度计 4 测量,出口水温以温度计 5 测量。假如所有的热量在途中无损耗,全部被冷却水吸收,则根据水的流量和它的注入、流出之温差,就可以计算单位时间内通过试样截面的热量。图中 6,7,8 为 3 个测温热电偶。为了减少试棒侧面的热损失,装置设有保护管 9,保护管上部由水套 10 冷却,使沿保护管的总温度梯度和试样的一样,这样侧面就不会向外散失热量。若已知入口水温为 t_1,出口水温为 t_2,水流量为 G,试棒横截面积为 S,其距离为 L 的两点的温度为 T_1,T_2,则热导率

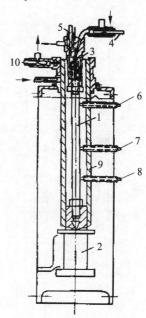

1—试棒;2—铜块;3—铜头;
4,5—温度计;6,7,8—热电偶;
9—保护管;10—水套。

图 6.48　热导率测量装置结构示意图

$$\kappa = \frac{QL}{S(T_2 - T_1)} = \frac{cG(t_2 - t_1)L}{S(T_2 - T_1)} \tag{6.95}$$

式中,c 为水的比热容。

这种度量冷却器所带走热量的方法,没有度量电炉消耗于加热试样的电功率的方法优越。为了准确估计消耗的电能,如图 6.49 所示,将电阻丝置于试样内部,试样同样以保护管围绕,这样可以减少无法估计的热损失,使热导率测定更准确。

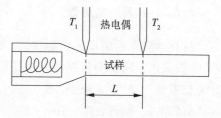

图 6.49　内热式测热导率结构示意图

（2）比较法

将一热导率已知的材料做成一标样，将待测试样做成与标样的形状尺寸完全一样，同时将待测试样和标样一端加热到某一温度，然后测出标样和待测试样上温度相同点的位置 x_0，x_1，则两者的热导率有如下关系：

$$\frac{\kappa_0}{\kappa_1} = \frac{x_0^2}{x_1^2} \tag{6.96}$$

式中，下标"0"表示标样；下标"1"表示待测试样；x_0，x_1 为温度相同点距热端的距离。

测量热导率最难以解决的问题是如何防止热损失。为此，对于金属可以采用测定标样电阻率的方法来估计其热导率（精度约为 10%），或者采用动态测试方法。

6.7.3.2　动态（非稳态）法

动态（非稳态）测试主要是测量试样温度随时间的变化率，从而直接得到热扩散率。在已知材料比热容后，可以算出热导率。闪光法（flash method）就是一种动态法，这种方法所使用的设备是激光热导仪。

图 6.50 为激光热导仪结构示意图。图中激光器多为钕玻璃固体激光器，作为瞬时辐照热源。加热炉既可以是一般电阻丝绕的中温炉，也可以是以钽管为发热体的高温真空炉。测温所用温度传感器可以是热电偶或硫化铅红外接收器，温度在 1000 ℃以上可以使用光电倍增管。由于测试时间一般都很短，记录仪多用响应速度极快的光线示波器等。试样呈薄的圆片状。

当试样正面受到激光瞬间辐照之后，在没有热损失的条件下，其背面温度与背面温度的最大值 $T_{\max}$ 的比值 $T/T_{\max}$ 为 0.5 时，$\dfrac{\pi^2 \alpha t}{L^2} = 1.37$（$\alpha$ 是热扩散率，L 为试样厚度，t 为时间）。

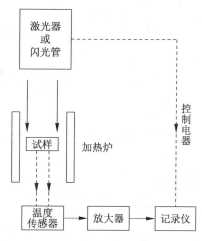

图 6.50　激光热导仪结构示意图

那么，热扩散率为

$$\alpha = \frac{1.37 L^2}{\pi^2 t_{1/2}} \tag{6.97}$$

式中，$t_{1/2}$ 表示试样背面温度达到温度最大值一半时所需要的时间。

可见，只要测出被测试样背面温度随时间变化的曲线，找出 $t_{1/2}$ 的值，代入式（6.97）即可求出热扩散率，然后利用式（6.44）算出热导率。

计算热导率所用比热容 c 往往可在同一台设备上用比较法测出。设已知标样比热容为 c_0，标样与试样质量分别为 m_0，m，最大温升分别为 T_{m0}，T_m，吸收的辐射热量分别为 Q_0，Q，则

$$c = c_0 \frac{m_0 T_{m0} Q}{m T_m Q_0} \tag{6.98}$$

激光热导仪测热导率较稳态法速度快,试样简单,可用于测量高温难熔金属及粉末冶金材料的热导率。由于加热时间极短,通常热损失可以忽略。一般在 2300 ℃时该方法的测试精度可达±3%,其缺点是对所用电子设备要求较高,当热损失不可忽略时,往往会引入较大误差。尽管如此,该方法仍获得日益广泛的应用。

6.8 热分析方法及其应用

热分析法是根据材料在不同温度下热量、质量、尺寸等物理特性的变化与材料组织结构之间的关系,对材料进行分析研究的一类分析方法。其主要包括差热分析法、差示扫描量热法、热重法等。根据国际热分析协会(ICTA)的分类,热分析方法共分为 9 类 17 种,见表 6.5 所列。

表 6.5 热分析方法分类

物理性质	热分析方法名称	缩写
质量	热重法	TG
	等压质量变化测定	
	逸出气检测	EGD
	逸出气分析	EGA
	放射热分析	
	热微粒分析	
温度	升温曲线测定	
	差热分析法	DTA
热量	差示扫描量热法	DSC
尺寸	热膨胀法	
力学特性	热机械分析	TMA
	动态热机械法	DMA
声学特性	热发声法	
	热传声法	
光学特性	热光学法	
电学特性	热电学法	
磁学特性	热磁学法	

6.8.1　典型热分析方法

6.8.1.1　差热分析法(DTA)

差热分析法是在程序温度控制下,测量处于同一条件下被测样品与参比物的温度差随温度或时间变化关系的一种技术。其工作原理示意图如图 6.51 所示。其中测量系统由试样 6 和参比物 5 及其温度变化测试系统构成。参比物又称为标准试样,往往是稳定的物质,其热导率、比热容等物理性质与试样相近,但在应用的试验温度内不发生组织结构变化。如硅酸盐测量常采用经高温煅烧的 Al_2O_3,MgO 或高岭石作参比物,钢铁材料常用镍作为参比物。均热坩埚内的试样和参比物在相同的条件下加热和冷却。试样和参比物之间的温差通常用对接的两支热电偶进行测定。热电偶的两个接点分别与盛装试样和参比物的坩埚底部接触,或者分别直接插入试样和参比物中。测得的差热电势经放大后由 $X-Y$ 记录仪记录下试样和参比物之间的温差 ΔT。与此同时,$X-Y$ 记录仪也记录下试样的温度 T(或时间 t),这样便获得差热分析曲线即 $\Delta T-T(t)$。当试样不产生相变时,试样温度 T_s 应与参比物温度 T_r 相等,即 $T_s-T_r=0$,此时记录仪不指示任何差热电势。如果试样发生吸热或放热反应,则 $\Delta T=T_s-T_r$,在 $X-Y$ 记录仪上可得到差热分析曲线。图 6.52 为亚共析钢($w_c=0.35\%$)的差热分析曲线。

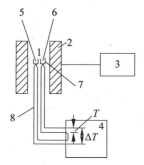

1—测量系统;2—加热炉;
3—温度程序控制器;4—记录仪;
5—参比物;6—试样;
7—坩埚;8—热电偶。

图 6.51　DTA 工作原理示意图

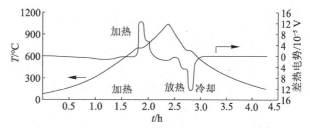

图 6.52　亚共析钢($w_c=0.35\%$)的差热分析曲线

由 Speil 公式

$$\Delta H=KS \tag{6.99}$$

式中,ΔH 为热效应;S 为差热分析曲线和基线之间的面积(峰面积);K 为仪器系数。由此,可得以下结论:

① 差热分析曲线的峰面积 S 和热效应 ΔH 成正比。

② 对于相同大小的热效应,S 愈大,K 愈小,说明仪器灵敏度愈高。

③ 不管升温速率 φ 如何,S 值总是一定的。由于 ΔT 与 φ 成正比,所以 φ 值越大,峰

越尖锐。

差热分析虽然广泛应用于材料物理化学性能变化研究,但同一物质测定得到的值往往不一致。这主要是由实验条件不一致引起的。因此,必须认真控制影响实验结果的各种因素,并在发表数据时说明测定时所用的实验条件。影响实验结果的因素包括:实验所用仪器(如加热炉形状、尺寸、热电偶位置等)、升温速率、气氛、试样用量、试样粒度等。

6.8.1.2　差示扫描量热法(DSC)

差示扫描量热法是在程序温度控制下,用差动方法测量加热或冷却过程中,在试样和参比物的温度差保持为零时,所要补充的热量与温度和时间的关系的分析技术。其一般分为功率补偿差示扫描量热法和热流式差示扫描量热法。这里针对功率补偿型的 DSC 进行简要介绍。

功率补偿型 DSC 的原理示意图如图 6.53 所示,其主要特点是试样和参比物分别具有独立的加热器和传感器。通过调整试样的加热功率 P_s,使试样和参比物的温差 ΔT 为零。这样可以根据补偿的功率直接计算热流率,即

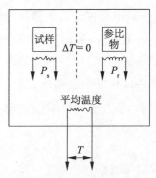

$$\Delta W = \frac{\mathrm{d}Q_s}{\mathrm{d}t} - \frac{\mathrm{d}Q_r}{\mathrm{d}t} = \frac{\mathrm{d}H}{\mathrm{d}t} \qquad (6.100)$$

式中,ΔW 为所补偿的功率;Q_s 为试样的热量;Q_r 为参比物的热量;$\mathrm{d}H/\mathrm{d}t$ 为热流率(mJ/s)。

图 6.53　功率补偿型 DSC 原理示意图

该仪器中试样和参比物的加热器电阻相等,即 $R_s = R_r$。当试样没有任何热效应时,有

$$I_s^2 R_s = I_r^2 R_r \qquad (6.101)$$

如果试样产生热效应,立即进行功率补偿的值为

$$\Delta W = I_s^2 R_s - I_r^2 R_r \qquad (6.102)$$

令 $R_s = R_r = R$,则 $\Delta W = R(I_s + I_r)(I_s - I_r)$,令 $I_s + I_r = I_T$,则

$$\Delta W = I_T(I_s R - I_r R) = I_T(V_s - V_r) = I_T \Delta V \qquad (6.103)$$

式中,I_T 为总电流;ΔV 为电压差。若 I_T 为常数,则 ΔW 与 ΔV 成正比,因此结合式 (6.100) 及 (6.103) 可用 ΔV 直接表示 $\mathrm{d}H/\mathrm{d}t$。

值得注意的是,DSC 和 DTA 的曲线形状相似,但其纵坐标不同,前者的纵坐标表示热流率 $\mathrm{d}H/\mathrm{d}t$,后者的纵坐标表示温度差($\Delta T = T_s - T_r$)或差热电势。

6.8.2　热分析法的应用举例

热分析不仅可用于快速准确地测定物质的物理变化(晶型转变、熔化、升华、吸附等)和化学变化(脱水、分解、氧化、还原等),还能快速地分析被研究物质的热稳定性、热解(高温分解)中间产物和组分及最终产物和组分、混合物热分解时产生的熔变,以及用于物质各种类型相转变的检测和反应动力学研究。其可用于定性、定量分析,特别在定量计算方

面,快速而有效。例如,它可用来研究金属和合金的熔化及凝固过程、同素异构转变、固溶体分解、淬火钢回火、合金相析出过程及有序－无序转变等;也可用于高聚物结晶度的测定和结晶动力学研究,以及催化剂的组成和反应过程,聚合物的玻璃化转变与硅酸盐材料的转变和反应等研究。

（1）建立合金相图

用热分析法可以测定液－固、固－固相变临界温度,从而建立合金相图。差热分析法在这方面用得较多。例如,取某成分的 A－B 合金,测出其冷却过程的 DTA 曲线,如图 6.54a 所示。试样从液态熔液开始冷却,当温度降低至 x 处时开始凝固,释放出熔化热使曲线陡然上升,随后曲线逐渐下降,接近共晶温度时,曲线接近基线。在共晶温度处,试样发生共晶反应放出大量热量,曲线上出现一个窄而陡直的放热峰,待共晶反应完成后,曲线又重新回到基线。

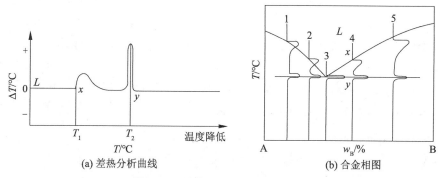

(a) 差热分析曲线　　(b) 合金相图

图 6.54　差热分析曲线与合金相图

根据测出的 DTA 曲线的特征,取曲线上宽峰的起始点 T_1 和窄峰的峰值点 T_2 为该成分合金的凝固温度和共晶转变温度。按照上述方法测出不同成分的 A－B 合金的 DTA 曲线,分别找出它们的凝固温度和共晶转变温度,然后,在成分和温度坐标中,标出不同成分 A－B 合金的凝固温度和共晶转变温度,分别将它们连成光滑曲线(1,2,3,4,5),即可获得液相线和共晶线,如图 6.54b 所示。为消除冷却过程中过冷现象的影响,还可采用测加热过程的 DTA 曲线的方法,只是曲线上特征峰方向相反。另外,还需要配合使用金相法进行验证,以保证合金相图的准确性。

（2）测定钢的转变曲线

用热分析法可以测定过冷奥氏体的等温转变曲线及连续冷却转变曲线。图 6.55 所示为 SUJ2 轴承钢的等温转变差热分析曲线。曲线表明,当试样投入等温盐浴炉之后,差热电势减小,这是由试样和标样在冷却过程中温度不同造成的。经 52 s 后,由于试样发生相变产生热效应,试样温度上升,差热电势增大,在 200 s 后又回到变化前的状态,因此可以认为 52 s 即为 SUJ2 轴承钢在 300 ℃ 等温分解的孕育期。金相法校正表明,差热电势开始增大(发热)的时间就是相变开始时间,发热恢复时间即为转变终了时间。图 6.56 所示为 SUJ2 轴承钢随炉冷却曲线,冷却速率为 1.1 ℃/s。曲线表明,试样冷却至 150 s 温度为

669 ℃时开始转变,220 s 温度为 609 ℃时恢复。如取连续冷却 150 s 的 SUJ2 轴承钢水冷,其金相组织没有珠光体,而取连续冷却 170 s 的 SUJ2 轴承钢水冷,其金相组织含有珠光体。如取连续冷却 190 s 的 SUJ2 轴承钢水冷,其金相组织中可见 5%的马氏体,而取连续冷却 200 s 的 SUJ2 轴承钢水冷,其金相组织中未见马氏体。金相检验证明,通过差热分析曲线上的发热和恢复时间来确定珠光体转变的开始点及终止点是正确的。

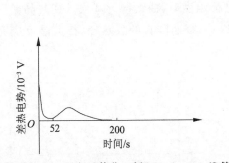

SUJ2 轴承钢 830 ℃奥氏体化,时间 5 min,300 ℃等温

图 6.55　SUJ2 轴承钢的等温转变差热分析曲线

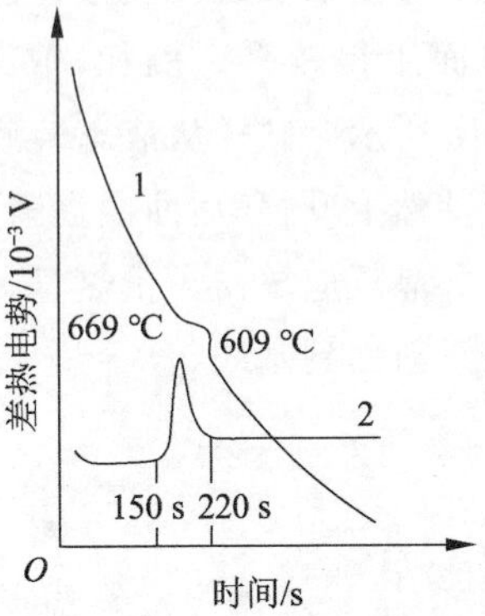

1—试样温度变化;2—差热电势变化。

加热温度 860 ℃,奥氏体化时间 5 min

图 6.56　SUJ2 轴承钢随炉冷却曲线

（3）研究 ε 相热稳定性

近年来随着液态急冷技术和非晶态研究的发展,研究者对铁碳合金直接从液态进行急冷进行了新的探索,研究了 Fe-C 和 Fe-C-Sb 系获得 ε 相的成分范围,并用差热分析研究了 ε 相的热稳定性。图 6.57 所示为测得的 Fe-C-Sb 合金的 DTA 曲线。图中曲线 Ⅰ 为第一次升温曲线。200 ℃附近和 300~500 ℃的放热峰经确定分别对应于 ε 相转变为 ε 碳化物和马氏体,以及它们进一步转变为渗碳体和铁素体。曲线还说明 Fe-C-Sb 合金液态急冷获得的 ε 相具有较好的稳定性。它在 130 ℃左右才开始分解,并且在室温下保持 80 天未有任何变化。如果

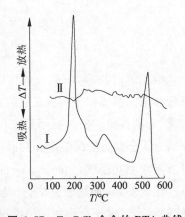

图 6.57　Fe-C-Sb 合金的 DTA 曲线

把第一次升温到 600 ℃附近的试样冷却到室温后再加热则得到第二次升温曲线 Ⅱ。该曲线变化平缓,证明 ε 相加热是不可逆相变。

（4）热弹性马氏体相变研究

热弹性马氏体相变是合金形状记忆效应和伪弹性行为的先决条件。但是,由于界面的共格和自协调效应,这种相变所发生的体积效应很小。所以,这种相变难以用膨胀法进行研究;电阻法虽能测定这一相变过程,但在马氏体点的判断上存在较大的人为误差。DSC 是一种高精确度的有效测试这种相变的方法。

图 6.58 是 Ti-49.2%Ni 合金的 DSC 曲线。由图可见,在升(降)温过程中热弹性马氏体的可逆转变都出现了显著的吸热与放热峰,可准确判断其相变点,随着热处理(退火)温度的变化,相变点发生移动,同时潜热峰出现分裂,显示了热弹马氏体相变及其逆相变的独立性。

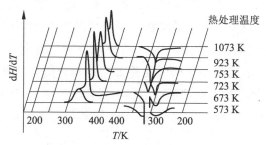

图 6.58　Ti-49.2%Ni 合金的 DSC 曲线

此外,热分析还可以用于分析合金相析出过程,如用差热分析研究 Al-Zn-Mg 合金的固溶体分解过程,并认为 DTA 曲线上的放热峰和吸热峰分别由脱溶作用和再溶解过程引起。

*6.9　拓展专题:热电材料及应用

热电材料是指一类能够实现热能和电能直接相互转换的功能材料。目前,热电材料的种类十分繁多,按材料分有合金、氧化物和聚合物热电材料等,按工作温度可分为高温、中温、低温热电材料,按尺度则有薄膜与体材之分。

热电材料热电性的应用通常有以下三个方面:① 利用塞贝克效应进行热电偶测温;② 利用塞贝克效应实现温差发电;③ 利用珀尔帖效应实现电致冷。本节主要介绍测温用热电极材料及温差发电用热电材料。

6.9.1　测温用热电极材料

热电偶回路往往满足如下三个定律:① 如果两支均匀的同质电极构成一热电回路,则回路的热电势为零。② 均匀导体两端没有温度差存在时,尽管在导体上存在温度梯度,通过导体的净热电势仍为零。由此可以推论,只要结点处不存在温度差,串联多个这样的导体,并不影响热电势的刻度结果,这被称为中间导体定律。③ 均匀导体组成热电偶测温时热电势可以是同一热电偶分段测温所测热电势之和,这被称为连续温度定律。上述热电偶回路定律对于理解热电偶用补偿导线的选择以及正确使用热电偶都非常重要。

构成测温用热电偶的两支导体,通常称为热电极。热电极材料应具有以下三种热电性质:① 它们的热电势与温度具有良好的线性关系;② 具有大的热电势系数 S;③ 具有复制性和温度-热电势关系的稳定性。

正是由于有热电稳定性要求,因此,这些热电极材料大都是置换固溶体。

由于纯铂具有熔点高和在氧化性气氛中热电性稳定的特点,因此它被广泛地用作参考电极。铂基热电偶抗氧化性很强,比其他热电偶稳定,因此将 Pt-Pt90Rh10 热电偶作为确定国际实用温标刻度 630.74 ℃到金的凝固点 1064.43 ℃的工具。

应当注意的是,铂基热电偶不应暴露在中子辐射环境中,因为 Rh 的中子捕获截面较大,会使之变为 Pd 而改变热电偶的热电性。铂及其合金不能暴露在真空或还原气氛中,含有氢气、一氧化碳、甲烷、有机蒸气的气氛将加速铂基热电偶的分解。当炉内气氛含有 P,S,As 或 Zn,Cd,Hg,Pb 时,它们都可能与热电偶发生反应,导致热电偶的热电性恶化。因此,铂基热电偶使用时往往套上陶瓷类保护管,使其与有害气氛隔开,实现对热电偶的保护。

表 6.6 列出了常用热电偶的国际标准化热电极材料的成分和使用温度,标明了正、负热电极材料的代号。代号一般采用两个字母:第一个字母表示型号;第二个字母如为 P 表示正热电极材料,如为 N 则表示负热电极材料。

表 6.6　常用热电偶的国际标准化热电极材料的成分和使用温度

型号	正热电极材料		负热电极材料		使用温度/K
	代号	成分(质量分数)/%	代号	成分(质量分数)/%	
B	BP	Pt70Rh30	BN	Pt94Rh6	273～2093
R	RP	Pt87Rh13	RN	Pt100	223～2040
S	SP	Pt90Rh10	SN	Pt100	223～2040
N	NP	Ni84Cr14.5Si1.5	NN	Ni54.9Si45Mg0.1	3～1645
K	KP	Ni90Cr10	KN	Ni95Al2Mn2Si1	3～1645
J	JP	Fe100	JN	Ni45Cu55	63～1473
E	EP	Ni90Cr10	EN	Ni45Cu55	3～1273
T	TP	Cu100	TN	Ni45Cu55	3～673

表 6.7 列出了用于极高温测量的钨-铼热电偶的成分及其热电势。在惰性气氛、干燥氢或真空中,它们的使用温度可高达 2760 ℃,短时间可高至 3000 ℃,一般正常的工作温度在 2315 ℃。

表 6.7 钨-铼热电偶的性质

热电极		相对塞贝克系数/$(\mu V \cdot ℃^{-1})$
正	负	（0～2315 ℃平均值）
W	W74Re26	16.7
W97Re3	W75Re25	17.1
W95Re5	W74Re26	16.0

低温测量往往采用铜-康铜和铁-康铜热电偶。特别是铁-康铜热电偶,可替代铂铑-铂热电偶测量－140 ℃以下的低温。原因是铂铑-铂热电偶的热电势在－140 ℃以下经过极小值,继续降温反而引起热电势升高,故其在－140 ℃以下不能使用;而铁-康铜热电偶的测量下限可达－190 ℃。

6.9.2 热电致冷用热电材料

本节以热电致冷应用为例介绍了装置工作原理,并着重介绍了热电材料的评价参量 Z－热电灵敏值(或称优值),最后给出典型热电材料。

若在塞贝克热电效应示意图 6.25 中,以 P 型半导体材料代替材料 B,其绝对塞贝克系数 S_P 符号为正,以 N 型半导体材料代替材料 A,其绝对塞贝克系数 S_N 符号为负。然后接上金属电极 C,这样就构成了热电转换技术实际线路应用 Π 型元件(见图 6.59a),或者 U 型元件(见图 6.59b)。此时,这些热电元件的相对塞贝克系数为 $S_{PN} = S_P - S_N = S_P + |S_N|$。电极往往由比元件材料($Bi_2Te_3$ 系等)

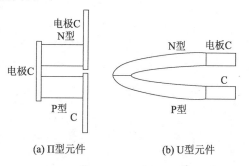

(a)Π型元件   (b)U型元件

图 6.59 热电元件示意图

的热导率高 200 倍以上的 Cu,Ag 等金属制成,这对于半导体高、低温端的温度几乎没有影响。图 6.60 是热电致冷(俗称电子致冷)装置的吸热和放热原理图。图中元件的相对塞贝克系数 S_{PN} 为正。右边 N 侧电极接正极,P 侧电极接负极,显然,电流由 N 型半导体流向 P 型半导体。由于珀尔帖效应,左侧 P－N 连接的电极处吸热,右侧各接头电极处放热。设放热端保持温度为 T_{hj},则左侧 P－N 连接的电极处将不断地从冷却对象吸热,保持温度为 T_{cj}。因为连续不断地从对象吸热,所以这个装置可用于致冷。如果元件中流过的电流 I 一定,则装置达到稳定状态。

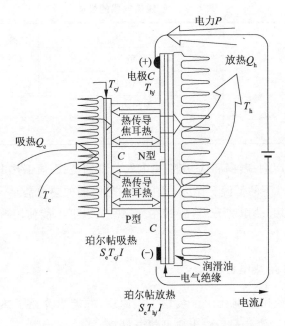

图 6.60 热电致冷装置的吸热和放热原理图

设低温端(左侧 P-N 连接处)吸收热量为 Q_c,右侧的高温端连接处放热的热量为 Q_h。那么,可以对热电元件的吸热量和放热量进行如下简单的计算:

$$|Q_c| = S_e T_{cj} I - \frac{1}{2} r_e I^2 - \kappa_e \Delta T_j \qquad (6.104)$$

$$|Q_h| = S_e T_{hj} I - \frac{1}{2} r_e I^2 - \kappa_e \Delta T_j \qquad (6.105)$$

式中,S_e,r_e,κ_e 分别为平均的相对塞贝克系数、平均电阻和平均热导率;I 为通过的电流;$\Delta T_j = T_{hj} - T_{cj}$ 为两个连接处温度差。

以上两式中的第一项为珀尔帖热,吸、放热可以可逆进行;第二项是由于电流流过半导体 P 和 N 发生的焦耳热。假设 P 和 N 各占一半,这样的假设与实际结果很相近;第三项为通过 P 型和 N 型半导体的热流。事实上,由于采取了平均的 S_e,因此,第一项的 S_e 中包含了汤姆孙效应的影响。为了得到最佳的冷却效果,希望得到最大的吸热量,当 T_{hj} 和 T_{cj} 给定时,最大吸热时的电流 $I_{Q_c \to max}$,可由式(6.104)对电流 I 微分得

$$I_{Q_c \to max} = \frac{S_e T_c}{r_e} \qquad (6.106)$$

代入式(6.104)中得最大吸热

$$Q_{c\,max} = \frac{S_e^2 T_c^2}{2 r_e} - \kappa_e \Delta T_j \qquad (6.107)$$

设 $Z = \dfrac{S_e^2}{r_e \kappa_e}$,则上式可转换为

$$Q_{c\,max} = \kappa_e \left(\frac{ZT_c^2}{2} - \Delta T_j \right) \tag{6.108}$$

由式(6.108)可知,要想获得较好的吸热效果,必须使 Z 大、κ_e 大。实践表明,Z 与材料性能有关。此处,称 Z 为热电元件的灵敏值。为获得最佳冷却效果,必须选择 Z 大的热电元件。实际应用时常使用 Z 的平均值 Z_e。

定义热电材料灵敏值为

$$Z_P = \frac{S_P^2}{\rho_P \kappa_P} \tag{6.109}$$

$$Z_N = \frac{S_N^2}{\rho_N \kappa_N} \tag{6.110}$$

式中,下标 P,N 分别代表 P 型和 N 型半导体材料;S,ρ,κ 分别为塞贝克系数、电阻率和热导率。Z 只与材料的固有性质有关,与形状无关。而热电元件的 Z_e,可以证明:

$$Z_e = Z_{NP} = \frac{(S_P + |S_N|)^2}{(\sqrt{\rho_P \kappa_P} + \sqrt{\rho_N \kappa_N})^2} \tag{6.111}$$

上式是在 Π 型元件最合适的形状条件下得到的。此处 Z_e 值是与形状有关的。为了得到最佳 Z_{NP} 值,必须选择 Z_P 和 Z_N 大的半导体材料。图 6.61 和图 6.62 所示为不同类型半导体的灵敏值。由图可见,不同类型的半导体,其 Z 值差异很大且随温度而变化;热力学温度 T 和热电灵敏值 Z 之积 $Z_N T$,$Z_P T$ 都在接近 1 的范围。但由 $Na(Co_{1-x}M_x)_2O_4$(M= Ni,Fe,Mn,Cu)等氧化物多层膜构成的热电材料,其 ZT 有可能大于 2。

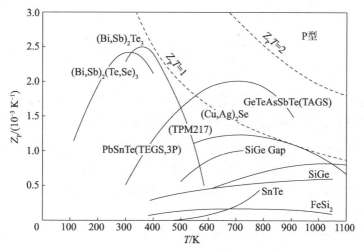

图 6.61　P 型半导体的热电灵敏值

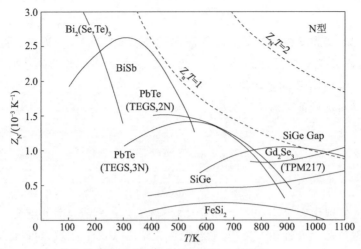

图 6.62　N 型半导体的热电灵敏值

从目前发现的热电材料来看,若材料的 Z 比较大,则高温下材料的化学性质的稳定性较差;反之,若材料在高温下化学性质稳定,则其 Z 小。当前可实用和正在开发的热电材料,按温度范围分,主要有以下三类:

① 低温区(300~400 ℃):Bi_2Te_3,Sb_2Te_3,$HgTe$,Bi_2Se_3,Sb_2Se_3,$ZnSb$ 以及它们的复合体。

② 中温区(~400 ℃):$PbTe$,$SbTe$,$Bi(SiSb_2)$,$Bi_2(GeSe)_3$。

③ 高温区(>700 ℃):$CrSi_2$,$MnSi_{1.73}$,$FeSi_2$,$CoSi$,$Ge_{0.3}Si_{0.7}$,$\alpha\text{-}AlBi_2$。

 复习题

1. 对比阐述经典热容理论、爱因斯坦热容理论及德拜热容理论的基本模型。

2. 画图并简要说明金属与合金的热容随温度变化的规律。

3. 已知铜的密度为 8.9×10^3 kg/m³,其相对原子质量是 63,试计算铜在室温下的自由电子摩尔热容,并说明该电子摩尔热容为什么可以忽略不计。

4. 分别计算室温 298 K 及高温 1100 K 时莫来石瓷的摩尔热容,并将其与按照经典热容理论计算的结果相比较。

5. 试用双原子模型说明固体热膨胀的物理本质。

6. 试结合热膨胀的影响因素,说明即使在相同的温度条件下,不同的固体材料也往往具有不同的热膨胀系数的原因。

7. 某合金钢的试样,利用膨胀法测量得其膨胀曲线如图 6.63 所示(加热速度很慢)。

(1) 找出材料的相变点。

(2) 如果加热速度较快,曲线有什么变化?请绘出示意图。

(3) 如果改用差热分析测定此试样的相变温度,实验曲线会是什么样的?

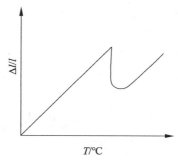

$T/^{\circ}\mathrm{C}$

图 6.63　材料的膨胀曲线

8. 固体材料的热膨胀在工程上有何应用？

9. 比较单晶硅和多晶硅的热导率，哪个大？为什么？

10. 何谓导温系数？它在工程上有何意义？

11. 试述热导率的测试方法。

12. 简述金属材料和无机非金属材料的导热机制。

13. 试解释为什么玻璃的热导率常常低于晶态固体的热导率几个数量级。

14. 根据维德曼-弗兰兹定律计算镁在 400 ℃的导热系数 κ。已知镁在 0 ℃的电阻率 $\rho=4.4\times10^{-6}$ Ω·cm，电阻温度系数 $\alpha=0.005/$℃。

15. 何为热应力？它是如何产生的？

16. 分析三个热应力断裂抵抗因子之间的区别和联系。

17. 硅酸铝玻璃具有下列性能参量：$\kappa=0.021$ J/(cm·s·℃)，$\alpha_1=4.6\times10^{-6}/$℃；$\sigma_{\mathrm{f}}=0.069$ GPa/mm²，$E=66$ GPa/mm²，$\mu=0.25$，求第一及第二热应力断裂抵抗因子。

18. 提高无机材料热稳定性的措施有哪些？

19. 列举几种常见的合金热电材料并说明其应用。

撰写人：张晨

第 7 章

材料的弹性与内耗

🔊 **本章导学**

　　材料的弹性是一种重要的物理性能。本章就弹性与内耗的一般概念、物理表征、测量方法及其在材料研究中的应用加以探讨。在学习过程中应重点关注弹性模量的宏、微观影响因素以及内耗产生的机制,以便尝试解决与原子间结合力有关,或与位错和溶质原子的交互作用等有关的材料学问题。

7.1　概述

　　弹性体的近代研究可以追溯到 17 世纪所建立的胡克定律。基于这一定律的弹性理论观点,在施加给材料的应力 F 和所引起的应变 D 之间存在着线性关系:

$$F = MD \tag{7.1}$$

式(7.1)中的比例常数 M 是一个与材料性质有关的物理常数,它不随施加应力的变化而变化,称为弹性模量或简称为"模量"。但是,弹性模量 M 依应力状态的形式而异:对于各向同性的材料而言,单向拉伸或压缩时用正弹性模量 E(又称杨氏模量)来表征;当材料发生剪切形变时,用剪切弹性模量 G(又称切变模量)来表征;当材料受到各向体积压缩时,用体积弹性模量 K(又称流体静压模量)来表征。它们分别被定义为

$$E = \frac{\sigma}{\varepsilon}, \ G = \frac{\tau}{\gamma}, \ K = \frac{p}{\theta} \tag{7.2}$$

式(7.2)中,σ,τ 和 p 分别为正应力、切应力和体积压缩应力;而 ε,γ 和 θ 分别为线应变、切应变和体积应变。显然,弹性模量 E,G 和 K 有着相同的物理意义。它们都代表了产生单位应变所需施加的应力,可衡量材料弹性形变的难易(刚性),也表征着材料恢复形变前形状和尺寸的能力(回复力)。从微观上讲,弹性模量代表了材料中原子、离子或分子间的结合力。因而它与同样代表这些结合力的其他物理参数,如熔点、沸点、德拜温度和应力波

传播速度等存在函数关系。

弹性材料的应用十分广泛。从火车、汽车的强力弹簧到仪器仪表的游丝、张丝,弹性合金无不起着重要的作用。在工程结构设计中为了保证稳定性,在选择最佳结构形式的同时必须尽量采用弹性模量高的材料。与此相反,在另一些情况下,如为了提高弹性形变功,人们往往采用弹性模量较低的材料。因此,在多次冲击加载的条件下,如果应力相等,形变功将与弹性模量成反比。从这个观点出发,镁合金($E \approx 4.41 \times 10^4$ MPa)、铝合金($E \approx 7.35 \times 10^4$ MPa)、软铸铁($E = 9.80 \times 10^4$ MPa)与钢($E \approx 1.96 \times 10^5$ MPa)相比具有更大的优越性。此外,还可以发现,具有高弹性模量的材料加载时具有大的裂纹扩展速率,这是高弹性模量材料的一个缺点。

应当指出的是,表现出从弹性形变向范性形变过渡的"弹性极限"和"屈服极限",就其本质而言是塑性性能,而不是弹性性能。因此,在一般情况下很难期望弹性性能(E,G 和 K)与弹性极限或屈服极限之间有规律性的联系。而且,由于材料在形变过程中内部存在各种微观的"非弹性"过程,即使在胡克定律适用的范围内,材料的弹性也是不完全的。材料的这种特性在交变载荷的情况下表现为应变对应力的滞后,称为"滞弹性"。由于应变的滞后,材料在交变应力的作用下就会出现振动的阻尼现象。实验表明,固体的自由振动并不是可以永远延续下去的,即使处于与外界完全隔离的真空中,其振动也会逐渐停止。这是由于振动时固体内部存在某种不可逆过程,使系统的机械能逐渐转化为热能的缘故。如果要使固体维持受迫振动状态,则必须从外界不断吸收能量。这种由于固体内部的原因使机械能消耗的现象称为"内耗"。

一个世纪以前人们就已经知道,即使在小应力下金属也会显示出完全弹性的偏离。在当今的钟表、乐器等制造业中,如何获得尽可能完全的弹性仍然是一个令人感兴趣的课题。随着近代动力机械功率的增大、速度的不断提高,有害的振动与噪声不可避免地增大。当系统进行振动并产生共振时,材料疲劳导致零件损坏的可能性增加,机械工作的可靠性降低。伴随着振动的噪声也在污染着环境,噪声不但会干扰仪器,还会刺激人体的中枢神经和心血管系统。声压达到 90 dB 以上,人体便难以忍受,称为声学疲劳。因此,振动与噪声严重影响人们的工作和生活。振动和噪声是当今机械制造、仪器制造和船舶制造等部门需要解决的迫切又重要的现实问题。

滞弹性研究的另一个重要方面是通过内耗测量来探知材料内部的微观结构组态。因为固体内部存在各种不对称的微观缺陷,固体受交变应力的作用将产生不可逆的运动,引起内耗,所以根据内耗的不同规律可以判断"内耗源"的性质。这方面研究的重点集中在产生内耗的机制上。显然,晶体中的内耗可由多种不同机制引起,而内耗测量是一种探测晶体缺陷极为灵敏的指示器。作为研究晶体缺陷的一种方法,内耗法的效果取决于无用信号的"噪声"究竟掩盖掉多少人们想要观测的效应。为了显示所要观测的效应引起的内耗,在实验方法上必须尽力避免其他原因给仪器带来背景损耗。

7.2 材料的弹性

7.2.1 广义胡克定律

如前所述,各向同性的弹性体受单向拉压、剪切或流体静压时,其应力-应变关系的性质可由式(7.1)中的弹性模量 M 表示。倘若考虑在一般应力作用下各向异性的单晶体,则表示材料弹性就需要较多的常数。假定从受力的材料中要考察的那一点附近取出一个足够小的立方单元体,则可以用每个面上的三个应力表示周围环境对它的作用,如图 7.1 所示。图中正应力 σ 的下标第一个字母表示应力所在的面,第二个字母表示应力方向。σ 的符号规定为:与立方体表面法线指向相同为正,反之为负。切应力 τ 的符号规定为:如果作用面的外法线与坐标轴正向相同,则 τ 与坐标轴同向为正;如果作用面的外法线与坐标轴正向相反,则 τ 与坐标轴正向相反为正。据此,图中所标出的 σ 和 τ 均为正。

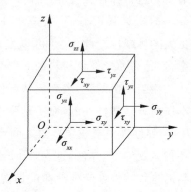

图 7.1 单元体的一般应力状态

考虑到单元体足够小,可以认为相对两面上对应的应力相等,并且在平衡条件下 $\tau_{ij} = \tau_{ji}$,所以在最一般的情况下,描述单元体的应力状态只需要六个独立的应力分量。在这些应力作用下单元体相应的正应变以 ε 表示,切应变以 γ 表示。由于在弹性形变范围内 ε 和 γ 都很小,若假定应变为零时应力也为零(即不考虑热应力和其他预应力),则

$$\begin{bmatrix} \sigma_{xx} \\ \sigma_{yy} \\ \sigma_{zz} \\ \tau_{yz} \\ \tau_{zx} \\ \tau_{xy} \end{bmatrix} = \begin{bmatrix} c_{11} & \cdots & c_{16} \\ \vdots & \ddots & \vdots \\ c_{61} & \cdots & c_{66} \end{bmatrix} \begin{bmatrix} \varepsilon_x \\ \varepsilon_y \\ \varepsilon_z \\ \gamma_{yz} \\ \gamma_{zx} \\ \gamma_{xy} \end{bmatrix}$$

$$\begin{cases} \sigma_{xx} = c_{11}\varepsilon_x + c_{12}\varepsilon_y + c_{13}\varepsilon_z + c_{14}\gamma_{yz} + c_{15}\gamma_{zx} + c_{16}\gamma_{xy} \\ \sigma_{yy} = c_{21}\varepsilon_x + c_{22}\varepsilon_y + c_{23}\varepsilon_z + c_{24}\gamma_{yz} + c_{25}\gamma_{zx} + c_{26}\gamma_{xy} \\ \sigma_{zz} = c_{31}\varepsilon_x + c_{32}\varepsilon_y + c_{33}\varepsilon_z + c_{34}\gamma_{yz} + c_{35}\gamma_{zx} + c_{36}\gamma_{xy} \\ \tau_{yz} = c_{41}\varepsilon_x + c_{42}\varepsilon_y + c_{43}\varepsilon_z + c_{44}\gamma_{yz} + c_{45}\gamma_{zx} + c_{46}\gamma_{xy} \\ \tau_{zx} = c_{51}\varepsilon_x + c_{52}\varepsilon_y + c_{53}\varepsilon_z + c_{54}\gamma_{yz} + c_{55}\gamma_{zx} + c_{56}\gamma_{xy} \\ \tau_{xy} = c_{61}\varepsilon_x + c_{62}\varepsilon_y + c_{63}\varepsilon_z + c_{64}\gamma_{yz} + c_{65}\gamma_{zx} + c_{66}\gamma_{xy} \end{cases} \quad (7.3)$$

可见,式(7.3)为一般受力条件下材料在弹性范围内应力-应变的普遍关系,称为广义胡克

定律。$c_{ij}(i,j=1,2,\cdots,6)$ 共 36 个,称为弹性系数。在一般情况下 c_{ij} 为 x,y,z 的函数。假如材料均质且各向同性,c_{ij} 对于所在空间 (x,y,z) 也表现为常数。

7.2.2　各向同性体的弹性系数

立方系各向同性体的弹性特征用 c_{11} 和 c_{12} 两个常数就可确定。但是工程上一般不用 c_{ij},而习惯于用 E,G,K,且它们之间的关系为

$$G=\frac{E}{2(1+\mu)} \tag{7.4}$$

$$K=\frac{E}{3(1-2\mu)} \tag{7.5}$$

式中,μ 为泊松比。

显然,在 E,G,K 中用任意两个模量就可以确定各向同性体的弹性特征。

以立方晶系为例,不同晶系情况不同,在等应力作用下对立方系晶体和各向同性体的广义胡克定律进行比较,便可得到弹性系数和模量之间的关系为

$$c_{11}=2G\left(1+\frac{\mu}{1-2\mu}\right)=2G\left(\frac{1-\mu}{1-2\mu}\right)$$

$$c_{12}=2G\left(\frac{\mu}{1-2\mu}\right) \tag{7.6}$$

$$c_{44}=G$$

若以大多数金属的 $\mu\approx1/3$ 代入式(7.6),可以得到 $c_{11}:c_{12}:c_{44}=4:2:1$。表 7.1 列出了一些立方系金属在室温下的弹性数据。其中,A 是弹性各向异性常数,在立方晶系中,A 定义为 $A=\dfrac{2c_{44}}{c_{11}-c_{12}}$。

表 7.1　一些立方系金属在室温下的弹性数据

金属	点阵类型	弹性系数/10^5 MPa			$c'=\dfrac{c_{11}-c_{12}}{2}$	A	μ
		c_{11}	c_{12}	c_{44}			
αFe	bcc	2.37	1.41	1.16	0.480	2.4	0.37
Na(210K)	bcc	0.0555	0.0425	0.0491	0.0065	7.5	0.43
K	bcc	0.0495	0.0372	0.0263	0.00615	4.3	0.45
W	bcc	5.01	1.98	1.51	1.515	1.0	0.28
β黄铜	bcc	0.52	0.275	1.73	0.1225	14.1	0.32
Al	fcc	1.08	0.622	0.284	0.229	1.24	0.36
Au	fcc	1.86	1.57	0.420	0.145	2.9	0.46
Ag	fcc	1.20	0.897	0.436	0.1515	2.9	0.46
Cu	fcc	1.70	1.23	0.753	0.235	3.2	0.35
Pb	fcc	0.483	0.409	0.144	0.037	3.9	0.44

金属	点阵类型	弹性系数/10^5 MPa			$c' = \dfrac{c_{11}-c_{12}}{2}$	A	μ
		c_{11}	c_{12}	c_{44}			
α 黄铜	fcc	1.47	1.11	0.72	0.18	4.0	0.35
Cu_3Al	fcc	2.25	1.73	0.663	0.26	2.6	0.34
C	金刚石	9.2	3.9	4.3	2.65	1.6	0.30

7.2.3 弹性的物理本质

由金属电子理论已经知道,金属凝聚态之所以能够维持,是因为电子气和点阵结点上的正离子群之间存在一种特殊的结合——金属键。我们可以认为自由电子气均匀地分布在正离子中间,构成某种负电性的点阵,例如在面心立方点阵中由点阵间隙组成的点阵,也具有与面心立方体相同的性质。负电性点阵和面心立方点阵相结合构成具有金属键的固体,其中正负离子相互交替呈棋盘式分布。根据弗兰克(Frank)的意见,可以认为固体金属内部存在着两种互相矛盾的作用力:正离子点阵和负电性点阵的吸引力;正离子与正离子间、自由电子与自由电子间的相互排斥力。固态金属就是这两种作用力的对立统一体。

为了简化起见,以下仅以弗兰克双原子模型讨论两个原子间的相互作用力和相互作用势能。原子间结合力和结合能随原子间距的变化如图 7.2 所示。

金属中正离子和自由电子之间是存在吸引力的,但两个孤立的原子相距很远,可以认为不发生力的作用。现假设 A 原子固定不动,当 B 原子向 A 原子靠近到外层电子相接触、价电子能够公有化时,就产生库仑吸引力。可以证明,库仑吸引力 F 的大小和电量的乘积成正比,和它们之间距离的 m 次方成反比。

同理,电子间和正离子间存在相互排斥力。当 B 原子和 A 原子相距较远时,这种库仑排斥力也是不存在的。一旦 B 原子向 A 原子靠近到使内层电子相互接触时,就产生排斥力,它随原子间距的缩小而迅速增大。排斥力 $F_斥$ 的大小也和电量的乘积成正比,和它们之间距离的 n 次方成反比。

由于排斥力是电子间与正离子间产生的,因此它随原子间距的变化比吸引力的变化要快得多。所以 $n > m$。

原子间的结合力 $F(r)$ 是吸引力和排斥力的总和,表示为

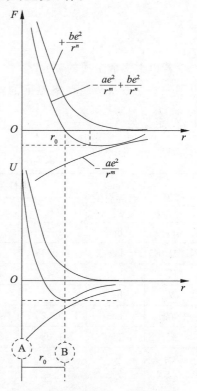

图 7.2 原子间结合力和结合能随原子间距的变化

$$F(r) = -\frac{ae^2}{r^m} + \frac{be^2}{r^n} \tag{7.7}$$

式中，e 为一个离子的电荷；r 为原子间距；a，b，m 和 n 为常数。

当金属不受外力作用时，原子处于平衡位置 r_0 处，这时原子结合能最低，结合力为零，因此很容易受运动干扰而振动。通常在热平衡状态时，原子以 10^{12} Hz 频率在平衡位置附近振动。

当 $r < r_0$ 时，$F_斥 > F_引$，$F_合(r) > 0$，总的作用力为斥力；当 $r > r_0$ 时，$F_引 > F_斥$，$F_合(r) < 0$，总的作用力为引力。

7.3 弹性模量的影响因素

7.3.1 原子结构对弹性模量的影响

弹性模量是材料的一个相当稳定的力学性能，它对材料的组织不敏感是因为材料的原子结构对其弹性模量值有着决定性的影响。既然弹性模量可表示原子结合力的大小，那么它和原子结构的紧密联系也就不难理解。由于在元素周期表中，原子的电子结构呈周期变化，所以在常温下弹性模量随着原子序数的增加弹性模量也呈周期性变化，如图 7.3 所示。显然，在两个短周期中金属（如 Na，Mg，Al，Si 等）的弹性模量随原子序数的增大而增大，这与价电子数目的增加及原子半径的减小有关。周期表中同一族的元素（如 Be，Mg，Ca，Sr，Ba 等），随原子序数的增加和原子半径的增大，弹性模量减小。过渡族金属表现出特殊的规律性，它们的弹性模量都比较大（如 Sc，Ti，V，Cr，Mn，Fe，Co，Ni 等），这可以认为是 d 层电子引起较大原子结合力的缘故。它们与普通金属的不同之处在于随着原子序数的增加弹性模量出现一个最大值，且在同一组过渡族金属中（如 Fe，Ru，Os 或 Co，Rh，Ir），弹性模量随原子半径的增大而增大。弹性模量的变化趋势在理论上还没有公认的解释。

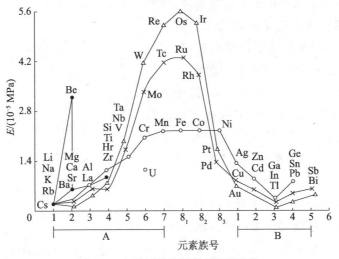

图 7.3 金属正弹性模量的周期变化

7.3.2 温度对弹性模量的影响

不难理解,随着温度的升高材料发生热膨胀现象,原子间结合力减弱,因此金属与合金的弹性模量将会降低。经过推导,可得出如下关系:

$$\eta + \alpha m = 0$$

或

$$\frac{\alpha}{\eta} = 常数 \tag{7.8}$$

其中 α, η 分别为金属与合金的线膨胀系数与弹性模量温度系数。金属与合金的线膨胀系数与弹性模量温度系数之比 α/η 是一个定值,约为 4×10^{-2}。这一结论在 $-100 \sim 100$ ℃温度范围已为实验资料所证实,见表 7.2。

表 7.2　一些材料的线膨胀系数 α 与弹性模量温度系数 η

材料	$\alpha \times 10^5$	$\eta \times 10^5$	$(\alpha/\eta) \times 10^3$
18%Cr,8%Ni 奥氏体钢	1.60	39.7	40.3
Fe+5%Ni 合金	1.05	26.0	40.4
铁	1.10	27.0	40.7
磷青铜	1.70	40.0	42.5
杜拉铝	2.30	58.3	39.5
钨	0.40	9.50	42.1
Pb+20%Cu 合金	1.16	30.0	38.7
Cu+30%Pb 合金	1.70	42.0	40.5

一些金属的弹性模量与温度的关系如图 7.4 所示。虽然钨的熔点最高($T_s \approx 3400$ ℃),但其弹性模量比铱($T_s = 2454$ ℃)要低得多。观察这些金属升温时弹性模量降低的过程可以发现,从室温到 1000 ℃,铱的弹性模量降低约 20%。随着温度的升高,弹性模量迅速下降的还有铑,而钼与钨类似,弹性模量降低得相对比较缓慢。

值得注意的是,当加热到 600 ℃时,钯的弹性模量仍保持接近于初始值,铂也有类似的情况。这说明,这两种金属在高温下保持原子间结合力的能力较弱,即弹性模量温度系数 η 绝对值较小。

从图 7.4 可以看出,如不考虑相变的影响,大多数金属的弹性模量随着温度的升高线性下降。一般金属材料的弹性模量温度系数 $\eta =$

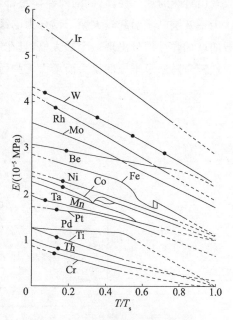

图 7.4　金属模量与温度的关系

—$(300\sim1000)\times10^{-6}/℃$,低熔点的金属 η 值较大,而高熔点金属与难熔化合物的 η 值较小,合金的弹性模量随温度升高而下降的趋势与纯金属大致相同,具体数据可以通过查阅材料手册获得。

7.3.3　相变对弹性模量的影响

材料内部的相变(如多晶型转变、有序化转变、铁磁性转变及超导态转变等)会对弹性模量产生比较明显的影响,其中有些转变的影响在比较宽的温度范围内发生,而另一些转变则在比较窄的温度范围内引起弹性模量的突变,这是由原子在晶体学上的重构和磁的重构造成的。图 7.5 表示了 Fe,Co,Ni 的多晶型转变与铁磁转变对弹性模量的影响。例如,当铁加热到 910 ℃时发生 $\alpha\to\gamma$ 转变,点阵密度增大造成弹性模量的突然增大,铁冷却时在 900 ℃发生 $\alpha\to\gamma$ 的逆转变使弹性模量降低。钴也有类似的情况,当加热到 480 ℃时从六方晶系的 α-Co 转

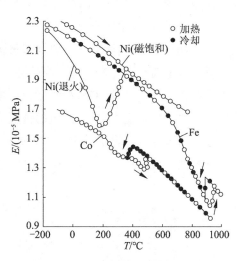

图 7.5　相变对模量-温度曲线的影响

变为立方晶系的 α-Co,弹性模量增大;冷却时同样在 400 ℃左右观察到弹性模量的跳跃。逆转变的温差显然是过冷所致。

7.3.4　合金元素对弹性模量的影响

在固态完全互溶的情况下,即当两种金属具有同类型的空间点阵,并且其价电子数及原子半径也相近的情况下,二元固溶体的弹性模量与原子浓度的关系呈线性(如 Cu-Ni)或几乎呈线性(如 Ag-Au)变化,如图 7.6 所示。

固溶体中含有过渡族金属时,弹性模量与原子浓度偏离线性关系,如图 7.7 所示,两者的关系曲线对着浓度轴向上凸出。

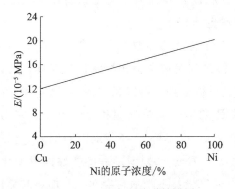

图 7.6　Cu-Ni 合金的弹性模量

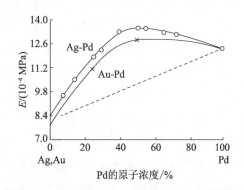

图 7.7　Ag-Pd 和 Au-Pd 合金的弹性模量

在有限互溶的情况下,根据梅龙(Melean)的观点,溶质对合金弹性模量的影响有以下三个方面:

① 由于溶质原子的加入造成点阵畸变,引起合金弹性模量的降低;

② 溶质原子可能阻碍位错线的弯曲和运动,这又减弱了点阵畸变对弹性模量的影响;

③ 当溶质和溶剂原子间结合力比溶剂原子间结合力大时,会引起合金弹性模量的增大,反之合金弹性模量减小。

可见,溶质可以使固溶体的弹性模量增大,也可以使它减小,视上述作用的强弱而定。

对普通金属 Cu 及 Ag 为基的有限固溶体的研究表明,在其中加入元素周期表中与其相邻的普通金属(Zn,Ga,Ge,As 加入 Cu 中,Cd,In,Sn,Sb 加入 Ag 中),弹性模量 E 将随溶质含量的增加呈直线降低,溶质的价电子数 Z 越高,弹性模量降低越多,如图 7.8 所示。人们虽试图寻找弹性模量的变化率 dE/dc 与溶质的原子浓度 c、溶质价电子数 Z(或固溶体电子浓度)以及原子半径差 ΔR 等参数之间的关系,但未能得到普遍满意结果。

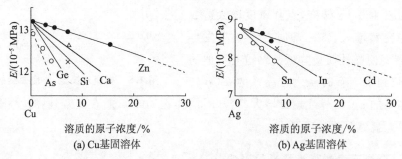

图 7.8　溶质含量对 Cu 及 Ag 基固溶体弹性模量的影响

必须指出,形成固溶体合金的弹性模量与溶质含量的关系并非总是符合线性规律,有时也会出现很复杂的情况。Fe-Ni 合金就是一个例子,如图 7.9 所示,图中表示了 Fe-Ni 合金在不同磁场条件下弹性模量随 Ni 含量的变化。

目前,关于化合物及中间相的弹性模量研究还不够。譬如,在 Cu-Al 系中,化合物 $CuAl_2$ 具有比较高的弹性模量(但比铜的小),而 γ 相的正弹性模量约比铜的弹性模量高 1.5 倍。一般来说,中间相的熔点越高,其弹性模量也越高。

通常认为,弹性模量的组织敏感性较小,多数单相合金的晶粒大小和多相合金的弥散度对弹性模量的影响很小,即在两相合金中,弹性模量与组成合金相的体积浓度具有近似线性关系。但是,多相合金的弹性模量变化有时显得很复杂。第二相的性质、尺寸和分布对弹性模量也表现出很明显的影响,各种因素对 E 的影响与热处理和冷变形关系密切,Mn-Cu 合金就是如此,如图 7.10 所示。该合金在 $w(Cu)=0\sim80\%$ 范围内的退火组织为 $\alpha+\gamma$ 两相结构;a 为退火条件下的弹性模量变化,b 为经过 90% 变形后的弹性模量变化,c 为冷变形后经 400 ℃加热的弹性模量变化,d 为经 96%冷变形后再经 600 ℃加热的弹性模量变化。

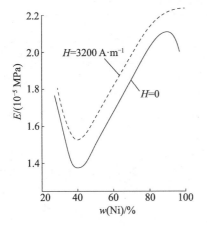

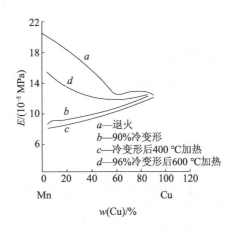

图 7.9 Ni 含量对 Fe-Ni 合金弹性模量的影响　　**图 7.10 铜含量对 Mn-Cu 合金弹性模量的影响**

综上所述可以看出,在选择了基体组元后,很难通过形成固溶体的办法进一步实现弹性模量的大幅度提高,除非更换材料。但是,如果能在合金中形成高熔点、高弹性的第二相,则有可能较大地提高合金的弹性模量。目前,常用的高弹性和恒弹性合金往往通过合金化和热处理来形成诸如 Ni_3Mo,Ni_3Nb,$Ni_3(Al,Ti)$,$(Fe,Ni)_3Ti$,Fe_2Mo 等中间相,在实现弥散硬化的同时提高材料的弹性模量。例如,Fe-42Ni-5.2Cr-2.5Ti$(w/\%)$恒弹性合金就是通过 $Ni_3(Al,Ti)$

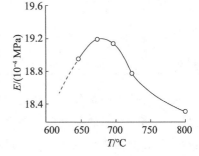

图 7.11 Ni42CrTi 合金弹性模量与时效温度的关系

相的析出来提高材料弹性模量的。图 7.11 给出了 Ni42CrTi 合金的弹性模量与时效温度的关系。

7.3.5 弹性模量的各向异性

和晶体的其他性能一样,弹性模量是依晶体的方向而改变的各向异性性能,但在多晶体中,由于晶粒的取向混乱,所测得的弹性模量是各向同性的,这个数值也可以由单晶体的弹性模量取平均值计算得到。

大多数立方晶系的金属单晶体,其正弹性模量 E 的最大值沿$<111>$晶向,最小值沿$<100>$晶向;而切变模量 G 的最大值沿$<100>$晶向,最小值沿$<111>$晶向,见表 7.3。但是,某些立方晶系有例外情况。如 Mo 单晶 $E_{\max}$ 沿$<100>$,$E_{\min}$ 沿$<111>$,而 $G_{\max}$ 沿$<111>$,$G_{\min}$ 沿$<100>$。

表 7.3　金属弹性模量的各向异性

晶系	金属	E 单晶				E 多晶	G 单晶				G 多晶
		$\langle uvw\rangle$	MPa	$\langle uvw\rangle$	MPa	MPa	$\langle uvw\rangle$	MPa	$\langle uvw\rangle$	MPa	MPa
立方	7Al	$\langle 111\rangle$	75511	$\langle 100\rangle$	62763	70608	$\langle 100\rangle$	28439	$\langle 111\rangle$	24517	26478
	Au	$\langle 111\rangle$	137293	$\langle 100\rangle$	41187	7943	$\langle 100\rangle$	40207	$\langle 111\rangle$	17652	27459
	Cu	$\langle 111\rangle$	190249	$\langle 100\rangle$	66685	118660	$\langle 100\rangle$	75511	$\langle 111\rangle$	30100	43149
	Ag	$\langle 111\rangle$	114738	$\langle 100\rangle$	43149	78453	$\langle 100\rangle$	43640	$\langle 111\rangle$	19319	26478
	W	$\langle 111\rangle$	392266	$\langle 100\rangle$	392266	3481363	$\langle 100\rangle$	152003	$\langle 111\rangle$	112776	110815
	α-Fe	$\langle 111\rangle$	284393	$\langle 100\rangle$	132390	92266	$\langle 100\rangle$	115718			152003
	Fe-Si	$\langle 111\rangle$	254973	$\langle 100\rangle$	117680	209862			$\langle 111\rangle$	59820	82376
			282432		131409	196133					
六方（与基面夹角）	Cd	90°	81395	0°	28243	205940	90°	14615	30°	18044	21575
	Mg	0°	50406	53.3°	42855	50014	44.5°	18044	90°	16770	17651
	Zn	70.2°	123858	0°	34912	44130	30°	48739	41.8°	27262	36285
四方	Sn	$\langle 001\rangle$	84729	$\langle 110\rangle$	26282	98067	45.7°	17848	$\langle 100\rangle$	10395	20398

如果对弹性模量各向同性的多晶体进行很大的冷变形（冷拉、冷轧、冷扭转等），由于形成织构将导致金属与合金弹性模量的各向异性。冷变形金属在再结晶温度以上退火时也会产生再结晶织构，这时材料的弹性模量也会出现各向异性。事实表明，在冷拉（拉拔）时只出现织构轴，即所有晶粒的某一晶向$\langle uvw\rangle$都沿冷拉方向排列，而不形成织构面；冷轧时所有晶粒的某一晶面(hkl)都趋向于与轧制面平行，与此同时晶粒的某一晶向$\langle uvw\rangle$则平行于轧向。表 7.4 列出了一些工程材料的形变织构特征。

表 7.4　一些工程材料的形变织构特征

形变性质	金属	点阵类型	织构性质
冷拔、冷拉、锻造	Fe,Mo,W Ni,Cu,Al,Pb	bcc fcc	$\langle 110\rangle$ $\langle 111\rangle-60\%$；$\langle 100\rangle-40\%$；$\langle 111\rangle-100\%$
单向压缩	Fe Ni,Cu,Al	bcc fcc	$\langle 110\rangle$和$\langle 121\rangle$——平行压缩轴向 $\langle 110\rangle$
轧制	Fe,Fe-Si Ni,Cu,Al,Fe-Ni Cu-Zn,Cu-Sn,Cu-Ni 合金	bcc fcc	$(100)\langle 011\rangle$，$(112)\langle 110\rangle$，$(111)\langle 112\rangle$ $(110)\langle 112\rangle$，$(112)\langle 111\rangle$
冷拉管子	10#钢	bcc	$(102)\langle 110\rangle$，$(110)\langle 110\rangle$， $(110)\langle 112\rangle$，$(111)\langle 110\rangle$
扭转	Fe Ni,Cu,Al	bcc fcc	$\langle 110\rangle$和$\langle 121\rangle$ $\langle 111\rangle$和$\langle 110\rangle$
冷挤压			冷挤压时在零件不同部位得到的织构特性不同

只有了解材料的织构类型,并根据弹性元件在使用过程中的使用特性进行选择,才能最有效地发挥具有织构的材料性能。例如,当材料受拉力或弯曲力时,建议采用冷拔使材料形成织构轴。当材料受扭力时,则建议采用轧制法。选择不同加工方式的目的是把材料的最大弹性模量安排在形变的轴向上。

应当指出,材料的再结晶织构和形变织构通常并不一致。图 7.12 用极坐标表示冷轧和再结晶对铜弹性模量各向异性的影响。曲线 1 表示冷轧方向对铜板材正弹性模量 E 的影响;曲线 2 表示再结晶铜板材正弹性模量 E 与轧制方向的关系。表 7.4 中轧制板材的织构特征表明,织构的晶面和晶向是 (110)<112> 或 (112)<111>。因为 <112> 晶向与 <111> 晶向夹角很小,故经冷轧后铜板材沿"轧向"和"横向"E 值最高,与轧向成 45°方向的 E 值最低,这时与轧向成 45°方向即为 <110> 方向晶向相对应。由于铜再结晶织构的特性是 (100)<001>,故沿"轧向"和"横向"的弹性模量值最低。

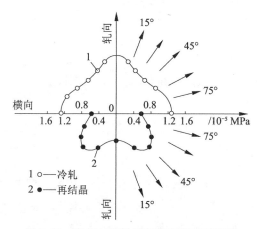

图 7.12　铜板材弹性模量各向异性示意图

除了冷变形和再结晶会出现织构造成弹性模量的各向异性外,铸造时的定向凝固也会引起各向异性。这种有意识的通过定向凝固得到各向异性的技术,已应用于镍基高温合金的涡轮叶片。

7.3.6　铁磁状态的弹性反常

根据胡克定律,铁磁体的应力应变呈线性关系,但实验表明应力应变数值较正常情况下明显偏高,铁磁体弹性模量比正常情况(常温、非磁性状态)下的数值要低,这是由铁磁体的磁致伸缩引起的附加应变造成的。

若以 $\Delta E = E_0 - E$ 表示弹性模量降低的数值(其中 E_0 为正常情况下的弹性模量),则在加热时随着温度向居里点趋近,ΔE 将逐渐消失,在这个过程中的某个温度区间,弹性模量 E 甚至可能在加热时增大。当温度高于居里点 θ_c 以后,弹性模量与温度的关系又恢复了正常。图 7.13 表示了不同磁场下金属镍的弹性模量与温度的关系。在磁场强度 $H = 45757$ A·m^{-1} 时,镍被磁化到饱和(曲线 1),这时弹性模量随温度的变化在居里点 θ_c 以下也恢复了正常。

就具有负磁致伸缩系数的镍而言,沿拉伸方向磁化较困难,这就是说,当试棒拉伸时,磁畴的 M_s 矢量总是趋向与拉伸力相垂直,这时,因每个磁畴沿着与 M_s 矢量相垂直方向伸长的缘故,试棒得到附加伸长,因而弹性模量 E 降低。对于正磁致伸缩的材料也能得到相同的结果。但是,在磁饱和的情况下由于磁畴已不能转动,附加形变不再发生,因而 ΔE 不再出现,这时弹性模量 E 与温度的关系自然也就恢复正常。这种由于力的作用引起铁磁体偏离胡克定律出现附加形变的现象称为"力致伸缩"。它和磁致伸缩有密切的联系,是材料铁磁状态的特性在不同条件下的行为。

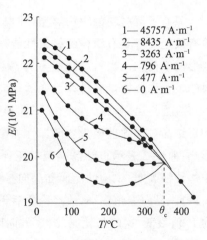

图 7.13　镍的弹性模量与温度的关系

7.4　弹性模量的测量

7.4.1　概述

从材料模型及其形变过程出发,提出等温模量 E_i 和绝热模量 E_a,虽然做了近似处理,但已经非常接近理想状态。人们一直试图确定模量特性的"等温"与"绝热"意义之间的理论关系,例如,对正弹性模量曾经提出了如下公式:

$$\frac{1}{E_i} - \frac{1}{E_a} = \frac{\alpha^2 T}{\rho c_p} \tag{7.9}$$

式中,α 为线膨胀系数;T 为绝对温度;ρ 为材料密度;c_p 为定压比热容。

由于实际上不可能存在无限慢或无限快的加载来反映等温和绝热的应力-应变关系,而只能接近于这种状态。因此通常认为,缓慢的静力加载过程可以看成近似于等温形变,而高频的机械振动过程则足够准确地接近于绝热形变,用这两种方法测量得到的模量能分别代表等温模量和绝热模量。

模量的测试方法可以分为两大类:静力法和动力法。静力法在静载荷下,通过测量应力和应变建立它们之间的关系曲线(如拉伸曲线),然后根据胡克定律及弹性形变区的线性关系计算模量值。与静力法不同,动力法利用材料的弹性模量与所制成试棒的本征频率或弹性应力波在材料(介质)中的传播速度之间的关系进行测定和计算。

根据式(7.9),对金属材料而言,E_i 和 E_a 之间的差异不超过 0.5%,故静力法和动力法所得到的模量结果通常认为是等效的。但是,用这两种方法测量等温模量和绝热模量并进行比较,实际上也比较困难。首先,用静力法确定弹性模量的准确度很低,在最好的情况下测量误差也在 10% 左右，换句话说，静力法的测量误差比等温模量和绝热模量之间的差异还大；其次，静力法必须测量材料在各种应力下（包括颇大应力下）的应变，这将在材料中引起不可逆过程。例如，在加热条件下，即使是短时间内的静力作用也可能引起可觉察的蠕变，因而得到的模量值偏低。由此可见，实验测量并比较等温模量与绝热模量之间的差异具有很大的难度。

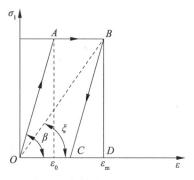

图 7.14　热弛豫过程示意图

在探讨弹性模量时我们还将引入另外两个名词，即弛豫模量 M_R 和未弛豫模量 M_u。弛豫的本意是指系统恢复到平衡状态的过程。如果用图 7.14 的应力-应变曲线来表示热弛豫现象，则未弛豫模量 M_u 系试样瞬时拉伸时 OA 的斜率 $\tan\beta$，由于瞬时拉伸引起材料的温度突然降低，热传导来不及进行，只发生瞬时应变 ε_0，随着时间的充分停留，试样温度升高到与周围环境平衡，将由于热膨胀而出现附加应变，最终的平衡应变为 ε_∞，这时 OB 的斜率 $\tan\xi$ 即为弛豫模量 M_R。如果从 B 点所代表的状态瞬时卸载，只能先沿着 BC 线瞬时恢复，然后随着时间的延长才完全恢复到原始的无应变状态（点 O）。显然，通过动力法所得到的动力模量应当介于 M_u 和 M_R 之间，由于动力法测量时材料所承受的交变应力很小，因而应变也很小（$10^{-8} \sim 10^{-5}$），这就使得静力法存在的缺点可以得到克服，也可以测量脆性材料（如陶瓷、玻璃）的弹性模量。在静力法中，这些脆性材料的形变量测量是一大难题。

必须指出，没有一种实验方法能直接给出弹性性能值，一般是通过测量各种其他量，然后按照某种关系对所测得的量进行计算综合，从而得到弹性性能值。

7.4.2　动态法测弹性模量

动态法测弹性模量的基本原理可归结为测定试样（棒材、板材）的固有振动频率或声波（弹性波）在试样中的传播速度。由振动方程可推证，弹性模量与试样的固有振动频率的平方成正比，即

$$E = K_1 f_L^2, \quad G = K_2 f_t^2 \tag{7.10}$$

式中，f_L 为纵向振动固有振动频率；f_t 为扭转振动固有振动频率；K_1, K_2 为与试样的尺寸、密度等有关的常数。

为测量 E, G，所采用的激发试样振动的形式也不同，如图 7.15 所示。图 7.15a 表示激发器激发试样做纵向振动（拉-压交变应力）；图 7.15b 表示激发器激发试样做弯曲振动（也称横向振动）；图 7.15c 表示激发器激发试样做扭转振动（切向交变应力）。

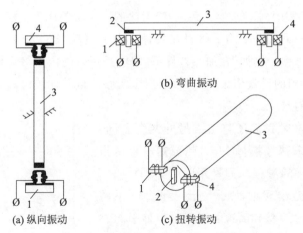

1—激发器；2—铁磁片；3—试棒；4—接收器。

图 7.15　电磁式传感器激发和接收示意图

激发(或接收)器的种类比较多，常见的有电磁式、静电式、磁致伸缩式、压电晶体(石英、钛酸钡等)式。

(1) 纵向振动共振法

用此法可以测定材料的杨氏模量 E。设有截面均匀的棒状试样 3，其中间被固定，两端自由(见图 7.15a)。在试样一端放置激发器 1，用于激发振动，在试样另一端放置接收器 4 用于接收试样的振动。以电磁式激发器为例，当磁化线圈通上声频交流电，则铁芯磁化，并以声频频率吸引和放松试样(如果试样是非铁磁性的，需在试样两端面粘贴一小块铁磁性金属薄片 2)，此时试样内产生声频交变应力，试样发生振动，即一个纵向弹性波沿试样轴向传播，最后由接收器接收。

当棒状试样处于图 7.15a 所示状态，其纵向振动方程可写成 $\dfrac{\partial^2 u}{\partial t^2} = \dfrac{E\partial^2 u}{\rho \partial x^2}$，其中 $u(x,t)$ 是纵向位移函数。解该振动方程(具体解法这里不再介绍)，并取基波解，经整理可得

$$E = 4\rho L^2 f_{\mathrm{L}}^2 \tag{7.11}$$

式中，L 为试样长度；ρ 为试样密度；f_{L} 为纵向振动的共振频率。

由式(7.11)可以看出，为了求出 E，必须测出 f_{L}。利用不同频率的声频电流，通过电磁铁激发试样做纵向振动，当 $f \neq f_{\mathrm{L}}$ 时，接收端接收的试样振动振幅很小，只有当 $f = f_{\mathrm{L}}$ 时，在接收端才可以观察到最大振幅，此时试样处于共振状态。

(2) 弯曲振动共振法

如图 7.15b 所示，一个截面均匀的棒状试样沿水平方向被两支点支起。在试样一端下方放置激发器，使试样产生弯曲振动，在试样另一端下方放置接收器，以便接收试样的弯曲振动。两端自由的均匀试棒的振动方程可写成 $\dfrac{\rho S}{EI}\dfrac{\partial^2 u}{\partial t^2} = -\dfrac{\partial^4 u}{\partial x^4}$，它是一个四阶偏微分方程，其中 I 为转动惯量，S 为试样截面积。最后得到满足于基波的圆棒(直径为 d)的弹性模量计算式为

$$E = 1.262\rho \frac{L^4 f_{\mathrm{b}}^2}{d^2} \tag{7.12}$$

同样地,需测出试样弯曲振动共振频率 f_{b},然后将其代入上式计算 E。

(3) 扭转振动共振法

此法用于测量材料的切变模量。如图 7.15c 所示,一个截面均匀的棒状试样,其中间被固定,在试样的一端利用激发器产生扭转力矩,试样的另一端装有接收器(其结构与激发器相同),用以接收试样的扭转振动。同样地,先写出扭转振动方程并求解,最后仍归结为测定试样的扭转振动固有频率 f_{t},G 的计算式如下:

$$G = 4\rho L^2 f_{\mathrm{t}}^2 \tag{7.13}$$

在高温下测量材料的弹性模量时,考虑到试样的热膨胀效应,其高温弹性模量计算式如下:

纵向振动

$$E = 4\rho L^2 f_{\mathrm{L}}^2 (1 + \alpha T)^{-1} \tag{7.14}$$

扭转振动

$$G = 4\rho L^2 f_{\mathrm{t}}^2 (1 + \alpha T)^{-1} \tag{7.15}$$

弯曲振动

$$E = 1.262\rho L^4 f_{\mathrm{b}}^2 d^{-2} (1 + \alpha T)^{-1} \tag{7.16}$$

式中,α 为试样的线膨胀系数;T 为加热温度。

7.4.3　表面压痕仪测弹性模量

表面压痕仪是近年来发展的一种表面力学性能测量系统,它能对几乎所有的固体材料的弹性模量进行测量,特别是能对薄膜材料进行测量。其工作原理如图 7.16 所示。三棱锥体的金刚石压头(也叫 Berkovich 压头)是表面力学性能探针,施加到压头上的载荷是通过平行板电容器控制的,平行板电容器还能探测出压头在材料中的位移。仪器能自动记录下载荷、时间及位移等数据,并计算出弹性模量和硬度等多种物理量。

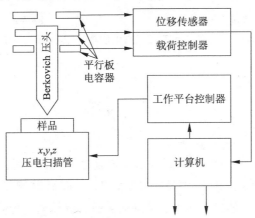

图 7.16　表面压痕仪的工作原理示意图

如图 7.17a 所示,在载荷作用下压头压入材料表面,当达到最大载荷时,压头压入最大位移为 h_{max},当卸载时,材料表面保留深度为 h_f 的压痕。

表面压痕仪主要工作原理:压头压入材料表面,通过传感器记录下加载和卸载过程中载荷与压入深度的对应关系,经过计算就能得到材料表层的弹性模量性能。图 7.17b 给出了典型的载荷(F)与压入深度(h)的关系曲线。根据培奇(Page)等的计算结果,卸载曲线开始部分的斜率与有效弹性模量(E^*)有如下关系:

$$\frac{dF}{dh} = \frac{2E^* \sqrt{A_{h_c}}}{\sqrt{\pi}} \tag{7.17}$$

式中,A_{h_c} 是对应压入深度为 h_c 时压痕的投影面积,h_c 的大小近似等于卸载曲线开始部分的直线斜率延长线与 h 轴相交的数值;E^* 由压痕仪自动给出,被测材料的弹性模量(E_s)可由下式计算得到:

$$\frac{1}{E^*} = \frac{(1-\mu_s^2)}{E_s} + \frac{(1-\mu_I^2)}{E_I} \tag{7.18}$$

式中,E_I 是压头(金刚石)的弹性模量;μ_s,μ_I 分别是被测材料和压头的泊松比。从式(7.18)可看出,如果要得到准确的 E_s,必须知道被测材料的泊松比 μ_s,但对于未知材料来说,一般不知道泊松比的准确数值。材料的泊松比相差都不大,对未知材料通常取泊松比为 1/3 或 1/4,得到的 E_s 的计算结果误差不是很大。

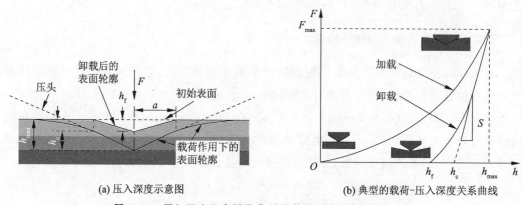

(a) 压入深度示意图   (b) 典型的载荷-压入深度关系曲线

图 7.17   压入深度示意图及典型的载荷-压入深度关系曲线

7.5 内耗

早在 1784 年,C. A. de 库仑利用圆盘扭摆定量地研究金属丝的弹性,首次发现了滞弹性的现象,但从原子的角度来研究内耗的机制始于 20 世纪 40 年代,1948 年 C. 曾讷的专著《金属的弹性与滞弹性》的发表标志着内耗研究进入固体物理的领域。

一个物体在真空中振动,这种振动即使是完全属于弹性范围之内,振幅也会逐渐衰减,使振动趋于停止。也就是说,振动的能量逐渐被消耗掉了。这种物体内在能量的消耗称之为内耗。内耗的产生是由于物体的振动引起了内部的变化,而这种变化将导致振动能转换为热能。

内耗的研究概括起来分为两个方面:一是将内耗值作为一种物理性质用于评价材料的阻尼本领,以满足工程结构的要求。如机床和涡轮叶片要求材料的减震性能好,也就是内耗要大。二是研究内耗和材料内部结构及原子运动的关系,也就是本小节介绍的内容。

7.5.1　内耗与非弹性变形关系

完全弹性体每一瞬间的应力对应于单一的、确定的应变,即应力和应变间存在单值函数关系。这样的固体振动时应力应变间始终同位相,因此不会产生内耗。只有在振动时应力和应变不是单值函数关系(非弹性行为)的情况下,才能发生内耗(见图 7.18)。

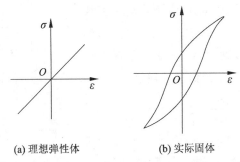

(a) 理想弹性体　　　　(b) 实际固体

图 7.18　理想弹性体和实际固体在交变应力循环中的应力-应变曲线

内耗的量度,一般用 Q^{-1} 表示,Q 是振动系统的品质因素。根据电磁谐振回路中品质因素的定义可得到

$$Q^{-1} = \frac{1}{2\pi}\frac{\Delta W}{W} = \sin\varphi \approx \tan\varphi \approx \varphi(因\ \varphi\ 角很小) \tag{7.19}$$

W 为固体振动一周总的能量,ΔW 表示能量的增幅。为了得到内耗与频率或振幅的具体依赖关系,必须进一步给出描述非弹性行为的表达式。不同类型的内耗具有不同形式的应力-应变方程。以下分别讨论内耗的几种基本类型。

7.5.2　弛豫型(滞弹性)内耗

滞弹性的特征是在加载或卸载时,应变不是瞬时达到其平衡值,而是通过一种弛豫过程来完成其变化。如图 7.19a 所示,突然加上恒应力 σ_0 时,应变有一个瞬时增值 ε_0,而后随时间的延长,应变趋于平衡值 $\varepsilon(\infty)$,这种现象称为应变弛豫。去除恒力后,应变瞬时恢复至 ε_0,随后缓慢恢复至零,这种现象称为弹性后效。如图 7.19b 所示,要保持应变(ε_0)不变,应力就要逐渐松弛达到一平衡值,这种现象称为应力弛豫。由于应变落后于应力,在适当频率的振动应力作用下就会出现内耗。

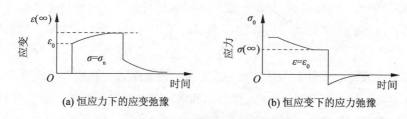

(a) 恒应力下的应变弛豫　　　　(b) 恒应变下的应力弛豫

图 7.19　恒应力下的应变弛豫及恒应变下的应力弛豫

具有上述滞弹性行为的固体可以用一种称为标准线性固体的应力-应变方程来描述：

$$\sigma + \tau_\varepsilon \dot\sigma = M_R(\varepsilon + \tau_\sigma \dot\varepsilon) \tag{7.20}$$

式中，τ_ε 为恒应变下的应力弛豫时间；τ_σ 为恒应力下的应变弛豫时间；$\dot\sigma$，$\dot\varepsilon$ 分别为应力、应变对时间的变化率；M_R 是弛豫弹性模量。

以图 7.20 恒应力下的应力-应变关系为例，进行一些深入讨论。在恒应力 σ_0 作用下，OM_u 直线与横坐标夹角的正切值表示还未来得及充分变形的试样弹性模量。由于加载速度快，应变的弛豫过程来不及进行，故称该模量为未弛豫弹性模量：

$$M_u = \frac{\sigma_0}{\varepsilon_0} \tag{7.21}$$

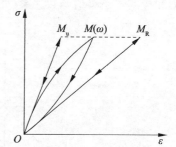

图 7.20　恒应力下的应力-应变关系

OM_R 直线与横坐标夹角的正切值表示试样充分进行了弛豫过程的模量，故称弛豫模量，用 M_R 表示：

$$M_R = \frac{\sigma_0}{\varepsilon(\infty)} \tag{7.22}$$

在很短的时间增量中，可推导得

$$\frac{M_u}{M_R} = \frac{\tau_\sigma}{\tau_\varepsilon} \tag{7.23}$$

式(7.23)中 $M_R < M_u$，它们之间的差称之为模量亏损。

当材料承受周期变化的振动应力时，由于应变弛豫的出现，必使应变落后于应力，因而会产生内耗(见图 7.21)。有

$$Q^{-1} = \tan\varphi = \frac{\omega(\tau_\sigma - \tau_\varepsilon)}{1 + \omega^2 \tau_\varepsilon \tau_\sigma} \tag{7.24}$$

式中，ω 为角频率。

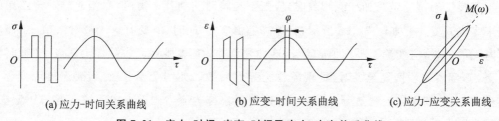

(a) 应力-时间关系曲线　　(b) 应变-时间关系曲线　　(c) 应力-应变关系曲线

图 7.21　应力-时间、应变-时间及应力-应变关系曲线

把内耗、动力模量对 $\omega\tau$ 作图,得到的结果如图 7.22 所示,在 $\omega\tau=1$ 处内耗有极大值。$M(\omega)$ 和 Q^{-1} 是 $\omega\tau$ 的对称函数。现分析以下几种情况。

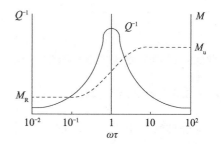

图 7.22　内耗、动力模量与 $\omega\tau$ 的关系曲线

① 当 $\omega\to\infty\left(\omega\tau\gg1,\dfrac{1}{\omega}\ll\tau\right)$ 时,振动周期远远短于弛豫时间,因而实际上在振动一周内不发生弛豫,物体行为接近完全弹性体,则 $Q^{-1}\to0,M(\omega)\to M_u$。

② 当 $\omega\to0\left(\omega\tau\ll1,\dfrac{1}{\omega}\gg\tau\right)$ 时,振动周期远远长于弛豫时间,故在每一瞬时应变都接近平衡值,应变为应力的单值函数,则 $Q^{-1}\to0,M(\omega)\to M_R$。

③ 当 $\omega\tau$ 为中间值时,应变弛豫跟不上应力变化,应力-应变曲线为一椭圆,椭圆的面积正比于内耗。当 $\omega\tau=1$ 时,内耗达到极大值,即称内耗峰。

在应力作用下,金属与合金中的弛豫过程是由不同原因引起的,这些过程的弛豫时间是材料的常数。每一弛豫过程有它自己特有的弛豫时间,因此改变加载的频率 ω,将在 Q^{-1}-ω 曲线上得到一系列内耗峰(见图 7.23),这些内耗峰的总体叫作弛豫谱。

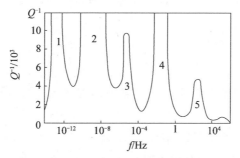

1—置换固溶体中不同半径原子对引起的内耗;

2—晶界内耗;3—孪晶界内耗;4—间隙原子扩散引起的内耗;5—横向热流内耗。

图 7.23　金属的弛豫谱(20 ℃)

若弛豫过程是通过原子扩散进行的,则弛豫时间 τ 与温度 T 有关,其关系遵循公式

$$\tau=\tau_0\exp\left(\frac{H}{RT}\right) \tag{7.25}$$

式中,τ_0 为与物体有关的常数;H 为扩散激活能。此关系的存在对内耗的实验研究非常有利,因为通过改变频率测量内耗在技术上不容易实现。利用关系式(7.25),通过改变温度就可得到与改变频率同样的效果。因为 Q^{-1} 数值随 $\omega\tau$ 变化而变化,所以 Q^{-1}-T 曲线将同图 7.22 中的 Q^{-1}-$\omega\tau$ 曲线特征相一致。两个不同频率(ω_1 和 ω_2)的曲线,峰巅温度不同,设分别为 T_1 和 T_2,因峰巅处有 $\omega_1\tau_1=\omega_2\tau_2=1$,由关系式(7.25)可得

$$\ln \frac{\omega_2}{\omega_1} = \frac{H}{R}\left(\frac{1}{T_1} - \frac{1}{T_2}\right) \tag{7.26}$$

由此式可以很方便地求出扩散激活能。

7.5.3 静滞后型内耗

滞弹性材料中滞后回线的出现是实验的动态性质的结果，这种滞后称为动态滞后。因此如果实验中应力的增加及去除都很慢，则不会出现内耗。静态滞后的产生是由于应力和应变间存在多值函数关系，即在加载时，同一载荷下具有不同的应变值，完全去掉载荷后有永久形变产生。仅当反向加载时才能回复到零应变，如图 7.18b 所示。因应力变化时，应变总是瞬时调整到相应的值，因此这种滞后回线的面积是恒定值，与振动频率无关，故称为静态滞后，以区别于滞弹性的动态滞后。由于引起静滞后的各种机制没有相似的应力一应变方程，需要针对具体机制进行计算，求出回线面积 ΔW，再由公式 $Q^{-1} = \frac{\Delta W}{2\pi W}$ 算出内耗值。

一般来说，静态滞后回线不是线性关系，曲线形状如一细长的橄榄，其特性为与振幅有关，与频率无关。

除上面两种类型的内耗外，还有一种阻尼共振型内耗。这种内耗主要同晶体中位错线段的振动和位错线有关，其内耗的特征和弛豫型内耗相似，但阻尼共振型内耗中的固有频率一般对温度不敏感。

7.5.4 内耗的表征

内耗常因测量方法或振动形式不同而有不同的度量方法，但不同的度量参数之间存在着互相转换关系。

（1）计算振幅对数减缩量度量内耗

人们常用振幅对数减缩量（对数衰减率）δ 来度量内耗大小，δ 表示相继两次振动振幅比的自然对数，即

$$\delta = \ln \frac{A_n}{A_{n+1}} \tag{7.27}$$

式中，A_n 表示第 n 次振动的振幅；A_{n+1} 表示第 $n+1$ 次振动的振幅。

若内耗与振幅无关，则振幅的对数与振动次数的关系图为一直线，其斜率即为 δ 值；若内耗与振幅有关，则振幅的对数与振动次数的关系图为一曲线，曲线上各点的斜率即代表该振幅下的 δ 值。

当 δ 很小时，它近似地等于振幅分数的减小，即

$$\delta = \ln A_n - \ln A_{n+1} \approx \frac{A_n^2 - A_{n+1}^2}{A_n^2} \approx \frac{1}{2} \cdot \frac{\Delta W}{W}$$

后一等式来自振动能量正比于振幅的平方。再根据 Q^{-1} 的定义，得到

$$Q^{-1} = \frac{1}{2\pi} \cdot \frac{\Delta W}{W} = \frac{\delta}{\pi} = \frac{1}{\pi} \ln \frac{A_n}{A_{n+1}} \tag{7.28}$$

（2）建立共振曲线求内耗值

根据电工学谐振回路共振峰计算公式求 Q^{-1}：

$$Q^{-1} = \frac{\Delta f_{0.5}}{\sqrt{3} f_0} = \frac{\Delta f_{0.7}}{f_0} \tag{7.29}$$

式中，$\Delta f_{0.5}$ 和 $\Delta f_{0.7}$ 分别为振幅下降至最大值的 $1/2$ 和 $1/\sqrt{2}$ 时所对应的共振峰宽，如图 7.24 所示。

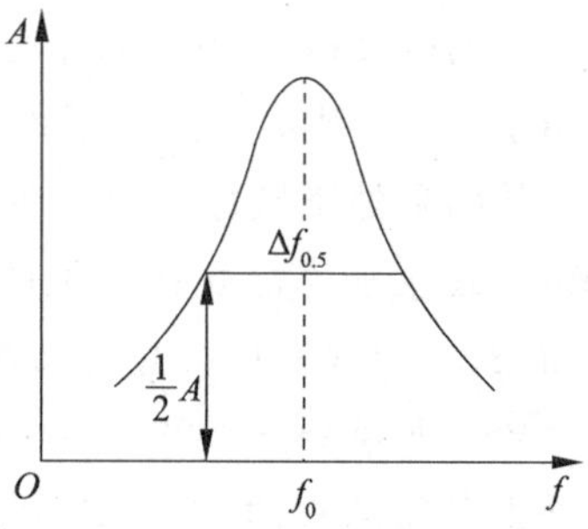

（3）计算超声波在固体中的衰减系数度量内耗

超声衰减就是超声频率范围内的内耗。超声波在固体中传播时能量衰减，超声波振幅按下列公式衰减：

图 7.24　共振峰曲线示意图

$$A(x) = A_0 \exp(-\alpha x) \tag{7.30}$$

因此，超声波衰减系数

$$\alpha = \frac{\ln\left(\dfrac{A_1}{A_2}\right)}{x_2 - x_1} \tag{7.31}$$

式中，A_1 和 A_2 分别表示在 x_1 和 x_2 处的振幅。

（4）计算阻尼系数或阻尼比度量内耗

对于高阻尼合金常用阻尼系数 φ 或阻尼比 S. D. C（Specific Damping Capacity）表示内耗：

$$\varphi = \text{S. D. C} = \frac{\Delta W}{W} \tag{7.32}$$

以上所述各参数之间可相互转换

$$\varphi = 2\delta = 2\pi Q^{-1} = 2\pi \tan \varphi = \frac{2d}{\lambda} \tag{7.33}$$

式中，λ 为超声波波长；d 为测试试样直径。

对高阻尼合金（$\varphi > 40\%$），式（7.33）可修正为

$$\varphi = \text{S. D. C} = 1 - \exp(-2\delta) \tag{7.34}$$

7.6　内耗产生的机制

材料的非弹性行为源于应力感生原子的重排和磁重排，但原子的性质不同，内耗的机制也不同。

7.6.1　点阵中原子有序排列引起内耗

点阵中原子主要是溶解在固溶体中孤立的间隙原子、置换原子。这些原子在固溶体

中的无规律分布称为无序状态。若外加应力,则这些原子所处位置的能量出现变化,因而原子重新分布,即产生有序排列。这种由于应力引起的原子偏离无序状态的过程称为应力感生有序。

下面以 δ-Fe 为例说明体心立方结构中间隙原子由于应力感生有序所引起的内耗。这里的间隙原子指的是处于铁原子之间的碳原子,如图 7.25 所示。碳原子通常处在晶胞的棱边上或面心处,即 $(1/2,0,0)$,$(0,1/2,0)$ 或 $(0,0,1/2)$,$(1/2,1/2,0)$ 位置。如果沿 Z 方向加一拉伸应力 σ_z,则弹性应变将引起晶胞的畸变,这时晶胞不再是理想立方体,沿 Z 方向原子间距拉长,而沿 X,Y 方向原子间距缩短。间隙原子将由 $(1/2,0,0)$ 位置跳跃到 $(0,0,1/2)$ 位置上,间隙原子的这一跳跃将降低晶体的弹性应变能。跳动的结果破坏了原子的无序分布状态,而变为沿受拉力方向分布,这种现象称为应力感生有序。由于间隙原子在受外力作用

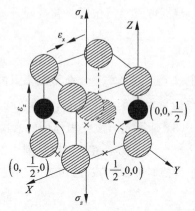

⊘—铁原子
●—施加拉应力前的碳原子
×—施加拉应力后碳原子位置

图 7.25　体心立方结构中的间隙原子位置

时存在着应力感生有序的倾向,因此对应于应力产生的应变就有弛豫现象。若晶体在拉伸方向上受交变应力作用,则间隙原子在这些位置上来回地跳动,且应变落后于应力,导致能量损耗。在交变应力频率很高时,间隙原子来不及跳跃,即不能产生弛豫现象,故不引起内耗。当交变应力频率很低时,变化过程接近静态完全弛豫过程,应力和应变滞后回线面积为零,也不会产生内耗。

含有少量碳或氮的 α-Fe 固溶体,用 1 Hz 的频率测量其内耗,在室温附近(20~40 ℃)得到的弛豫型内耗峰,就是斯诺克(Snoek)峰。此峰同碳、氮间隙原子有关。

7.6.2　与位错有关的内耗

金属中一种普遍而重要的内耗源是位错。位错内耗的特征是它强烈地依赖于冷加工程度,因而可和其他内耗源相区分。纯金属即使发生轻微的变形也可使其内耗增加数倍,而退火可使金属内耗显著下降。另外,中子辐照所产生的点缺陷扩散到位错线附近,将阻碍位错运动,也可显著减少内耗。位错运动有不同形式,因而产生内耗的机制也有多种。某些金属单晶体的内耗-应变振幅曲线如图 7.26 和图 7.27 所示。其内耗可以分为两部分,即低振幅下与振幅无关的内耗 δ_L(也称背景内耗),以及高振幅下与振幅有关的内耗,总内耗 δ:

$$\delta = \delta_L + \delta_H \tag{7.35}$$

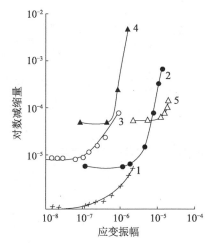

1—40 kHz, $T = 4.2$ K; 2—1450 Hz, $T = 27$ ℃;
3—40 kHz, $T = 21$ ℃; 4—1450 Hz, $T = 380$ ℃;
5—40 kHz, $T = 20$ ℃。

图 7.26　单晶体 Sn(5) 和 Cu(1—4) 的内耗
　　同应变振幅关系曲线

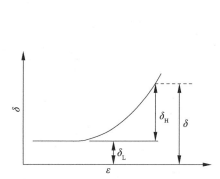

图 7.27　应变振幅-内耗曲线示意图

　　由于内耗对冷加工敏感,可以肯定冷加工时内耗与位错有关。δ_H 部分与振幅有关而与频率无关,可以认为是静滞后型内耗。δ_L 与振幅无关而与频率有关,但其对温度不如弛豫型内耗那样敏感,寇勒(Koehler)首先提出钉扎位错弦的阻尼共振模型,并认为 δ_H 是由位错脱钉过程引起的。后来格拉那陀(Granato)和吕克(Lcke)完善了这一模型,并称之为 K-G-L 理论。

　　根据 K-G-L 理论,晶体中的位错除了被一些不可动的点缺陷(一般位错网节点或沉淀粒子)钉扎外,还被一些可以脱开的点缺陷(如杂质原子、空位等)钉扎着(见图 7.28)。前者称强钉;后者称弱钉。L_N 表示强钉间距,L_C 表示弱钉间距。在外加交变应力不太大时,位错段 L_C 像弦一样做"弓出"的往复运动(见图 7.28a,b,c),在运动过程中要克服阻尼力,因而引起内耗。当外加应力增加到脱钉应力时,弱钉可被位错抛脱,即发生雪崩式的脱钉过程(见图 7.28d),继续增加应力,位错段 L_N 继续弓出(见图 7.28e),应力去除时位错段 L_N 做弹性收缩,最后重新被钉扎(见图 7.28f,g)。在脱钉与缩回的过程中,位错的运动情况不同,对应的应力-应变曲线(见图 7.29)至少包含一个滞后回线,因而产生内耗。显然由于位错段 L_C 做强迫阻尼振动所引起的内耗是阻尼共振型内耗,其与振幅无关,而与频率有关。

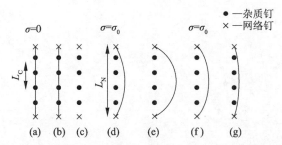

图 7.28　在加载与去载过程中位错的"弓出"、脱钉、缩回及再钉扎过程示意图

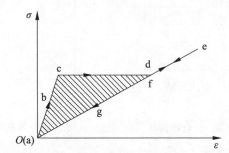

图 7.29　位错脱钉与再钉扎过程的应力-应变曲线

注：a,b,c,d,e,f,g 与图 7.28 中各分过程对应。

7.6.3　与晶界有关的内耗

多晶体晶界的原子排列是相邻两个晶粒结晶位相的中间状态。晶界是一个有一定厚度的原子无规则排列的过渡带，一般晶界的厚度在几个到几百个原子间距范围内变化。晶界结构的特点，使多晶体表现出非晶体材料的一些性质。

内耗的测量为研究晶界力学行为提供了重要依据。甄纳(Zener)指出，晶界具有黏滞行为，并且在切应力的作用下产生弛豫现象。葛庭燧曾对晶界内耗进行了详细研究，他用 1 Hz 的频率测量了退火纯铝多晶内耗，发现在 280 ℃附近出现一个很高的内耗峰，用单晶作测量则无此峰（见图 7.30）。由此肯定该峰是由晶粒间界面引起的，说明晶界的黏滞性流动引起了能量损耗。

铝单晶和多晶的动态切变模量（与 f^2 成正比）与温度的关系曲线如图 7.31 所示，从图中可看出铝多晶试样的切变模量在高于某一温度时便明显减小，这种减小同晶界的黏滞性有关。由于温度升高，晶界的可动性增强，达到某一温度后，在交变应力作用下便产生明显的晶界滑动，导致动态切变模量显著减小。

上面所述的多晶体晶界引起的内耗属于非共格晶界内耗，而共格界面内耗主要与热弹性马氏体的相变及孪晶结构有关。如含 88%（质量分数）Mn 的 Mn-Cu 合金及 Cu-Zn-Si 合金，在降温进行的正马氏体相变和升温进行的反马氏体相变的温度范围内都出现一个内耗峰。研究表明，该内耗峰与马氏体面心四方的孪晶结构有关，即内耗峰由孪晶界面的应力感生运动引起。非共格晶界内耗对研制高阻尼合金有重要意义。

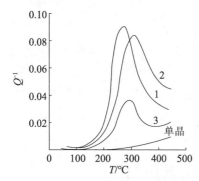

1—450 ℃退火 2 h,晶粒直径为 200 μm；

2—550 ℃退火 2.5 h,晶粒直径为 70 μm；

3—600 ℃退火 12 h,晶粒直径大于 84 μm。

图 7.30　单晶铝和多晶铝的内耗与温度的关系曲线

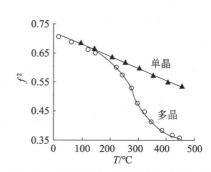

**图 7.31　单晶铝和多晶铝的动态切变模量
与温度的关系曲线**

7.6.4　磁弹性内耗

磁弹性内耗是由铁磁材料中磁性与力学性质耦合所引起的。磁致伸缩现象提供了磁性与力学性质耦合。其倒易关系是,施加应力可产生磁化状态的改变,因此除弹性应变外,还有由于磁化状态改变,而导致的非弹性应变和模量亏损效应。

磁弹性内耗一般分为三类:宏观涡流、微观涡流与静态滞后。

（1）宏观涡流

在部分磁化试样上,突然加一应力,除弹性应变外还会产生磁性的变化,这种变化会感生出表面涡流,而涡流又产生一个附加的磁场使试样内部总磁通量瞬时保持不变,表面涡流逐渐向内扩散,使内部磁场强度逐渐稳定到给定应力下的平衡磁化状态。这种趋向于平衡态的磁场变化,因磁致伸缩效应又产生附加的应变。因涡流(或磁通量)的扩散是弛豫过程,故可产生弛豫型内耗。

（2）微观涡流

对于退磁样品,施加应力虽不能产生大块的磁化,但由于磁畴结构的存在,应力可在磁畴中产生磁性的局部变化,由此而产生的微观涡流也会引起内耗。

（3）静态滞后

当振动频率很低时,磁性变化很慢,以致感生的涡流很小,此时静态滞后的损耗成为主要的内耗。这是因为应力使磁畴壁发生了不可逆的位移,使应力-应变图上出现了滞后回线,如图 7.32 所示。

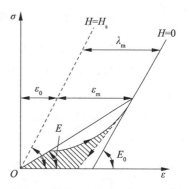

图 7.32　铁磁体的应力-应变曲线

以上各种磁弹性内耗不会在饱和磁化的试样中出现,因为饱和磁化时应力已不能感生磁畴的转动或磁畴壁的移动。

7.6.5　热弹性内耗

固体受热会膨胀,而热力学上的倒易关系是绝热膨胀时变冷。如果加一弯曲应力在簧片状试样上,则凸出部分发生伸长而变冷,凹进部分因受压而变热。因此,热流便从热的部分向冷的部分扩散,使冷的部分温度升高而产生膨胀,即引起附加的伸长应变。由于热扩散是一弛豫过程,附加的非弹性应变必落后于应力,由此可产生弛豫型内耗。

7.7　内耗测量方法及其应用

7.7.1　内耗测量方法

测量内耗的方法有很多种,概括起来可分为三种:扭摆法(低频)、共振棒法(中频)和超声脉冲法(高频)。前两种方法应用较广,本书做一般介绍,超声脉冲法运用不够广泛,本书不做介绍。

(1) 低频扭摆法

低频扭摆法是我国物理学家葛庭燧在 20 世纪 40 年代首次提出的,他用这种方法成功地研究了一系列金属与合金的内耗现象。国际上通常把这种方法命名为葛氏扭摆法。扭摆法测内耗的装置如图 7.33 所示。所用试样一般为丝材($\phi\,0.5\sim1.0$ mm,$l=100\sim300$ mm)或片材,扭摆摆动频率为 $0.5\sim15$ Hz。试样的上端被上夹头夹紧固牢,试样下端也被固定在与转动惯性元件为一体的下夹头上,可用电磁激发方法使试样连同转动惯性系统形成扭转力矩,从而引起摆动。当摆自由摆动时,其振幅衰减过程可借助于小镜子反射光点记录,用式(7.27)计算内耗。如果内耗为预先指定值 $\dfrac{\ln(A/A_n)}{n}$,则 $Q^{-1}=\dfrac{\ln(A/A_n)}{\pi n}$,只要记录振幅由 A 衰减到 A_n 试样摆动的次数 n,便可很容易得到 Q^{-1}。

为了减少轴向拉力(高温测试时丝材试样易产生蠕变现象)的影响,葛庭燧设计了一种倒摆(倒置扭摆仪),如图 7.34 所示。平衡砝码(平衡锤)可使轴向拉力减小,使系统达到更好的平衡摆动。

已知切变模量 G 同扭摆振动频率 f^2 成正比,故在测内耗的同时可测量试样的切变模量。

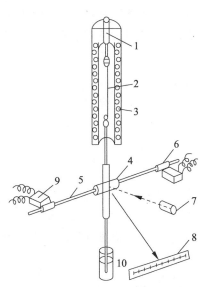

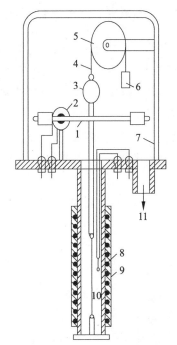

1—夹头;2—丝状试样;3—加热炉;4—反射镜;

5—转动惯性系统;6—砝码;7—光源;8—标尺;

9—电磁激发器;10—阻尼油。

图 7.33　扭摆法测内耗装置示意图

1—转动惯性系统;2—电磁激发器;

3—反射镜;4—滑轮丝;5—滑轮;

6—平衡砝码;7—真空罩;8—热电偶;

9—加热炉;10—试样;11—抽真空。

图 7.34　倒置扭摆仪示意图

（2）共振棒法

试样为圆棒状,不附加惯性系统,而是在其振动的节点位置用刀口或螺丝夹持着,使试样激发至共振状态,共振频率决定于试样材料和几何尺寸,一般使用频率范围为 $10^2 \sim 10^5$ Hz。根据所用换能器的不同,共振棒法又可分为电磁法、静电法、涡流法和压电法等。目前,共振棒法多通过建立共振峰曲线（图7.24）或记录振幅衰减曲线（见图7.35）来计算内耗。对于内耗值小的试样,用共振曲线法不易测准(峰宽窄),而用振幅衰减曲线计算内耗,准确且速度快。

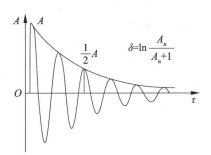

图 7.35　振幅衰减曲线示意图

振幅衰减曲线法是将处于共振状态的棒状试样在瞬间切除振源,试样的振幅将自由衰减至最低值,根据衰减曲线,用公式(7.28)计算内耗。

7.7.2　内耗法在材料研究中的应用

（1）利用内耗法确定固溶体的溶解度

斯诺克指出，碳、氮原子在 α-Fe 固溶体中所引起的弛豫内耗峰的高度与这些元素在 α-Fe 固溶体中的浓度有关。这一规律对准确地测定固溶体的溶解度和研究固溶体的脱溶、沉淀很有帮助。用 1 Hz 内耗摆很容易测出碳、氮原子在 α-Fe 固溶体中的内耗峰高度（对碳，峰温 40 ℃；对氮，峰温 24 ℃）。

碳、氮原子在 α-Fe 固溶体中的浓度与内耗峰高度的定量关系如下：

$$w(C) = KQ_{40\,℃}^{-1} \tag{7.36}$$

式中，K 为常数，$K = 1.33$。

$$w(N) = K_1 Q_{24\,℃}^{-1} \tag{7.37}$$

式中，$K_1 = 1.28 \pm 0.04$。

在进行定量分析时，要注意晶界对间隙原子有吸附作用，晶界能牵制一定数量的间隙原子，故晶粒大小对固溶体中间隙原子的浓度有一定影响。图 7.36 表示用几种不同物理方法确定 C，N 在 α-Fe 固溶体中的浓度实例。从图中可以比较明显地看出，用内耗法测定固溶体的溶解度（尤其对低浓度固溶体）精确度更高。

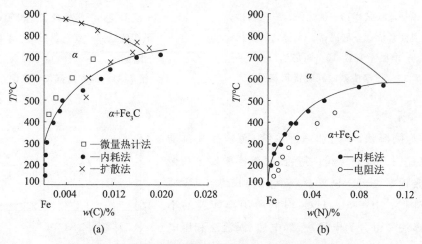

图 7.36　几种物理方法测定 C，N 在 α-Fe 中的固溶极限

（2）利用内耗法研究钢的多次变形热处理循环

图 7.37 简略地表示了 30 号钢的四次变形热处理循环过程。用内耗法研究钢的多次变形热处理的结果示于图 7.38，图中的第一个内耗峰（120 ℃附近）与 C，N 原子在固溶体中的弛豫过程有关，称斯诺克峰；第二个内耗峰在 330 ℃附近，此峰随变形热处理循环次数增加，峰高度也增加，它与碳原子在应力作用下迁移到位错应力场附近有关，称为寇斯特峰。由于迁移到位错应力场附近的碳原子增加和位错密度增加，寇斯特峰高度增加。

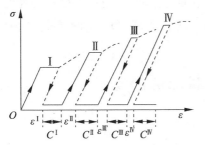

ε^{I}，ε^{II}，ε^{III}，ε^{IV}—对应 I，II，III，IV 次变形热处理循环后的塑性变形；C^{I}，C^{II}，C^{III}，C^{IV}—表示相对的时效热处理。

图 7.37　30 号钢变形热处理循环工艺图

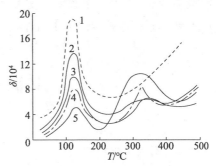

1—退火；2，3，4，5—I，II，III，IV 次变形热处理。

图 7.38　30 号钢经不同变形热处理循环的内耗-温度曲线(频率为 2000 Hz)

（3）利用内耗法测量扩散系数和扩散激活能

若弛豫过程是通过原子扩散进行的，则弛豫时间与温度有关系，$\tau = \tau_0 \exp(H/RT)$。如果扩散激活能 H 和频率 ω 已给定，并且在内耗-温度曲线上满足条件 $\omega\tau = 1$，即 $\omega\tau_0 \cdot \exp(H/RT) = 1$，这时将出现内耗峰，由此

$$T = \frac{H}{R\ln(1/\omega\tau_0)} \tag{7.38}$$

如实验中用两种频率 ω_1 和 ω_2，由式(7.26)可得出内耗峰将分别出现在 T_1 和 T_2 温度处，如图 7.39 所示。经整理，扩散激活能的计算公式为

$$H = \frac{RT_1T_2}{T_2 - T_1}\ln\frac{\omega_2}{\omega_1} \tag{7.39}$$

扩散系数 D 可以通过碳原子由某位置跳跃到另一位置的平均时间 $\bar{\tau}$ 表示：

$$D = \frac{K\alpha^2}{\bar{\tau}} \tag{7.40}$$

式中，α 为晶格常数；$\bar{\tau}$ 为原子跳动频率的倒数；比例常数 K 与晶格类型有关，对于体心立方，$K = 1/24$，而面心立方，$K = 1/12$。体心立方晶体的间隙原子的 $\bar{\tau} = 3/2\tau$，此处 τ 是间隙原子弛豫时间。由此可求出固溶体中间隙原子的扩散系数：

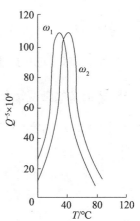

$$D = \frac{\alpha^2}{36\tau} \tag{7.41}$$

若满足 $\omega\tau = 1$，则在 $T = T_峰$ 处出现弛豫内耗峰，式(7.41)可写成

$$D = \frac{\alpha^2\omega}{36} \tag{7.42}$$

图 7.39　α-Fe 中碳原子弛豫内耗峰与频率的关系

在扩散系数和扩散激活能确定之后，可以根据公式 $D = D_0\exp(-H/RT)$ 用作图法求

出扩散常数 D_0。改变测量频率可使内耗峰出现在不同的温度,因而可求得一定温度范围的 D 值,特别是低温范围内的 D 值,从而可以更精确地求出 D_0 和扩散激活能 H 值。

*7.8　拓展专题:形状记忆合金

7.8.1　形状记忆材料

1932 年,瑞典人奥兰德在金镉合金中首次观察到"记忆"效应,即合金的形状被改变之后,一旦加热到一定的跃变温度时,它又可以魔术般地变回到原来的形状,人们把具有这种特殊功能的合金称为形状记忆合金。形状记忆合金是指具有形状记忆效应(shape memory effect,简称 SME)的合金。形状记忆效应是指将材料在一定条件下进行一定限度以内的变形后,再对材料施加适当的外界条件,材料的变形随之消失又而回复到变形前的形状的现象。通常称有 SME 的金属材料为形状记忆合金(shape memory alloys,简称 SMA)。研究表明,很多合金材料都具有 SME,但只有在形状变化过程中产生较大回复应变和较大形状回复力的,才具有利用价值。已发现的形状记忆合金种类很多,可以分为 Ti-Ni 系、铜系、铁系合金三大类。目前已实用化的形状记忆合金只有 Ti-Ni 系合金和铜系合金。

到目前为止,应用得最多的是 Ni_2Ti 合金和铜基合金(CuZnAl 和 CuAlNi)。

7.8.2　形状记忆效应分类

形状记忆效应可分为三类:单程、双程和全程,示意图如图 7.40 所示。

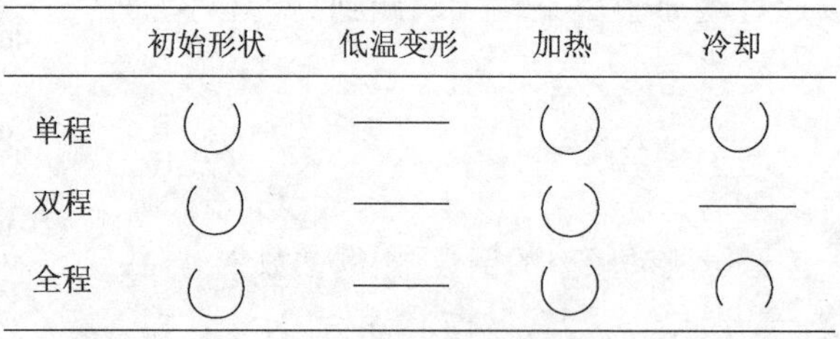

	初始形状	低温变形	加热	冷却
单程	∪	—	∪	∪
双程	∪	—	∪	—
全程	∪	—	∪	∩

图 7.40　形状记忆效应示意图

(1) 单程记忆效应

形状记忆合金在较低的温度下变形,加热后可恢复变形前的形状,这种只在加热过程中存在的形状记忆现象称为单程记忆效应。

(2) 双程记忆效应

某些合金加热时恢复高温相形状,冷却时又能恢复低温相形状,这种现象称为双程记忆效应。

（3）全程记忆效应

加热时恢复高温相形状，冷却时变为形状相同而取向相反的低温相形状，这种现象称为全程记忆效应。

7.8.3　形状记忆合金的应用

形状记忆合金的历史只有 90 多年，开发迄今不过 40 余年，但由于其在各领域的特效应用，为世人所瞩目，被誉为"神奇的功能材料"，其实用价值相当广泛，应用范围涉及机械、电子、化工、宇航、能源和医疗等许多领域。

7.8.3.1　形状记忆合金在智能系统方面的应用

（1）SMA 在结构振动控制方面的应用研究

结构振动控制手段可分为被动控制、主动控制和智能控制。被动控制是利用形状记忆合金材料的超弹性效应和高阻尼特性将其制成耗能阻尼器。形状记忆合金特有的超弹性变形特性使其变形能力比普通金属材料约大 30 倍，比阻尼（材料振幅衰减比的平方）可达 40%，在小震情况下，形状记忆合金的弹性特性与普通金属相似，在大震时形状记忆合金表现出超弹性大变形能力，能够有效地消耗地震能量，并因具有记忆效应能够恢复原来的形状。

（2）SMA 在精确定位控制方面的应用

阎绍泽、徐峰等提出将 SMA 传感器与光导纤维制成一体，当温度出现异常时，SMA 变形使光导纤维的光导系统出现光能损失，终端得到的散光光强和时间曲线就会出现明显变化，以判断异常温度的位置和时间，这种传感系统可用作工厂、大楼的火灾报警装置。

（3）SMA 在故障自监测、自诊断、自修复和自增强方面的应用

将产生一定预变形的 SMA 埋入结构中，通过触发 SMA 所产生的回复力可降低结构的应力水平，改善其应力分布，提高结构的承载能力，同时也可以防止损伤的发生或损伤的扩展。在承受弯矩或扭矩的构件中加入 SMA 丝，通过对 SMA 丝的加热与冷却可做成强度自适应结构。在孔板的孔周围埋入 SMA 丝对其诱发应变，可在孔边产生压应力，降低孔边的应力集中因子并改善应力分布。在一些大型建筑结构中加入 SMA 构成智能复合材料系统，通过对复合材料制成的形状记忆合金电缆的加热时的收缩来防止裂纹的扩展。

7.8.3.2　形状记忆合金在工程中的应用

（1）机械手

形状记忆元件具有感温和驱动的双重功能，因此可以用形状记忆元件制作机器人、机械手（见图 7.41），通过温度变化使其动作。

（2）紧固件

形状记忆合金首先用来制作单程元件，最先获得应用的

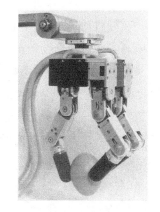

图 7.41　形状记忆合金机械手

是管接头。1975 年，Harrison 等就将具有单程形状记忆效应的 TiNiFe 合金做成管接头，成功地应用于工业生产。图 7.42 是用形状记忆合金制成的管接头。首先将形状记忆合金管接头的内径加工成比被连接管接头的外径小 4％左右，然后在－150 ℃左右，将锥形塞柱打入管接头内，使内径扩张 7％～8％，将扩径后的管接头存储在－100 ℃左右的环境中。装配时，在低温下将被连接管从管接头的两端插入，然后移去保温材料，管接头逐渐升温，当温度高于－40 ℃后，由于形状记忆效应，管接头内径会回复到扩径前的尺寸，扩径受到被连接管的阻碍，就会产生回复力，从而把被连接管紧紧抱住。据报道，美国的 F214 喷气式战斗机的油压管使用了 30 多万个形状记忆合金管接头，没有出现过一例漏油事件，可靠性很高。此外，这种管接头在核潜艇、大口径海底输油管上也得到了应用。在需要拆卸维修的地方，使用具有双程形状记忆效应的合金。拆卸时，只需把管接头冷却到低温即可。

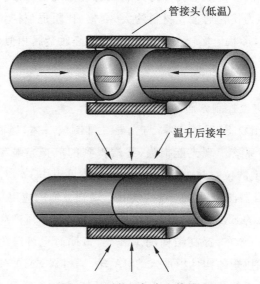

图 7.42　形状记忆合金管接头

在材料的应用方面，由于 TiNi 合金成本高、相变温度低、操作不方便，其应用范围受到限制。而铁基合金的相变点高、相变温度滞后大、价格低廉，最适合制作一次动作的管接头，受到国内外研究者的特别关注。近年来，我国开发成功的记忆合金管接头已在石油、化工、市政建设等领域获得应用，Fe2Mn2Si 系合金的应用最为广泛，目前它主要用于管道的连接。这种记忆合金连接克服了在进行传统焊接和法兰连接时由焊接应力引起的应力腐蚀和由异种金属接触引起的接触腐蚀的问题，并且具有占用的空间小、施工操作简单、加工速度快和可承受的压力高等优点。

（3）环保发动机

目前，全世界都在倡导节约能源和防止环境污染，利用形状记忆合金的特性制作热驱动引擎，既可利用工业废排温水、温泉、地热等低能热转换成机械能，又毫无公害。

7.8.3.3　形状记忆合金在医学方面的应用

作为一种新型智能材料,形状记忆合金在医学领域的应用也十分广泛。如牙科中只和生物体表面接触的牙齿矫形正畸丝,整形外科中长时间与生物体组织接触的用以矫正变形骨骼的矫正棒、移植到生物体内部的人造关节、骨髓针等,和生物体组织不直接接触的医疗器具的零部件等。形状记忆合金主要应用于生物体内,不仅要有机械性能上的可靠性,还必须有化学、生物学、生化学的可靠性。

7.8.3.4　形状记忆合金在航天航空及军事方面的应用

关于 SMA 应用,最典型的例子是航天飞机的伞形天线(见图 7.43),为方便发射,把处于母相状态的 TiNi 记忆合金制成的天线压扁,附在船体上,飞船升空后受阳光的辐射而升温,于是天线便记忆起原来的形状,重新支起;在火炮上的应用,能最大限度地提高炮管内膛的耐烧蚀能力,延长炮管的使用寿命;在枪弹上的应用,可增强枪弹的杀伤力;在微型飞行器上的应用,如在翼面中埋入智能驱动元件,根据飞行器的飞行状况及飞行控制的需要,通过驱动元件激励使得翼面发生扭转或弯曲等来改变翼面的形状,以获得自适应气动稳定性,从而获得最佳的气动特性。此外,利用 SMA 的阻尼特性,SMA 在军事上用作吸震波的装甲材料、防弹材料等。

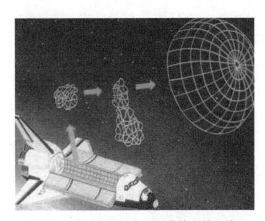

图 7.43　形状记忆合金制成的宇航天线

7.8.3.5　形状记忆合金在日常生活中的应用

（1）防烫伤阀

在家庭生活中,已开发的形状记忆阀可用来防止洗涤槽中、浴盆和浴室的热水意外烫伤;这些阀门也可用于旅馆和其他适宜的地方。如果水龙头流出的水温达到可能烫伤人的温度(约 48 ℃)时,形状记忆合金驱动阀门关闭,直到水温降到安全温度,阀门才重新打开。

（2）眼镜框架

在眼镜框架的鼻托和耳部装配 TiNi 合金可使人感到舒适并抗磨损,TiNi 合金所具有的柔韧性受到消费者的青睐,并成为一种时尚。用超弹性 TiNi 合金丝做眼镜框架,即使镜片热膨胀,该形状记忆合金丝也能靠超弹性的恒定力夹牢镜片(图 7.44)。这些超弹性合金制造的眼镜框架的变形能力很大,而普通的眼镜框则不能做到。

图 7.44 形状记忆合金眼镜框

(3)移动电话天线和火灾检查阀门

使用超弹性 TiNi 合金丝做蜂窝状电话天线是形状记忆合金的另一个应用。过去使用不锈钢天线,由于弯曲常常出现损坏问题。使用 TiNi 形状记忆合金丝制作的移动电话天线具有高抗破坏性,受到人们普遍欢迎。形状记忆合金还常用来制作火灾检查阀门。火灾中,当局部地方升温时阀门会自动关闭,防止危险气体进入。这种特殊结构设计的优点是,它具有检查阀门的操作功能,检查结束时又能复位到安全状态。这种火灾检查阀门也可应用于半导体制造及化工厂、石油工厂。

 **复习题**

1. 用双原子模型解释金属弹性的物理本质。

2. 表征金属原子间结合力强弱的常用物理参数有哪些?说明这些参数间的关系。

3. 动态悬挂法(悬丝共振)测弹性模量 E,G 的原理是什么?叙述动态法测 E,G 的优点。

4. 简要说明产生弹性的铁磁反常现象(ΔE 效应)的物理本质及其应用。

5. 什么是内耗?弛豫性内耗的特征是什么?它同静态滞后内耗有何差异?

6. 说明体心立方 α-Fe 中间隙原子碳、氮在应力感生下产生的内耗机制,并解释冷加工变形对 α-Fe 内耗-温度曲线的影响。

7. 简述内耗法测定 α-Fe 中碳的扩散(迁移)激活能 H 的方法和原理。

8. 表征金属材料内耗(阻尼)有哪些物理量?它们之间的关系如何?

参考文献

［1］田莳. 材料物理性能［M］. 北京：北京航空航天大学出版社，2004.

［2］熊兆贤. 材料物理导论［M］. 3 版. 北京：科学出版社，2012.

［3］龙毅. 材料物理性能［M］. 长沙：中南大学出版社，2009.

［4］阎守胜. 固体物理基础［M］. 北京：北京大学出版社，2000.

［5］吴其胜，张霞. 材料物理性能［M］. 2 版. 上海：华东理工大学出版社，2018.

［6］陈骓骙. 材料物理性能［M］. 北京：机械工业出版社，2016.

［7］殷江，袁国亮，刘治国. 铁电材料的研究进展［J］. 中国材料进展，2012，31（3）：26－38.

［8］LOVELL M C, AVERY A J , VERNON M W. Physical Properties of Materials ［M］. New York：Van Nostrand Reinhold Company Ltd. ，1976.

［9］CARTER C B, NORTON M G. Ceramic Materials Science and Engineering［M］. 2nd ed. Springer ，2013.

［10］田莳. 材料物理性能［M］. 北京：北京航空航天大学出版社，2001.

［11］刘强，黄新友. 材料物理性能［M］. 北京：化学工业出版社，2009.

［12］宁青菊，谈国强，史永胜. 无机材料物理性能［M］. 北京：化学工业出版社，2006.

［13］祁康成. 发光原理与发光材料［M］. 成都：电子科技大学出版社，2012.

［14］卢亚雄，余学才，张晓霞. 激光物理［M］. 北京：北京邮电大学出版社，2005.

［15］顾生华. 光纤通信技术［M］. 3 版. 北京：北京邮电大学出版社，2016.

［16］曹春娥，顾幸勇，王艳香，等. 无机材料测试技术［M］. 南昌：江西高校出版社，2011.

［17］马毅龙. 材料分析测试技术与应用［M］. 北京：化学工业出版社，2017.

［18］韩涛，曹仕秀，杨鑫. 光电材料与器件［M］. 北京：科学出版社，2017.

［19］周炳琨，高以智，陈倜嵘，等. 激光原理［M］. 7 版. 北京：国防工业出版社，2014.

［20］郑冀，梁辉，马卫兵，等. 材料物理性能［M］. 天津：天津大学出版社，2008.

［21］方俊鑫，陆栋. 固体物理学［M］. 上海：上海科学技术出版社，1980.

［22］倪光炯，李洪芳. 近代物理［M］. 上海：上海科学技术出版社，1979.

［23］苟清泉. 固体物理学简明教程［M］. 北京：人民教育出版社，1978.

［24］冯端，王业宁，邱第荣. 金属物理（下册）［M］. 北京：科学出版社，1975.

[25] 陈树川,陈凌冰. 材料物理性能[M]. 上海:上海交通大学出版社,1999.

[26] 田莳,李秀臣,刘正堂. 金属物理性能[M]. 北京:航空工业出版社,1994.

[27] 王润. 金属材料物理性能[M]. 北京:冶金工业出版社,1993.

[28] 徐京娟,邓志煜,张同俊. 金属物理性能分析[M]. 上海:上海科学技术出版社,1988.

[29] 王振廷,李长青. 材料物理性能[M]. 哈尔滨:哈尔滨工业大学出版社,2011.

[30] 宋学孟. 金属物理性能分析[M]. 北京:机械工业出版社,1981.

[31] 关振铎,张中太,焦金生. 无机材料物理性能[M]. 北京:清华大学出版社,1998.

[32] 陈长乐. 固体物理学[M]. 2 版. 北京:科学出版社,2007.

[33] 中国金属协会,中国有色金属学会. 金属物理性能及测试方法[M]. 北京:冶金工业出版社,1987.

[34] C. 甄纳. 金属的弹性与滞弹性[M]. 北京:科学出版社,1965.

[35] 阎绍泽,徐峰,刘夏杰,等. 形状记忆合金智能结构的研究进展[J]. 精密制造与自动化,2003(A1):133 - 135.